# 肉牛高效健康养殖技术

◎ 罗生金　主编

中国农业科学技术出版社

图书在版编目（CIP）数据

肉牛高效健康养殖技术 / 罗生金主编. --北京：中国农业科学技术出版社，2023. 12
ISBN 978-7-5116-6527-0

Ⅰ. ①肉…　Ⅱ. ①罗…　Ⅲ. ①肉牛－饲养管理－技术手册　Ⅳ. ①S823.9-62

中国国家版本馆CIP数据核字（2023）第 222993 号

**责任编辑**　李冠桥
**责任校对**　贾若妍　李向荣
**责任印制**　姜义伟　王思文

**出 版 者**　中国农业科学技术出版社
北京市中关村南大街 12 号　　邮编：100081
**电　　话**　（010）82106632（编辑室）　（010）82109702（发行部）
（010）82109709（读者服务部）
**网　　址**　https: // castp.caas.cn
**经 销 者**　各地新华书店
**印 刷 者**　北京地大彩印有限公司
**开　　本**　185 mm × 260 mm　1/16
**印　　张**　26.75
**字　　数**　540 千字
**版　　次**　2023 年 12 月第 1 版　　2023 年 12 月第 1 次印刷
**定　　价**　148.00 元

哈密市农业农村局领导调研比利时蓝肉牛养殖成效

新疆农业大学刘武军（左一）教授指导肉牛饲草料调制

新疆农业大学况玲教授作中药对肉牛健康影响的报告

邰丽萍（左一）参加中国农业期刊学术年会

哈密市繁育员团队参加职业技能大赛

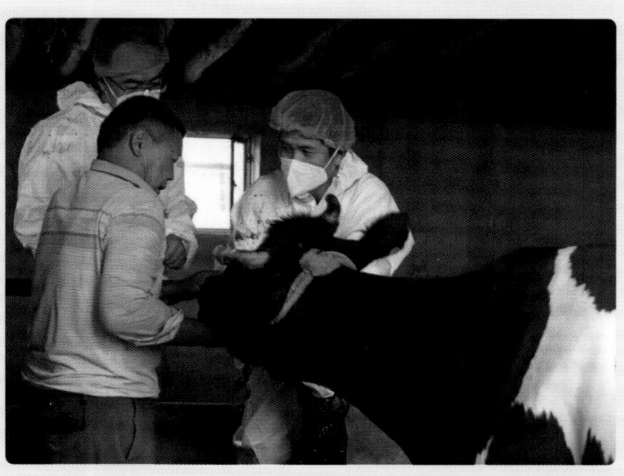

奶牛疾病临床诊断

哈密市农业农村局领导调研甜高粱种植项目

肉牛团队成员开展农牧民养殖培训

肉牛项目团队开展基因检测试验

哈密市开展肉牛品种改良大赛

肉牛病理解剖

肉牛项目团队开展基因检测前期采样工作

# 《肉牛高效健康养殖技术》
## 编委会

**主　编**　罗生金

**副主编**　李　文　邰丽萍

**参　编**（按姓氏音序排序）

蔡树东　李佳欣　潘伊微　王万兴

许　坤　张梦圆　周斐然

# 前 言

PREFACE

随着肉牛产业规模化、集约化发展，品种、环境、饲料营养、疾病、繁育对肉牛生产性能和健康的影响显得愈加重要。第一，牛的品种选择是保证产业发展的重要因素；第二，饲料营养是肉牛养殖最为关键的因素，科学的饲料配方是保证动物获得充足、全面、均衡营养的关键技术，是提高动物生产性能和维护动物健康的基本保证，只有提供充足合理的日粮，才能使肉牛获得全面均衡的营养，进而发挥其高产潜力；第三，良好的饲养环境是肉牛养殖重要的外部条件；第四，疫病防控可降低肉牛养殖风险，为肉牛产业发展保驾护航。为了使广大肉牛养殖场（户）技术人员熟悉肉牛养殖有关知识，尽快应用于生产实践，特组成编委会撰写本书。

本书分为十一章。第一章介绍了世界肉牛发展趋势与我国肉牛产业的发展概况及相关政策。第二章介绍了肉牛养殖场的选址、规划布局、圈舍建设、各功能区作用等。第三章概括了各类营养物质的功能与作用、肉牛营养需要、饲草料调制技术、饲草料营养配方等。第四章介绍了肉牛的消化特征及生理特点，犊牛、育成牛、成年牛的饲养管理技术要点，肉牛育肥技术，高档牛肉生产技术要点。第五章重点介绍了肉牛疾病的综合防控技术、常见传染病防治技术、常见寄生虫病防治技术、常见普通病防治技术、常见营养代谢病防治技术、常见中毒病防治技术。针对不同疾病的病原、临床症状、主要病理变化、预防与诊治都进行了详细论述。第六章介绍了肉牛生殖生理及繁育关键技术要点、同期发情与胚胎移植技术。第七章梳理了国内外优质肉牛品种、肉牛杂交繁育技术等。第八章介绍了养殖场申报程序、生产经营管理、各项制度、信息化管理等。第九章介绍了分子育种技术、牛肉肉质改善技术、肉牛圈舍环境控制技术、粪便昆虫治理综合利用技术等。第十章综述了肉牛福利养殖关键点。第十一章介绍了符合肉牛生理特点的生态养殖推广模式等。

本书的出版得到新疆哈密市科技项目（项目编号：hmkjxm202208）的经费支持；科技成果包括新疆乡村振兴产业发展科技行动项目（项目编号：2022NC129）、新疆科技特派员农村科技创业行动项目（项目编号：2022BKZ020）、新疆“天山英才”培养计划青年科技拔尖人才项目（项目编号：2022TSYCJC0024）、新疆哈密市科技项目（项目编号：202013）等肉牛项目的凝练总结。本书在编写过程中得到新疆农业大学况玲教授的悉心指导，北京市畜牧总站的史文清博士为本书的编写提出了很多宝贵意见，本书的编写也得到了一些养殖场的大力支持，在此表示衷心的感谢。

本书内容丰富、图文并茂、文字简明、通俗易懂，是当前广大农村发展养殖业的致富好帮手，也可供养殖场（户）技术人员和专业基层干部参考、学习。本书由于编写时间仓促、编者水平所限，难免有疏漏之处，敬请广大读者谅解，并提出宝贵意见。

编　者

2023年10月

# 目 录

CONTENTS

# 第一章 肉牛产业发展概况

全球肉牛产业发展迅猛，存栏量稳步增长，世界活牛期货交易及其种质产品贸易活跃，产业比重稳居畜牧业首位。目前，全球肉牛饲养主要集中在少数几个国家或地区，如巴西、印度、美国、中国、阿根廷、澳大利亚和欧盟等。除中国外，这些国家的饲养方式主要为大规模、集中化养殖，科学化养殖程度更高。世界应用较为广泛的良种肉牛品种主要有：夏洛来（产地法国）、利木赞牛（产地法国）、海福特牛（产地英国）、安格斯牛（产地美国）、黑毛和牛（产地日本）等。我国养牛历史悠久，肉牛种业资源丰富。肉牛种业不仅是我国战略性和基础性产业之一，也是决定现代肉牛产业发展的核心要素。自20世纪90年代以来，我国肉牛生产发展迅速，肉牛产业链也日臻完善，肉牛种业的持续发展为我国现代畜牧业建设及畜产品产量的稳步持续增长作出了重要贡献。但我国肉牛种业仍然存在创新能力不强、市场竞争力低等诸多问题，已经成为制约我国现代肉牛种业乃至现代农业可持续发展的重要因素，造成我国肉牛种业与国外发达国家存在很大的差距。我国肉牛种业企业尚在培育成长中，种业企业多而分散，规模小、实力较弱，没有形成由市场主导的自由竞争和兼并重组局面，多数企业缺乏种业科技核心竞争力，尚未形成市场竞争优势。与国外种业巨头相比，我国种业企业存在规模小、多、散，缺乏创新能力和科技含量低等问题。从区域发展情况来看，各地区都在充分利用区域优势走特色发展道路，中原地区大力发展标准化规模养殖，重视品种改良；东北产区着力发挥饲料资源丰富的优势做大龙头企业；西部八省（区）的牧区以饲养能繁母牛为主，半农半牧区以推广专业化育肥为主，农区培育发展屠宰加工企业。我国肉牛产业经过近30年的发展已成为许多地方农民增收的主导产业，牛肉价格持续高位运行，供需矛盾逐渐显现。同时，肉牛存栏量明显减少，养殖成本增加，利润空间压缩，产业发展面临许多挑战，需要认真剖析并全面应对。

# 第一节 世界肉牛养殖业发展和生产概况

养牛业在世界畜牧业生产中占有十分重要的地位，其中肉牛生产更是养牛业重要的组成部分。世界发达国家由于经济的高度发展和技术的不断进步，从而带动了肉牛业向优质、高产、高效方向的发展。发达国家畜牧业一般占农业总产值的50%以上，养牛业占畜牧业的60%。20世纪60年代以来，消费者对牛肉质量的需求发生了变化，除少数国家（如日本）外，多数国家的人们喜食瘦肉多、脂肪少的牛肉。他们不仅从牛肉的价格上加以调整，而且多数国家正从原来饲养体型小、早熟、易肥的英国肉牛品种转向饲养欧洲的大型肉牛品种。如法国的夏洛来、利木赞和意大利的契安尼娜、罗曼诺拉、皮埃蒙特，澳大利亚的西门塔尔牛、英国的安格斯牛等。因为这些牛种体型大、增重快、瘦肉多、脂肪少、优质肉比例大、饲料报酬高，故深受国际市场欢迎。世界发达国家由于经济的高度发展和技术的不断进步，带动了肉牛饲养业向优质、高产、高效方向发展。

## 一、世界肉牛产业生产现状

肉牛产业作为畜牧产业中的重要组成部分，肉牛产业比重占据养牛业重要地位，活牛及其种质商品全球贸易活跃在世界贸易中，养牛业无论是在数量上，还是从产值上，都居畜牧业首位，部分国家养牛业的产值占畜牧业产值的70%。目前全球肉牛养殖地主要集中在印度、巴西、美国、中国以及欧盟等地。各主要养殖地发展路线受到本国文化、市场条件、生产技术水平影响各有不同，但总体趋势在向品种大型化、生产集约化、育种杂交化和青粗饲料利用化方向发展。

由于国际市场对牛肉的需求量日益增加、牛肉行情持续紧俏等原因，世界活牛饲养数量呈增长趋势（图1-1）。美国农业部（USDA）的统计数据显示，截至2021年初，全球肉牛存栏量约为9.96亿头，其中中国的肉牛存栏量位居世界第三，仅次于印度、巴西两个存栏大国，略高于美国(图1-2)。

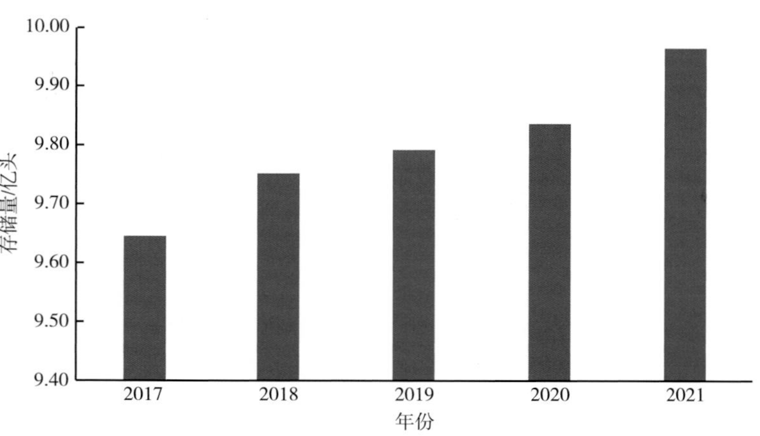


图1-1 2017—2021年全球肉牛养殖存栏量规模变化趋势

（资料来源：USDA前瞻产业研究院）

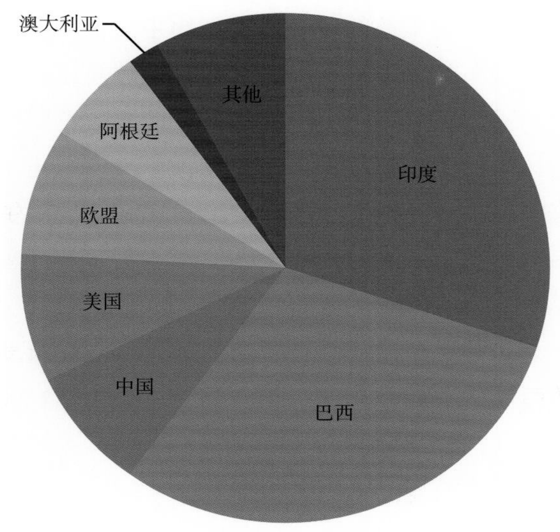


图1-2　2021年全球肉牛养殖存栏量构成

（资料来源：USDA前瞻产业研究院）

同时，全球肉牛出栏量也呈现平稳增长的发展态势。USDA统计显示，2020年全球肉牛出栏量约为2.92亿头（图1-3）。其中印度肉牛出栏量为6 940万头，排名全球第一，占全球肉牛总出栏量的23.77%；巴西和中国紧随其后，肉牛存栏量分别为5 150万头和4 565万头，分别占全球肉牛总出栏量的17.64%和15.63%。

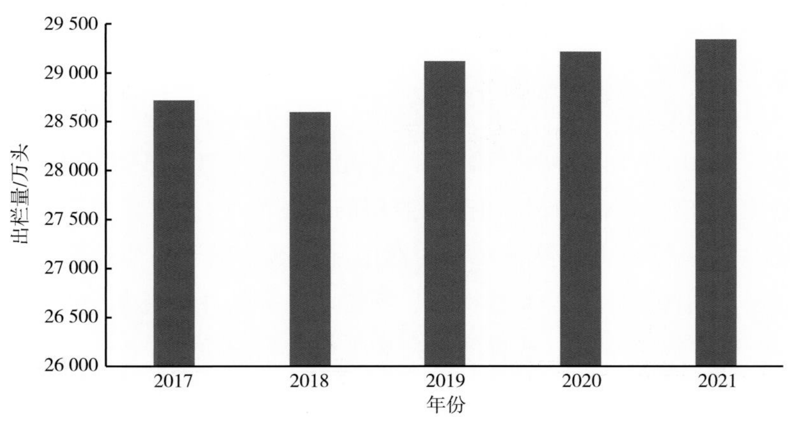


图1-3　2017—2021年全球肉牛养殖出栏量规模变化趋势

（资料来源：USDA前瞻产业研究院）

## 二、肉牛品种的发展

目前全球饲养的牛种主要有普通牛、瘤牛、牦牛等。普通牛是涵盖了世界上各种奶牛、肉牛、兼用牛品种和我国大多数的黄牛品种。瘤牛包括印度瘤牛、非洲瘤牛、美国婆罗门牛等。牦牛则主要分布在我国青藏高原及部分中亚高原。

肉牛的发展经历了“役用”到“肉用”的转变。瑞士、英国等国家于19世纪中期以后陆续选育出了专用的肉牛品种。至今欧美发达国家已经发展出了极为多元化的肉牛品种。如美国有70多个肉牛品种，澳大利亚有40多个，英国有30多个。但在实际生产过程中，针对各品种的适应性和生产性能特点，主要以少数优势品种为主，对其开展持续选育和后续杂交利用。

目前，世界上存栏数量较多的肉牛品种有西门塔尔牛、安格斯牛、夏洛来牛等，其中西门塔尔牛是世界上仅次于荷斯坦牛的分布范围最广的牛品种。

## 三、全球主要肉牛养殖地区的产业发展

### （一）巴西

巴西是世界牛肉出口量第一的国家，而我国则是巴西牛肉的最大进口国。2018年，巴西牛肉23.81%出口到中国内地，20.47%出口到中国香港。巴西的肉牛产业化发展对中国市场的稳定供应有着重要的影响。

巴西发展畜牧业有着得天独厚的优良条件，其80%国土面积处于热带地区，其余在亚热带地区，气候湿润，光照充足，适宜牧草生长。因此巴西的肉牛养殖模式以放牧、自然繁殖为主。据统计，2018年巴西牛存栏量达2.14亿头，肉牛产业就占国民生产总产值的8.7%、占农业总产值的31%。

1. 品种

受巴西高温高湿的热带和亚热带气候影响，巴西肉牛养殖业对肉牛的品种有了特殊的要求。在巴西约80%的肉牛为耐热能力、抗病能力优秀的耐热瘤牛品种或具有瘤牛血统，如肉用的内罗尔牛（Nelore）和肉乳兼用的吉尔牛（Gir）。至于欧洲系肉牛，如海福特牛、安格斯牛等，主要养殖在巴西西南部地区。随着肉牛选育工作重视度的提高，巴西也在逐步利用吉尔牛与海福特牛、安格斯牛等品种开展杂交育种工作。目前在巴西西南部，杂交牛极为常见，选育的无角瘤牛也相当成功。

2. 养殖模式

巴西的肉牛养殖模式以放牧饲养为主，放牧饲养比例可达90%以上。因此牧场对巴西肉牛养殖非常重要。巴西全国草地面积为1.9亿$hm^2$，其中自然草场0.74亿$hm^2$，人工草场为1.16亿$hm^2$。

随着肉牛养殖业的不断发展，巴西对草场的需求不断增加。尽管不断扩充人工草场，但过度放牧等原因，天然草场不断退化。两方面因素导致从20世纪90年代开始，巴西的人工种植草场面积大于天然草场面积（图1-4）。

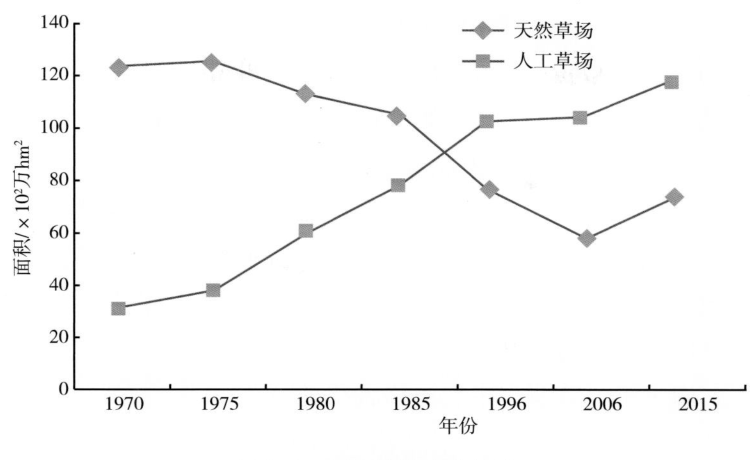


**图1-4　巴西草场历年变化**

（注：摘自《国外肉牛产业研究》）

3. 肉产品

巴西作为世界第二的牛肉生产国，1996—2018年，巴西牛肉产量增加约51%，约占全球牛肉总产量的15%。巴西作为牛肉出口大国，国内消费市场同样旺盛。在巴西生产的牛肉中，总产量的20.1%用于出口，总产量的79.6%用于国民消费，人均年消费牛肉量达42.12 kg，仅次于阿根廷人均消费量，居世界第二位。不过由于常见品种的内罗尔牛、吉尔牛等瘤牛属于小型种或中小型种，尽管通过海福特牛、安格斯牛等进行了改良，牛肉生产量仍略逊于美国。根据USDA的统计，2019年巴西牛肉产量为1 020万t，约比美国低20%，为中国的2.3倍。

4. 减排措施

巴西的肉牛饲养产业特点是粗放式、低投入的养殖模式，因此对粪污等畜牧业环境污染处理并不发达，但随着巴西养殖业的规模化、集约化迅速发展，养殖场的粪污资源化处理重视度不断提高。

为保障畜牧业健康可持续发展，巴西农业、畜牧业和供应部宣布了《适应气候变化和低碳排放的农业可持续发展部门计划（2020—2030）》，旨在通过减缓温室气体排放来促进巴西农业可持续发展，重点推广包括节约型灌溉系统、集约化牲畜饲养在内的农业科技手段，力争在2030年前实现农牧业减少11亿t碳当量的排放目标。同时巴西能源部发布的《生物燃料法案》称，到2030年，巴西能源结构中的生物燃料消费将从现在的300亿L左右提高到500亿L，这将使巴西在未来10年中减少6.7亿t二氧化碳排放，在此期间，巴西交通系统的碳排放强度将减少11%。

（二）美国

美国肉牛业发展较早，从哥伦布发现新大陆时起，养牛就以食肉为主。美国的肉牛

产业保持着非常高的水平，是全球第一大牛肉生产国。同时肉牛业也是美国畜牧业生产中最大的部门，占美国畜牧业总产值的25%，2015年肉牛业总产值已达1 050亿美元。美国牛总存栏量达9 900万头左右，牛肉产量一直维持在1 100万～1 200万t，位居世界第一。2018年美国牛肉产量约1 222万t，占全球牛肉产量的19.5%。

1. 品种

美国根据自身的地理、气候、环境、种植业、经济条件形成了完善的肉牛育种、杂交生产、饲养管理、加工销售体系。美国目前有70个肉牛品种，主要分为三系。一是英国品种，如安格斯、海福特、红安格斯和短角牛等；二是以婆罗门牛为基础的选育品种，如婆安格斯、肉牛王、婆罗门牛、圣格特鲁地斯莱牛等；三是欧洲大陆品种，如夏洛来、西门塔尔、利木赞、德国黄牛、缅因安茹牛、契安尼娜牛等。针对不同地区环境、经济条件等因素，美国的肉牛产业根据每个品种的生产性能特点及其适应性，发展出适应当地的优势品种饲养体系。如美国南部地区多为安格斯牛、海福特牛与婆罗门牛杂交，而中东部地区则以安格斯和海福特杂交牛为主。

2. 养殖模式

美国肉牛的生产方式以私营农场为主，以散户居多的形式存在。根据美国农业部统计，存栏100头以下的牧场占总牧场数的81%，存栏量达到了存栏总量的19%；100～1 000头的牧场数量达到了18%，存栏数占到了总数的43%；1 000头以上的牧场仅占1%，存栏数占到总数的38%。但近年来，美国肉牛产业的规模化和正规化程度不断提高，特别是大型肉牛养殖场的占比显著提高。2003—2012年，年存栏20 000头以上的养殖场存栏比例从6.4%提升至8.5%。

3. 肉产品

美国作为全球第一的牛肉生产国，肉产品生产一直保持着较高的水平。自20世纪70年代以来，肉牛产量维持在1 100万～1 200万t，2018年牛肉产量达1 221.98万t，占全球牛肉产量的19.5%，约为中国牛肉产量的1.7倍。美国90%的牛肉供国内消费，出口量和进口量大体平衡。2018年美国牛肉出口143.2万t，占全球牛肉出口贸易量的13.6%，居全球第四位；进口牛肉136.0万t，占全球牛肉进口贸易量的15.8%，居全球第二位（2018年中国牛肉进口量超过美国）。美国牛肉大进大出的主要原因是出口高档谷饲牛肉的同时，进口大量低价草饲牛肉以满足国内汉堡、三明治、烤肉等低端牛肉消费需求。

4. 减排措施

随着环保意识的加强，肉牛产业对环境的影响，包括排泄氮、磷对地表水和地下水的污染，温室气体的排放等受到人们的关注。对此，美国各级政府针对集约化饲养分别制定了相应的动物饲养操作规范。

一是统一的联邦环境保护政策。美国主要通过严格细致的立法来防治养殖业污染。二是详细的州一级环境保护政策。美国联邦政府政策只是对某些州的环境提出质量标准，但对实现这些环境质量标准，需要采取哪些政策措施，要靠州一级政府制定出较为详细的规章制度。三是出台植物营养管理计划，即针对粪污废弃物的施用执行植物营养管理计划，以确保土地不会因为粪污排放导致富营养化。目前美国已经有23个州实施了各种形式的植物营养管理计划。

### （三）英国

英国农业结构以畜牧业为主导，畜牧业产值远远高于种植业。2015年英国农业总产值约合176.4亿美元，其中，畜牧业约占65%，而肉牛产业则占畜牧业的45%左右。同时英国作为肉牛发展较早的国家之一，拥有一批世界著名的优良肉牛品种和地方品种。目前，英国培育的奶牛和肉牛品种已近20个，一些优秀品种，如安格斯、海福特、红安格斯和短角牛等，已引种到全球各个国家。

1. 品种

英国拥有较多优良肉牛品种，目前使用广泛的有海福特牛、安格斯牛、英国夏洛来牛、西门塔尔牛等。其中海福特牛作为英国最早的肉牛品种之一，原产于英格兰中部的海福特郡。海福特牛在英国肉牛产业中具有主导地位，是英国肉牛杂交种的主要父本。海福特牛体型中等，具有早熟特质，有着日增重、屠宰率、饲料转化率、胴体品质较高的优势。英国夏洛来牛和西门塔尔牛则作为引入品种，形成了一系列适应英国本地环境的杂交品种。

2. 养殖模式

英国的规模化发展并不充分，50头以下规模的养殖场占大多数。以英格兰为例，根据英国政府统计数据，英格兰26 490家养殖户中，50头规模以上的养殖场仅占15%，其中大于100头的养殖场为4%。苏格兰、威尔士和北爱尔兰的情况也与此相近。

英国肉牛养殖的特点是奶牛业与肉牛的紧密结合，英国每年的牛肉总产量中60%来自奶牛业。主要来源于淘汰老龄奶牛、繁育的小公牛、肉牛和奶牛的杂交后代。其中特别是肉牛和奶牛的杂交后代，在英国有着广泛的应用。此方法充分利用荷斯坦奶牛体型大、日增重和饲料转化率高的优势。目前英国奶牛农场每年用肉用品种公牛交配的母牛约占成年母牛总数的33%，其中用于交配的小母牛占成年母牛总数的70%。

3. 肉产品

英国的牛肉产量一直维持在88万t左右，这并不能满足国内需求，因此每年需要进口40万t左右。肉类稳定的需求使得英国肉牛业及肉产品加工业保持着较好的发展。

4. 减排措施

英国的畜牧业在环保方面主张循环农业，因此畜牧业大多远离大城市，并与农业紧密结合。同时，英国政府对大型养殖场的建立进行了限制，规定肉牛养殖场最高头数为1 000头。

肉牛养殖产生的粪污，不同于美国的计划管理排放，英国采用稻草厩肥的方式使其资源化或者建立粪污生态处理系统，利用牛粪发酵后种植双孢菇，实现种养结合，粪污资源化利用的目的。

### （四）法国

畜牧业作为法国农业的主导产业，畜牧业产值占农业总产值的70%，其中肉牛产业占农业总产值的10.74%。法国肉牛产业的特点是种草养牛，有50%以上的农业土地用于种草养牛，主要产区是东南部和中央高原地区。法国的肉牛存栏和牛肉产量均为欧洲第一，2017年，肉牛存栏量约为1 510万头。

#### 1. 品种

法国对先进的繁殖技术、地方肉牛品种选育、管理制度和肉牛饲料配方等的研究都十分重视。因为以放牧饲养为主，所以法国的肉牛品种为重视粗饲料利用率的专门化肉牛品种的夏洛来牛、利木赞牛和金色阿奎丹牛。

夏洛来牛原产于夏洛来地区，1770年前后扩展到法国中部地区，是法国存栏最多的肉牛品种。利木赞牛原产于中部高原西部的草原地区，是仅次于夏洛来牛的第二大肉牛品种。金色阿奎丹牛包括西部地区3个金色牛种的分支，于1962年统一归类为金色阿奎丹牛。

除此之外，法国还繁育着红色高原牛、帕特奈兹牛、巴扎带牛、蓝白牛等大体型肉牛。

#### 2. 养殖模式

法国肉牛养殖模式是集约型放牧和舍饲圈养相结合，即冬季舍饲（以粗饲料为主，辅以精饲料）。法国全国草场面积达1 490万$hm^2$，占农业土地面积的53%，其中永久性草场达1 100万$hm^2$，每公顷草场的载畜量为2～3头牛。

法国的牧草地是人工改良后形成的永久性草地。主要为人工播种的黑麦草、高羊茅、三叶草、鸭茅、苜蓿等的混播牧草地。除放牧外，部分永久性草地也用于收获干草或生产调制青贮饲料的原料。

#### 3. 肉产品

不同于英国，法国的牛肉自给率高于100%，肉牛产量是欧洲第一，部分富余牛肉可用于出口。法国的牛肉产量常年保持在140万～150万t，约占欧盟牛肉产量的18%。法国同时还是欧洲第一牛肉进口国，市场上23%～25%的牛肉都是进口的。其主要原因是进口的牛肉大部分来自淘汰母牛育肥地，价格相对低廉。其次法国市场对肌内脂肪含量高的牛肉较为青睐。

4. 减排措施

尽管环保问题是欧盟的关注焦点，但法国的草地畜牧业模式决定了其粪污无害化处理比例并不高。欧盟畜牧业产出的粪污每年约为14亿t，而法国作为欧盟粪污产出量最大的国家，粪污处理方法通常是储存起来直接于农田撒播。堆肥等方法处理的粪污仅为1.2亿t。对此，法国计划积极建设厌氧消化处理厂，同时改进粪污管理制度，以提高粪污资源化利用率。

### （五）澳大利亚

澳大利农业以牧业为主导，畜牧业以肉牛产业为主导的国家，肉牛产业在国民经济中有着极高的地位。百年来，澳大利亚的肉牛产业经历了天然草地自给自足、过度放牧导致草场退化、人工或半人工草地建设而保持畜牧业的稳定发展等几个阶段。

澳大利亚1788年仅有7头牛，1800年也只不过1 044头牛，到1921年，仅120多年的时间，牛的饲养头数就发展到1 350万头，增长了近1.3万倍，以惊人的速度一跃成为世界牛肉主要输出国家。澳大利亚全国现有30多个肉牛品种，主要品种有海福特牛、安格牛、婆罗门牛、西门塔尔牛及和牛等。肉牛存栏数量、出栏头数和牛肉产量基本保持稳定。

1. 品种

澳大利亚目前全国肉牛品种有30多个，但澳大利亚没有本土肉牛品种，其所有的肉牛品种均从国外引进。引进品种中，普通牛主要品种有安格斯牛、海福特牛、夏洛来牛、西门塔尔牛以及部分日本和牛；瘤牛主要有婆罗门牛和圣格特鲁迪斯牛。其中颇具特色的是由日本引进的和牛，是全球少数规模化饲喂和牛的地区。

由于澳大利亚北部地区气候炎热，因此北部地区以饲养抗热和抗蚊蝇等的能力更强瘤牛为主。南部地区由于草料较为丰富，气候舒适，可以饲养牛肉品质更高的普通牛如安格斯牛、和牛等。

2. 养殖模式

澳大利亚拥有世界上最大的天然草原，多达4.58亿$hm^2$，牧场面积占世界牧场总面积的12.4%。因此形成了以土地投入为主的放牧饲养模式。由于经历过过度放牧带来的草场退化危机，澳大利亚政府为了保证肉牛产业的可持续发展，采取了众多措施。首先是改善放牧形式，由过去粗放式放牧改为围栏放牧、分区放牧与休牧相结合的方式，结合天然草地和人工草地的承载能力来考虑载畜量。其次是加强人工草地建设和草地改良，并重视高产优质牧草的选育工作。

3. 肉产品

澳大利亚牛肉工业将牛肉分为草饲牛肉和谷饲牛肉，草饲牛肉指的是纯放牧饲养的牛所产的牛肉；谷饲牛肉则指的是在放牧饲养基础上，在肉牛达到一定体重后转入育肥场进行一段时间谷物饲喂的牛所产的牛肉。谷饲牛肉相较于草饲牛肉，肉品品质和饲喂成本都较高，因此价格也较高。

澳大利亚是世界第一的肉牛出口国，据统计，2015年澳大利亚全国肉牛出栏970万头，牛肉产量225万t，牛肉出口125.1万t，活牛出口120万头。除了牛肉出口，牛心、牛肝、牛舌、牛尾、牛百叶等牛副产品也是澳大利亚出口的重点。这些牛副产品中80%出口到了日本、中国、印度尼西亚、墨西哥等有食用牛副产品传统的国家，其中日本为最大进口国。

4. 减排措施

澳大利亚肉牛养殖业以规模化养殖为主，存栏1 000头以上的养殖场占全国总存栏量的90%。规模化带来了是粪污集中处理的成本优势，因此超过70%的规模化养殖场会将粪污进行资源化利用，用于牧草种植或其他作物栽培，其中还有不到30%的小型集约化牧场采取厌氧发酵生产沼气来进行资源化利用。同时，澳大利亚政府也出台了一系列畜禽养殖环境保护的法律法规和养殖业粪污处理的补贴政策，对规模化肉牛场的环境污染问题进行宏观调控起到了良好的效果。

### （六）日本

日本作为工业发达的国家，由于土地资源紧张，畜牧业在国民经济中的占比较低。但其和牛饲养产业具有独特性，在世界高端牛肉产业中占有重要地位。随着第二次世界大战结束，日本进入战后恢复期，肉牛产业也逐渐复苏，特别是到20世纪90年代，伴随着日本经济的繁荣，高端的和牛消费需求大幅增加，在1994年达到巅峰，年产量到达了60.2 t。但随着经济泡沫破碎，日本经济陷入停滞，和牛的消费量也随之大幅下降。为振兴牛肉产业，日本政府目前制定了一系列产业扶持政策。

1. 品种

日本肉牛品种主要为和牛，可以细分为黑毛和牛，由本地黄牛和瑞士黄牛杂交改良而成；无角和牛，由本地黄牛和安格斯牛杂交改良而成；褐毛和牛，由朝鲜黄牛作母本和西门塔尔牛、利木赞牛杂交改良而成；短角和牛，由日本东北地区北部的南方牛和短角牛改良而来。和牛的特点是耐寒性以及高肌间脂肪生成，这来源于本地黄牛在高寒地区自然演化的基因，在经过人工选育后得到了放大。

除了和牛外，日本还进行乳用种育肥和乳用种为母本，和牛为父本的杂交牛（$F_1$）饲养。

2. 养殖模式

日本农用土地资源稀缺，因此肉牛的饲养呈现集约化、规模化的特点，不过在北海道地区或部分小岛存在一定程度的放牧饲养。据日本农林水产省的统计数据，2016年日本全国500头以上的养殖场有729户，饲养肉牛90.71万头；占全部养殖户1.32%的养殖企业饲养了约36.44%的肉牛。

日本肉牛养殖是繁殖养殖场和育肥养殖场高度分化的模式，繁殖养殖场将犊牛育肥到一定体重后送至市场进行拍卖，育肥养殖场购得犊牛后进行育肥。和牛为达到高评级需要长周期育肥，通常于28～30月龄才将其出栏，并在出栏前2～3个月进行高粗精比饲喂（一般为2：8或1：9，最高也有纯谷物饲喂）以达到增加肌间脂肪沉积的目的。

3. 肉产品

2015年，日本全国的牛肉产量为33.2万t，其中和牛牛肉15.1万t；乳用种牛肉10.2万t；$F_1$牛肉7.5万t，自给率为42%。为填补需求空缺，同时由于和牛价格高昂，市场上普遍超过1 000元/kg，高等级的可达3 000元/kg以上，日本需要从美国和澳大利亚等地进口大量牛肉，每年需要进口50万t左右。日本注重畜产品质量安全，食品安全理念在日本深入人心，畜牧生产者、经营者更是将质量安全作为企业品牌化发展的基本要求。目前日本已建立畜禽养殖档案和质量安全追溯体系，在超市销售的鸡蛋、猪肉、牛肉等畜禽产品的外包装盒上，都必须明确标示产地、品种、生产者、检验者和消费期限等信息，以供消费者查询和追溯生产来源。

4. 减排措施

日本对畜牧业环境保护方面有着高度自觉性，出台了一系列法律法规和政策补贴用于畜禽粪污无害化处理。粪污在日本主要通过堆肥来处理，日本各县一般建有公有的堆肥处理厂，用来集中处理粪污。同时通过政策补贴鼓励大型养殖企业开展粪污堆肥生产。生产出的堆肥通过农业协会在各个分销点售卖，市场反应良好，与日本有机农业发展形成了合力。

## 第二节　我国肉牛产业化发展概况

我国养牛业历史悠久，根据考古资料可追溯至公元前8000年，即新石器时代我国就开始对普通牛进行驯化。中华人民共和国成立后，我国开始重视畜牧业发展，针对畜牧业中存在的问题，发布并执行了一系列畜牧业发展政策，有计划地建立了国有农场、良种站，逐步发展奶牛等，我国养牛业得到了一定发展。至1979年，全国养牛数量有了显著增加，达到1949年的1.6倍。1979年，国家颁布《国务院关于保护耕牛和调整屠宰政策的通知》，明确允许菜牛、杂种牛等肉用牛育肥后屠宰，我国肉牛养殖业开始萌芽和起步。

随着改革开放步伐的不断加快，对肉食消费的需求越来越高，我国肉牛业真正步入专业化发展轨道。特别是自20世纪90年代以来，肉牛的出栏量和牛肉产量呈直线上升，到1998年已成为仅次于美国和巴西的第三大牛肉生产国，肉牛产业真正形成了肉牛育种、饲料生产、肉牛繁育、肉牛育肥、牛肉加工、销售餐饮等各环节相互联动、协调发展的成熟产业运作模式。

尽管我国畜牧业不断发展，但当前畜牧业占农业总产值的比例为32%左右，养牛业占畜牧业产值的比例仅为5%～8%。大力发展养牛业，提高我国牛肉产品自给率，可以保障人民群众的“肉篮子”稳定供应以及食品安全。

## 一、我国肉牛产业基本情况

### （一）肉牛生产情况

改革开放以来，我国肉牛养殖和牛肉生产总体呈现增长态势。肉牛年出栏量从1979年的296.8万头增长至2021年的4 707.4万头，到2022年我国牛存栏量达到了10 216万头，牛出栏量达到了4 840万头。牛肉产量从1979年的23万t增长至2021年的697.5万t。当前，肉牛产业总产值约为4 900亿元。从牛肉产量的发展趋势看，1999年前我国牛肉产量增长速度快，1999年达到505.4万t，是1979年的22倍，年均增长率达16.7%；我国已成为名副其实的肉牛养殖和牛肉生产大国。2000—2007年，牛肉产量增速放缓，年均增长率为2.7%；2007—2021年，随着我国肉牛产业进入发展调整期，牛肉产量进入震荡徘徊期，2011年触底后开始缓慢回升（图1-5）。

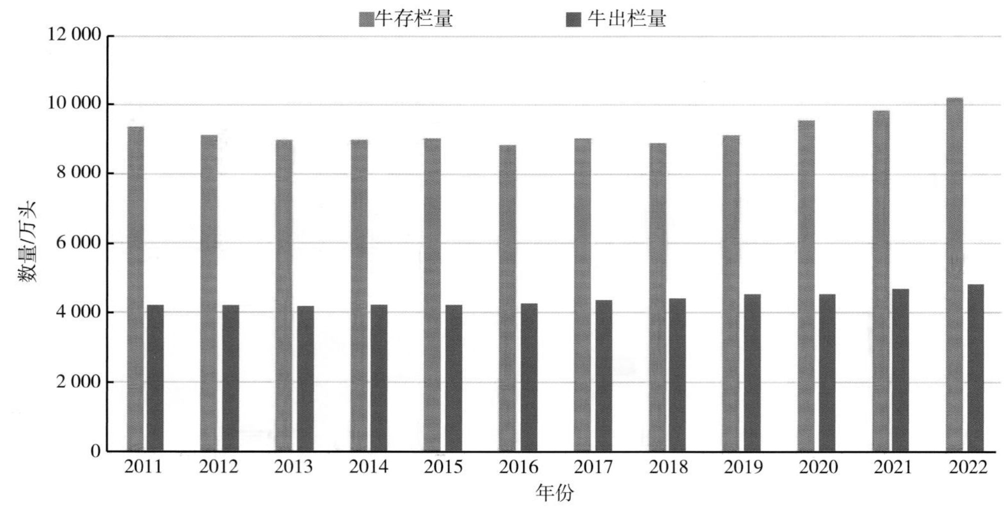


图1-5　2011—2022年中国牛存栏量及出栏量

2021年底，我国牛总存栏数为9 817.2万头。从肉牛养殖区域分布来看，2021年我国牛存栏量排在前5的省份分别为云南871.0万头、内蒙古732.5万头、西藏645.1万头、青海642.4万头和新疆616.3万头。前5省份牛存栏量分别占全国总存栏量的8.32%、7.46%、6.69%、6.54%和6.28%，总量占全国牛存栏量的35.29%。

我国肉牛产业主要集中于中原、东北、西北和西南四大肉牛带。20世纪80—90年代，我国肉牛饲养逐渐由草原资源丰富的西北、西南地区向作物秸秆资源丰富的中原和东北地区转移，西北和西南两大肉牛带的牛肉产量在全国所占比率持续下降。2021年，我国牛肉总产量为697.5万t，从肉牛的区域看，我国中原肉牛生产带、东北肉牛生产带牛肉产量占全国总产量的47.2%、20%。2021年我国牛肉产量排在前5的分别为内蒙古（68.7万t）、山东（61.3万t）、河北（55.8万t）、黑龙江（50.7万t）和新疆（48.5万t）。前5省份牛肉产量分别占全国总产量的9.84%、8.79%、8.00%、7.27%和6.95%，总量占全国牛肉产量的40.85%（表1-1）。

**表1-1　2021年各省（区、市）肉牛和牛肉生产情况**

| 地区 | 全年牛出栏量/万头 | 年末牛存栏量/万头 | 牛肉产量/万t |
|---|---|---|---|
| 全国 | 4 707.4 | 9 817.2 | 697.5 |
| 北京 | 2.4 | 8.3 | 0.4 |
| 天津 | 14.9 | 29.1 | 2.8 |
| 河北 | 339.9 | 370.4 | 55.8 |
| 山西 | 56.6 | 137.5 | 9.0 |
| 内蒙古 | 41.3 | 732.5 | 68.7 |
| 辽宁 | 198.7 | 290.9 | 31.5 |
| 吉林 | 242.4 | 338.3 | 40.8 |
| 黑龙江 | 299.7 | 515.0 | 50.7 |
| 上海 | 0.9 | 5.4 | 0.2 |
| 江苏 | 14.4 | 27.2 | 2.8 |
| 浙江 | 10.2 | 16.7 | 1.7 |
| 安徽 | 70.6 | 99.4 | 11.2 |
| 福建 | 22.9 | 31.5 | 2.6 |
| 江西 | 146.5 | 269.7 | 16.7 |
| 山东 | 280.0 | 279.8 | 61.3 |
| 河南 | 235.9 | 400.3 | 35.5 |
| 湖北 | 105.0 | 239.7 | 15.8 |
| 湖南 | 180.7 | 435.1 | 21.3 |
| 广东 | 34.5 | 113.0 | 4.4 |

（续表）

| 地区 | 全年牛出栏量/万头 | 年末牛存栏量/万头 | 牛肉产量/万t |
|---|---|---|---|
| 广西 | 134.4 | 355.7 | 14.0 |
| 海南 | 22.4 | 48.1 | 2.1 |
| 重庆 | 57.2 | 107.4 | 7.6 |
| 四川 | 293.1 | 830.5 | 36.9 |
| 贵州 | 180.1 | 479.3 | 23.6 |
| 云南 | 345.2 | 871.0 | 42.0 |
| 西藏 | 139.0 | 645.1 | 20.5 |
| 陕西 | 60.7 | 149.3 | 9.0 |
| 甘肃 | 246.9 | 512.8 | 27.0 |
| 青海 | 200.3 | 642.4 | 21.2 |
| 宁夏 | 72.3 | 207.8 | 11.8 |
| 新疆 | 289.2 | 616.3 | 48.5 |

注：数据来源于《中国畜牧兽医年鉴（2022）》。

随着我国人民生活水平的提高和饮食结构的调整，牛肉类产品成为人们动物性蛋白的主要来源之一。2011—2022年我国牛肉需求量逐年增长，但我国牛肉产量满足不了当前牛肉的需求，导致近些年牛肉进口量增加。2022年，我国牛肉需求量为986.97万t，而牛肉产量为718万t，牛肉进口量为268.97万t（图1-6）。

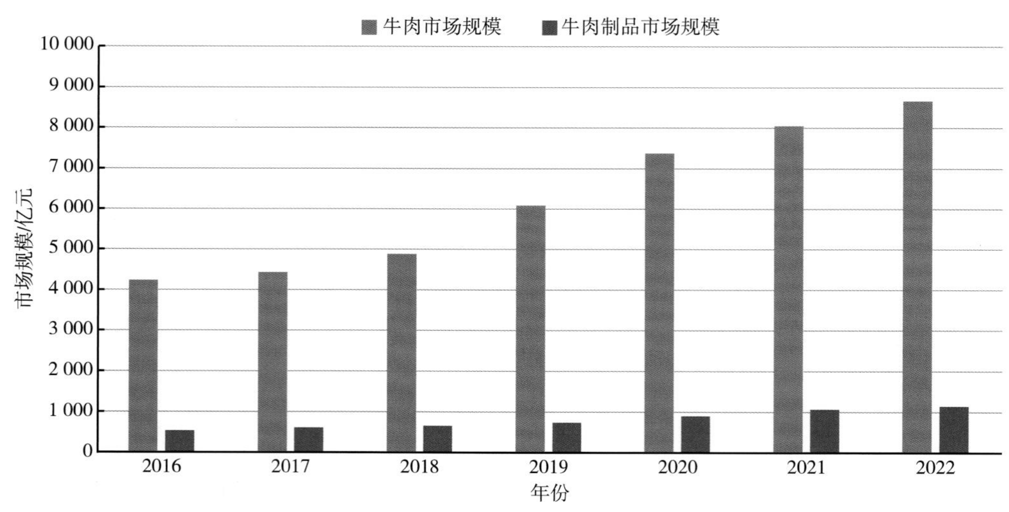


图1-6　2011—2022年中国牛肉及牛肉制品供给与进口状况

我国牛肉及牛肉制品的市场规模也在逐年扩大，2022年我国牛肉市场规模达到8 644.9亿元，牛肉制品市场规模达到1 167.06亿元（图1-7）。

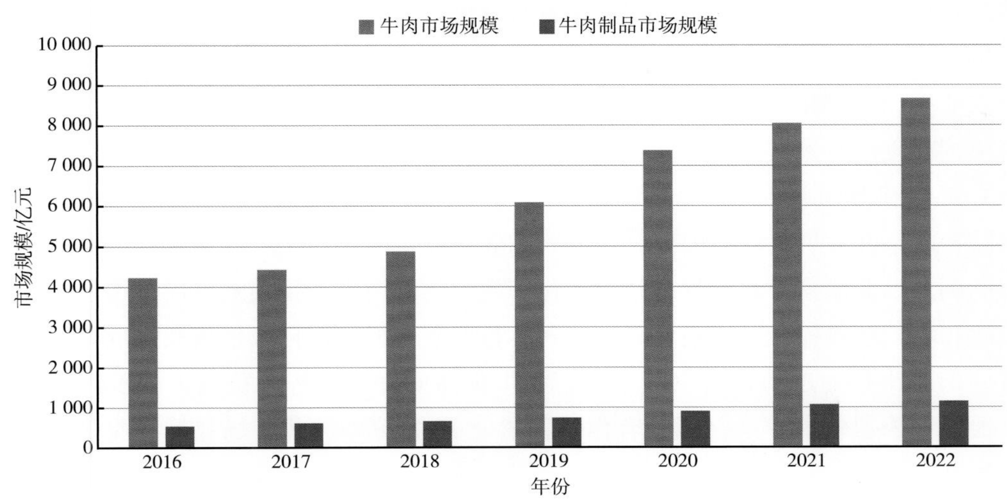


图1-7　2016—2022年中国牛肉及牛肉制品市场规模

### （二）肉牛养殖模式

#### 1. 牧区养殖模式

我国西部和北部五大天然草原，储载着大量的草场资源，是我国早期肉牛主产区。传统的牧区肉牛养殖通常利用牧区丰富的草场资源，采用自由放牧的方式。牧区地域辽阔，养殖规模较大，动物排出的粪尿同时又作为牧草生长的有机肥料，形成一个有序的循环生态链。但由于牧区多地处偏远，养殖技术较为落后，导致肉牛养殖生产效率低、牛肉口感不佳等，制约了牧区肉牛产业潜力的充分发挥。

我国有4亿$hm^2$草山、草坡和滩涂草地，其中可利用面积为3.15亿$hm^2$。由于牧区牛羊饲养量的增加，草原出现过度开垦，利用状况很不平衡，大部分草原过度放牧，导致退化、沙化现象非常严重。

在国家对草原生态环境保护等政策要求下，近年来草原畜牧业生产方式加快转变，“暖季放牧+冷季舍饲”“舍饲+半舍饲”、围栏育肥等新型饲养模式在牧区推行。新的饲养模式在不破坏草原生态环境的前提下，既保持了适度利用天然草场资源的传统优势，又弥补了传统放牧导致的肉牛精料补充不足和养殖效率及牛肉品质低下的不足，牧区肉牛养殖的生产效率及牛肉品质得到提升。

#### 2. 农区养殖模式

我国是一个农业大国，每年生产约7亿t的农作物秸秆和加工副产品，由于农区具有良好的自然条件和丰富的饲料资源，逐渐成为肉牛产业发展的重要承接区。但目前用作饲料的比例仅仅只有25%，其中经各种处理后利用的秸秆仅占总量的5%，对农作物秸秆的氨化、微贮、碱化、微生物发酵等技术的研究，以提高其适口性和消化率，以秸秆作为饲料使养殖成本相对较低，为我国畜牧业生产提供可靠充足的饲料资源，推动养牛业的进一步发展。其中青贮玉米是很好的饲料，应大力推广应用。随着农区畜牧业的发展，农业生产规模化和机械化程度的不断提高，肉牛育种技术的不断进步，农户散养和小规模饲养逐渐开始向专业化肉牛饲养发展。

3. 规模化养殖模式

随着改革开放后我国对肉牛养殖模式和养殖技术的不断实践和探索，牛肉消费市场需求的刺激以及国家的政策扶持，专业化和规模化的肉牛养殖模式发展迅速。相较传统的放牧和农户散养模式，规模化养殖模式具备肉牛存栏和出栏数量较大，饲养技术相对先进，肉牛出栏速度快，产出效率较高，牛肉品质好、经济效益高等诸多优势。近年来，通过“公司+基地”“公司+合作社”“公司+家庭农（牧）场”等产业化经营模式稳步发展，草畜联营合作社等新型生产经营主体不断涌现，我国肉牛规模化水平不断提高。2020年，我国肉牛年出栏50头以上规模养殖比例为29.6%，较2003年提高了16.1%（表1-2）。

**表1-2 全国肉牛饲养规模比例变化情况**

| 年出栏规模 | 2010年 | 2015年 | 2018年 | 2019年 | 2020年 |
|---|---|---|---|---|---|
| 1～9头 | 58.4 | 53.4 | 53.0 | 50.9 | 47.6 |
| 10头以上 | 41.6 | 46.6 | 47.1 | 49.1 | 52.4 |
| 50头以上 | 23.2 | 28.5 | 26.0 | 27.4 | 29.6 |
| 100头以上 | 14.1 | 17.5 | 16.9 | 17.6 | 18.7 |
| 500头以上 | 6.2 | 7.3 | 7.1 | 7.6 | 7.6 |
| 1 000头以上 | 2.6 | 3.5 | 3.9 | 4.3 | 4.1 |

注：数据来源于《中国畜牧兽医统计（2020）》，此表比例指不同规模年出栏数占全部出栏数比例。

## （三）相关产业政策

为促进我国肉牛产业发展，国家针对肉牛产业出台了一系列产业发展规划与扶持政策，为我国肉牛产业化的发展指明了方向，注入了发展动力。

1. 产业规划引领

如果说1979年国家颁布《国务院关于保护耕牛和调整屠宰政策的通知》促进了我国肉牛养殖业的萌芽和起步，那么我国畜牧业中长期规划则是每个阶段我国肉牛产业发展的重要顶层设计。改革开放以来，在我国畜牧业五年规划中都针对每个时期我国社会经济水平、产业基础及市场需求的不同，对各阶段肉牛产业的发展环境、发展思路、主要任务、畜种结构与区域布局、重大建设项目等做出科学的设计与布局，稳步推进了我国肉牛产业发展。

为优化我国肉牛产业发展区域布局，2003年和2008年国家两次出台肉牛优势区域布局规划，充分依托不同地域的资源优势、区位优势，利用十年时间，合理、有序地引导和推进了我国肉牛优势区域布局和建设，有效促进了我国肉牛产业的生产力水平和竞争力。随着我国经济发展进入新常态，消费个性化和多样化成为消费主流，畜牧业也由规模速度型粗放增长转向质量效益型集约发展的新阶段，迫切需要调整产业结构。

为加快发展草食畜牧业，促进畜牧业转方式调结构，推动供给侧结构性改革，从而构建起粮经饲兼顾、农牧业结合、生态循环发展的种养业体系，有效满足社会不断增长和提高的消费需求，农业部专门出台《关于促进草食畜牧业加快发展的指导意见》《全国牛羊肉生产发展规划（2013—2020年）》《全国草食畜牧业发展规划（2016—2020年）》《国务院办公厅关于促进畜牧业高质量发展的意见》等文件，成为指导我国肉牛产业发展的重要纲领性文件。

“十四五”时期是全面推进乡村振兴、加快农业农村现代化的关键5年，也是我国畜牧业转型升级、提升质量效益和竞争力的关键时期。为推进畜牧业高质量发展，国家发布了《“十四五”全国畜牧兽医行业发展规划》《“十四五”全国饲草产业发展规划》等文件。文件对“十四五”时期我国肉牛产业的发展目标、重点布局和重点任务进行了科学规划和总体布局，明确要做好标准化规模养殖，扎实推进良种繁育体系建设，夯实饲草料生产基础，强化质量安全监管与疫病防控，促进新型业态健康发展。

2. 产业政策扶持

改革开放以来，国家针对肉牛产业出台了一系列扶持政策措施，这些政策有些是阶段性的，有些是长期性的，但都对促进我国肉牛基础产能稳定发展和养殖技术进步起到了积极推动作用。

在国家层面，20世纪80年代我国开始实行“菜篮子工程”建设，启动了秸秆养畜项目，在国内投资建设肉牛生产基地。21世纪以后，我国开始启动全国性的肉牛产业扶持计划。陆续启动了包括肉牛肉羊标准化规模养殖场建设项目、肉牛基础母畜扩群增量项目、南方现代草地畜牧业项目、良种补贴和良种工程项目、牛羊调出大县奖励政策等扶持项目，为产业稳定发展创造了良好的政策环境。

2016年国家启动“粮改饲”试点项目，重点以调整玉米种植结构为主，大规模发展适应于肉牛、肉羊、奶牛等草食畜牧业需求的青贮玉米，以全株玉米青贮为重点，以发展草食家畜规模养殖为载体，实施“以养定种、种养结合、草畜配套、草企结合”发展战略，推进草畜配套，为肉牛产业发展创造新的契机。除国家层面外，一些地方政府还结合本地发展实际，出台了地方性的能繁母牛补贴、引进母牛补贴、扶贫养牛奖补、养牛保险及补贴等扶持政策。这些扶持政策对我国肉牛产业发展均起到了重要促进作用。

## 二、我国肉牛产业发展面临的挑战与机遇

我国肉牛养殖得到了蓬勃发展，肉牛产业在养殖规模和质量水平上都达到了前所未有的高度。但也存在良种率比较低，仅35%左右。不仅如此，种牛还大量依赖进口。而且国内与国外肉牛性能差距明显，选育改良也缺乏科学规划，“杂交污染”现象严重。与欧美等肉牛产业发达国家和地区相比，我国肉牛产业在专业化水平、组织化程度、技术支撑度等方面都存在着较大差距，应该说我国肉牛产业仍处于大而不强的初级发展阶段。当前，我国正处于畜牧业产业结构调整与优化的关键时期，肉牛产业应加快转变发展方式，尽快从拼资源消耗、拼生态环境的粗放经营转到质量和效益并重的集约化经营上来，确保肉产品供给和畜产品质量安全，努力走出一条中国特色的可持续发展道路。

### （一）我国肉牛产业发展面临的挑战

#### 1. 环境承载能力约束，环保压力大

近年来，随着我国畜牧养殖规模增长，集约化饲养模式的转变，畜禽粪污产生量增长，但与之配套的土地消纳能力和处理能力不足，导致畜牧养殖业粪污已成为我国主要的污染源之一，严重制约了我国畜牧业可持续发展。

据估算，1头牛每天排放的废水量超过22个人生活产生的废水。我国畜牧养殖业全年粪污排放总量超过30亿t。目前我国农区的肉牛饲养以中小规模养殖户为主，由于中小规模养殖场（户）粪污处理的基础设施条件及处理能力较弱，无法有效处理养殖带来的粪污排放，造成周边环境污染的压力较大。

在牧区，由于缺乏科学管理导致的过度超载放牧，也使草原资源受到破坏，草地退化沙化现象严重，导致草原生态系统比较脆弱。2013年，中央一号文件提出要“加强畜禽养殖污染防治”要求，近年来，随着各项环保政策的实施，城镇周围多数地区被划定为水源保护地、禁养限养区，肉牛养殖多转向边远山区，水电路等基础设施配套不完善，运输成本提高。由于环保压力及禁养限养区的划分，肉牛养殖建设用地越来越紧张，肉牛产业发展受到制约。

#### 2. 养殖水平低，产业体系不健全

目前，我国肉牛产业仍以散户小规模养殖为主，集约化体系不完善，整体呈现“小规模，大群体”的特点。

由于我国肉牛养殖一直采取的是养、加、销各环节分散的产业链模式，衔接不紧密，“利益共享、风险共担”的利益联结机制不健全，有的企业强于建锅台买大锅（屠

宰场），但拙于厨艺（加工），弱于商贩（销售）。有些企业本来可以利用便宜秸秆饲养母牛，而且繁殖和成活率都很高，却把母牛圈起来，采用工业化育肥，这是用工业化理念干农耕社会的事，对农户肉牛养殖的带动性不强。农户养殖积极性正在下降，散养户持续选择退出，青年母牛大量被宰杀导致基础母牛存栏数量大幅锐减，犊牛价格上涨，架子牛供应严重短缺，出现全国性“牛荒”。牛繁育模式也由传统的架子牛育肥变为直线育肥，延长了肉牛养殖周期，提高了养殖风险。

同时，质优价廉的进口牛肉和质次价低的走私牛肉冲击国内牛肉市场。随着中澳自贸协定的签署和实施质优价廉的进口牛肉将对国内肉牛养殖和牛肉市场供应产生深刻影响，严重挤压了国产牛肉生产加工的利润空间。受牛肉国际市场的冲击，进口牛肉量逐年增加，2020年是212万t，2021年是233万t，截至2022年9月已经达到194万t，将近200万t，超过2021年牛肉进口量的概率大。进口牛肉价格也在2020—2022年，从4.85美元/kg上升到6.68美元/kg，换算成人民币大约49元/kg。国产牛肉价格是85元/kg，每千克进口牛肉比国产牛肉便宜了30多元，说明国产牛肉价格遇到了“天花板”，国产牛肉价格未上涨的重要因素是受进口牛肉价格影响（图1-8）。

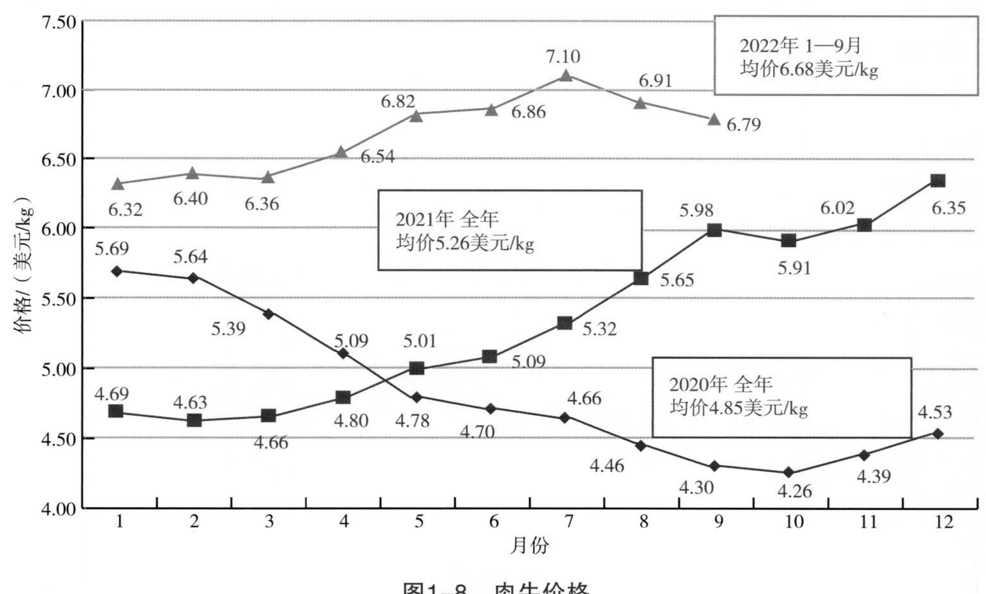


**图1-8　肉牛价格**

（注：摘自曹兵海《中国肉牛产业决胜制高点——降低系统性、结构性成本》）

3. 良种化水平低，牛肉品质不高

在肉牛良种繁育体系建设方面，多年来通过肉牛新品种培育，肉牛种公牛站和肉牛核心育种场等的建立，人工授精技术等技术措施的推广应用，大幅提升了我国肉牛良种生产和推广能力，肉牛良种繁育体系已初步形成，对我国肉牛产业发展起到了重要的推动作用。

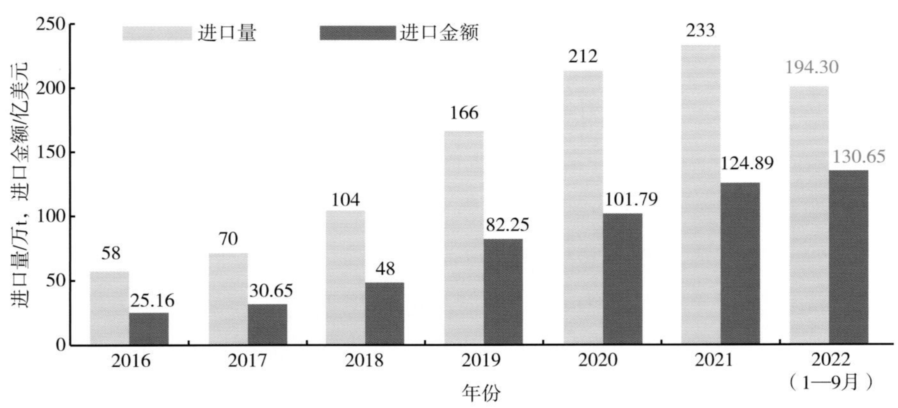


**图1-9　我国牛肉进口量**

（注：摘自曹兵海《中国肉牛产业决胜制高点——降低系统性、结构性成本》）

我国培育的夏南牛、延黄牛、辽育白牛等专门化肉牛品种在生长速度、饲料转化率、胴体重等方面比地方牛种都显著提高，为我国肉牛产业化发展打下了基础。我国54个黄牛品种的资源材料保存量居世界第一位，但牛种资源不但一直未得到充分的研究、开发和利用，反而越保越少，1种已经灭绝（荡脚牛）、1种濒临灭绝（樟木牛）、5种濒危（独龙牛、阿沛甲咂牛、三江牛、阿勒泰白头牛、舟山牛），引进国外牛种是中华人民共和国成立后我国肉牛育种的绝对主流，至今没有走出引种—退化—再引种—再退化的恶性循环，虽也支持黄牛品种选育，但与“引种”的支持力度相比，几乎可以忽略，在很长时期内并未真正培育发展专业化的肉牛产业。

但无论是与肉牛产业发达国家相比，还是与我国肉牛产业转型升级的需求相比，我国肉牛产业的良种繁育体系仍然存在一些突出问题。如肉牛主要品种的育种思路不清晰，用于牛肉生产的品种参差不齐，良种化水平不高；遗传改良的基础条件较差，杂交改良规划性不强，良种肉牛扩繁滞后，产肉性能、生长速度、肉质、饲料转化率等指标与世界专用肉牛品种还有差距。导致我国优质牛肉和高档牛肉产量较少，效益较低，制约了肉牛产业发展。

4. 牛肉产品质量安全问题频发

除了重大疫病影响牛肉品质外，不法经营者不讲诚信，导致“注水牛肉”“有毒牛肉”“僵尸肉”等事件频发，而且“牛肉膏”“牛肉粒”等假冒牛肉屡禁不止，产品质量安全令人担忧，影响了消费者的信心。

### （二）肉牛产业发展面临的机遇

1. 市场需求旺盛，发展潜力大

当前，我国人均生产总值突破1万美元，城镇化率超过60%，中等收入群体超过4

亿，消费的刚性需求强劲，牛肉市场消费潜力巨大。从全球看，世界发达国家/地区牛肉占消费肉类比例超过50%，而我国目前仅占10%左右。政府应加大肉牛良种补贴，尤其要按基础母牛等级给予合理补贴，不断扩大基础母牛补贴政策的普及面，鼓励养殖大户和企业饲养良种母牛，进而稳固我国肉牛产业发展之根基。

从牛肉人均占有量看，发达国家/地区在50 kg以上，世界人均约10 kg，而我国却不足5 kg，特别是南方一些地区不足2 kg。当前，我国已全面建成小康社会，随着饮食结构的调整及年轻一代饮食观念和文化的改变，可以预见对牛肉尤其是优质牛肉的需求将与日俱增，这将为我国肉牛产业的发展提供广阔的发展空间，肉牛产业发展潜力巨大。

2. 草食家畜发展，符合我国国情实际

我国是一个资源短缺国家，资源短缺已经成为我国社会经济发展的瓶颈。保障粮食安全一直是我国的基本国策，我国用世界7%的耕地养活了世界20%左右的人口，创造了农业奇迹。据统计，目前我国人均耕地面积已下降到1.3亩①，预计2030年，我国人口将达到16亿人，人均耕地面积将再减少25%。满足未来农业发展的需求，必须转变传统农业结构，调整生产方式，提升生产效益。

牛是草食动物，能将饲草等粗饲料转化为优质动物蛋白，属于节粮型家畜。通过肉牛养殖秸秆“过腹还田”转化，提高秸秆和饲草综合利用率，增加土壤中的有机质含量，增加土壤肥力，减少化肥使用量，避免了环境污染，促进了生态农业的良性绿色循环发展，优质肉牛产业化发展前景广阔，是现代畜牧业发展中的朝阳产业。

我国草地资源丰富，全国草地总面积达2.64 $hm^2$，其中天然草地2.13 $hm^2$。在南方丘陵地区，草山草坡较多，拥有丰富的青绿饲草资源。在农区，还具有丰富的农作物秸秆副产物，每年可收集的秸秆资源量近8亿t，其中50%以上未被有效、合理利用。发展肉牛等草食家畜养殖，对我国丰富的粗饲料资源进行有效利用，增加优质动物蛋白的产出，对缓解我国人畜争粮和粮食供需紧平衡具有重要意义。

3. 政策环境好，各方积极性高

肉牛产业的健康发展离不开国家的政策支持。改革开放以来，国家下大力气扶持肉牛产业，多措并举，多管齐下，对肉牛养殖出台了一系列扶持政策，应该说我国肉牛产业目前正处于最好的政策环境中。《国务院办公厅关于促进畜牧业高质量发展的意见》，着力建设现代养殖、动物防疫和加工流通三大体系，推动畜牧业绿色循环发展，在政策支持和引导下，充分发挥政、产、学、研、经、用各方主体的积极性，我国肉牛产业必将建立起稳定、有序的产业秩序，确保产业健康可持续发展。

① 1亩约为667$m^2$，全书同。

## 三、我国肉牛产业发展对策

当前，我国正处于农业供给侧结构性改革的关键时期，也是我国肉牛产业转型升级的重要机遇期。肉牛产业发展任重道远，机遇和挑战并存。我们应当借鉴国内外的先进经验和技术，结合我国国情，探索出一条符合我国国情的肉牛养殖模式和产业发展道路。

### （一）加快肉牛产业种业振兴

肉牛产业作为畜牧业发展的重要组成部分，是提升区域经济发展水平、农户增收的有效路径。近年来，我国牛肉供需缺口的不断加大将持续推动肉牛产业发展；国家和地方政府相关政策的支持，将进一步增加肉牛存栏量和牛肉产量。2021年中央一号文件指出，深入开展农业种质资源普查、系统调查与抢救性收集，加快查清农业种质资源家底，完成全国农作物种质资源普查与收集行动，加大珍稀、濒危、特有资源与特色地方品种收集力度。要坚决打好我国种业翻身仗，深入开展种业技术攻关。

新时期，要根据各优势区域品种和资源特点，以提高个体牛生产效率和牛肉品质为主攻方向，高效利用世界优秀的牛种资源，利用基因组合等高新育种技术，培育出一批适合我国环境条件和饲养模式的肉牛新品种。《全国肉牛遗传改良计划（2021—2035年）》发布，秦川肉牛、利鲁牛、无角夏南牛、延和牛、张掖肉牛、肉用褐牛、华西牛等肉牛新品种培育工作和群体遗传改良持续推进。国内肉牛核心种群供种率提高至35%左右，进口种质有所下降。

在核心种源供种上，用胚胎移植等生物技术生产种公牛的比例有所增加。根据不同饲养条件选择合适的种公牛冻精，以纯种繁育为基础、杂交改良为主要手段，加快良种扩繁，加大良种推广力度；要加强基础母牛供应能力建设，形成性能优良的基础母牛群，实现基础母牛扩群增量，不断提高育肥用犊牛质量；要加快建设一批肉牛核心育种场、种公牛站、肉牛良种繁育场和人工授精站，逐步建成现代肉牛繁育体系，保障肉牛产业可持续发展。

### （二）健全优质肉牛良种繁育体系

种业是国家战略性、基础性核心产业，良种是肉牛产业发展的先决条件和核心要素。良种作为肉牛产业的源头，决定了产业链的质量和效率。为加快牛群遗传改良进程，完善我国肉牛良种繁育体系，提高肉牛生产水平和经济效益，国家于2011年发布《全国肉牛遗传改良计划（2011—2025年）》，明确了我国肉牛遗传改良总体思路和具体工作措施。

2020年我国拥有肉用公牛的种公牛站36家，肉用采精种公牛存栏3 403头，普通牛39个品种3 178头，生产冻精4 400万剂，产值在4.5亿元以上。冻精生产主体为西门塔尔、利木赞、夏洛来和安格斯等品种。估计全国每年本交种公牛需求量约10万头，年产值超15亿元。以核心育种场、种公牛站、技术推广站和人工授精站为主体的繁育体系得到进一步完善。经过多年推广冷冻精液人工授精繁殖技术，形成了省、市、县、乡四级黄牛改良服务网络。现有核心育种场44家存栏17 555头，其中存栏基础母牛12 419头，涵盖地方品种、引进品种、培育品种等。

### （三）建立优质安全的饲草料供应体系

饲草料资源是肉牛产业发展的物质基础。科学优化牛饲草料种植结构，提高饲草料利用水平，加强物流仓储，饲草价格偏高等短板，有效缓解饲草料缺乏的问题。要创新思路和方法，充分利用各种先进技术，建立优质安全饲草料供应体系。要进一步提高农作物秸秆等农副产品的利用率，形成秸秆综合利用配套技术，指导和培训养殖企业利用好秸秆资源，扩大肉牛生产的饲料来源。

同时要以北方农牧交错带为重点继续实施粮改饲，加强青贮饲料设施建设，研制开发与各种青贮方式相配套的机械设备，提高青贮饲料在肉牛养殖中的使用率。要鼓励肉牛主产区在坚持生态优先的原则下，建立专用饲料作物基地，大力推广三元种植结构，开展天然草地改良，扩大人工种草面积，适度建设人工饲草基地，增加青绿饲料生产，培育和推广适合各优势区光热条件的优质高产牧草。

### （四）完善肉牛标准化饲养技术体系

标准化养殖是提高牛肉产量及品质，增强市场竞争力的有效措施。鼓励产业发展的体制、机制，构建和完善市场供需、价格动态等监测预报及信息发布平台创新，并加强行业监管，严厉打击走私和以次充好等不法行为，维护市场秩序及产品安全。大力发展标准化、规模化养殖，支持规模养殖场、家庭牧场和专业合作组织基础设施改造，提高肉牛养殖的设施化和集约化水平，促进养殖粪污资源化利用。

鼓励规模养殖场采纳标准化生产及管理技术，支持散养户参与专业合作组织带动实现标准化养殖。完善肉牛标准化饲养技术体系，建立适应各优势区特点的集营养、饲料、牛舍设计、模式化饲养管理于一体的肉牛标准化技术生产体系和技术规程。大力推行农户繁育小牛、规模化集中育肥的生产模式，积极发展农牧结合的阶段饲养、易地育肥等饲养模式。

尽快健全我国肉牛饲养、分割、销售等各环节标准；逐步建立牛肉产品质量安全可追溯体系，提高牛肉产品质量安全水平。鼓励地方政府牵头，科研机构参与，依据各地区生产实际情况，开展标准养殖技术研究，制定地方性标准化管理体系，推动“产学研”一体化发展。

### （五）完善肉牛产业化链条体系

支持家庭农场、合作社、企业等新型经营主体参与或扩大养殖规模。针对当前我国肉牛产业以农户散户为主的特点，大力发展以养殖户为基础、基地为依托、企业为龙头的肉牛产业化经营方式，通过发展“公司+基地+农户”“专业合作社”“联户养殖”等养殖模式，充分发挥龙头企业对小农户带动作用，促进散养户与标准化、规模化养殖有效衔接。

积极优化调整牛种群结构和品种结构，推进发展方式转变，加快扩大良种肉牛种群规模，提高肉牛养殖专业化程度，挖掘畜牧业发展潜力，大力发展适应性强、肉质好、耐粗饲、生产率高的肉牛，推进肉牛“饲养、繁殖、育肥、加工”等畜牧业产业化发展进程。

积极探索“利益均沾、风险共担”的共同体模式，通过“互联网+”构建肉牛全产业链，实现信息共享和产品溯源，促进“产加销”一体化经营，保障一线养殖户和企业的利益。鼓励肉牛屠宰加工企业通过订单收购、建立风险基金、返还利润、参股入股等多种形式，与养殖户结成稳定的产销关系和紧密的利益联结机制，发挥好龙头企业带动作用。要积极扶持肉牛养殖合作社等农民专业合作组织的发展，提高肉牛养殖组织化程度。

### （六）积极发展肉牛协会组织

欧美等肉牛产业发达国家的发展经验告诉我们，肉牛协会团体组织可为肉牛生产提供产前、产中、产后全方位的系统服务，在肉牛产业发展中发挥重要作用。当前，我国已经成立了一些与肉牛产业相关的团体组织及技术合作组织，如中国畜牧业协会牛业分会、中国林牧渔业经济学会肉牛经济专业委员会、中法肉牛研究与发展中心、中加肉牛产业合作联盟等。这些团体组织和机构在肉牛产业服务、技术交流、宣传推广、培训服务方面开展了大量工作。

产学研协同创新，育、繁、推一体化，加速优质高产肉牛新品种培育和地方黄牛遗传改良步伐，积极打造我国特色牛肉品牌，逐步减少进口依赖，不断提高国产牛肉市场竞争力。未来，伴随着我国肉牛产业体系的不断完善，肉牛行业对专业化的社会服务也会有新的需求，有必要进一步培育和发展专业化肉牛团体组织，通过承担组织生产、技术研发、统一标准、人才培训、政策协调等职责，积极推动肉牛产业的技术进步、交流合作、市场拓展、信息和资源共享，促进我国肉牛产业健康有序发展。

### （七）提升动物疫病防控能力

落实动物防疫地方政府属地管理责任、政府主要领导第一责任人责任和养殖场主体责任。加强动物及动物产品运输指定通道、动物检疫申报点、运输车辆清洗消毒中心、病死畜禽无害化处理厂等建设。

规模化养殖要贯彻自繁自养原则，牛场的健康牛群每年要定期检疫，推进动物疫病净化，以种畜禽场为重点，优先净化垂直传播性动物疫病和人畜共患病，建设一批重点疫病净化示范场，支持有条件的地区和规模养殖场创建无疫区和无疫小区。

搞好预防接种，依据本地疫病流行病学调查，制订科学的免疫程序，有计划地给健康牛群进行疫（菌）苗接种。要将消毒、杀虫、灭鼠工作常态化，对外界环境、牛舍进行定期消毒，防止传染病发生。

### （八）构建现代加工流通体系

优化屠宰企业布局，推进标准化建设，推动畜禽就地屠宰，减少活畜禽长距离运输。规范活畜禽跨区域调运管理，促进运输活畜禽向运输肉品转变。

加大招商引资力度，积极引进国内畜产品加工龙头企业，着力发展冷鲜分割肉、调理肉制品、熟肉制品三大类主导产品，提升精深加工转化能力。支持屠宰加工企业改造升级冷藏加工设施，建立完善冷链配送体系。鼓励大型畜禽养殖企业、屠宰加工企业开展养殖、屠宰、加工、配送、销售一体化经营，引进现代冷鲜加工工艺、设备，提高分级加工、分割包装比例，提升肉品精深加工和副产品综合利用水平。引导屠宰加工和销售企业完善利益联结机制，推进订单生产，支持建设区外营销窗口和线上销售平台，拓展中高端市场营销，实现畜产品优质优价。

### （九）推进畜牧业绿色循环发展

统筹资源环境承载力，科学布局畜禽养殖产业，鼓励畜禽粪污全部还田利用，促进养殖业规模与资源环境相匹配，实现畜禽养殖和生态环境保护协调发展。实施有机肥替代化肥行动，鼓励各地出台有机肥施用补贴政策，支持新型经营主体增加有机肥施用。

支持大型养殖基地、新建规模养殖场、粪污收集处理中心配套建设处理利用设施，购置清粪机、粪污拉运车辆等设备。引导散养户出户入场，推进集中养殖区粪污集中处理、资源化利用，推广全量收集利用畜禽粪污、全量机械化施用等经济高效的粪污资源化利用技术模式，提高粪污处理设施装备水平和资源化利用率。

### （十）强化畜产品品牌培育

实施龙头企业带动，多形式、多渠道、多成分、高起点培育壮大一批龙头企业，培育一批知名品牌企业，增强辐射带动能力。加大招商引资力度，优化投资环境，积极引导国际知名企业投资建厂，充分发挥品牌组织资源、集聚要素、主导市场的作用，激发畜产品品牌建设活力。品牌是企业的无形资产，例如双汇品牌价值106.36亿元，鄂尔多斯品牌价值56.83亿元。

吉林华正农牧业开发股份有限公司的“华正”牌商标获中国驰名商标。华正品牌在吉林省肉类市场占有率位居第一，冻品销往国内14个省（市、区）。华正公司以合同契约的方式，与农户、牧业小区建立了利益联结机制，双方实行合同化管理，带动2万多农户增收。在内蒙古得天独厚的资源禀赋造就了锡林郭勒羊肉、呼伦贝尔牛肉等一批优质绿色农畜产品，按照“优中选优、分批推出”原则，共有“蒙”字标获证企业22家，认证产品251种，培育企业150家。

### （十一）加大政策扶持力度

健全完善信贷融资和保险支持政策，降低肉牛养殖户和养殖企业享受相应补贴政策门槛要求，出台针对肉牛长期贷款和贷款基准利息保障制度。以活体肉牛作为抵押物，确定保险价值贷款金额，以牛的生长情况、出栏时间、风险状况等确定贷款期限，在具备活体畜禽抵押登记、有序流转并落实有效动物免疫、检疫管理、专业监管等条件的试点，充分利用活体抵押贷款模式，拓宽“三农”抵质押融资渠道，通过保险公司为抵押的活体畜禽投保进行风险防范，根据保险价值银行批量数字授信，集中推进“畜禽活体登记+农户参加保险+银行跟进授信+政府或第三方监管”的活体抵押贷款业务，推进金融助力畜牧业高质量发展工作。

对于享受信贷补贴制度的养殖户、养殖企业应考虑肉牛养殖投资规模大、周期长、见效慢等特点，提高贷款额度，降低信贷利息，相应延长还款时间，解决养殖户贷款后的还款压力。

要加大对肉牛良种繁育体系建设支持力度，继续实施畜禽良种工程，不断提升种质资源保护、利用和育种创新能力。组织实施肉牛遗传改良计划，持续推进牛群遗传改良进程，提高肉牛生产水平和经济效益。

# 第二章 牛场建设

现代肉牛产业发展离不开良好的养殖环境，肉牛场的建设必须符合当地的自然资源，做到经济、实用，设计符合牛的生理特点和生活习性。任何优良品种，只有在其生长发育的各个阶段都提供科学、合理、适用的饲养管理场所，再施以科学的饲养管理条件，才能真正发挥出该品种的遗传潜力，充分显示出高水平的生产效能。因此，肉牛养殖场的建设是肉牛生长发育和繁殖的重要环境因素之一。建设肉牛场既要本着“投资少、用料省、占地少、利用率高、经济适用、无污染”的原则，又要有利于生产和防疫。

## 第一节 肉牛养殖场的选址与建场条件

肉牛养殖场场址选择需要周密考虑，统筹安排，要有长远的规划，要留有发展的余地，以适应今后养牛业发展的需要。场址选择必须与农牧业发展规划、农田基本建设规划以及今后修建住宅等规划结合起来，必须符合兽医卫生和环境卫生的要求，适应现代化养牛业的发展趋势，同时要与当地自然资源条件、气象因素、农田基本建设、交通规划、社会环境等相结合。

### 一、总体要求

#### （一）肉牛养殖场的选址、建设

要符合《中华人民共和国畜牧法》的相关规定，即养殖场的选址、建设应当符合国土空间规划，并遵守有关法律法规，不得在禁养区域建设畜禽养殖场。肉牛养殖场应建在平坦开阔或具有缓坡而又远离居民区和交通要道的地方，要求水电充足、水质良好、饲料来源方便、交通便利、地势高燥、地下水位低、排水良好、土质坚实、向阳背风、空气流通。

### （二）肉牛养殖场的动物防疫条件

应符合《中华人民共和国动物防疫法》的相关规定：与居民生活区、生活饮用水水源地、学校、医院等公共场所的距离符合农业农村部的规定；生产经营区域封闭隔离，工程设计和有关流程符合动物防疫要求；有与其规模相适应的污水、污物处理设施，病死动物、病害动物产品无害化处理设施设备；有与其规模相适应的执业兽医或者动物防疫技术人员；有完善的隔离消毒、购销台账、日常巡查等动物防疫制度；具备农业农村部规定的其他动物防疫条件。

## 二、基本条件

风向。根据当地主风向，场址应位于居民区及公共建筑群下风向处。

水源与水质。水源要充足，且取用方便，能够满足正常生产、生活、消防和灌溉用水；水质要良好，符合卫生条件，确保人畜安全和健康。

地质与土质。地质要能满足建设工程需要的水文地质和工程地质条件。土质要坚实，抗压性和透水性强，质地均匀，无污染，较理想的土质为沙性土壤，兼具沙土和黏土的优点，既克服了黏土透水透气性差、吸湿性强的缺点，又弥补了沙土导热性大、热容量小的不足。

地形地势。地形选择首先应满足开阔整齐的条件，通常以正方形或长方形为宜，其次要地势高燥，具有一定缓坡而总体较为平坦，且隔离条件良好。在冷凉山区建场应选择阳坡，坡度最好不超过25°。注意不可建在低凹处、风口处，以免出现排水困难、汛期积水及冬季防寒困难等情况。

电力。电力要充足可靠，自备发电机组，以便能够在断电情况下维持关键环节的正常运转。

交通。交通要便利，不能距离公路过远，要有专用硬化路面与外界相连通，进出场区主干道要能够满足大货车会车。

饲草料资源。饲草料资源对养殖生产至关重要，建场要充分考虑牛场的放牧和饲草、饲料条件。

周围环境。应选择四周幽静、背风向阳、通风良好处，尤其要远离高噪声的工矿企业，以免对肉牛产生不良影响。

## 三、建设规模

牛场建设规模选择应充分考虑资源、资金、市场行情、技术经济合理性和管理水平等因素。根据牛场肉牛存栏数量或成年母牛存栏数量，可将肉牛场分为大型、中型、小型及规模以下牛场。具体分类如表2-1所示。

**表2-1　肉牛养殖场规模分类**　　单位：头

| 牛场规模 | 大型 | 中型 | 小型 | 规模以下 |
|---|---|---|---|---|
| 成年母牛头数 | >600 | 300 ~ 600 | 50 ~ 300 | <50 |
| 肉牛头数 | >1 000 | 400 ~ 1 000 | 100 ~ 400 | <100 |

## 第二节　场区布局

牛场场区布局既要因地制宜，又要满足牛的生理特点需要；既要有利于生产，要又经济实用、经久耐用、安全高效。各功能区、建筑物要合理布局，统筹规划。场地建筑的配置要尽可能做到整齐、紧凑、美观。要设计好排水道，规划好道路，并植树绿化。

### 一、原则

牛场布局应遵循“因地制宜、科学规划、合理投资、经济实用、紧凑整齐、统筹安排”的原则，且做到合理利用土地资源。此外，还要便于生产、防火和防疫，利于环保，同时要充分考虑今后扩建和改造的可能性。

### 二、规划面积

肉牛场总占地面积应根据肉牛饲养方式、牛体大小、生产目的等因素规划，一般情况下，总建筑面积按每头基础母牛28 ~ 33 $m^2$计算，总占地面积为总建筑面积的3.5 ~ 4倍。

### 三、场区布局

按照生产方式不同，可将肉牛养殖场分为育肥肉牛场和自繁自育肉牛场，场区布局应根据肉牛场类型进行规划，一般总体要求为牛舍坐北朝南，依据主风向、污水排向和地势高低依次为生活管理区、辅助生产区、生产区、隔离区和无害化处理区五个功能区，各功能区间距不少于50 m。不同类型肉牛场场区布局平面图（图2-1、图2-2）。

1. 生活管理区

生活管理区主要负责牛场的生产指挥、生产资料供给、对外联系、人员生活保障及管理等工作，主要包括与经营管理有关的生活、办公设施，与外界联系密切的生产辅助设施等。生活管理区通常设在场区常年主导风向的上风向，且位于地势较高处，与生产区距离100 m以上，且两者之间设有隔离设施，以保证生活区良好的卫生条件，同时也是牛群防疫的需要。

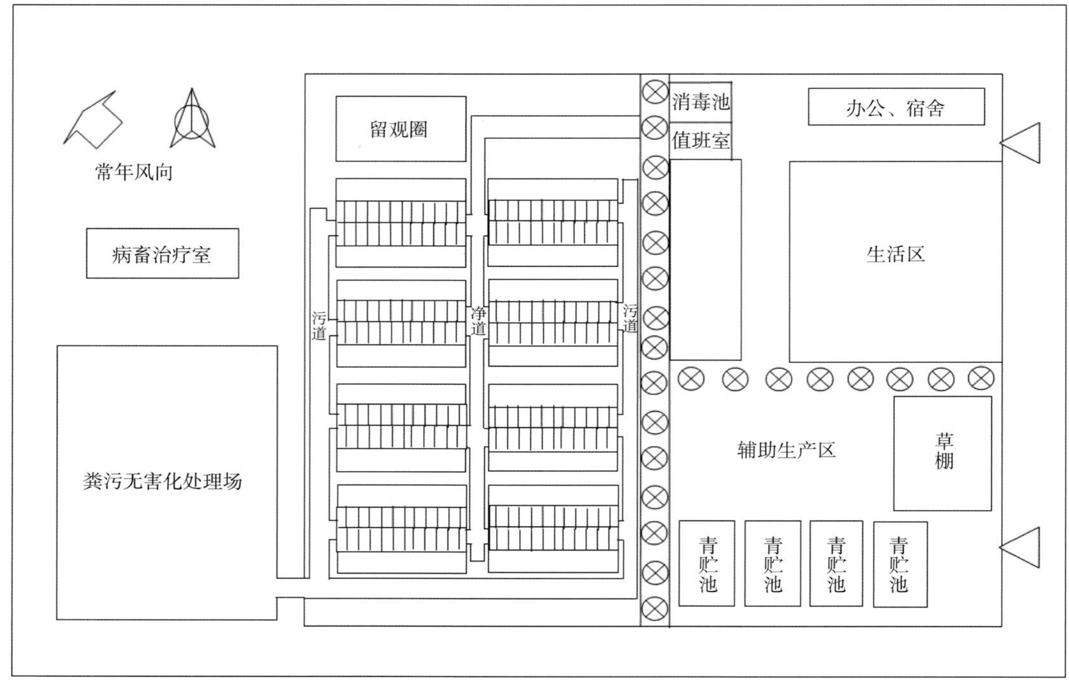


图2-1　育肥肉牛场场区布局平面图［《肉牛场圈舍建设规范》（DB65/T 3279—2011）］

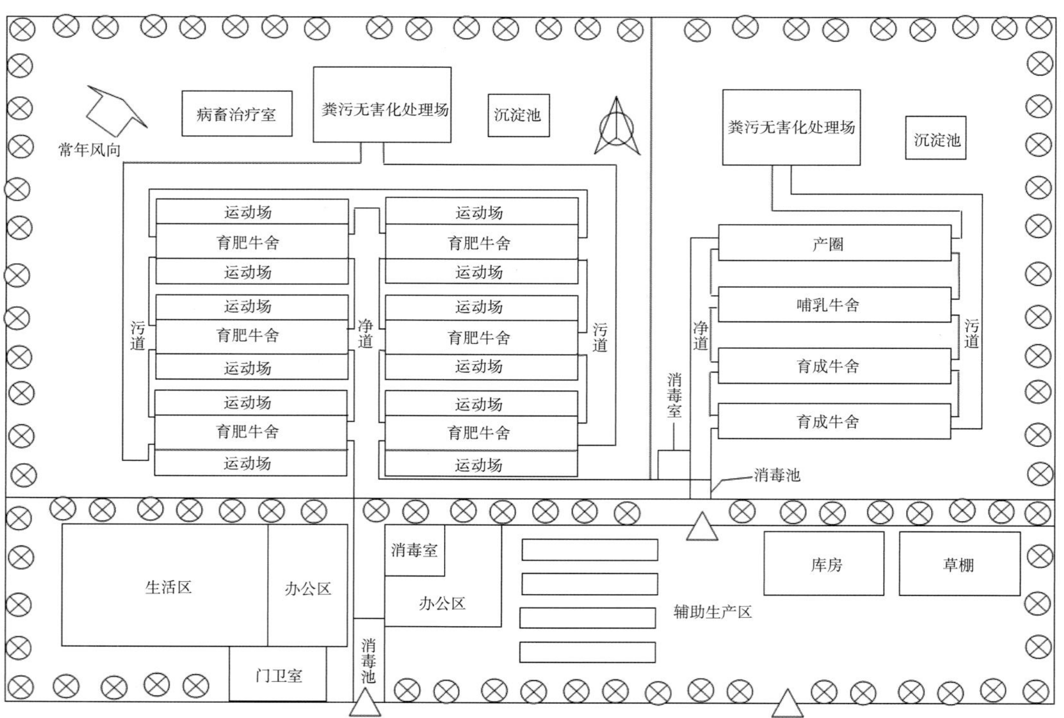


图2-2　自繁自育肉牛场场区布局平面图［《肉牛场圈舍建设规范》（DB65/T 3279—2011）］

2. 辅助生产区

辅助生产区通常设在生活管理区的下风向或偏下风向，且要用围栏或围墙与外界隔离，主要包括供水、供电、供热、维修、更衣室、消毒室、门卫传达室、地磅、青贮窖、饲草料库、饲料加工调制车间等生产辅助设施。饲料库、饲料加工调制车间与牛舍间距应保持在100 m以上，干草棚应设在生产区的一侧，与牛舍及建筑物的距离不低于50 m，利于防火安全。

3. 生产区

生产区是整个牛场的核心，通常设在场区中心位置，以便于管理和缩短运输距离，主要包括牛舍、运动场等建筑。牛舍应根据牛群规模、饲养管理方式等分类、分群修建，且舍内有相应的采食、饮水、通风、降温和保暖等设施设备。各牛舍之间要保持适宜的距离，总体布局要整齐，能够满足防疫和防火的要求，但也要适当集中，便于科学管理。在生产区的出入口要设值班室、人员更衣消毒室等，以便于管理和消毒，出入人员和车辆必须经过消毒方可进入。

4. 隔离区

隔离区通常设在整个场区的下风向、侧风向及地势较低的区域，主要包括兽医诊疗室、病牛隔离舍等建筑设施，还要与生产区保持一定间距，四周设置人工隔离屏障，以防交叉感染。病牛隔离舍应便于隔离，并设有单独通道及后门，以便于消毒和污物处理。

5. 无害化处理区

无害化处理区主要包括粪污处理区、病死牛处理区、废弃物处理区等，通常设在生产区外围下风向且地势较低的区域，同时与生产区保持100 m以上的防疫安全距离，并由围墙和绿化带隔开；与生产区和场外的联系应有专门的大门和道路。

## 第三节　牛舍建设

牛舍分为多种形式，要根据当地气候及养殖规模等因素选择最适宜的牛舍形式。牛舍内应干燥通风，冬暖夏凉，地面应保温，不透水，不打滑，且污水、粪尿易于排出舍外，舍内卫生清洁，空气新鲜。牛舍要有一定数量和大小的窗户，以保证太阳光线充足和空气流通。房顶有一定厚度，隔热保温性能好。舍内各种设施及其他配套设施的安置应科学合理，以利于生产管理和肉牛生长。

### 一、牛舍建设基本要求

牛舍应具备隔热、防寒、采光、保暖、通风、排湿、防疫、防火等功能，方位以坐北朝南、东西走向为宜，可以适当偏东或偏西，炎热地区应尽量避免太阳西晒，寒冷地区和冬冷夏热地区应尽量避免西北风。牛舍结构可采用砖混结构或轻钢结构。

## 二、牛舍类型

按牛舍建筑形式可分为单列式牛舍（包括单列半开放式牛舍和单列封闭式牛舍）和双列式牛舍（包括封闭式牛舍和半封闭式牛舍），北方：单坡牛舍或在双坡牛舍上设立采光带。南方：开放程度高的跨度大、屋顶高的牛舍。按饲喂方式可分为人工饲喂牛舍和全混合日粮搅拌机械饲喂牛舍。

### 1. 单列式牛舍

单列式牛舍适宜于50头牛以下养殖规模，运动场设在牛舍北侧，分为单列半开放式牛舍和单列封闭式牛舍（图2-3、图2-4），设计示意图如图2-5所示。

图2-3　单列半开放式牛舍内观

图2-4　单列封闭式牛舍内观

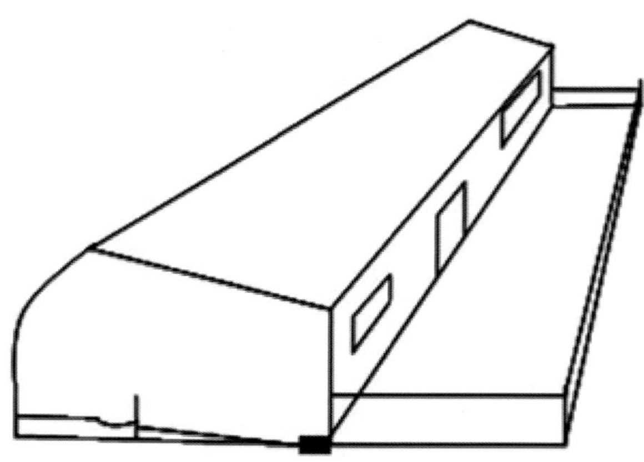

图2-5　单列式牛舍示意图（林清-海原县现代化肉牛场建设模式设计示意图）

单列半开放式牛舍向阳一面有半墙，其他三面以全墙和窗户封闭。向阳面顶部在温暖季节露天开放，在寒冷季节覆盖塑料薄膜、阳光板或卷帘，以增强保温能力；阴面顶棚使用双层彩钢瓦或水泥石棉瓦+保温材料或木椽+泥+瓦/预制板覆盖。这种牛舍通风面积大，具有良好的降温作用。单列半开放式牛舍尺寸参数可参照表2-2设计。单列封闭式牛舍四面以墙和窗户封闭，屋顶为单坡式或双坡式，顶棚可使用双层彩钢瓦或水泥石棉瓦+保温材料或木椽+泥+瓦/预制板覆盖。这种牛舍冬季保温效果较好。单列封闭式牛舍尺寸参数可参照表2-3设计。

**表2-2　单列半开放式牛舍尺寸参数**　　单位：m

| 牛舍类型 | 跨度 | 长度 | 屋脊高度 | 前墙高度 | 后墙高度 |
|---|---|---|---|---|---|
| 人工饲喂牛舍 | 5.0 ~ 5.5 | 牛床宽度 × 牛总头数 | 3.5 ~ 4.0 | 1.4 ~ 1.6 | 3.0 ~ 3.3 |
| 全混合日粮搅拌机械饲喂牛舍 | 6.5 ~ 7.0 | 牛床宽度 × 牛总头数 | 4.0 ~ 4.5 | 1.6 ~ 1.8 | 3.3 ~ 3.5 |

**表2-3　单列封闭式牛舍尺寸参数**　　单位：m

| 牛舍类型 | 跨度 | 长度 | 屋脊高度 | 前墙高度 | 后墙高度 |
|---|---|---|---|---|---|
| 人工饲喂牛舍 | 5.0 ~ 5.5 | 牛床宽度 × 牛总头数 | 3.5 ~ 4.0 | 3.0 ~ 3.3 | 3.0 ~ 3.3 |
| 全混合日粮搅拌机械饲喂牛舍 | 7.0 ~ 7.5 | 牛床宽度 × 牛总头数 | 4.0 ~ 4.5 | 3.3 ~ 3.5 | 3.3 ~ 3.5 |

2. 双列式牛舍

双列式牛舍适宜于50头牛以上养殖规模，多采用头对头式，即中间为饲喂通道，两侧各有一条清粪通道，运动场位于牛舍南北两侧，设计示意图如图2-6所示。双列式牛舍可分为封闭式牛舍和半封闭式牛舍。封闭式牛舍四面以墙和门窗封闭（图2-7），有条件的可安装风机。封闭式牛舍的优点是便于舍内环境控制，舍内的温度、湿度、采光、通风换气等均可通过人工或机械设备来完成。半封闭式牛舍南北两侧仅设半墙，无窗户，在温暖季节敞开，以利于通风，在寒冷季节用塑料薄膜或卷帘等封闭，以利于防寒保暖（图2-8至图2-10）。半封闭式牛舍的优点是造价较低，可节约建造成本，但塑料薄膜易被牛只或大风破坏，需及时更换或修补，给管理人员带来不便。双列式牛舍顶部以双层彩钢瓦或水泥石棉瓦+保温材料全覆盖，有条件的情况下可设置采光窗，其内安装活动采光板，顶部结构可选双坡式、不等坡式或钟楼式。双列式牛舍尺寸参数可参照表2-4设计。

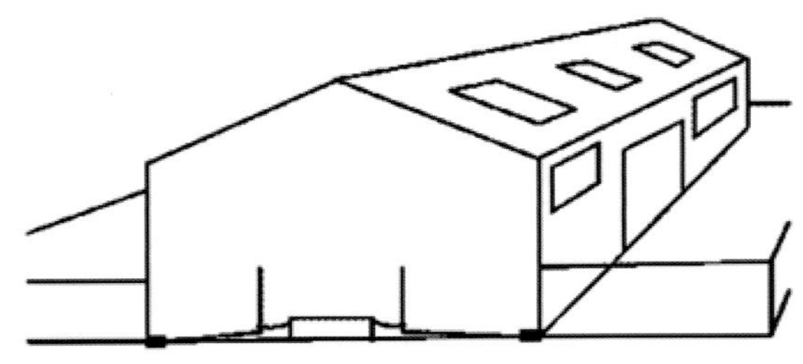

图2-6　双列式牛舍示意图（林清-海原县现代化肉牛场建设模式设计示意图）

图2-7　双列封闭式牛舍内观

图2-8　双列半封闭式牛舍正面

图2-9　双列半封闭式牛舍冬季侧面

图2-10　双列半封闭式牛舍内观

**表2-4　双列式牛舍尺寸参数**　　单位：m

| 牛舍类型 | 跨度 | 长度 | 屋脊高度 | 前墙高度 | 后墙高度 |
|---|---|---|---|---|---|
| 人工饲喂牛舍（半封闭式） | 11.0 ~ 12.0 | 牛床宽度 × 牛总头数 | 3.5 ~ 4.0 | 1.5 ~ 1.7 | 1.5 ~ 1.7 |

（续表）

| 牛舍类型 | 跨度 | 长度 | 屋脊高度 | 前墙高度 | 后墙高度 |
|---|---|---|---|---|---|
| 人工饲喂牛舍（封闭式） | 11.0 ~ 12.0 | 牛床宽度 × 牛总头数 | 3.5 ~ 4.0 | 2.8 ~ 3.3 | 2.8 ~ 3.3 |
| 全混合日粮搅拌机械饲喂牛舍（半封闭式） | 12.0 ~ 13.0 | 牛床宽度 × 牛总头数 | 4.0 ~ 4.5 | 1.6 ~ 1.8 | 1.6 ~ 1.8 |
| 全混合日粮搅拌机械饲喂牛舍（封闭式） | 12.0 ~ 13.0 | 牛床宽度 × 牛总头数 | 4.0 ~ 4.5 | 3.0 ~ 3.5 | 3.0 ~ 3.5 |

## 三、牛舍内部设施

1. 地基

地基要求坚实牢固、干燥，尽量利用天然地基以降低建造成本。砖混结构的牛舍应用石块或砖砌墙基并高出地面，墙基地下部分深0.8 ~ 1.0 m，冷凉地区最好超过冬季冻土层深度，墙基与周边土壤之间做防水处理；轻钢结构的牛舍，支撑钢梁的基座应用钢筋混凝土浇筑，深度根据牛舍跨度和屋顶重量确定，最少为1.5 m，非承重的墙基地下部分深0.5 m左右。

2. 墙体

墙体应坚固、结实、抗震、防火、防水、防潮、防腐蚀，具有良好的保温隔热性能，便于清洗和消毒。砖混墙结构的牛舍墙体可用普通砖和砂浆修建，并用石灰粉刷，牛舍内墙体下部设1.0 ~ 1.2 m高的墙裙，外部墙根地面上设0.5 m宽的滴水板，并适当向外斜。一般地区墙体厚度24 cm，冬季较冷地区墙体厚度37 cm。轻钢结构的牛舍墙体可采用彩钢板+保温隔热材料。

3. 屋顶

屋顶可采用单坡式、双坡式、钟楼式或不等坡式，材质应具备隔热保温，能抵抗雨雪、强风等外力因素的条件，北方寒冷地区可选择导热系数小的材料，南方炎热地区可建设双层通风屋顶。

4. 地面

地面宜采用砖铺地面或混凝土地面，舍内地面应高出舍外地面，并与场区道路标高相协调。牛舍出入口采取缓坡道连接，不设台阶和门槛，以便于饲喂机械和清粪机械出入。地面要致密坚实，不打滑，便于清洗消毒，并配备良好的清粪排污系统。

5. 门

牛舍门可设为推拉式双开门或上下翻卷门，一般不设门槛。单列式牛舍东西两侧各设2扇门，一扇为饲喂出入门，另一扇为清粪出入门；双列式牛舍东西两侧各设3扇门，中间为饲喂出入门，两边为清粪出入门（图2-11）。人工饲喂牛舍饲喂门高度应在2.2 m以上，全混合日粮搅拌机械饲喂牛舍饲喂门高度应根据饲喂车的高度来确定，清粪门高一般为2.0～3.0 m；门的宽度以比相应通道稍宽为宜。应在南、北侧墙体设多个牛出入运动场的侧门，侧门高2 m以上，宽1.8～2.0 m，宜采用活动式封闭门。

图2-11　双列式牛舍门外观

6. 窗

窗户的设计主要考虑通风和采光效果，面积与牛舍地面面积之比为通常为1：（10～16）。南窗规格为（1.0～1.5）m×（1.2～1.8）m，数量宜多，北窗规格为（0.8～1.0）m×（1.0～1.2）m，数量宜少。窗台距地面高度1.5～1.8 m。应在窗户内外侧安装防护装置，避免被牛破坏（图2-12）。

图2-12　牛舍窗户

7. 牛栏

牛栏可采用拴系式或散栏式，应综合考虑养殖规模、设施水平、资金投入、经济效益等因素。小型牛场宜采用拴系式牛栏，大中型牛场可选择拴系式或散栏式牛栏。

8. 牛床

牛床地面要求坚实、防滑、保温、易清洁。牛床应高出地面5 cm，近槽端高，远槽端低，向粪尿沟倾斜坡度为1.5%左右，可选择混凝土牛床、石质牛床、沥青牛床、砖铺牛床、木质牛床、橡胶垫或土质牛床。

混凝土牛床（图2-13）和石质牛床导热性好、坚固耐用、易清扫、消毒，但质地坚硬，舒适度差，冬季保温性较差，造价较高。砖铺牛床（图2-14）导热性好，造价低，但易损坏，不便于清扫。建造混凝土、石质和砖铺牛床时，首先要铲平夯实地基，再铺20～25 cm厚的三合土，最上面铺10～15 cm厚混凝土、石材或立砖。沥青牛床保温性好并具有弹性，不渗水，易清洗、消毒，是较理想的牛床，但遇水后较滑，修建时可掺入煤渣或粗砂用于防滑。沥青牛床最底层为夯实的素土或10 cm厚的三合土，中间为10 cm厚的混凝土，最上层为2～3 cm厚的沥青。木质牛床保暖性好，有弹性，易清扫，但导热性差、不易消毒、造价高、易腐烂。漏缝地板式清粪的牛舍多采用木质牛床。木质牛床厚度根据木板材质确定，一般厚10 cm左右，铺于硬地面上。土质牛床能就地取材，造价低，有弹性，舒适性、保暖性和透水性较好，并能护蹄，但不易清扫和消毒。建造方法是将地基铲平、夯实后，铺一层15 cm左右厚的砂石或碎砖块后，再铺15～25 cm厚的三合土，夯实即可。

图2-13　混凝土牛床

图2-14　砖铺牛床

牛床尺寸依据牛舍类型和牛种类而定，长度一般以使牛前躯靠近料槽后壁，后肢接近牛床边缘，粪便能直接落入粪尿沟内为宜，具体参数可参照表2-5。

表2-5　牛床尺寸参数

单位：m

| 分类 | 拴系式牛舍 | | 散栏式牛舍 | |
|---|---|---|---|---|
| | 长 | 宽 | 长 | 宽 |
| 犊牛 | 1.0～1.5 | 0.6～0.8 | 1.2～1.7 | 0.6～0.8 |
| 架子牛 | 1.4～1.6 | 0.9～1.2 | 1.5～1.8 | 1.0～1.2 |
| 青年母牛 | 1.5～1.6 | 1.1～1.2 | 1.6～1.8 | 1.1～1.2 |
| 成年母牛 | 1.7～1.9 | 1.2～1.3 | 2.2～2.5 | 1.1～1.3 |
| 育肥牛 | 1.8～2.0 | 1.1～1.3 | 2.2～2.5 | 1.0～1.3 |
| 种公牛 | 2.0～2.5 | 1.5～2.0 | 2.2～2.7 | 1.5～2.0 |

9. 饲槽

牛舍多采用群饲通槽，设在牛床前缘，以固定式水泥槽最实用。饲槽内表面要光滑、耐用。人工饲喂牛舍应设为有槽沿的食槽（图2–15），上部内宽50 cm左右，底部内宽30 ~ 40 cm，槽底呈弧形，槽有效深30 ~ 40 cm，槽内侧（靠牛床侧）高40 cm左右，外侧（靠走道侧）高55 cm左右；内缘设牛栏。犊牛的有槽沿的食槽规格应适当减小。全混合日粮搅拌机械饲喂牛舍应以高通道低槽位的道槽合一式为宜（图2–16），即槽外缘和通道在同一水平面上，食槽内侧高30 ~ 40 cm，有效深10 ~ 20 cm，上沿内宽40 ~ 50 cm。底部应高出牛床5 cm左右，由外沿向底部设置1%的斜坡。牛栏距牛床高1.2 m。

图2–15　有槽沿的食槽

图2–16　道槽合一式食槽

10. 水槽

饲养规模较小的牛场，舍内可使用食槽饮水，食槽两端设给水导管、水阀及设有窗栅的排水器。有条件的牛舍可安装杯状饮水器等自动饮水设备（图2–17），2头牛共用一个饮水器，设在相邻卧栏的固定立柱上，安装高度要高出卧床70 cm左右。散栏饲养的牛可在运动场边缘且距排水沟较近处设置饮水槽，其数量要充足，布局要合理，以免牛争饮、顶撞。

图2–17　杯状饮水器

11. 通道

通道分为饲喂通道和清粪通道。饲喂通道是用于饲喂的专用通道，一般贯穿牛舍中轴线，高出牛床40 cm左右。清粪通道宜修成水泥路面，路面应有一定坡度，且抹制粗糙以防滑。通道宽度应根据饲养工艺和清粪工艺来设计。一般单列式牛舍饲喂通道宽1.7～2.2 m，宜设在阴面，清粪通道宽1.8～2 m，宜设在阳面（图2-18）；双列式人工饲喂牛舍饲喂通道宽2～2.5 m，双列式全混合日粮搅拌机械饲喂牛舍饲喂通道宽度应根据饲喂车宽度设计（图2-19），通常为3.5～5 m，清粪通道宽1.8～2 m（图2-20、图2-21）。牛栏两端也应留有同样宽度的通道。

图2-18　单列式牛舍饲喂通道

图2-19　双列式牛舍饲喂通道

图2-20　清粪通道（合理）

图2-21　清粪通道（设计不合理）

12. 通气口

牛舍应设置通气口，以利于通风换气。通气口一般设置于屋脊或屋顶两侧，数量和大小应根据牛舍的大小、类型及通气和保温要求确定，最好设有活门，可以在雨天或牛舍温度过低时关闭（图2-22）。通气口推荐参数为40 cm × 40 cm，每隔3～4 m分别设置一个进气口、排气口。在牛舍屋顶安装固定式换气扇（通风机）进行换气，可有效缓解冬季通风与保温的矛盾。

图2-22　通气口

## 四、其他配套设施设备

1. 运动场

运动场一般位于牛舍两侧，与牛舍相连。推荐运动场设计面积标准为：每头成年母牛10～15 $m^2$、育肥牛8～10 $m^2$、犊牛3～5 $m^2$，运动场长度与牛舍保持一致，宽度可根据地形地势及场区布局调整。运动场地面以三合土、立砖或沙土铺面为宜，四边略低，中间略高，除牛舍墙以外的三面设排水沟，中间地面向排水沟有一定坡度，便于排水。运动场周围设围栏（围墙），高度为1.6～1.8 m，在东西两侧围栏（围墙）中间开设1.8 m左右宽的门，便于清粪。运动场内应配置饮水槽和补饲槽，饮水槽和补饲槽可采用移动式水泥槽，沿围栏（围墙）放置。日照强烈地区应在运动场内设高度适宜、隔热性能良好、东西走向的遮阳棚，遮阳棚四面敞开，棚顶常采用石棉瓦、油毡等材料。

2. 饲草料加工、贮存设施

（1）饲草料加工、贮存设施，大小和类型根据牛场养殖规模、所需加工饲料的种类及生产需要确定。饲料加工车间一般采用高地基平房，且应远离饲养区，配套的饲料加工设备应能满足牛场饲养的要求，并配备秸秆打包机（图2-23）、饲草抓取机（图2-24）、青贮取草机（图2-25）、秸秆揉丝机（图2-26）、有条件的牛场可配备全混合日粮搅拌机（图2-27、图2-28）。饲料库应选在位置稍高、干燥通风、利于成品料向各牛舍运输处，大小应能容纳1～2个月需要量，小型牛场应配备精饲料粉碎机（图2-29、图2-30），大型牛场应配备饲料粉碎机组。饲草棚材质应坚固、防渗漏，与牛舍及其他建筑物的间距大于50 m，且不在同一主导风向上，防止散草影响牛舍环境美观，又要达到防火安全。饲草棚内外的线路要有特殊的设计要求，以防止由于短路导致火灾发生。饲草棚容积一般按饲养4～6个月需要量设计。

图2-23　秸秆打包机

图2-24　饲草抓取机

图2-25　青贮取草机

图2-26　秸秆揉丝机

图2-27　立式TMR机

图2-28　卧式TMR机

图2-29　500 kg饲料粉碎机

图2-30　1 000 kg饲料粉碎机

（2）肉牛饲养所需的饲料特别是粗饲料需要量大，不宜运输。肉牛场应距秸秆青贮和干草饲料资源地较近，以保证草料供应，减少运费，降低成本。不同年龄牛的饲草、饲料的用量见表2-6。

表2-6　不同年龄牛用饲草、饲料计算（风干物）

| 种类 | 精饲料/［kg/（年·头）］ | 粗饲料/［kg/（年·头）］ | 备注 |
|---|---|---|---|
| 成年牛 | 1 500 | 3 000 ~ 3 500 | 以平均日增重1.2 kg计算 |
| 育成牛 | 700 | 2 000 ~ 2 300 | 6 ~ 7月龄平均 |
| 犊牛 | 400 | 400 ~ 500 | 0 ~ 6月龄平均 |

（3）青贮设施。青贮池（窖）分为半地下式（图2-31）、地上式（图2-32）和地下式3种，前两者虽可节省投资，但不易排出雨水和渗出液，适宜于季节性贮存。青贮窖地面和围墙用混凝土浇筑，墙厚40 cm以上，地面厚10 cm以上。容积大小应根据饲养数量确定，成年牛每头需6 ~ 8 $m^3$。形状以长方形为宜，高2 ~ 3 m，窖（池）宽小型3 m左右、中型3 ~ 8 m，大型8 ~ 15 m，长度一般不小于宽度的2倍。青贮池（窖）应建在排水好、地下水位低的位置，按每头存栏牛不低于6 $m^3$左右的容积建设；底部和四周用砖或石头砌壁，用水泥抹平，保证不透气、不透水，底部留有排水孔。青贮池（窖）的尺寸要与牛的存栏数量相适应，若横截面积过大，每天所取青贮量较少，易造成青贮二次发酵，影响青贮品质。

图2-31　半地下式青贮池

图2-32　地上式青贮池

（4）无固定容器青贮。如塑料薄膜覆盖青贮，塑料薄膜覆盖青贮是预先选一块干燥平坦的地面，铺上塑料布，将青贮原料堆放在塑料布上，逐层压实，再用一块完整的塑料薄膜覆盖，四周用沙土压严。塑料薄膜覆盖青贮不受地形、土壤类型、地下水位等自然因素的限制，便于群众掌握，造价低廉。

（5）地面堆垛青贮。地面堆垛青贮应选择地表坚硬（如水泥地面）、地势较高、排水容易、不受地表水浸渍的地方进行。其制作成本低，避免了一次性投入大量资金建青贮窖（池）的费用，不受数量和地点的限制，青贮养分与窖（池）式无差异。

（6）草捆青贮。草捆青贮是用打捆机将新收获的牧草进行高密度打捆，利用塑料袋密封发酵而成，含水量控制在55% ~ 65%，主要用于牧草青贮。

（7）裹包（袋装）青贮。裹包（袋装）袋装青贮，如图2-33所示。一般是将青贮物料切碎，加入非蛋白氮，压实装袋，扎口，保证厌氧环境，然后堆积存放在避光阴凉处。

图2-33　裹包青贮饲料

袋装青贮采用厚质塑料薄膜制成的袋填装青贮原料，其性能稳定，不易折损、使用方便。原料含水量应控制在60%左右，以免袋内积水，一般根据塑料袋的容积大小可分为小塑料袋青贮和大塑料袋青贮；根据灌装方式可分为人工灌袋和机械灌袋。

袋装青贮操作简单，贮存地点灵活，饲喂方便，易于运输和实现商品化；青贮物料质量好，营养可保存85%以上；营养物质损失小。大塑料袋青贮，又称香肠青贮，是将切短后的饲料原料直接压缩至特制的塑料袋中制作的青贮。其特点是单包开口面积小，取料面小，二次发酵发生比例小，不易腐烂；塑料袋密封性较好，利于厌氧发酵；方法简单易行，可机械化生产，节省人力成本。但需要注意的是，塑料袋不能重复利用，大塑料袋青贮贮存时间相对较短，压实强度低于青贮池。小型青贮袋贮量小，成本偏高，且需要配备压实装填机。

3. 畜牧兽医卫生防疫设施

（1）兽医室。牛场应建有兽医室设在养殖区下风向相对偏僻角落，减少空气和水向养殖区的污染传播。兽医室主要承担肉牛的疫病防控，确保持续、健康养殖，并要有相应的检疫制度、无害化处理制度、消毒制度、兽药使用制度等规章制度。兽医室的建造和配套要求符合《无公害食品　肉羊饲养兽医防疫准则》（NY 5149—2002）所规定的条件。

兽医室包括兽药保存室和准备操作室，通常设在隔离区。在建设时，兽药保存室和准备操作室应尽量靠近。要求房屋布局合理，通风、采光良好，便于各种操作；室内具有上下水管道和设施，有能够承受一定负荷的电源；房屋内墙、地板应防水，便于消毒；操作台要防水，耐酸、碱、有机溶剂等。

肉牛场必须有1～2名具有丰富兽医防疫和临床经验、具备中等兽医专业学校学历的兽医师，主持全场的综合兽医卫生防疫工作和兽医室工作，兽医室应具有必要的防疫消毒和临床治疗设备，配备必要的化验室。只有这样，才能为做好兽医卫生工作打下基础。

坚持“预防为主”的防疫方针搞好肉牛的饲养管理、防疫卫生、预防接种、检疫、隔离、消毒等综合性防疫措施，以提高肉牛的健康水平和抗病能力，控制和杜绝肉牛传染病的传播蔓延，降低发病率和死亡率。在肉牛场，兽医工作的重点应放在群发病的预防方面。

严格执行《中华人民共和国动物防疫法》和《中华人民共和国进出境动植物检疫法》，肉牛场防疫工作应纳入法制范围。

（2）人工授精室。人工授精室应包括冷冻精液保存设备、镊子、剪刀，恒温解冻杯、加热设施等。室内要求光线充足。

（3）档案室。饲养场应建立人员岗位责任、免疫、监测、消毒、疫病诊断、病死动物无害化处理、兽药、饲料等制度并符合NY/T 1569—2007的要求。建立健全养殖档案，有关档案记录保存期不少于2年。养殖档案应包括以下内容：牛品种、数量来源、进场时间、免疫、消毒、监测、诊疗、投入品、病死动物无害化处理等信息。有条件的饲养场还应建电子档案。

（4）消毒设施。生活管理区大门口应有车辆消毒池、人员消毒室等消毒设施。消毒池一般用混凝土建造，其表面必须平整、坚固，能承受通行乘车的重量，还应耐酸碱、不漏水。消毒池宽3～4 m，或与门同宽，长5～6 m，深20～25 cm，两端设为斜坡。消毒室内设小型消毒池、洗手盆和紫外线灯、雾化消毒器等消毒设备，地面铺设网状塑料垫、橡胶垫，用以鞋底消毒，还应设置S形不锈钢护栏。生产区的入口处应设专门的消毒室，各栋圈舍出入口处应设消毒池。

（5）隔离设施。牛场四周需设围墙、防疫沟等隔离设施，并建绿化隔离带，各功能区之间建立防疫隔离带（墙）。牛场围墙高约2.5 m，与牛场建筑物距离不少于2 m。绿化隔离带应根据场区隔离、遮阳及防沙尘的需要布置，可根据当地实际情况种植能美化环境、净化空气的树种和花草，不宜选择有毒、有刺、有飞絮的植物。

4. 无害化处理设施

（1）粪污处理设施。新建牛场须同步建设与养殖规模相适应的牛粪贮存场和污水处理池，设在养殖区下风向最低处为最佳。牛粪贮存场和污水处理池要至少能贮存1个月的粪污，同时要能防雨、防渗漏、防溢流。场区内应实行雨污分流排放，雨水经明沟排放，生产和生活污水经暗沟污水道排入污水处理池。牛场宜采用干清粪方式，固体粪使用清粪车运到牛粪贮存场进行发酵处理，尿液则通过粪尿沟、沉淀池流入主干管道，最后汇入污水池进一步处理。粪污处理须符合相关规定。

（2）废弃物处理设施。废弃物处理设施主要用于收集、处理垃圾、兽医用等废弃物，应设在生产区下风向100 m以外处。废弃物处理应符合无害化处理相关要求。

（3）病死畜处理设施。具有处理病死牛的相关设施，如病尸处理间等。本区应建高围墙与其他各区隔离，相距100 m以上，处在下风口和低处。设有带消毒池的专用通道，进出严格消毒。病牛粪尿和尸体必须彻底消毒后方可运出并深埋，对于肉牛场病死牛，病牛或淘汰牛的尸体应按照《病死及病害动物无害化处理技术规范》的规定进行处理或委托有资质的病死无害化处理企业处理，并做好处理记录。

5. 通风及降温设施设备

适宜的环境可以充分发挥肉牛的生产潜力，提高饲料利用率。一般来说，可提高牛的生产力20%～30%。此外，即使喂给全价饲料，如果没有适宜的生存环境，饲料不能最大限度地转化为畜禽产品，也会降低饲料利用率。由此可见，修建肉牛舍时，必须符合肉牛对各种环境条件的要求。

可采用自然通风或负压通风来实现牛舍通风换气，通常通过设置地脚窗、屋顶天窗、通风管、电扇、风机等方法进行通风换气。牛舍通风设备有电动风机和电风扇，生产上用得比较多的是轴流式风机和吊扇，轴流式风机既可排风又可送风，而且风量大。

牛舍降温一般采用强力通风设备、喷雾设备、喷雾通风设备等。可在牛舍的屋顶或两侧安装吊扇，也可选择轴流式排风扇，采用屋顶排风或两侧排风的方式。喷雾设备通常每隔6 m安装1个，用深水井作水源降温效果更好。有条件的牛场，可采用冷风机降温，冷风机是一种喷雾和冷风相结合的降温设备，既可降温，还可进行消毒。创造适宜的环境。

肥阉牛的适宜温度范围为10～20℃，育成牛为4～20℃，在适宜温度范围之外，牛的生产性能降低，不同牛舍的最适温度见表2-7，肉牛的耐热性差，耐寒性相对较强，根据这一特点，日本推荐肉牛的防寒温度界限为4℃，防热温度界限为25℃。为了达到舍内冬暖夏凉的条件，要求墙壁、屋顶等外部结构的导热性弱、隔热性强。因此，选择的建筑材料极为重要。

**表2-7　牛舍内的适宜温度**　　单位：℃

| 项目 | 最适温度 | 最低温度 | 最高温度 |
| --- | --- | --- | --- |
| 肉牛舍 | 10～15 | 2～6 | 25～27 |
| 哺乳犊牛舍 | 12～15 | 3～6 | 25～27 |
| 断乳牛舍 | 6～8 | 4 | 25～27 |
| 产房 | 15 | 10～12 | 25～27 |

6. 装卸牛台和地磅

装卸牛台用于装牛和卸牛，一般置于生产区一角并距离牛舍较近，其宽度为1～1.2 m，出口高度根据运牛车高度设计。装卸牛台应设有缓坡与调牛通道相连，便于赶牛，减少应激，提高劳动效率（图2-34）。

图2-34　牛简易装卸台

7. 称重设备

常用称重设备为电子秤，牛场电子秤分为两种类型，一种是体秤，主要用于个体牛称重，一般设在牛舍附近（图2-35）。另一种是用于称重精粗饲料原料、活牛等大宗物资的电子秤，可称重范围30～50 t，一般安装在精粗饲料进出口及活牛出栏口位置（图2-36）。

图2-35　个体牛称牛体秤

图2-36　大宗称牛地磅

8. 牛场防疫通道

近年来，随着舍饲养殖的蓬勃发展，养牛产业疫病的防控压力逐渐增大，牛支原体肺炎、牛链球菌病及牛结核病等疫病的发生及传播并不会表现出明显的临床症状，但这些疾病对人体健康造成威胁。牛口蹄疫、牛皮肤结节病列入了重大动物疫病防控计划，为了做好养殖场内种牛防疫工作，减少牛防疫应激反应，确保防疫人员人身安全，结合牛场实际，设置牛场简易保定架，一般由钢管焊接而成，防疫注射栏限定宽度，以成年公牛角的宽度为准，每次圈成年牛10头。在圈墙上打开一个缺口作为防疫注射栏的入口，出口放在圈外，疫苗注射完后把牛放到外面。为了防止牛伤人，防疫人员站在栏外进行疫苗注射。这样可以减轻劳动强度，减少劳动力，提高防疫密度。利用防疫注射栏进行动物免疫，可以避免因注射疫苗时剂量不准确而导致免疫失败（图2-37）。

图2-37　肉牛防疫简易保定架

# 第三章
# 肉牛营养与饲料

肉牛营养需要是肉牛饲料配方设计的重要依据之一，随着科学研究的不断深入、饲养条件的变化、饲养品种的更替，如何合理利用饲料、提高生产性能、增加经济效益、是实现科学化饲养的基础。本章将结合我国现行的《肉牛饲养标准》（NY/T 815—2004），并参照美国《肉牛营养需要（NRC）第8次修订版》（2018）对肉牛的营养需要和饲料配制相关内容进行阐述。

## 第一节 水

### 一、水的营养作用

水在肉牛体内的总量称为机体总水量（Total Body Water，TBW），成年肉牛的机体含水量占体重的55%～65%，犊牛更高。肉牛的生长、繁殖、泌乳、消化、代谢等一系列生命活动都离不开水。水作为各类营养物质的良好载体，在机体细胞代谢和代谢废物运输过程中发挥着重要作用。

### 二、水的需要量

水作为成本较低、容易获取的营养，在实际饲养过程中通常采取自由饮水的策略，可通过设置自动饮水装置或者定时放水进饮水槽供肉牛饮用。各生长阶段的肉牛水需要量可参考表3-1，但需要注意以下因素对肉牛饮水量的影响，适当调节水供给量。

表3-1　肉牛每日总饮水量估计值

单位：L

| 体重 | 环境温度 | | | | | |
|---|---|---|---|---|---|---|
| | 4.4℃ | 10.0℃ | 14.4℃ | 21.1℃ | 26.6℃ | 32.2℃ |
| 生长青年母牛、阉牛和公牛 | | | | | | |
| 182 kg | 15.1 | 16.3 | 18.9 | 22.0 | 25.4 | 36.0 |
| 273 kg | 20.1 | 22.0 | 25.0 | 29.5 | 33.7 | 48.1 |
| 364 kg | 23.0 | 25.7 | 29.9 | 34.8 | 40.1 | 56.8 |
| 育肥牛 | | | | | | |
| 273 kg | 22.7 | 24.6 | 28.0 | 32.9 | 37.9 | 54.1 |
| 364 kg | 27.6 | 29.9 | 34.4 | 40.5 | 46.6 | 65.9 |
| 454 kg | 32.9 | 35.6 | 40.9 | 47.7 | 54.9 | 78.0 |
| 冬季妊娠母牛 | | | | | | |
| 409 kg | 25.4 | 27.3 | 31.4 | 36.7 | — | — |
| 500 kg | 22.7 | 24.6 | 28.0 | 32.9 | — | — |
| 泌乳母牛 | | | | | | |
| 409 kg | 43.1 | 47.7 | 54.9 | 64.0 | 67.8 | 61.3 |
| 成年公牛 | | | | | | |
| 646 kg | 30.3 | 32.6 | 37.5 | 44.3 | 50.7 | 71.9 |
| 727 kg | 32.9 | 35.6 | 40.9 | 47.0 | 54.9 | 78.0 |

注：特定的管理制度下给定类别的肉牛饮水量是干物质采食量和环境温度的函数。环境温度低于4.4℃时，饮水量保持恒定。体重高于409 kg的母牛也包含在此推荐量中。

### （一）生理因素

影响需要量及散失量的因素都会反映肉牛的总的水需要量。

随着肉牛的活动量增加，体内代谢加快，水的散失量增多，水的需要量会随之增加；妊娠母牛怀孕期间，随着胎儿发育，代谢量增大，水的需要量会增加；生产哺乳期间，泌乳会带来的水分散失，因此水的需要量会增加；犊牛增重快，机体对水的需求会增加；在肉牛患病时（例如腹泻、发热），代谢需要量及水散失量均会增加，水需要量增加。

### （二）环境因素

环境温度是各种环境因素中最为直观的影响因素。

环境温度升高时，肉牛通过蒸发和汗液带来的水散失量会显著增加，特别是当环境温度超过牛的适宜温度（10～25℃）时，蒸发和汗液带来的散失量增加开始明显，饮水量会随之增加；热应激及疾病等原因导致的呼吸急促也会增加水散失量，水需要量随之增加；泌乳奶牛因环境温度增加会减少泌乳量，水的需要量减少饮水量反而会下降。

### （三）饲料类型

1. 饲料种类

当牛采食多汁型饲料和高矿物质饲料时，随粪便散失的水分将增加，水需要量也增加。

2. 饲料比例

随着粗饲料比例增加，为排出难以消化、不消化的纤维成分，水需要量会增加。

## 三、肉牛饮用水的要求

饮水对肉牛生产的影响非常明显，为保障肉牛健康与生产性能，对肉牛的饮用水在满足数量的要求之上还需要注意质量的要求。

1. 水温

夏季建议饲喂冷水（18.5℃左右），水槽设置在避光处避免阳光直晒带来的水温升高。冬季为保障肉牛饮水量，建议通过加热水槽的方式防止饮水结冰。肉牛长期摄食积雪或者冰块会提高其代谢速率来补偿融化冻水和提升体温所需要的能量，使得生产效率下降。

2. 水质

评估饮用水水质常用的标准由以下5个：气味和味道、理化性质（pH值、总溶解固体量、总溶解氧量、硬度等）、是否含有有毒化合物、矿物质和化合物是否超标、是否有细菌等微生物污染。对于肉牛饮用水的水质，若条件允许，建议定期进行检测，做到每天换水。

# 第二节 干物质采食量

干物质采食量（DMI）是制订日粮配方的主要指标，准确地预测肉牛DMI，一方面有助于准确了解日粮养分的摄入量，另一方面饲养实践中对精确配合肉牛日粮养分浓度具有极其重要的意义。

## 一、采食量的估算

可以根据式（3-1）（Anele等，2014）对生长育肥牛特定生产水平时所需的干物质采食量（DMIR）进行估算。DMIR法可以最大限度地解释与DMI实测值之间的变异，同时也是目前预测误差最小的估算方法。

$$\text{DMIR（kg/d）}=（\text{NEm需要量}\div\text{NEm含量}）+（\text{NEg需要量}\div\text{NEg含量}）\quad（3\text{-}1）$$

式中，NEm需要量表示维持部分的净能需要量，MJ/d；NEm含量表示饲料中维持部分的净能含量，MJ/kg（饲料DM）；NEg需要量表示增重部分的净能需要量，MJ/d；NEg含量表示饲料中增重部分的净能含量，MJ/kg（饲料DM）。

式（3-1）中的饲料的NEm含量和NEg含量可利用式（3-2）、式（3-3）（中国饲料数据库）推算。

$$\text{NEm含量（MJ/kg）}=[0.655\times\text{DE含量}-0.351]\times4.184\quad（3\text{-}2）$$

式中，DE含量表示饲料中的消化能（DE）含量，MJ/kg。

$$\text{NEg含量（MJ/kg）}=[0.815\times\text{DE}-0.049\,7\times\text{DE含量}]-1.187\quad（3\text{-}3）$$

式中，DE含量根据我国现行的《肉牛饲养标准》（NY/T 815—2004），可利用式（3-4）推算。其中关于能量代谢率（$q$），为方便计算，在低营养水平的条件下可设定为0.40～0.45；高营养水平的条件下可设定为0.5～0.55（Xu等，2020）。

$$\text{DE（MJ/kg）}=\text{GE}\times q\quad（3\text{-}4）$$

式中，GE表示总能，MJ/kg。

## 二、影响采食量的因素

### （一）肉用母牛

#### 1. 泌乳期母牛

DMI预测值应该根据日产奶量的0.2倍的幅度增加。

#### 2. 怀孕母牛

随着孕期增加，DMI会产生负面的影响，特别是孕期最后一个月，采食量会逐周减少2%。

基于以上结论可通过观察怀孕母牛的采食量变化更好地把握分娩时间，并有针对地补充营养。

### （二）环境因素

1. 热应激

肉牛在持续热应激（环境温度达到39℃）的情况下，对比环境温度在25℃时精饲料采食量平均下降0.5 kg/d、干草采食量平均下降1.1 kg/d。

2. 冷应激

肉牛在冷应激的情况下，消化道可能必须产生某种反应以容纳更高的饲料摄入量，所以肉牛采食量会一般随着温度下降而升高。

但在特殊情况下此规律并不完全适用。例如当放牧饲养的肉牛遭遇急性冷应激时，采食量会降低47%（Adams，1987）；而适应了热环境温度的放牧母牛，当环境温度从8℃降至-16℃时，DMI变化不明显（Beverlin等，1989）。

### （三）饲料因素

1. 饲料种类

当饲料中的粗蛋白质（CP）低于8%时，采食量的下降最为显著，建议及时补充蛋白质补充料或饲喂高蛋白水平的优质牧草。

2. 饲料加工

在加工粗饲料时，细粉碎会增加采食量，这是因为食糜流通速率增大的原因；加工精饲料时，细粉碎反而会降低DMI，这是由于细粉碎的精饲料进入瘤胃会加快发酵产气而带来的影响。

# 第三节 能　量

能量在肉牛生产系统中，常用的单位是焦耳（J）或卡（cal），1 cal约为4.186 J。我国现行《肉牛饲养标准》（NY/T 815—2004）及美国的NRC标准均使用净能（NE）体系。

肉牛的所需的能量中，通常区分为维持所需的能量与生长所需的能量，其分界点为维持状态，即保持不出现体组织能量净减少或者净增加的状态。实际上，维持状态这个理论上的相对静止的状态所需摄入的饲料能量的量称为维持的能量需要量；将超出此部分的能量的量视为供给生长的能量，而在维持状态的基础上满足一定生长目标所需摄入的饲料能量的量称为生长的能量需要量。

## 一、维持的能量需要量

### （一）维持

维持的能量需要量可通过长期饲养试验、测热法、比较屠宰试验法等方法进行测定。可使用以下公式（Lofgreen and Garrett，1968；Garrett，1980）进行推算：

$$NEm = 0.077 \times SBW^{0.75} \tag{3-5}$$

式中，NEm表示维持所需的净能，Mcal/d；SBW表示绝食体重，kg。

SBW规定为禁食18 h但不禁水时的体重，在实际生产中若无法达成，还可利用平时饲喂情况下的自然体重（BW）进行估算。公式如下：

$$SBW（kg）= 0.96 \times BW（kg） \tag{3-6}$$

### （二）泌乳

计算泌乳的能量需要时，可以把乳中能量（E）视为泌乳的NEm。但不同于乳用牛每日挤奶可以直接得出泌乳量，肉用母牛泌乳主要依靠犊牛吸吮，所以较为简便且准确的犊牛体重对比法（称重—哺乳—称重）得出泌乳量。根据乳中成分推算E的含量的公式（Tyrrell and Reid，1965）如下：

$$E（Mcal/kg）=（0.92 \times MkFat）+（0.049 \times MkSNF）-0.0569 \tag{3-7}$$

式中，MkFat表示乳脂含量，%；MkSNF表示乳非脂固形物含量，%。

### （三）妊娠

根据Robinson等（1980）的研究表明，代谢能（ME）用于维持和妊娠的效率的变异程度相似，因此可利用代谢能用于维持的效率（$k_m$）计算出妊娠维持的NEm，其中$k_m$可选用平均值0.6进行计算。公式如下（Garrett，1980）。

$$NEm = k_m \times（NEy \div 0.13） \tag{3-8}$$

式中，NEy表示用于妊娠的净能需要量，Mcal/d［计算公式见式（3-12）］。

## 二、生长的能量需要量

### （一）增重

根据Garrett（1980）的72个比较屠宰试验，对包括大约3 500头的饲喂不同饲料的肉牛的研究，育肥肉牛的增重净能（NEg）可利用以下公式进行推算（表3-2）。

$$NEg（Mcal/d）= 0.063\,5 \times EBW^{0.75} \times EBG^{1.097} \tag{3-9}$$

式中，EBW表示空体重，kg；EBG表示空体增重，kg/d。

$$EBW（kg）= 0.891 \times SBW（kg） \tag{3-10}$$

$$EBG（kg/d）= 0.956 \times SWG \tag{3-11}$$

式中，SWG表示绝食体增重，kg/d。

表3-2　生长育肥牛的NE需要量　　单位：Mcal/d

| 项目 | 绝食体重（SBW） | | | | | |
|---|---|---|---|---|---|---|
| | 250 kg | 300 kg | 350 kg | 400 kg | 450 kg | 500 kg |
| 维持 | 4.8 | 5.6 | 6.2 | 6.9 | 7.5 | 8.1 |
| 增重0.4 kg/d | 1.2 | 1.3 | 1.5 | 1.6 | 1.8 | 1.9 |
| 增重0.8 kg/d | 2.5 | 2.8 | 3.2 | 3.5 | 3.8 | 4.1 |
| 增重1.2 kg/d | 3.8 | 4.4 | 5 | 5.5 | 6 | 6.5 |
| 增重1.6 kg/d | 5.3 | 6.1 | 6.8 | 7.5 | 8.2 | 8.9 |
| 增重2.0 kg/d | 6.7 | 7.7 | 8.7 | 9.6 | 10.5 | 11.3 |

### （二）妊娠

妊娠母牛的NEm和NEy在不考虑增重的情况下共同构成了总的能量需要量（表3-3）。上文已提供了关于NEm的计算公式，母牛妊娠期间的NEy可通过预定的犊牛初生体重（CBW）和妊娠天数（DP），利用以下公式（NRC，2014）计算：

$$\text{NEy（Mcal/d）}=\text{CBW（kg）}\times（0.058-0.000\,099\,6\times \text{DP}）\times e^{0.032\,33\times \text{DP}-0.000\,027\,5\times \text{DP}_2}\div 1\,000 \quad（3-12）$$

式中，e表示自然对数的底数（即2.718）。

表3-3　青年母牛的NE需要量　　单位：Mcal/d

| 项目 | 妊娠月数 | | | | | | | | |
|---|---|---|---|---|---|---|---|---|---|
| | 1 | 2 | 3 | 4 | 5 | 6 | 7 | 8 | 9 |
| 维持 | 6.0 | 6.3 | 6.5 | 6.6 | 6.8 | 6.9 | 7.1 | 7.2 | 7.4 |
| 生长 | 2.1 | 2.3 | 2.3 | 2.4 | 2.4 | 2.5 | 2.5 | 2.5 | 2.4 |
| 妊娠 | 0.0 | 0.1 | 0.2 | 0.4 | 0.7 | 1.4 | 2.4 | 3.9 | 6.2 |
| 合计 | 8.1 | 8.7 | 9.0 | 9.4 | 9.9 | 10.8 | 12 | 13.6 | 16.0 |

# 第四节 蛋白质

## 一、蛋白质的营养作用

蛋白质作为构成机体组织的基本原料，几乎所有的机体组织（毛、皮、肌肉、神经、内脏、骨骼、血液、角、蹄等）都以蛋白质为其主要成分。蛋白质是机体内除水分以外含量最多的物质，占机体固形物的45%～50%。

## 二、可供肉牛消化的蛋白质

在长久的进化过程中，由于长期采食蛋白质相对含量低的植物食物源，反刍动物进化出了瘤胃，通过瘤胃内微生物代谢提供菌体蛋白质以供消化来满足自身的蛋白质来源。由于瘤胃微生物的发酵作用，使得饲料中的蛋白质或其他含氮化合物（尿素等）在肉牛体内的消化过程异常复杂。

饲料中一部分（瘤胃降解蛋白，RDP）降解后为瘤胃内微生物提供肽类、氨基酸（AA）及氨，剩余的瘤胃非降解蛋白（RUP）和同瘤胃微生物粗蛋白质（MCP）、部分内源氮（N，如体内分泌物和脱落细胞）会抵达小肠，消化分解吸收后共同为肉牛提供所需的AA。

反刍动物还会将瘤胃内的氨由静脉排流组织吸收，在肝脏代谢后转化为尿素，尿素再由肝脏稀释后一部分随尿液排出，另一部分通过唾液、瘤胃、胃肠道上皮或其他部分进入胃肠道供微生物代谢。用于补充饲料中RDP的不足、为机体提供更多的AA，此循环被称为尿素再循环。

## 三、微生物蛋白合成量的计算

肉牛的瘤胃降解蛋白（RDP）需要量与微生物蛋白合成量相关，通常反刍动物的RDP需要量约等于瘤胃微生物蛋白（MCP）的合成。虽然NRC（1985）提出，RDP无法100%被用于瘤胃MCP的合成，其用于瘤胃MCP合成的最高效率为0.9%。但由于尿素再循环的存在，可以补充RDP的不足。

根据NRC（2016）的肉牛营养需要模型（BCNRM）体系提出的两个公式可以预测瘤胃MCP的合成量。公式如下：

$$\text{MCP（g/d）} = 0.087 \times \text{TDNI} + 42.73 \quad （3-13）$$

式中，TDNI表示可消化养分总量采食量，g/d。

$$\text{TDNI} = （\text{OM} \times \text{OMD} \div 100） \times \text{DMI} \quad （3-14）$$

式中，OM表示有机物（DM），%；OMD表示有机物消化率，%；DMI表示干物质采食量，g/d。

$$MCP（g/d）=0.096\times FFTDNI+53.33 \quad (3-15)$$

式中，FFTDNI表示无脂可消化养分总量采食量，g/d。

$$FFTDNI=［（OM\times OMD\div 100）-（EE\times EED\div 100）］\times DMI \quad (3-16)$$

式中，EE表示粗脂肪（DM），%；EED表示粗脂肪消化率（粗脂肪的平均消化率为0.77%），%。

关于MCP的合成量预测，根据Galyean和Tedeschi（2014）的研究，当EE含量处于平均水平（<3.9%）的饲料，宜选用式（3-13）进行计算；当EE含量超过平均水平的饲料宜选择式（3-16）进行计算。

## 四、小肠内蛋白质的消化

如图3-1所示，进入小肠内的蛋白质可分为三类，即RUP（包括瘤胃内未降解蛋白质和饲料中的保护AA）、MCP和少量的动物自身分泌物与脱落细胞（主要包含AA和尿素）。这些在小肠内被消化的真蛋白定义为代谢蛋白（MP），目前MP体系已逐步取代粗蛋白质（CP）体系。

1.MCP消化率

MCP中含有大约20%的核酸，因此消化率在0.8%左右。

2.RUP消化率

在实际生产过程中，若无法直接测定饲料RUP消化率，建议将牧草的RUP消化率设定为0.6%；精饲料的PUP消化率设定为0.8%。

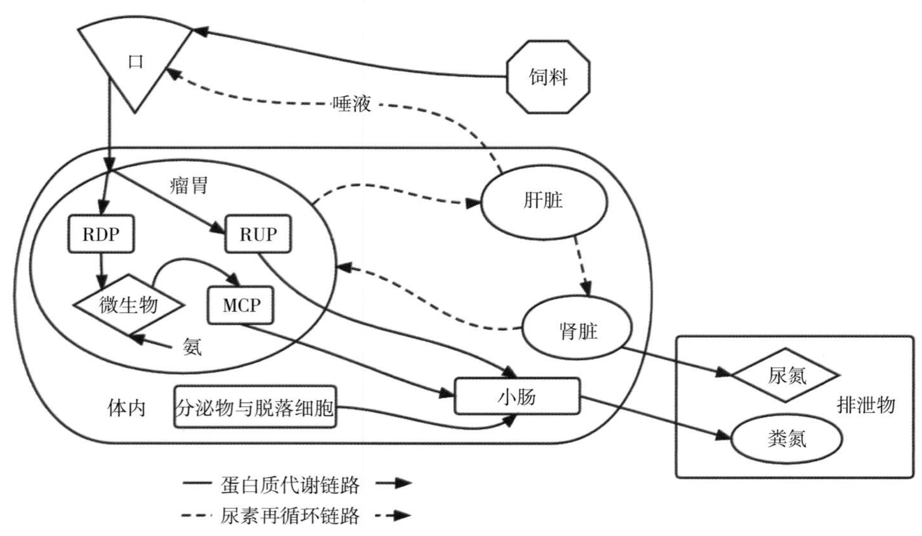


图3-1　蛋白质代谢过程及尿素再循环过程

## 五、维持代谢蛋白需要量

维持代谢蛋白质的需要量（MPm）同维持的能量需要量概念相似，指的是肉牛在体组织无变化、无泌乳、无怀孕的情况下维持生命最基本活动所需的蛋白质。可利用以下公式进行预测。

$$MPm = 3.8 \times (SBW \div 0.96)^{0.75} \quad (3\text{-}17)$$

## 六、生长代谢蛋白需要量

### （一）增重

增重部分的蛋白质需要量为体组织每日增重部分的蛋白质沉淀。能量在肉牛体内的沉淀以蛋白质和脂肪的形式存留，因此根据能量留存量（RE）与增重部分蛋白质含量的关系可以估算出肉牛的净蛋白质需要量（NPg）。育肥牛生长所需的MP需要量可参见表3-4。

**表3-4　生长育肥牛的MP需要量表**　　单位：g/d

| 项目 | 绝食体重（SBW） | | | | | |
|---|---|---|---|---|---|---|
| | 250 kg | 300 kg | 350 kg | 400 kg | 450 kg | 500 kg |
| 维持 | 239 | 274 | 307 | 340 | 371 | 402 |
| 增重0.4 kg/d | 149 | 139 | 129 | 120 | 111 | 102 |
| 增重0.8 kg/d | 288 | 267 | 246 | 226 | 207 | 188 |
| 增重1.2 kg/d | 423 | 390 | 358 | 326 | 296 | 267 |
| 增重1.6 kg/d | 556 | 510 | 466 | 423 | 381 | 341 |
| 增重2.0 kg/d | 686 | 627 | 571 | 516 | 463 | 412 |

$$NPg\ (g/d) = SWG \times \{268 - [29.4 \times (RE \div SWG)]\} \quad (3\text{-}18)$$

式中，SWG表示绝食体增重，kg/d。

$$RE\ (Mcal/d) = 0.063\,5 \times EBW^{0.75} \times EBG^{1.097} \quad (3\text{-}19)$$

式中，EBW表示空体重，kg［式（3-10）］；EBG表示空体增重，kg/d［式（3-11）］。

肉牛的NPg除以吸收蛋白质的利用效率可得出增重部分的代谢蛋白质需要量。

$$吸收蛋白质的利用效率 = 0.834 - 0.001\,14 \times EQSBW \quad (3\text{-}20)$$

式中，EQSBW表示当量绝食体重，kg。

$$EQSBW = SBW \times (SRW \div FSBW) \quad (3\text{-}21)$$

式中，SRW表示达到预期终末体脂肪含量的标准参比体重，kg（表3-5）；

式中，FSBW表示达到预期终末体脂肪含量的终末绝食体重，kg。

**表3-5 肉牛不同终末体成分的标准参比体重**

| 项目 | 平均大理石纹评分 | | |
|---|---|---|---|
| | 微量 | 稍有 | 少量 |
| 体脂肪含量/% | 25.2 ± 2.9 | 26.8 ± 3.0 | 27.8 ± 3.4 |
| 标准参比体重/kg | 435 | 462 | 478 |

### （二）泌乳

泌乳的存留蛋白质的形式为乳蛋白，日乳蛋白产量（YProtn）除以蛋白质的利用效率（NRC，2014，假定值为65%）即可得出泌乳的代谢蛋白质需要量（MPl）。

$$MPl\ (g/d) = (Yn \times MkProt/100) \div 0.65 \times 1\ 000 \quad (3\text{-}22)$$

式中，Yn表示日泌乳量，kg/d；MkProt表示乳蛋白含量，%。

### （三）妊娠

同能量类似，妊娠母牛以孕体形式存留的净蛋白质（Ypn）日沉积量同样可以通过预定的犊牛初生重（CBW）和妊娠天数（DP）估算出。Ypn再除以蛋白质的利用效率（NRC，2014，假定值为0.65%）即可得出妊娠的代谢蛋白质需要量（MPy）。

$$Ypn\ (g/d) = CBW\ (kg) \times (0.001\ 669 - 0.000\ 021\ 1 \times DP) \times e^{0.027\ 8 \times DP - 0.000\ 017\ 6 \times DP2} \times 6.25 \quad (3\text{-}23)$$

**表3-6 青年母牛的MP需要量** 单位：g/d

| 项目 | 妊娠月数 | | | | | | | | |
|---|---|---|---|---|---|---|---|---|---|
| | 1个月 | 2个月 | 3个月 | 4个月 | 5个月 | 6个月 | 7个月 | 8个月 | 9个月 |
| 维持 | 295 | 310 | 318 | 326 | 334 | 342 | 350 | 357 | 365 |
| 生长 | 130 | 129 | 127 | 126 | 124 | 123 | 123 | 123 | 125 |
| 妊娠 | 2 | 4 | 7 | 14 | 27 | 50 | 88 | 151 | 251 |
| 合计 | 427 | 443 | 452 | 466 | 485 | 515 | 561 | 632 | 741 |

## 第五节 矿物质

矿物质是牛生长发育、繁殖、产肉、产奶等必需的营养物质。肉牛至少需要17种矿物质元素，这些矿物质元素可以分为常量元素与微量元素，常量元素是指饲料中以克（g）为单位计量需要量的元素，包括钙、磷、钠、氯、镁、硫和钾等元素；微量元素则是指以毫克（mg）或微克（μg）为单位计量需要量的元素，主要包括铁、铜、锌、锰、碘、钴、硒、钼和铬等。

### 一、钙和磷元素

在牛体内主要构成骨骼。体内98%的钙、80%的磷均存在于骨和齿中，钙的吸收与维生素D有关，当维生素D缺乏时，钙的吸收会减少，甚至当日粮钙充足时也会发生缺乏症。

钙和磷的维持需要量等于粪中钙和磷的丢失量，分别为15.4 mg/kg（BW）和16 mg/kg（BW）。增重的钙需要量为存留蛋白质中的钙含量，大致为每100 g蛋白质需要7.1 g；用于产奶的钙需要量为每千克产奶量需要1.23 g。同样，增重的磷需要量大致为每100 g蛋白质需要3.9 g；每千克产奶量需要0.95 g。

肉牛缺钙和缺磷的症状相似。早期缺乏表现为食欲减退，异食癖，血钙和血磷降低，增重变慢，饲料利用效率降低。进一步缺乏则影响到骨组织，表现为跛行、关节僵直、骨质疏松、骨软化、骨折、犊牛佝偻病等。缺钙的症状不如缺磷时明显。

按日粮干物质计算钙的需要量，生长青年牛、已孕干乳牛、公牛和产乳牛日粮干物质中含0.18%～0.3%的钙，一般可满足需要。在饲喂谷物副产物混合精饲料的情况下，由于含磷较多，一般不需要补充磷。但在放牧或以粗饲料为主时，或土壤中缺磷，则容易发生牛缺磷现象。必须检查日粮中的钙、磷含量和比例，按日粮实际需要补充钙、磷。常用的无机钙磷制剂有石粉、磷酸二钙、磷酸氢钙等，贝壳粉由于含有几丁质故很难消化。

### 二、钠和氯元素

钠和氯都是电解质，共同维持体液的酸碱平衡和渗透压，关系密切。补充食盐即补充钠和氯。钠除参与维持体内正常的渗透压和酸碱平衡外，还对神经传导和肌肉收缩起重要作用。牛的唾液含钠量很高，当日粮缺钠时，会使唾液分泌量下降，进而影响对干饲料的采食量。植物性饲料中含钠量很低，每千克秸秆中仅含0.5 g钠，而每千克谷物饲料中则低于0.5 g。

若需要补充钠和氯，在日粮中应添加0.5%～1%或按日粮干物质量加入0.25%的食盐即可。但根据Burkhaltor等（1979）的研究，因反刍动物喜好采食钠，若任其自由采食，通常会摄取需要量以上的食盐。而食盐摄入超过饲料的1.25%～2.0%会导致厌食、增重速率下降、体重损失、饮水量减少，严重者会导致全身瘫痪。

缺钠会影响肉牛的生长发育，引起异嗜，长期缺钠会使肉牛运动失调、心律失常、衰弱，甚至死亡。除日粮因素外，长期腹泻亦会造成缺钠。肉牛缺氯会表现为食欲不振、异嗜、消瘦、体重下降。

## 三、镁元素

镁作为Mg-ATP复合物的必需成分，对各种生物合成过程都是必不可少的。肉牛机体中的镁65%～70%存在于骨骼中，其余15%分布在肌肉中、15%分布在其他软组织中、1%分布在细胞外液中。

肉牛缺镁往往是地区性的，养分肥美的春季牧场的土壤中常见缺镁，所生长的牧草也缺镁。缺镁会导致亢奋、厌食、充血、惊厥、口吐白沫、流涎及软组织钙化等症状，故镁的缺乏症又称草痉挛症。牧草地施用高氮、高钾肥料同样也会提高草痉挛症的发病。干草中镁的吸收率高于青草，故舍饲期较少发生。

缺镁还会影响公牛的精子生成；影响母牛的发情、妊娠，造成流产；影响胎儿生长、使胎儿畸形。发生缺镁症时，可在日粮中添加硫酸镁或氧化镁。需注意的是肉牛采食含镁过多的牧草，会引起腹泻。

## 四、硫元素

硫是蛋氨酸、胱氨酸、半胱氨酸等含硫氨基酸的组成成分，也是硫酸黏多糖的组成部分，在机体的某些特定解毒反应中发挥作用。同时，瘤胃微生物蛋白同样有含硫氨基酸，所以合成瘤胃微生物蛋白也需要硫。

一般来说，饲料中的蛋白质含量高，则含硫量高。饲料中硫的含量通常能够满足牛的需要，因此不必添加。但在日粮中添加尿素来代替部分蛋白质饲料时，由于尿素中不含硫，所以要注意硫的补充。常用的补充剂是硫酸钠、硫酸铵、硫酸钙、硫酸钾、硫酸镁和硫黄等。

肉牛缺乏硫时，会影响瘤胃微生物蛋白的合成、并影响瘤胃的消化和采食量。重度缺硫时还会导致厌食、掉重、体虚、无力、消瘦、垂涎并最终导致死亡。硫过量会影响铜、锰、锌的利用，同时使瘤胃中产生大量硫化氢，从而影响瘤胃微生物的正常繁殖。急性硫中毒时，肉牛表现为腹泻、肌肉抽搐、呼吸困难甚至死亡。日粮中硫的含量不能超过0.4%。

## 五、钾元素

钾是细胞内液中的主要阳离子，在机体酸碱平衡、渗透压调节、水平衡、肌肉收缩、神经冲动传导及某些酶促进反应过程中发挥重要作用。

缺乏钾会导致采食量和增重速率下降、异食癖、被毛粗糙和肌肉无力。钾的需要量大约为0.6% DM。一般来说肉牛不容易缺钾，若缺乏钾可以适量添加氯化钾、碳酸钾、硫酸钾等。但需注意的是，过量的钾摄入可能会诱发草痉挛症。

## 六、微量元素

肉牛较容易缺乏常量元素，而微量元素广泛包含在饲料中，若合理地进行饲喂，通常不会产生微量元素缺乏症状。微量元素的需要量可参照表3-7。

**表3-7　肉牛对日粮微量矿物元素的需要量**　　单位：mg/kg DM

| 微量元素 | 需要量 | | | 最大耐受浓度 |
|---|---|---|---|---|
| | 生长和育肥牛 | 妊娠母牛 | 泌乳早期母牛 | |
| 钴（Co） | 0.1 | 0.1 | 0.1 | 10 |
| 铜（Cu） | 10.0 | 10.0 | 10.0 | 100 |
| 碘（I） | 0.5 | 0.5 | 0.5 | 50 |
| 铁（Fe） | 50.0 | 50.0 | 50.0 | 1 000 |
| 锰（Mn） | 20.0 | 40.0 | 40.0 | 1 000 |
| 硒（Se） | 0.1 | 0.1 | 0.1 | 2 |
| 锌（Zn） | 30.0 | 30.0 | 30.0 | 500 |

# 第六节 维生素

肉牛正常生长需要各种维生素。由于成牛的瘤胃微生物可以合成B族维生素和维生素K，维生素C可以在体组织内合成，维生素D可通过采食阳光照射的青干草或在室外晒太阳获得，所以易缺乏的维生素主要是维生素A和维生素E。

## 一、维生素A

维生素A是一种脂溶性维生素，由青绿饲料中的胡萝卜素转化所形成。牛在青饲季节采食大量青绿饲料时，能将很多胡萝卜素贮存在体内，以供干枯饲料期间对维生素A

的需要。生长肉牛每100 kg体重每天约需β-胡萝卜素13 mg或维生素A 5 200 IU。牛维生素A缺乏多发生于以下情况：饲喂高精料比例的日粮；在枯黄牧草的草场放牧或饲喂枯黄的干草；饲喂秸秆加精料的日粮；饲料在阳光下过多晾晒或高温处理；饲料贮存时间过长。

收割及时的新鲜青绿牧草，胡萝卜素的含量很高。但干草中胡萝卜素的含量则因收割期和晾晒技术而有很大差异，优质的含量较高，而低质干草甚至和秸秆相似，胡萝卜素含量很低，甚至没有。谷物籽实的胡萝卜素的含量极低，甚至不含，如小麦和燕麦的含量为零；黄玉米、大麦、棉籽和大豆粕的维生素A含量也很低。由此可见，用秸秆、棉籽饼、酒糟、玉米组成的肉牛日粮，其胡萝卜素量远不能满足需要，需要添加维生素A。

维生素A缺乏所表现的症状与缺乏的持续时间和缺乏的程度有关，幼龄牛比成年牛敏感。轻度缺乏时，会影响采食量，增重速度变慢，皮毛光泽变差甚至粗糙，生长发育受阻。消化道上皮组织增厚并角质化，常见幼畜下痢。发生夜盲症或失明，呼吸和泌尿生殖器官组织损伤，肾、唾液腺等抵抗外界感染的能力下降，易发生感冒、肺炎等呼吸道疾病。

维生素A缺乏影响公牛和母牛的生殖功能，母牛发情紊乱导致不孕，即使怀孕，母牛也易发生早产、死胎；胎儿发育异常，新生犊牛衰弱和盲眼、胎衣滞留等；公牛精子数量和活率下降，畸形精子增加。

## 二、维生素E

主要功能是抗氧化作用，保护细胞膜不受损伤，还能保护和促进维生素A的吸收和贮存。维生素E和硒之间的关系密切，两者不能相互取代。白肌病等症状，通常由于既缺维生素E，也缺硒。牛缺乏维生素E症状表现为肌肉变性，腿部肌肉衰弱，姿势异常，当心肌严重损害时会发生突然性死亡。

大多数饲料和饲草通常能满足反刍肉牛对维生素E的需要。但维生素E对热不稳定，干草和青贮受热过度或经长期贮存后，会使部分甚至全部丧失活性。秸秆、甜菜渣等粗饲料中维生素E含量很少。

**表3-8　肉牛对日粮维生素的需要量**　　单位：mg/kg DM

| 微量元素 | 需要量 | | | | 最大耐受浓度 |
|---|---|---|---|---|---|
| | 生长和育肥牛 | 妊娠母牛 | 泌乳早期母牛 | 生长母牛 | |
| 维生素A | 2 200 | 2 800 | 3 900 | 2 400 | 30 000 |
| 维生素D | 275 | 275 | 275 | 275 | 4 500 |
| 维生素E | 15 | 15 | 15 | 15 | 900 |

## 第七节 饲料配制与日粮设计

肉牛的生长需要能量、蛋白质、氨基酸、维生素、矿物质和水分等营养成分。各种营养物质的需要量随品种、年龄、性别、体重、生产目的及生产水平不同，存在较大差异。因此，充分利用可用的饲料原料进行科学合理的配比，以满足肉牛的各项营养需求尤为重要。

在设计日粮配方时，饲料中的这些必需营养成分应以最适宜的数量、相互间最佳比例及最可利用的方式供给，从而促进获得最大生长速度、适宜的体成分和最佳的饲料转化率。同时还需考虑到冷热、大风等环境因素对牛的影响，在日粮设计及日常管理中，对这些影响因素充分考量并进行校正。

### 一、限制饲喂

在日粮设计中，对肉牛的干物质采食量（DMI）的把握十分关键。一般认为肉牛场在饲喂时，肉牛可以进行自由采食。然而要想达到最高的产量，实际DMI往往需少于自由采食的DMI。因此，限制饲喂这一概念被提出，限制饲喂指的是：在某一水平，限制某种日粮成分的采食，使得肉牛的采食量要比自由采食时的采食量少，并可预测肉牛的采食行为。采用限制饲喂可改善日粮消化、提高饲料转化效率、减少饲料成本及提高日增重。

### 二、粗精比

粗精比指的是粗饲料与精饲料（包括能量饲料与蛋白质饲料）的干物质重量比例。根据不同生长期，粗精比不尽相同。育肥期肉牛一般推荐按照6：4的比例配制；妊娠、泌乳期母牛可以适当提高精饲料比例，以保证饲料可以满足各项营养需要。粗精比的设定有着科学性与经济性的双重考量，若粗饲料比例过低、精饲料比例过高，长期饲喂不仅生产成本过高，肉牛本身也会因为缺乏瘤胃物理刺激而降低采食量或引发酸中毒、酮血病等代谢性疾病。

### 三、能氮平衡

能氮平衡指的是：饲料中的能量供应与氮供应之间的平衡。不当的能氮比会影响营养物质的代谢、降低利用效率、引发营养障碍。当能氮比过高时，氨基酸的利用率会下降，增加体脂肪的沉淀，减少肌肉发育；而当能氮比过低时，饲料中摄入的能量不足，反刍动物会分解蛋白质供能，从而降低氮的利用率，造成蛋白质的浪费。因此在日粮设计时，饲草料的配比需尽可能同时满足肉牛的能量需要量和蛋白质需要量，且能量与氮的充足率（%，摄入量÷需要量×100）保持在合理区间内。

## 四、营养需要量范例

根据前文所述，我们可以根据生产所需，计算出肉牛的营养需要量，结合饲草料的营养价值来设计出科学合理的肉牛日粮配方。以下对其能量需要量和蛋白质需要量进行计算示范，此范例假定环境温度处于适宜温度且饮水充足。另外推荐饲料配方可参见表3-9至表3-11。

表3-9　肉牛育肥期日粮配方

<table>
<tr><th colspan="3">项目</th><th colspan="2">配合比例/%</th><th>原料重/（kg/头）</th><th>干物质含量/%</th></tr>
<tr><td rowspan="15">日粮配方</td><td rowspan="10">精料补充料</td><td>玉米</td><td>65.69</td><td rowspan="10">40.00</td><td rowspan="10">3.24</td><td rowspan="14">—</td></tr>
<tr><td>黄豆粕</td><td>10.00</td></tr>
<tr><td>棉籽粕</td><td>13.00</td></tr>
<tr><td>葵花粕</td><td>8.28</td></tr>
<tr><td>磷酸氢钙</td><td>0.47</td></tr>
<tr><td>石粉</td><td>1.04</td></tr>
<tr><td>微量元素添加剂</td><td>1.00</td></tr>
<tr><td>维生素A、维生素$D_3$、维生素E粉</td><td>0.02</td></tr>
<tr><td>食盐</td><td>0.50</td></tr>
<tr><td>合计</td><td>100.00</td></tr>
<tr><td rowspan="4">粗饲料</td><td>玉米青贮</td><td colspan="2">28.88</td><td>8.77</td></tr>
<tr><td>苜蓿干草</td><td colspan="2">3.00</td><td>0.24</td></tr>
<tr><td>甜菜渣</td><td colspan="2">5.00</td><td>3.75</td></tr>
<tr><td>棉籽壳</td><td colspan="2">23.12</td><td>1.83</td></tr>
<tr><td colspan="2">合计</td><td colspan="2">100.00</td><td>17.83</td><td>40.00</td></tr>
<tr><td rowspan="6">营养水平</td><td colspan="2">项目</td><td colspan="2">含量</td><td colspan="2" rowspan="6">—</td></tr>
<tr><td colspan="2">净能/（MJ/kg）</td><td colspan="2">5.57</td></tr>
<tr><td colspan="2">粗蛋白质/%</td><td colspan="2">13.50</td></tr>
<tr><td colspan="2">粗纤维/%</td><td colspan="2">22.23</td></tr>
<tr><td colspan="2">钙/%</td><td colspan="2">0.70</td></tr>
<tr><td colspan="2">磷/%</td><td colspan="2">0.32</td></tr>
</table>

表3-10 奶牛各生长阶段的精料补充料配方

| 阶段名称 | | 犊牛期 | 育成期 | | | | 围产期 | |
|---|---|---|---|---|---|---|---|---|
| 月龄 | | 3～6月龄 | 7～8月龄 | 9～12月龄 | 13～18月龄 | 19月龄～产犊 | 前期 | 后期 |
| 体重 | | 85～160 kg | 160～200 kg | 200～280 kg | 280～400 kg | 400～500 kg | 500 kg | 600 kg |
| | 饲料原料 | 配合比例/% | | | | | | |
| 精料补充料 | 玉米 | 69.85 | 69.24 | 67.78 | 68.92 | 68.15 | 56.57 | 58.34 |
| | 麸皮 | | 3.86 | 4.78 | 5.08 | 6.00 | 10.00 | 6.00 |
| | 黄豆粕 | 25.41 | 8.34 | 2.5 | | | | 6.52 |
| | 棉籽粕 | 2.02 | 8.00 | 0.94 | 2.32 | 10.00 | 12.00 | 12.00 |
| | 葵花粕 | | 8.00 | 22.00 | 21.67 | 13.11 | 18.00 | 13.52 |
| | 磷酸氢钙 | 0.87 | 0.51 | | | 0.92 | 0.91 | 1.00 |
| | 石粉 | 0.33 | 0.53 | 0.48 | 0.49 | 0.30 | 1.00 | 1.00 |
| | 微量元素添加剂 | 1.00 | 1.00 | 1.00 | 1.00 | 1.00 | 1.00 | 1.00 |
| | 维生素A、维生素$D_3$、维生素E粉 | 0.02 | 0.02 | 0.02 | 0.02 | 0.02 | 0.02 | 0.02 |
| | 食盐 | 0.50 | 0.50 | 0.50 | 0.50 | 0.50 | 0.50 | 0.50 |
| | 合计 | 100.0 | 100.0 | 100.0 | 100.0 | 100.0 | 100.00 | 100.00 |
| | 项目 | 含量 | | | | | | |
| 营养水平 | 净能/（Mcal/kg） | 1.80 | 1.70 | 1.60 | 1.60 | 1.65 | 1.58 | 1.60 |
| | 粗蛋白质/% | 18.00 | 16.00 | 15.00 | 14.50 | 15.00 | 17.00 | 18.00 |
| | 粗纤维/% | 2.97 | 4.82 | 7.00 | 7.00 | 5.92 | 7.46 | 6.43 |
| | 钙/% | 0.70 | 0.70 | 0.60 | 0.60 | 0.70 | 1.00 | 1.05 |
| | 磷/% | 0.50 | 0.50 | 0.45 | 0.45 | 0.50 | 0.65 | 0.65 |

表3-11　奶牛各泌乳阶段的精料补充料配方

| | 阶段名称 | 泌乳高峰期 | | | | 泌乳中期 | 泌乳后期 | 干奶前期 |
|---|---|---|---|---|---|---|---|---|
| | 体重 | 600 kg | 600 kg | 600 kg | 600 kg | 600 kg | 600 kg | 600 kg |
| | 日泌乳量 | 18 kg | 20 kg | 25 kg | 30 kg | | | |
| 精料补充料 | 饲料原料 | 配合比例/% | | | | | | |
| | 玉米 | 60.74 | 65.70 | 62.62 | 58.18 | 64.53 | 61.36 | 60.94 |
| | 麸皮 | 8.36 | | | | | 8.92 | 12.00 |
| | 黄豆粕 | | 2.16 | 9.75 | 16.90 | 3.36 | | |
| | 棉籽粕 | 10.73 | 12.00 | 14.00 | 16.00 | 14.00 | 14.00 | 11.17 |
| | 葵花粕 | 16.18 | 15.70 | 8.15 | 3.12 | 13.34 | 11.55 | 12.30 |
| | 磷酸氢钙 | 0.97 | 1.63 | 2.90 | 2.88 | 1.93 | 1.31 | 0.62 |
| | 石粉 | 1.00 | 0.79 | 0.35 | 0.39 | 0.62 | 0.84 | 0.95 |
| | 微量元素添加剂 | 1.00 | 1.00 | 1.20 | 1.50 | 1.20 | 1.00 | 1.00 |
| | 维生素A、维生素$D_3$、维生素E粉 | 0.02 | 0.02 | 0.03 | 0.03 | 0.02 | 0.02 | 0.02 |
| | 食盐 | 1.00 | 1.00 | 1.00 | 1.00 | 1.00 | 1.00 | 1.00 |
| | 合计 | 100.0 | 100.0 | 100.0 | 100.0 | 100.0 | 100.00 | 100.00 |
| 营养水平 | 项目 | 含量 | | | | | | |
| | 净能，NE/（Mcal/kg） | 1.58 | 1.60 | 1.63 | 1.65 | 1.61 | 1.60 | 1.60 |
| | 粗蛋白质/% | 16.00 | 16.50 | 18.00 | 20.00 | 17.00 | 16.00 | 15.50 |
| | 粗纤维/% | 6.81 | 6.17 | 5.05 | 4.46 | 5.89 | 6.17 | 6.36 |
| | 钙/% | 1.00 | 1.05 | 1.20 | 1.30 | 1.10 | 1.00 | 0.90 |
| | 磷/% | 0.65 | 0.70 | 0.90 | 0.90 | 0.75 | 0.70 | 0.60 |

### （一）能量需要量

以绝食体重（SBW）为300 kg、绝食体增重（SWG）为1.5 kg/d的肉牛为例，其代谢蛋白值（MP）可利用第三节的相关公式计算。

首先计算得出增长部分的净能需要量（NEm），再根据公式计算得出增长部分的净能需要量（NEg），两者相加（NEm+NEg）即可得出生产所需的净能需要量：

$NEm = 0.077 \times 300^{0.75} = 5.55$（Mcal/d）

$EBW = 0.891 \times 300 = 267.3$（kg）

$EBG = 0.956 \times 1.5 = 1.434$（kg/d）

NEg（Mcal/d）$= 0.063\,5 \times 267.3^{0.75} \times 1.434^{1.097} = 6.23$（Mcal/d）

### （二）蛋白质需要量

以绝食体重（SBW）为300 kg、达到预期终末体脂肪含量的标准参比体重（SRW）为26%、达到预期终末体脂肪含量的终末绝食体重（FSBW）为500 kg、绝食体增重（SWG）为1.5 kg/d的肉牛为例，其代谢蛋白值（MP）的可利用第四节的相关公式计算。SRW可参照表3-4。

首先计算得出增长部分的蛋白质需要量（MPm），再根据公式计算得出增长部分的蛋白质需要量（MPg），两者相加（MPm+MPg）即可得出生产所需的蛋白质需要量：

$MPm = 3.8 \times (300 \div 0.96)^{0.75} = 282.44$（g/d）

$RE = 0.063\,5 \times (0.891 \times 300)^{0.75} \times (0.956 \times 1.5)^{1.097} = 6.23$（Mcal/d）

$NPg = 1.5 \times \{300 - [29.4 \times (6.23 \div 1.5)]\} = 266.84$（g/d）

$EQSBW = 300 \times (462 \div 500) = 277.2$（kg）

$MPg = 266.84 \div (0.834 - 0.001\,14 \times 277.2) = 515.14$（g/d）

## 第八节　饲料原料及配合饲料

饲料原料又称单一饲料，是指以一种植物、微生物或矿物质为来源的饲料。肉牛饲料由粗饲料、青绿饲料、青贮饲料、能量饲料、蛋白质饲料、矿物质饲料、维生素饲料和饲料添加剂等部分组成。常见饲料原料的营养价值见表3-12。

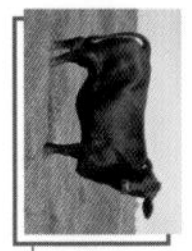



表3-12　常见饲料原料营养价值表

| 序号 | 饲料名称 | 营养成分/% | | | | | | 能量/（Mcal/kg） | | 数据来源 |
|---|---|---|---|---|---|---|---|---|---|---|
| | | 干物质（DM） | 粗蛋白质（CP） | 粗脂肪（CF） | 粗纤维（CF） | 无氮浸出物（NFE） | 粗灰分（CA） | 总能（GE） | 肉牛综合净能（NE） | |
| **一、青绿饲料** | | | | | | | | | | |
| 1 | 青苜蓿草（初花期） | 16.00 | 4.60 | 0.60 | 3.80 | 5.80 | 1.20 | 0.74 | 0.25 | 农八师（石河子） |
| 2 | 青苜蓿草（盛花期） | 29.20 | 5.30 | 0.40 | 10.70 | 10.20 | 2.60 | 0.68 | 0.34 | 农八师（石河子） |
| 3 | 青割玉米（抽穗期） | 17.60 | 1.50 | 0.40 | 5.80 | 8.80 | 1.10 | 0.76 | 0.21 | 农八师（石河子） |
| 4 | 青割玉米（乳熟期） | 18.50 | 1.50 | 0.40 | 5.80 | 9.10 | 1.70 | 0.77 | 0.22 | 农八师（石河子） |
| 5 | 甜高粱 | 21.68 | 1.51 | 0.18 | 5.02 | 12.97 | 2.00 | 0.87 | 0.30 | 农八师（134团） |
| 6 | 黑小麦草（初花期） | 16.11 | 1.26 | 0.53 | 4.32 | 7.94 | 2.06 | 0.65 | 0.24 | 农八师（石河子） |
| 7 | 南瓜 | 10.20 | 1.00 | 0.03 | 1.20 | 7.27 | 0.70 | 0.41 | 0.12 | 9省9样品均值 |
| 8 | 马铃薯（块茎） | 22.00 | 1.60 | 0.10 | 0.70 | 18.70 | 0.90 | 0.89 | 0.43 | 10省（市）10样品均值 |
| 9 | 红薯（块茎） | 25.00 | 1.00 | 0.30 | 0.90 | 22.00 | 0.80 | 1.02 | 0.51 | 7省（市）8样品均值 |
| 10 | 西瓜皮 | 6.70 | 0.65 | 0.20 | 1.25 | 3.60 | 1.00 | 0.26 | 0.10 | 农六师（五家渠） |
| **二、青贮饲料** | | | | | | | | | | |
| 11 | 苜蓿青贮（盛花期） | 34.38 | 5.56 | 1.51 | 13.34 | 9.84 | 4.13 | 1.50 | 0.32 | 农八师（石河子） |
| 12 | 玉米青贮（带果穗） | 23.46 | 2.14 | 0.69 | 5.82 | 12.04 | 2.77 | 0.95 | 0.29 | 农八师14样品均值 |
| 13 | 玉米青贮（0.3%尿素处理） | 25.60 | 2.49 | 0.60 | 5.63 | 14.03 | 2.85 | 1.03 | 0.32 | 农八师（石河子） |
| 14 | 玉米秸秆黄贮 | 29.20 | 1.72 | 0.60 | 8.90 | 16.08 | 1.90 | 1.23 | 0.32 | 农八师（石河子） |
| 15 | 玉米秸秆黄贮（0.3%尿素处理） | 30.80 | 1.88 | 0.51 | 8.50 | 18.06 | 1.85 | 1.29 | 0.37 | 农八师（石河子） |

（续表）

| 序号 | 饲料名称 | 营养成分/% | | | | | | 能量/（Mcal/kg） | | 数据来源 |
|---|---|---|---|---|---|---|---|---|---|---|
| | | 干物质（DM） | 粗蛋白质（CP） | 粗脂肪（CF） | 粗纤维（CF） | 无氮浸出物（NFE） | 粗灰分（CA） | 总能（GE） | 肉牛综合净能（NE） | |
| 16 | 混合牧草青贮 | 28.49 | 1.83 | 0.80 | 7.26 | 15.80 | 2.80 | 1.17 | 0.34 | 昭苏 |
| **三、粗饲料** | | | | | | | | | | |
| 17 | 苜蓿干草 | 91.15 | 14.50 | 2.25 | 28.20 | 37.25 | 8.95 | 3.89 | 1.07 | 农十三师（哈密） |
| 18 | 玉米秸秆（无果穗） | 90.00 | 4.33 | 1.49 | 27.72 | 46.78 | 9.68 | 3.60 | 0.66 | 农八师（石河子） |
| 19 | 玉米芯（穗轴） | 91.30 | 4.35 | 1.70 | 34.34 | 48.37 | 2.54 | 4.00 | 0.47 | 农八师（石河子） |
| 20 | 小麦秸秆 | 91.60 | 3.06 | 1.84 | 39.30 | 39.93 | 7.37 | 3.84 | 0.38 | 农八师（石河子） |
| 21 | 小麦秸秆（3%氨化处理） | 90.10 | 3.51 | 0.70 | 32.20 | 43.49 | 10.20 | 3.56 | 0.62 | 农八师（石河子） |
| 22 | 大麦秸秆 | 88.30 | 4.90 | 1.68 | 33.38 | 40.31 | 8.13 | 3.66 | 0.51 | 农九师（塔城） |
| 23 | 稻秸秆 | 89.60 | 3.62 | 1.10 | 34.15 | 35.43 | 15.30 | 3.37 | 0.44 | 农八师（石河子） |
| 24 | 黄豆秸秆 | 92.10 | 9.07 | 2.57 | 38.68 | 36.64 | 5.12 | 4.09 | 0.77 | 农八师（石河子） |
| 25 | 棉花秸秆 | 90.30 | 6.31 | 1.62 | 39.90 | 37.00 | 5.47 | 3.92 | 0.30 | 农八师（石河子） |
| 26 | 棉桃壳 | 89.90 | 9.03 | 2.26 | 29.65 | 40.54 | 8.32 | 3.78 | 0.48 | 农八师（石河子） |
| 27 | 棉籽壳 | 90.18 | 5.32 | 4.27 | 43.08 | 34.92 | 2.59 | 4.18 | 0.36 | 农八师（石河子） |
| 28 | 芦苇草（花前期） | 91.41 | 5.85 | 2.01 | 35.80 | 36.15 | 11.60 | 3.68 | 0.27 | 农八师（石河子） |
| 29 | 苏丹草（栽培牧草） | 91.16 | 12.24 | 1.93 | 29.93 | 36.90 | 10.16 | 3.80 | 0.89 | 农八师（石河子） |
| 30 | 燕麦草（栽培牧草） | 92.41 | 6.60 | 1.80 | 32.55 | 45.04 | 6.42 | 3.92 | 0.70 | 农四师（77团） |
| 31 | 天然草场混合牧草 | 90.20 | 6.79 | 2.40 | 26.00 | 46.16 | 7.72 | 3.77 | 0.80 | 农四师（76团） |

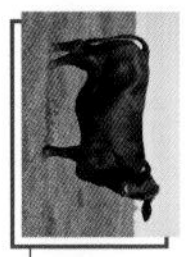



（续表）

| 序号 | 饲料名称 | 营养成分/% | | | | | | 能量/（Mcal/kg） | | 数据来源 |
|---|---|---|---|---|---|---|---|---|---|---|
| | | 干物质（DM） | 粗蛋白质（CP） | 粗脂肪（CF） | 粗纤维（CF） | 无氮浸出物（NFE） | 粗灰分（CA） | 总能（GE） | 肉牛综合净能（NE） | |
| **四、籽实类饲料** | | | | | | | | | | |
| 32 | 玉米 | 89.50 | 9.60 | 3.60 | 2.20 | 73.00 | 1.10 | 3.94 | 1.97 | 农十三师（哈密） |
| 33 | 玉米 | 88.40 | 8.60 | 3.50 | 2.00 | 72.90 | 1.40 | 3.86 | 1.93 | 23省（市）120样品均值 |
| 34 | 小麦 | 87.50 | 13.04 | 1.30 | 2.40 | 69.26 | 1.50 | 3.78 | 1.91 | 农八师（石河子） |
| 35 | 皮大麦 | 87.00 | 10.80 | 2.30 | 5.50 | 64.40 | 4.00 | 3.70 | 1.75 | 农八师（石河子） |
| 36 | 燕麦 | 89.60 | 14.10 | 3.18 | 9.91 | 58.48 | 3.93 | 3.94 | 1.66 | 农八师（石河子） |
| 37 | 荞麦 | 87.10 | 9.93 | 2.26 | 11.50 | 60.71 | 2.70 | 3.78 | 1.61 | 14省（市）14样品均值 |
| 38 | 高粱 | 86.00 | 8.53 | 3.20 | 2.50 | 69.47 | 2.30 | 3.71 | 1.69 | 农八师（石河子） |
| 39 | 稻谷（籼稻） | 90.60 | 8.30 | 1.50 | 8.50 | 67.50 | 4.80 | 3.74 | 1.70 | 9省（市）34样品均值 |
| 40 | 青稞 | 89.30 | 12.40 | 1.80 | 2.60 | 70.90 | 1.60 | 3.86 | 1.83 | 哈密巴里坤2样品均值 |
| 41 | 黄豆 | 88.12 | 36.25 | 17.18 | 5.05 | 24.40 | 5.24 | 4.93 | 1.96 | 疆内6样品均值 |
| 42 | 黄豆 | 88.00 | 36.96 | 16.19 | 5.10 | 25.18 | 4.57 | 4.91 | 1.95 | 16省（市）40样品均值 |
| 43 | 棉花籽 | 90.60 | 20.90 | 18.90 | 23.50 | 23.50 | 3.90 | 5.27 | 1.72 | 农八师（石河子） |
| **五、饼粕类饲料** | | | | | | | | | | |
| 44 | 黄豆饼 | 90.40 | 41.60 | 5.50 | 5.30 | 32.20 | 5.80 | 4.45 | 1.77 | 农八师（石河子） |
| 45 | 黄豆粕 | 89.26 | 45.36 | 1.25 | 5.80 | 33.41 | 5.83 | 4.24 | 1.78 | 农八师（石河子） |
| 46 | 棉仁饼 | 91.45 | 27.07 | 5.40 | 18.50 | 33.74 | 6.74 | 4.30 | 1.27 | 图木舒克、哈密2样本 |

（续表）

| 序号 | 饲料名称 | 营养成分/% | | | | | | 能量/（Mcal/kg） | | 数据来源 |
|---|---|---|---|---|---|---|---|---|---|---|
| | | 干物质（DM） | 粗蛋白质（CP） | 粗脂肪（CF） | 粗纤维（CF） | 无氮浸出物（NFE） | 粗灰分（CA） | 总能（GE） | 肉牛综合净能（NE） | |
| 47 | 棉仁粕 | 90.63 | 43.46 | 0.93 | 10.85 | 29.53 | 5.86 | 4.28 | 1.50 | 农八师（石河子） |
| 48 | 葵花籽（全带壳） | 91.40 | 26.78 | 0.95 | 29.45 | 26.62 | 7.60 | 4.10 | 0.71 | 农八师（石河子） |
| 49 | 红花油渣（带壳） | 92.20 | 18.92 | 6.40 | 37.70 | 26.02 | 3.16 | 4.54 | 0.63 | 农六师（红旗农场） |
| 50 | 胡麻籽粕 | 91.10 | 35.40 | 0.90 | 7.80 | 39.70 | 7.30 | 4.08 | 1.58 | 农六师（五家渠） |
| **六、麸糠类饲料** | | | | | | | | | | |
| 51 | 小麦麸皮 | 87.00 | 14.90 | 3.10 | 10.54 | 53.29 | 5.17 | 3.80 | 1.38 | 石河子粮油加工厂 |
| 52 | 小麦麸皮 | 88.60 | 14.40 | 3.72 | 9.21 | 56.13 | 5.14 | 3.88 | 1.45 | 全国115样品均值 |
| 53 | 玉米麸皮 | 87.00 | 6.60 | 2.60 | 12.30 | 63.30 | 2.20 | 3.76 | 1.31 | 农八师（石河子） |
| 54 | 细米糠 | 89.50 | 12.10 | 14.90 | 10.60 | 41.80 | 10.10 | 4.30 | 1.57 | 农八师（石河子） |
| 55 | 细米糠 | 90.20 | 12.10 | 15.50 | 9.20 | 43.30 | 10.10 | 4.35 | 1.64 | 4省市13样品均值 |
| **七、糟渣类饲料** | | | | | | | | | | |
| 56 | 甜菜渣（湿鲜样） | 8.60 | 0.76 | 0.15 | 2.60 | 4.75 | 0.34 | 0.37 | 0.11 | 石河子八一糖厂 |
| 57 | 甜菜渣（风干样） | 87.00 | 7.70 | 1.50 | 26.25 | 48.10 | 3.45 | 2.26 | 1.08 | 石河子八一糖厂 |
| 58 | 葡萄酒渣（皮和籽） | 90.00 | 11.25 | 10.20 | 29.10 | 34.07 | 5.38 | 4.43 | 0.81 | 玛纳斯新天酒业 |
| 59 | 酱油渣 | 30.00 | 8.20 | 5.10 | 3.80 | 8.70 | 4.20 | 1.49 | 0.51 | 乌鲁木齐2样品 |
| 60 | 醋渣 | 31.30 | 3.10 | 2.90 | 4.70 | 19.60 | 0.80 | 1.47 | 0.49 | 乌鲁木齐 |

注：数据来源于《饲料配制实用手册》，杨玉福，新疆科学技术出版社。

## 一、粗饲料

粗饲料是指天然水分含量小于45%，干物质中粗纤维含量大于或等于18%，并以风干物质为饲喂形式的饲料。包括干草与农副产品秸秆、秕壳及藤蔓、荚壳、树叶、糟渣类等。粗饲料的特点是粗纤维含量高，可达25%～45%，可消化营养成分含量较低，有机物消化率在70%以下，质地较粗硬，适口性差。但若利用青贮调制等手段对粗饲料进行加工，可有效提高适口性和营养价值。

### （一）稻秸秆

稻秸秆的营养价值含量较低，粗蛋白质含量为3%～5%，粗脂肪含量为1%，粗纤维含量35%，粗灰分含量较高，约为17%，但含有大量硅酸盐，肉牛所需的钙、磷等矿物质元素含量远低于家畜生长繁殖的需要。我国作为水稻种植大国，各地区广泛种植水稻，因此，便捷廉价的稻秸秆自古就成为南方农区主要的粗饲料来源。现代为进一步开发稻秸秆的饲料利用率，可通过氨化处理等方法，增加饲料的含氮量并柔化纤维提高适口性。

### （二）玉米秸秆

玉米植株高大、耐旱，自美洲引入以来便成为优质的饲料作物。玉米秸秆质地坚硬，肉牛对玉米秸秆粗纤维的消化率在65%左右，对无氮浸出物的消化率在60%左右。玉米秸青绿时，胡萝卜素含量较高，为3～7 mg/kg，为提高玉米秸秆的饲用价值，一般可在植株富含营养的抽穗期或乳熟期进行对整株的上2/3株进行收割；也可以在植株果穗上方留一片叶后，削取上梢。收割的玉米秸秆可制成干草或调制青贮饲料。

### （三）麦秸秆

麦秸秆分为大麦秸秆、小麦秸秆和燕麦秸秆，其中燕麦秸秆的饲用价值最高。麦秸秆的特性类似于稻秸秆，同样可通过氨化或碱化处理等方法，增加饲料的含氮量并柔化纤维提高适口性，饲喂家畜效果较好。

### （四）谷草

即粟的秸秆，其质地柔软厚实，适口性好，营养价值高。在各类禾本科秸秆中，以谷草的品质为最好，铡碎后与野干草混喂，效果更好。

### （五）豆秸

由于豆科作物成熟后叶子大部分凋落，因此豆秸（如大豆秸、豌豆秸和蚕豆秸）主要以茎秆为主，茎已木质化，质地坚硬，维生素与蛋白质含量也减少，但与禾本科秸秆相比较，其粗蛋白质含量和消化率都较高。大豆秸适于喂肉牛，风干大豆秸含有消化能为6.82 MJ/kg。

## 二、青绿饲料

青绿饲料是指天然水分含量大于或等于45%的新鲜饲草，主要包括天然牧草、人工栽培牧草、田间杂草、青饲作物、叶菜类、非淀粉质根茎瓜类、水生植物及树叶类等。这类饲料种类多、来源广、产量高、营养丰富，具有良好的适口性，能促进肉牛消化液分泌，增进肉牛的食欲，是维生素的良好来源，因抽穗或开花前的营养价值较高，被人们誉为“绿色能源”。青绿饲料是一类营养相对平衡的饲料，是肉牛不可缺少的优良饲料，但其干物质少，能量相对较低。在肉牛生长期可用优良青绿饲料作为唯一的饲料来源，但若要在育肥后期加快育肥，则需要补充谷物、饼粕等能量饲料和蛋白质饲料。

### （一）天然牧草

我国天然草地上生长的牧草种类繁多，主要有禾本科、豆科、菊科和莎草科四大类。这4类牧草干物质中无氮浸出物含量均在40%～50%；粗蛋白质含量稍有差异，豆科牧草的蛋白质含量为15%～20%，莎草科的蛋白质含量为13%～20%，菊科与禾本科的蛋白质含量多为10%～15%，少数可达20%；粗纤维含量以禾本科牧草的含量最高，约为30%，其他3类牧草为25%左右，个别低于20%；粗脂肪含量以菊科牧草含量最高，平均达5%左右，其他3类牧草为2%～4%；矿物质中一般都是钙含量高于磷含量，且比例恰当。

### （二）栽培牧草

栽培牧草是指人工播种栽培的各种牧草，其种类很多，但以产量高、营养好的豆科（如紫花苜蓿、草木樨、紫云英和苕子等）和禾本科牧草（如黑麦草、无芒雀麦、羊草、苏丹草、鸭茅和象草等）为主。

1. 紫花苜蓿

苜蓿是世界上最早开始栽培的牧草，由公元前126年汉武帝派遣的使节张骞从西域引入中原。紫花苜蓿以粗蛋白质含量高而著称（图3-2）。苜蓿的粗蛋白质中含有20种以上的氨基酸。紫花苜蓿中的碳水化合物主要以糖类、淀粉、纤维素、半纤维素、木质素为主，是一类重要的能量营养素，可作为反刍动物和一些非反刍动物日粮中的主要的能源物质，可以维持动物肠胃正常蠕动，刺激动物胃肠道的发育和消化液的分泌，降低后肠内容物的pH值，改变病原微生物的生长发育的胃肠道环境，抑制大肠杆菌等病原菌的生长繁殖，显著提高动物胃肠道内消化酶的生物活性。苜蓿的维生素和矿物质元素苜蓿草中的维生素种类多、品种齐全，特别是叶酸、叶绿素、维生素K、生物素、维生素E、维生素$B_2$、叶黄素、胡萝卜素含量较高。苜蓿草中还含有钙、磷、铁、镁、钾、铜、锰等多种矿物质元素能够促进动物的生长、改善动物产品品质、提高动物的免疫机能等。添加苜蓿干草对奶牛产奶量、乳蛋白和非脂固形物都有极显著提高，牛奶品质得到明显改

善，但乳脂率有所降低，从奶牛养殖经济效益方面分析，日粮中添加苜蓿干草能显著提高奶牛养殖业的整体效益。苜蓿可以替代奶牛日粮中部分精料，也可以作为优质的粗饲料，优化日粮组成，且能在不同程度上提高奶牛的产奶量和经济效益。一年可以收割三茬，头茬的粗蛋白质可达18%以上；同时作为豆科牧草，还具备可改良土壤的优点。其中新疆大叶苜蓿（图3-3）在天山以南地区、和田地区具有悠久的种植历史。

图3-2　小麦套种紫花苜蓿

图3-3　新疆塔城大叶紫花苜蓿

2. 甜高粱

甜高粱是优质饲草，营养物质丰富，具有极高的饲用价值，如图3-4所示。在甜高粱的整个生育期内，干物质含量为92.9%～93.5%，粗蛋白质为8.3%～14.5%，粗脂肪为1.8%～2.9%，粗纤维为31.3%～34.6%，中性洗涤纤维为48.4%～67.6%，酸性洗涤纤维为25.4%～37.3%，粗灰分为9.3%～16.0%，无氮浸出物为44.8%～62.6%，钙为0.36%，磷为0.15%。含糖量可达12%～22%，比青饲玉米高2倍，到种子蜡熟时糖锤度值最高可达22%～23%。新疆哈密市对本地种植的高丹草、帕力万、牛魔王、大力士等

图3-4　生长中的甜高粱

4种甜高粱进行营养成分测定并与玉米进行对比，结果显示，高丹草、帕力万、牛魔王等3个品种的粗蛋白质、粗纤维、粗灰分含量均比玉米高，大力士与全株玉米粗蛋白质含量相当，且粗纤维、粗脂肪、灰分均高于全株玉米。因此，甜高粱可以替代玉米，降低畜禽饲养经济成本。

## 三、青贮饲料

自然水分含量大于或等于45%的新鲜天然植物饲料，经以乳酸菌为主的微生物发酵后的调制饲料为青贮饲料，如玉米青贮（图3-5）、新鲜植物饲料中加辅料或防腐剂青贮、半干青贮等。

图3-5　玉米青贮饲料制作

## 四、能量饲料

能量饲料，能量饲料自然水分含量小于45%、干物质中粗纤维含量小于18%、粗蛋白质含量小于20%的饲料为能量饲料，如谷类籽实、麦麸、米糠等。能量饲料自然水分含量小于45%、干物质中粗纤维含量小于18%、粗蛋白质含量小于20%的饲料为能量饲料，如谷类籽实、麦麸、米糠等。能量饲料的综合NE含量通常在1.5 ~ 2.3 Mcal/kg。能量饲料具有稳定而高效的能量供应能力，能为肉牛提供充足的能量补给。

### （一）玉米

玉米籽实具有亩产量高、适口性高等优点；所含的可利用物质高于其他谷实类，适口性好，饲料总能约3.9 Mcal/kg，是肉牛饲料比例中比例最大的一种能量饲料。玉米籽实外皮纤维难以消化，在饲喂时建议适当粉碎，并与体积大的麸糠类饲料并用，以防止积食和引起瘤胃膨胀。

### （二）大麦

大麦为禾本科大麦属一年生草本植物。大麦的粗蛋白质含量为9% ~ 13%，且蛋白质质量稍优于玉米，氨基酸中除亮氨酸及蛋氨酸外均比玉米多，但利用率比玉米差，赖氨酸含量（0.40%）接近玉米的2倍。无氮浸出物含量（67%～68%）低于玉米，其组成中主要是淀粉，其中，支链淀粉占74%～78%，直链淀粉占22%～25%。大麦籽实包有一层质地坚硬的颖壳，故粗纤维含量（6%）高，为玉米的2倍左右，因此，有效能值较低，产奶净能（6.70 MJ/kg）约为玉米的82%，综合净能为7.19 MJ/kg。大麦脂肪含量（约2%）较低，为玉米的1/2，饱和脂肪酸含量比玉米高，其主要组分是甘油三酯，含量为73.3%～79.1%，亚油酸含量只有0.78%。大麦所含的矿物质主要是钾和磷，其次为镁、钙及少量的铁、铜、锰、锌等。大麦富含B族维生素，包括维生素$B_2$等。泛酸、烟酸含量较高，但利用率较低，只有10%。脂溶性维生素A、维生素D、维生素K含量低，少量的维生素E存在于大麦的胚芽中。饲喂大麦时，若粉碎过细可能导致瘤胃臌气，建议粗粉碎或浸泡、压片处理后饲用。

### （三）高粱

高粱的粗蛋白质含量略高于玉米，一般为8%～9%，但品质较差，且不易消化，必需氨基酸中赖氨酸、蛋氨酸等含量少。除壳高粱籽实的主要成分为淀粉，含量多达70%。脂肪含量稍低于玉米，脂肪中必需脂肪酸比例低于玉米，但饱和性脂肪酸的比例高于玉米。所含灰分中钙少磷多，所含磷70%为植酸磷。含有较多的烟酸，达48 mg/kg，但所含烟酸多为结合型，不易被动物利用。高粱中含有毒物质单宁，影响其适口性和营养物质消化率。含有鞣酸，所以适口性不如玉米，且易引起肉牛便秘。

### （四）糖蜜

糖蜜为制糖工业副产品，包括甘蔗糖蜜、甜菜糖蜜、玉米葡萄糖蜜、柑橘糖蜜、木糖蜜、高粱糖蜜等，产量最大的是甘蔗糖蜜和甜菜糖蜜。糖蜜一般呈黄色或褐色液体，大多数糖蜜具有甜味，但柑橘糖蜜略有苦味。糖蜜中主要成分是糖类（主要是蔗糖、果糖和葡萄糖），如甘蔗糖蜜中含蔗糖24%～36%，甜菜糖蜜中含蔗糖47%左右。糖蜜中含有少量的粗蛋白质，其中多数属非蛋白氮，如铵盐、硝酸盐和酰胺等。糖蜜中矿物质含量较多（8.1%～10.5%），其中钙多磷少，钾含量很高（2.4%～4.8%），如甜菜糖蜜中钾含量高达4.7%。糖蜜中有效能量较高，甜菜糖蜜的消化能为12.12 MJ/kg，增重净能为4.75 MJ/kg。在肉牛的混合精料中，糖蜜的适宜用量为10%～20%。

### （五）块根、块茎、瓜果类饲料

天然水分含量大于或等于45%的块根、块茎、瓜果类皆属此类，如胡萝卜、芜菁、饲用甜菜、落果、瓜皮等。这类饲料脱水后干物质中粗蛋白质含量都较低，干燥后属能量饲料。

### （六）油脂

肉牛由于生产性能的不断提高，对日粮养分浓度尤其是日粮能量浓度的要求越来越高。对高产肉牛，常通过增大精饲料用量、减少粗饲料用量来配制高能量日粮，但这会引起瘤胃酸中毒等营养代谢疾病。鉴于这些原因，近几年来，油脂（分为动物油脂、植物油脂、饲料级水解油脂和粉末状油脂4类）作为能量饲料在肉牛日粮中的应用越来越普遍。

油脂的能值远比一般的能量饲料高，如大豆油代谢能为玉米代谢能的2.87倍，棕榈酸油产奶净能为玉米的3.33倍。植物油脂中还富含必需脂肪酸。

油脂可延长饲料在消化道内的停留时间，从而能提高饲料养分的消化油脂可促进脂溶性维生素的吸收，有助于脂溶性维生素的运输。在日粮中添加油脂，能增强风味，改善外观，减少粉尘，降低加工机械磨损程度，防止分级。油脂由于热增耗少，故给热应激肉牛补饲油脂有良好作用。

## 五、蛋白质饲料

蛋白质饲料指的是干物质中粗纤维含量低于18%，而干物质中粗蛋白质含量达到或超过20%的饲料原料。蛋白质饲料富含各种必需氨基酸，特别是植物性饲料缺乏的赖氨酸、蛋氨酸和色氨酸都比较多。蛋白质饲料主要有豆类、饼粕类等。

### （一）大豆饼（粕）

大豆饼（粕）是使用最广泛蛋白质饲料，是大豆取油后的副产品。大豆饼（粕）粗蛋白质含量高，一般在40%～50%，必需氨基酸含量高，组成合理。赖氨酸含量在饼粕类中最高，为2.4%～2.8%。赖氨酸与精氨酸之比约为100：130。异亮氨酸、色氨酸、苏氨酸含量高（异亮氨酸与缬氨酸比例适宜），与谷实类饲料配合可起到互补作用。蛋氨酸含量不足，需要额外添加蛋氨酸才能满足肉牛营养需求。大豆饼（粕）粗纤维含量低，主要来自大豆皮。无氮浸出物的含量一般为30%～32%，其中主要是蔗糖、棉籽糖、水苏糖和多糖类，淀粉含量较低。大豆饼（粕）中胡萝卜素、核黄素和硫胺素含量低，烟酸和泛酸含量较高，胆碱含量丰富（2 200～2 800 mg/kg），维生素E在脂肪含量高，在储存不久的大豆饼（粕）中含量也较高。矿物质中钙少磷多，磷多为植酸磷（约61%），硒含量低。大豆饼（粕）色泽佳，适口性好，加工适当的大豆饼（粕）仅含微量抗营养因子，不易变质，使用上无用量限制。大豆饼（粕）是肉牛饲料的优质蛋白质原料，各阶段肉牛饲料中均可使用，长期饲喂也不会厌食。但我国目前对大豆的缺口较大，依赖进口。据商务部统计数据，每年从国际市场进口的大豆高达9 000余万t。

### （二）棉籽饼（粕）

棉籽饼（粕）是棉籽取油后的副产品。棉籽饼（粕）粗蛋白质含量较高，达34%以上，棉仁饼（粕）粗蛋白质含量可达41%～44%。氨基酸中赖氨酸含量较低，仅相当于大豆饼（粕）的50%～60%，蛋氨酸含量也低，精氨酸含量较高，赖氨酸与精氨酸含量之比在100∶270以下。矿物质中钙少磷多，其中71%左右为植酸磷，含硒少。B族维生素含量较多，维生素A、维生素D含量少。棉籽饼干物质中综合净能为7.39 MJ/kg，棉籽粕干物质中综合净能为7.16 MJ/kg。棉籽饼（粕）中的抗营养因子主要为棉酚、环丙烯脂肪酸、单宁和植酸。在新疆，由于棉花种植业发达，棉籽饼（粕）使用广泛。棉籽中含有的棉酚会引发中毒反应，因此作为棉籽相关蛋白质饲料在使用上需额外注意用量，一般成年牛占精料的30%～40%。犊牛瘤胃发育不完善，饲喂未脱毒棉籽饼极易引起中毒。

### （三）菜籽饼（粕）

菜籽饼（粕）是油菜籽榨油后的副产品菜籽饼（粕）的合理利用，是解决我国蛋白质饲料资源不足的重要途径之一。菜籽饼（粕）含有较高的粗蛋白质，为34%～38%，其中可消化蛋白质为27.8%，蛋白质中非降解蛋白比例较高。氨基酸组成平衡，含硫氨基酸较多，精氨酸含量低，精氨酸与赖氨酸的比例适宜，是一种良好的氨基酸平衡饲料。粗纤维含量较高，为12%～13%，有效能值较低，干物质中综合净能为7.35 MJ/kg。碳水化合物为不宜消化的淀粉，且含有8%的戊聚糖。菜籽外壳几乎无利用价值，是影响菜籽粕代谢能的根本原因。矿物质中钙、磷含量均高，但大部分为植酸磷，富含铁、锰、锌、硒，尤其是硒含量远高于大豆饼（粕）。维生素中胆碱、叶酸、烟酸、核黄素、硫胺素均比大豆饼（粕）高，但胆碱和芥子碱呈结合状态，不易被肠道吸收。

### （四）氨基酸添加剂

组成蛋白质的各种氨基酸都是动物不可缺少的，但并非全都需要由饲料直接提供。只有在动物体内不能合成，或合成量不能满足机体需要量的氨基酸，即必需氨基酸才需要从饲料中提供。饲料或日粮中所需要的必需氨基酸的量与动物所需蛋白质氨基酸的量相比，差别较大的为限制性氨基酸。目前应用较多的氨基酸添加剂主要为限制性氨基酸，主要有赖氨酸、蛋氨酸、色氨酸、苏氨酸、甘氨酸、谷氨酸、精氨酸等。

### （五）非蛋白氮（NPN）添加剂

在非蛋白氮饲料中，尿素成本最低，效果好，使用时间长，被广泛使用，非蛋白氮作为反刍动物的饲料主要原理是：非蛋白氮进入瘤胃后，能够迅速被溶解，被脲酶分解为氨和二氧化碳，瘤胃微生物利用氨和碳水化合物合成微生物蛋白，微生物蛋白再被反刍动物利用。理论上1 kg尿素相当于2.62～2.81 kg蛋白质。尿素的使用一般是对粗饲料进行氨化处理时添加，因具有强烈的刺激性气味等原因，不可直接添加进饲料中。

## 六、矿物质饲料

矿物质饲料可供饲用的天然矿物，如石灰石粉、沸石粉、石膏粉、大理石粉；化工合成的无机盐类，如碳酸钙、硫酸铁等。矿物质元素是动物机体的重要组成部分，当动物缺少时可导致各种元素比例失调，导致畜禽各种营养性疾病。由于不同饲料或不同产地的饲料中矿物质元素含量差异较大，在集约化饲养条件下，特别是生产性能高的畜禽，必须补充矿物质元素。矿物质元素包括常量矿物质元素和微量矿物质元素。在使用这些载体或稀释剂时注意微量元素间的平衡。使用时先将添加量小的微量元素，如硒、铬、钴等与载体或稀释剂混合，再与其他矿物质元素加载体或稀释剂混合制成矿物质元素预混料。

## 七、维生素饲料

维生素饲料由工业合成或提纯的维生素制剂，不包括富含维生素的天然青绿饲料。包括脂溶性维生素和水溶性维生素，其中，脂溶性维生素包括维生素A、维生素D、维生素E、维生素K；水溶性维生素包括B族维生素和维生素C。维生素添加剂主要作为对天然饲料中维生素营养的补充、提高肉牛的抗病或抗应激能力、促进肉牛生长、改善畜产品的产量和质量。考虑到实际生产中多种因素的影响，日粮维生素的添加量都在需要量的2～10倍，以满足肉牛的正常生长发育的营养需要。

维生素的稳定性较差，酸碱度会影响其稳定性，一般要求维生素的pH值为6.5～7.5。为降低维生素损失，常采用粒度合适，不易与维生素反应的有机物质作为载体或稀释剂。脱脂米糠、麸皮的效果较好，砻糠、次粉（面粉与麸皮间的部分）次之，玉米粉较差。常用麸皮、脱脂米糠、砻糠按一定比例混用，水分控制在5%以下，粒度30～80目。

## 八、饲料添加剂

为保证或改善饲料品质，防止质量下降，促进动物生长繁殖，保障动物健康而掺入饲料中的少量或微量物质，但合成氨基酸、维生素及以治病为目的的药物除外。如各种矿物质、维生素、氨基酸等；为达到防止饲料品质恶化、提高动物饲料适口性、促进动物健康生长、提高动物产品产量或品质、便于饲料加工等目的而额外加入饲料的物质，称为非营养性添加剂，如抗氧化剂、抗结块剂、防霉剂、驱虫剂、着色剂、调味剂等。

## 九、配合饲料

配合饲料是指为满足一定的营养需要，根据科学的日粮配方，将不同来源的饲料原料以一定比例均匀混合，并按规定的工艺流程生产的饲料。根据营养成分和用途可以分为全价配合饲料、混合饲料、浓缩饲料、精料补充料和预混合饲料等（图3-6）。

（一）全价配合饲料

全价配合饲料是将粗饲料、能量饲料、蛋白质饲料、矿物质饲料及其他添加剂饲料经过粉碎、混合、压制等工艺，制成颗粒状饲料。这种饲料优点是包含肉牛所需的各种营养要求，除饮水外无需额外添加其他营养性饲料，并且饲喂便捷；缺点是价格相对较高。

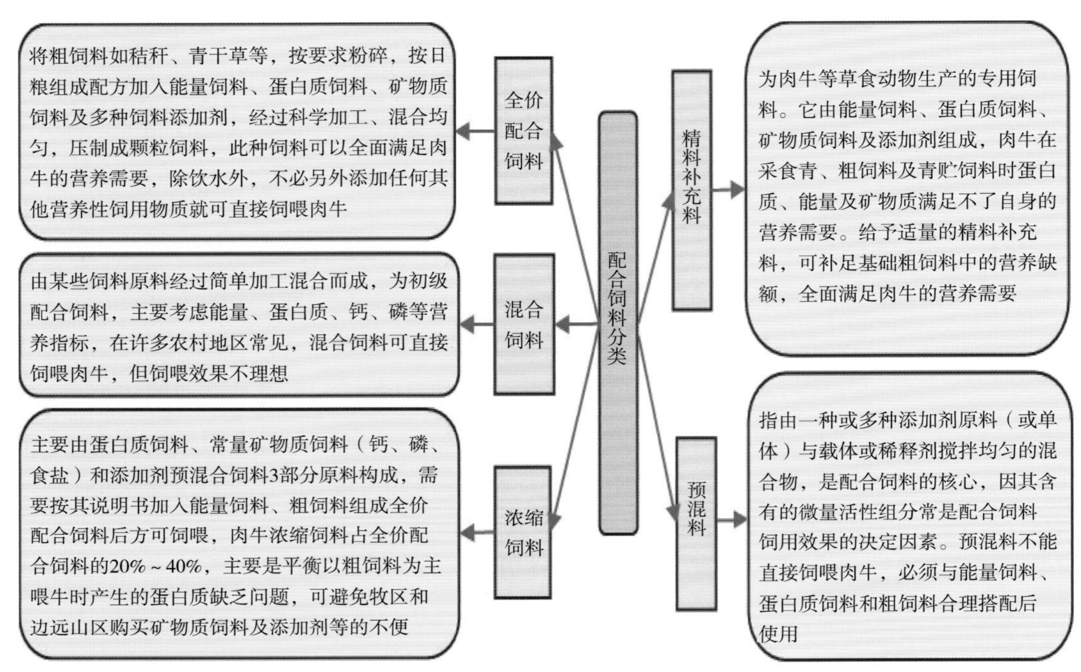


图3–6　配合饲料分类

（二）混合饲料

混合饲料是将饲料原料简单加工直接混合而成。简单混合的初级混合饲料制作门槛低，常见于农村散养户；缺点是饲喂效果较差。在此之上还有进阶的全混合日粮（TMR）饲喂技术，详情见TMR饲喂技术的相关内容。

（三）浓缩饲料

浓缩饲料主要由蛋白质饲料、常量矿物质饲料和添加剂预混合饲料构成，主要作用是平衡粗饲料饲喂时蛋白质缺失问题。使用时需要按照说明添加一定的能量饲料，配制成全价饲料后饲喂。

（四）精料补充料

精料补充料作为反刍动物专用的配合饲料，用于补充以干草、青贮饲料饲喂时营养缺失的部分。其中包含能量饲料、蛋白质饲料、矿物质饲料及其他添加剂饲料等，在饲喂时和粗饲料混合制成全价饲料。

### （五）预混合饲料

预混合饲料指由一种或多种的添加剂饲料与载体或稀释剂均匀混合后制成的饲料，又称添加剂饲料或预混料。预混合饲料作为浓缩饲料或全价饲料的组成部分，需要进一步混合，如图3-7所示，不可直接饲喂肉牛。

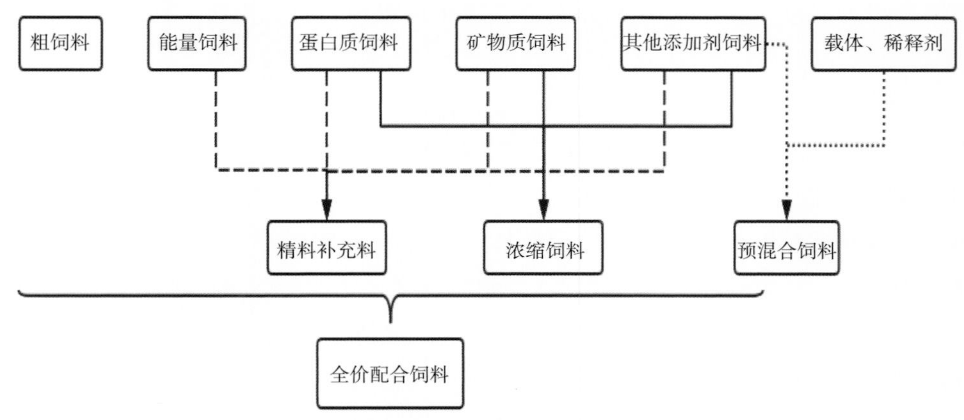


图3-7　配合饲料关系

## 十、TMR饲喂技术

TMR（Total Mixed Ration）技术即全混合日粮技术，指的是将铡切合适后的粗饲料和精饲料以及各种添加剂按照预先设计好的日粮配方比例进行充分混合的饲料配制方法，如图3-8所示。

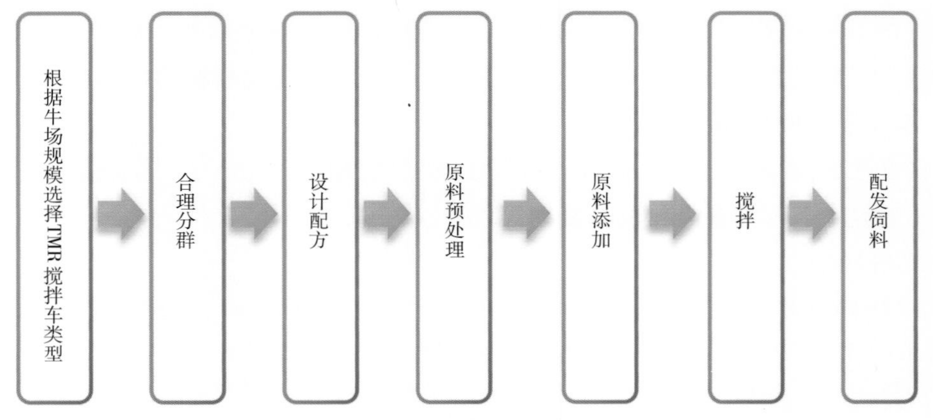


图3-8　TMR饲喂流程

TMR饲喂技术不同于传统的简单混合的饲料配制方式，TMR饲料具有改善适口性、提高饲料利用率、保证饲料营养浓度一致，防止因为饲料营养不均衡或者粗精比例不当引发的代谢疾病等优点。同时由于全程机械化作业，可大幅提高工作效率，降低生产成本。不过，也同样因为全机械化作业，TMR饲料配制所需的秤、搅拌车、传送设备和标准化圈舍建设等都是一笔不小的开销。

### （一）TMR日粮技术要点

1. 计量准确、充分混合

各原料组分必须计量准确，充分混合，防止精粗饲料组分混合、运输或饲喂过程中分离。

2. 原料加工

青（黄）贮饲料水分要控制在60%～70%，切碎长度以2～4 cm为宜。青干草及秸秆饲料要铡短，长度以3～4 cm为宜。槽渣类饲料水分以65%～80%为宜。精料要粉碎，不得有整粒谷物。粉碎后99%的颗粒能通过2.8 mm编织筛，不能通过1.40 mm编织筛的颗粒物不得多于20%。

（1）人工制作。将青（黄）饲料、青干草、糟渣类饲料、精饲料、补充料等，按顺序分层均匀地摊在地上后，再用铁锹等工具向一侧对翻，直至混合均匀为止。

（2）机械制作。卧式TMR机填装顺序为混合精料→干草（秸秆等）→青（黄）贮料→糟渣类。立式TMR机填装顺序为干草（秸秆类）→青（黄）贮→糟渣类→混合精料（籽实）、添加剂。装料量占搅拌机箱容量的60%～75%。要边装填边搅拌，干草搅拌4 min，青（黄）贮搅拌3 min糟渣类搅拌2 min，精料补充料搅拌2 min，最后一批料装完后再搅拌4～8 min，总搅拌时间需25～40 min。

3. 投料顺序严格按照要求实施

一般TMR日粮搅拌车的投料顺序是先粗后精，按“干草→青贮→精料”的顺序投放混合。在混合过程中，要边加料加水，边搅拌，待物料全部加入后再搅拌5 min左右。如采用卧式搅拌车，在不存在死角的情况下，可采用先精后粗的投料方式。

4. 不随意变换TMR日粮配方

为避免引发消化道疾病，通常不建议随意变换TMR日粮配方，若需变换应有15日左右的过渡期，且尽量避开泌乳高峰期等。

5. 现用现配

TMR饲料应遵循现配现喂的原则，以确保全混合日粮新鲜、安全。夏秋季配制的TMR日粮应在当日喂完，冬春季应在2日内喂完。

### （二）质量评价

全混合日粮的原料组分混合均匀，色泽一致，松散不分离，精饲料附着良好，水分含量适宜，4 cm长度的粗饲料占20%左右。

# 第九节 饲料的加工工艺

为方便肉牛更好地采食、消化饲料，在配制配合饲料前需要对饲料原料进行一定工艺的加工处理如图3-9所示，如对粗饲料进行铡切、发酵，对籽实类饲料进行压扁、浸泡等。除此之外还有青贮调制、氨化处理等加工工艺，可以达到改善粗饲料的营养含量，提高适口性等目的。

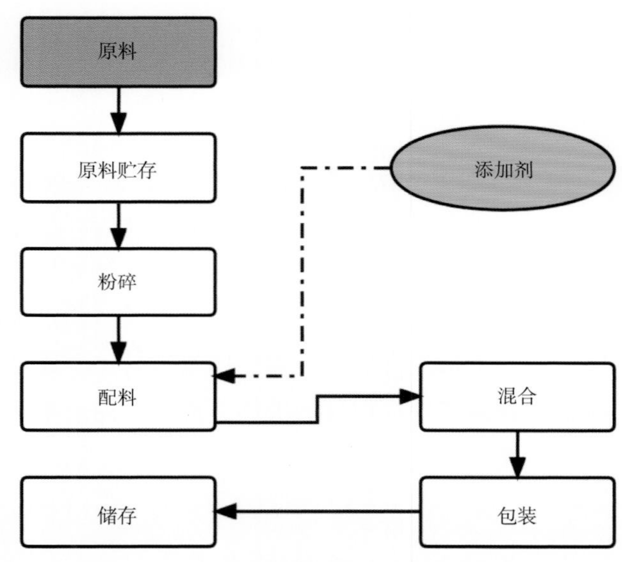


图3-9　精饲料加工工艺流程

## 一、精饲料加工工艺

### （一）粉碎

这是常用的加工方法，粉碎后增加了饲料的表面积，因此导致微生物和酶的活动增加。但饲喂肉牛的谷物不宜太碎，否则容易糊口或粉尘吸入肺部引起异物性肺炎，或在胃肠道内形成黏性团状物，不利于消化。粉碎饲料一般以1～2 mm为宜，根据肉牛的生长阶段，粉碎度可适当调节。

### （二）压扁

玉米、高粱、大麦等压扁更适合喂肉牛。压扁是通过扩大接触面积或者破开影响消化的籽实外皮，从而提高营养消化率。压扁饲料是将籽实饲料加水浸润后，利用蒸汽加温至120℃，之后再使用辊压机压制成片。试验研究表明，在粗饲料完全相同的情况下，喂压扁玉米的肉牛日增重明显高于喂碎玉米的肉牛。

### （三）浸润与浸泡

浸泡处理可降低籽实饲料中的单宁、皂角苷等物质的异味，同时经过饲料经过浸泡后，膨胀软化易于采食消化。但需注意夏季高温潮湿环境下，长时间浸泡会使得饲料变质，引发食物中毒等病症。

### （四）蒸煮与焙炒

蒸煮工艺常用于豆类饲料，经过处理可破坏豆类饲料中抗胰蛋白，从而提升消化率。焙炒多用于禾本类籽实饲料处理，温度一般为150℃，经过焙炒饲料中一部分淀粉转化成糊精而产生香味，并提高淀粉利用率；口感变得香脆，适口性好。

### （五）玉米蒸汽压片

蒸汽压片技术是一种饲料加工方法，如图3-10所示，其原理是通过湿热处理使玉米淀粉发生凝胶糊化，促使淀粉颗粒吸水膨胀破坏其晶体结构，进而排出部分直链淀粉形成黏性物质，随后通过机械物理作用将玉米细胞内与淀粉结合的蛋白质二级结构即氢键破坏掉，从而将淀粉颗粒暴露出来，并使玉米中的蛋白质结构发生改变。经过蒸汽加热和机械碾压双重工序对原料玉米进行加工处理，使玉米的化学成分及物理形态发生改变，有利于玉米淀粉颗粒的暴露和外部种皮的破坏，进而提高玉米的利用率，最终将玉米加工为具有一定密度及厚度的薄片。

图3-10　玉米蒸汽压片

### （六）糖化处理

糖化处理即利用谷实的淀粉酶，把部分淀粉转化为麦芽糖以提高适口性。方法是在磨碎的籽实中加2.5倍热水，搅匀，置于55～60℃下，让酶发生作用。4 h后，饲料含糖量可增加8%～12%。如果在每100 kg籽实中加入2 kg麦芽，糖化作用更快。糖化饲料喂育肥牛，可提高其采食量，促进其育肥。

### （七）有毒饲料的脱毒处理

1. 棉籽饼（粕）脱毒

（1）硫酸亚铁水溶液浸泡法。成本低、效果好、操作简便。亚铁离子可与棉籽饼（粕）中游离棉酚形成络合物，使棉酚中的醛基和羟基失去活性，达到脱毒目的。此棉酚与铁的络合物不能被吸收，最终将排出体外，不会对肉牛产生不良的影响。硫酸亚铁用量因机榨或土榨棉籽而不同。机榨的棉籽饼（粕）每100 kg应使用硫酸亚铁200～400 g，土榨的棉籽饼（粕）每100 kg应使用硫酸亚铁1 000～2 000 g。先将硫酸亚铁用水溶解制成1%硫酸亚铁液备用。视棉籽饼（粕）数量取适量1%硫酸亚铁液浸泡已粉碎过的棉籽饼（粕）一昼夜，中间搅拌几次，用清水冲洗后即可饲用，去毒效果达75%～95%。如果在榨油厂去毒，可把硫酸亚铁配成水溶液直接喷洒在榨完油的棉籽饼（粕）上，喷洒均匀，不能洒得太湿，否则不利于保存。也可按上述比例，把硫酸亚铁干粉直接与棉籽饼（粕）或饲料混合，力求均匀。

（2）水煮沸法。将粉碎的棉籽饼（粕），加适量的水煮沸搅拌，保持沸腾0.5 h，冷却后即可饲用，去毒效果可达75%。如果同时拌入10%～15%麸皮、面粉，效果更好。

（3）膨化脱毒法。膨化脱毒和膨化制油通常同时进行，将脱了壳的棉籽调整水分（7%～12%）放入膨化机中，设置好出料口的温度（85～110℃）进行挤压膨化。在高温、高压和水分的作用下，使游离棉酚脱毒。

（4）有机溶剂浸提法。溶剂浸提法去毒，主要有单一溶剂浸提法、混合溶剂浸提法等，当有水分，特别是热处理时，色素腺体容易破裂而释放出棉酚。利用这一特点，用丙酮、己烷和水三元溶剂对棉籽饼（粕）进行提油和脱酚，在保证饼（粕）中残油率低的前提下，使饼（粕）中残留的总棉酚和游离棉酚达到规定的指标。

（5）碱处理法。这种方法的工艺原理是：棉酚是一种酚，具有一定的酸性，利用碱与其中的生成盐可降解其毒性。任选质量比例为2%～3%生石灰水溶液、1%氢氧化钠溶液或2.5%碳酸氢钠溶液中的一种，将棉籽饼（粕）送进具有蒸汽夹层的搅拌器中，均匀喷洒碱液，使pH值达10.5左右。搅拌器的夹层中通入蒸汽加热，使温度保持为75～85℃，持续加热10～30 min，然后滤出其中水分，并用清水冲洗掉碱水，冷却后即可饲用。如需贮存，可烘干使水分降至7%以下。还可将粉碎的棉籽饼（粕）在碱液中浸泡24 h，然后滤出其中的水分，再用清水冲洗4～5遍即可饲用，也可达到去毒目的。

（6）微生物脱毒法。棉籽饼（粕）的微生物脱毒，是利用微生物在发酵过程中对棉酚的转化降解作用，从而达到脱毒的目的。微生物固体发酵多采用单菌种或复合纯菌种筛选出对棉酚有较高脱毒能力的微生物（如酵母菌、霉菌等），优化其发酵参数（包括水分、温度、时间、pH值等），然后对棉籽饼（粕）进行发酵处理。

2. 菜籽饼（粕）脱毒

（1）坑埋脱毒法。选择地势高而干燥的地方，挖容积约1 $m^3$的土坑，坑的大小可根据菜籽饼（粕）数量确定，埋前将菜籽饼（粕）打碎，按1∶1的比例均匀拌水，坑底垫一层席子，装满后用席子盖好，覆上约0.5 m厚的土，压实，埋2个月后，菜籽饼（粕）中大部分有毒物质可以脱毒。

（2）酶催化水解法。酶催化水解法的具体方法有两种：一种是利用外加黑芥子酶及酶的激活剂（如维生素C等），使硫苷加速分解，然后通过汽提或溶剂浸出以达到脱毒的目的；另一种称为自动酶解法，其基本原理是利用菜籽中的硫苷酶分解硫苷，由于酶解产物——异硫氰酸醋、噁唑烷硫酮、氰等都是脂溶性的，可在油脂浸出工序中提取出来，在油脂的后续加工过程中除去，具体方法是将未经任何处理的菜籽碾磨得很细后，加水调至一定水分含量，在45℃下密闭贮藏一定时间，干燥后用已烷或丙酮提取油脂，获得的菜籽饼就是脱毒菜籽饼。

（3）微生物脱毒法。微生物脱毒法是利用接种微生物本身分泌的芥子酶和有关酶系将硫苷分解并利用。用多菌种（如酵母菌、霉菌、乳酸菌等）混合制成的发酵剂进行发酵脱毒效果最好。处理过的菜籽饼（粕）可直接拌料饲喂肉牛，也可将其晒干或炒干后贮存备用。菜籽饼（粕）虽然进行了脱毒处理，但是还要严格控制喂量，以不超过日粮的10%为宜。

## 二、粗饲料加工工艺

### （一）青饲料处理

对于玉米、苏丹草、象草等高棵粗大牧草以及萝卜、甜菜等青饲料，一般含有泥沙、杂菌、病虫等，且不方便采食。所以需要对这些饲料进行清洗或者浸泡后铡切成适宜大小后饲喂。

对于牧草，还可以调制成青干草或者青贮饲料，方便长期保存。青干草的调制是通过尽可能保留营养成分的工艺进行干燥，国内主要使用自然干燥法、化学干燥法或者人工干燥法进行调制。

1. 自然干燥法

自然干燥法是先平铺快速干燥，待水分降低到50%左右后堆成小堆，之后每天翻动一次。此方法的优点是成本低、操作简单，堆内干燥可适当发酵增加香气，提高适口性。

2. 化学干燥法

化学干燥法多用于豆类牧草，利用碳酸钾、碳酸氢钠等化学制剂，破坏牧草的蜡质表面，从而达到快速干燥的目的。但此方法成本较自然干燥法更高，适用于大型草场。

3. 人工干燥法

人工干燥法是利用烘干设备进行干燥，此方法速度快，可最大程度保留饲料的营养成分，且不受天气影响。150℃干燥20～40 min即可，500℃以上干燥6～10 s即可。此方法成本高昂，大型带式烘干设备需要30万～50万元，而日处理量500 kg的小型干燥机也需2万～3万元，养殖场可以结合养殖规模选择适宜的烘干设备。

### （二）秸秆类饲料处理

秸秆类饲料是最常见也最易入手的粗饲料来源，但秸秆类饲料存在适口性差，能量和蛋白质含量较低等缺点，因此，要进行必要的加工调制处理。在饲喂时为方便采食需要根据牛的生长阶段铡切至合适长短后饲喂，通常肉牛饲喂可铡切至5 cm左右。

1. 物理加工方法

利用机械将粗饲料切短、粉碎或揉碎、压块、制粒等方法，简便而又常用。尤其是秸秆饲料比较粗硬，加工后便于咀嚼，减少能耗，提高采食量，并减少饲喂过程中的饲料浪费。

（1）切短。利用铡草机将粗饲料切短至1～2 cm。稻草较柔软，可稍长些；玉米秸秆较粗硬，有结节，以1 cm左右为宜：青贮玉米秸应切短至2 cm左右，以便于踩实。

（2）粉碎。粗饲料粉碎可提高饲料利用率和便于混拌精料，也可直接饲喂肉牛。秸秆经粉碎后，饲料表面积增加，从而增加了消化液与饲料的接触面，提高饲料消化率。

（3）揉碎。揉碎机械是近几年来推出的新工艺。为适应肉牛对粗饲料利用的特点，将粗硬的秸秆饲料揉搓成没有硬节的不同长短的细丝条，尤其适于玉米秸的揉碎。秸秆揉碎不仅提高适口性，也提高了饲料利用率，是当前秸秆饲料利用比较理想的加工方法。

（4）压块。压块是将切碎的粗饲料或补充饲料，用压块机压制成具有一定尺寸的块状饲料（也称砖型饲料）。秸秆压块以玉米秸秆、豆秸、花生秧等为原料，经铡切、混合高压、高温轧制而成。密度一般为0.6～0.8 t/m$^3$。该压块饲料适合于牛、羊等反刍类动物的饲养。其特点是：秸秆压块饲料的密度比自然堆放的秸秆提高10～15倍，便于运输和储存，储运成本可降低70%以上；秸秆压块饲料在高压下把半纤维素和木质素撕碎变软，从而易于消化吸收，比铡切后直接饲喂的消化率明显提高；秸秆压块饲料在高温下加以烘干压缩，具有一定的糊香味，其适口性明显提高，采食率高达100%，大大地节约了饲草；加工后的秸秆压块饲料，由于含水量低，更便于长期存放，在正常情况下长期保存不变质；秸秆压块饲料在饲喂时方便省力，可以直接饲喂，被称为牛、羊的“压缩饼干”；秸秆压块饲草的附加值较高，有较高的综合经济效益、社会效益和生态效益。

（5）制粒。制粒是将粉状饲料经（或不经）水蒸气调制，在制粒机内将其挤压，使其通过压模的压孔，再经切割、冷却干燥、破碎和分级，最后制成满足一定质量要求的颗粒成品。

（6）秸秆膨化。秸秆膨化是一种物理生化复合处理方法，其机制是利用螺杆挤压方式把玉米秸秆送入膨化机中，螺杆螺旋推动物料形成轴向流动，同时由于螺旋与物料、物料与机筒以及物料内部的机械摩擦，物料被强烈挤压、搅拌、剪切，使物料被细化、均化。随着压力的增大，温度相应升高，在高温、高压、高剪切作用力的条件下，物料的物理特性发生变化，由粉状变成糊状。当糊状物料从模孔喷出的瞬间，在强大压力差作用下，物料被膨化、失水、降温，产生出结构疏松、多孔、酥脆的膨化物，其较好的适口性和风味受到牲畜喜爱。从生化过程看，挤压膨化时最高温度可达130～160℃。不但可以杀灭病菌、微生物虫卵，提高卫生指标，还可使各种有害因子失活，提高了饲料品质，适口性好、易吸收，脂肪、可消化蛋白增加近一倍，排除了促成物料变质的各种有害因素，延长了保质期。

2. 化学加工方法

（1）碱化处理。碱化处理是通过氢氧根离子破坏木质素与半纤维素间脂键，溶解半纤维素，使饲料软化，提高粗饲料消化率。碱化处理主要有氢氧化钠湿碱化法、石灰乳和生石灰干碱化。

（2）氨化处理。为弥补秸秆类饲料的缺点，可以进行氨化处理。氨化处理是通过在密闭条件下用氨水、无水氨（液氨）或尿素溶液按比例均匀地喷洒在秸秆饲料上。经过一段时间反应后，促使木质素与纤维素、半纤维素分离，使纤维素及半纤维素部分分解，细胞膨胀，结构疏松，破坏木质素与纤维素之间的联系；氨与秸秆中的有机物质发生化学反应，形成铵盐（醋酸），可提供肉牛蛋白质需要量的25%～50%，是肉牛瘤胃微生物的氮素营养源；氨与秸秆中的有机酸结合，消除了醋酸根，中和了秸秆中潜在的酸度，使瘤胃微生物更活跃。氨化处理可以提高秸秆的消化率（提高20%～30%）、营养价值（粗蛋白质含量提高1.5倍）和适口性，能够直接饲喂肉牛，是经济、简便、实用的秸秆处理方法之一。氨化处理方法主要有堆垛氨化法、窖贮氨化法，应本着因地制宜、就地取材、经济实用的原则来选用。

（3）酸处理。使用硫酸、盐酸、磷酸和甲酸处理秸秆饲料称为酸处理，其原理和碱化处理相同，用酸破坏木质素与多糖（纤维素、半纤维素）链间的脂键结构，以提高饲料的消化率。但酸处理成本太高，在生产上很少应用。

（4）氨-碱复合处理。为了使秸秆饲料既能提高营养成分含量，又能提高消化率，把氨化与碱化二者的优点结合利用，即秸秆饲料氨化后再进行碱化，如稻草氨化处理的消化率仅为55%，而复合处理后则达到71.2%。当然，复合处理投入成本较高，但能够充分增加秸秆饲料的经济效益和开发秸秆饲料的生产潜力。

## 三、青贮饲料调制工艺

青贮饲料的调制在肉牛饲喂体系中作为最重要的组成部分，目前已成为粗饲料加工的主要方式。青贮发酵是创造利于乳酸菌发酵的环境，利用乳酸菌在厌氧环境下发酵，将粗饲料中的可溶性氧变成乳酸，增加饲料酸度，从而抑制有害菌产生，达到保存饲料的目的。青贮饲料的优点是粗纤维软化且发酵后气味酸香、多汁，适口性好。

### （一）青贮的原理

收获后的青饲料，表面上带有大量微生物，如腐败菌乳酸菌、酵母菌、酪酸菌、霉菌等。1 kg青绿饲料中可达10亿个，如不及时处理，腐败菌就会繁殖，使青饲料发生霉变、腐烂。青贮是一个发酵过程，各种微生物不断发生变化，其中乳酸菌是青贮成功与否的关键性微生物，在青贮时，要促进乳酸菌的形成，抑制其他有害细菌的繁衍。对原料的要求是含糖量不低于2%～3%，水分为60%～75%。

青贮饲料的整个发酵过程中，由封存到启用，一般可以将发酵分3个阶段。

#### 1. 好气性活动阶段

新鲜的青贮原料装入青贮窖后，由于在青贮原料间还有少许空气，各种好气性和兼性厌氧细菌迅速繁殖，使得青贮原料中遗留下的少量的氧气很快耗尽，形成了厌氧环境；与此同时，微生物的活动产生了大量的二氧化碳、氢气和一些有机酸，使饲料变成酸性环境，这个环境不利于腐败菌、酪酸菌、霉菌等生长，乳酸菌则大量繁殖占优势。当pH值下降到5以下时，绝大多数微生物的活动都被抑制，这个阶段一般维持2 d左右。

#### 2. 乳酸发酵阶段

厌氧条件形成后，乳酸菌迅速繁殖形成优势菌，并生大量乳酸，其他细菌不能再生长活动。当pH值下降到4.2以下时，乳酸菌的活动也渐渐慢下来，还有少量的酵母菌存活下来，这时的青贮饲料发酵趋于成熟。一般情况下，发酵5～7 d时，微生物总数达高峰，其中以乳酸菌为主，正常青贮时，乳酸发酵阶段为2～3周。

#### 3. 青贮饲料保存阶段

当乳酸菌产生的乳酸积累到一定程度时，乳酸菌活动受到抑制，并开始逐渐消亡。由于青贮料处于厌氧和酸性环境中，得以长期保存下来。

青贮饲料失败的原因是：一是青贮时，青饲料压得不实，上面盖得不严，有渗气、渗水现象，窖内氧气量过多，植物呼吸时间过长，好气性微生物活动旺盛，会使窖温升高，有时会达到60℃，因而削弱了乳酸菌与其他细菌微生物的竞争能力，使青贮营养成分遭到破坏，降低了饲料品质，严重的会造成烂窖，导致青贮失败；二是青贮原料中糖分较少，乳酸菌活动受营养所限，产生的乳酸量不足；三是原料中水分太多，或者青贮时窖温偏高，都可能导致乳酸菌发酵，使饲料品质下降；四是青贮窖大，人手和机械不够。装料时间过长，不能很快密封。

### （二）青贮饲料调制的设施设备

青贮饲料的调制设施设备一般有地上设施、地下或半地下设施和塑料袋或塑料桶发酵。地上设施常见于地下水位较高或无条件挖掘地下青贮窖的情况；地下或半地下设施选址需保证土质坚实、地下水位低、方便作业的地方，条件允许的情况下可对青贮窖进行水泥硬化。

### （三）青贮饲料调制对饲料原料的要求

1. 含糖量

青贮调制的饲料原料需要保证含糖量，一般不应低于1%～1.5%。各类青绿植物均可调制青贮，如玉米、高粱、禾本科牧草等。而对于豆科牧草等高蛋白质含量的饲料含糖量低，则不易调制青贮，制作时需要和其他易于调制青贮的饲料、富含碳水化合物的饲料混贮或加酸调节pH值后方可成功调制青贮。

2. 含水量

青贮调制还需要保证含水量，乳酸菌增殖的最适宜含水量为65%～70%，对于含水量过高或过低的饲料原料要进行调节。含水量过高时可适当晾晒干燥，含水量过低时可以直接在调制时加入适量的水。

3. 常用青贮原料

凡是无毒的青绿植物均可制成青贮饲料。常用的有青刈带穗玉米（乳熟期整株玉米含有适宜的水分和糖分，是青贮的好原料）、玉米秸（收获果穗后的玉米秸上能保留1/2的绿色叶片，适于青贮；若3/4的叶片干枯视为青黄秸，青贮时每100 kg需加水5～15 kg。为了满足肉牛对蛋白质的要求，可在制作时加入草量0.5%左右的尿素。在原料填装时将尿素制成水溶液，均匀喷洒在原料上）、饲用甜高粱（与乳熟期整株玉米营养相当，青贮时注意水分含量，是奶牛的优质青贮饲料）、甘薯蔓（避免霜打或晒成半干状态。青贮时与小薯块一起装填好）及各种禾本科青草。

### （四）青贮饲料发酵的过程

1. 好气菌活动阶段

新鲜的青贮在压死密封后植物细胞不会立即死去，仍会进行呼吸作用，待1～3 d后当青贮饲料内的氧气耗尽进入厌氧状态后才会停止呼吸。在进入厌氧状态前，酵母菌、腐败菌、霉菌和醋酸菌等好气性微生物活动增殖，使饲料中的蛋白质被破坏。植物的呼吸和微生物的活动都会释放出热量，温暖的环境为乳酸菌增殖提供了有利环境。但是需要注意控制植物呼吸的时长，若呼吸时间过长，饲料内微生物活动过于旺盛、温度持续升高，不仅会使得营养成分大量损失，也会削弱乳酸菌的微生物竞争力。因此，在青贮调制准备时饲料的压紧、密封非常重要。

2. 乳酸发酵阶段

当有利于乳酸菌增殖的厌氧环境和饲料条件达成后，乳酸菌会迅速增殖，形成大量乳酸，饲料中酸度增加，pH值下降。当pH值下降到4.2以下时，仅有乳酸菌活动，各类有害物质和杂菌将停止活动；当pH值下降到3.0时，乳酸菌的活动也将停止，这意味发酵基本结束。

3. 青贮稳定阶段

当发酵结束后，饲料内各种微生物停止活动，仅有少量乳酸菌活跃，营养物质也不再流失。一般来说，糖分较高的饲料原料，如玉米、高粱等在20～30 d即可进入稳定阶段；豆科牧草则需要3个月以上。青贮饲料在密封条件良好的情况下可长久保存。

### （五）青贮饲料调制的方法

青贮调制的要点是尽可能短时间内完成，避免营养物质流失或青贮饲料原料腐败。因此，在青贮调制的准备阶段需要组织好人力，做好运输工具、机械设备等的点检工作。青贮调制的步骤分为适时收割、切短、装填压紧和密封4个环节，每个环节之间应衔接流畅，保证“随收、随切、随压、随封”，一次性完成。

1. 适时收割

青贮饲料原料的收割期需要兼顾营养物质含量和单位面积产量，还要保证糖分和水分的含量，过早和过晚收割都会影响调制出的青贮品质，但通常来说，收割宜早不宜晚。豆科牧草的适宜收割期为现蕾期至开花期；禾本科牧草的适宜收割期为孕穗期至抽穗期；整株玉米的适宜收割期为蜡熟期。常见青贮原料适时收割期见表3-13所示。

2. 切短

青贮饲料调制时，可根据饲料含水量调整切割长度；含水量越低，切割长度应越短。细茎植物一般切成3～5 cm长；粗硬秸秆类植物可切成0.4～2 cm。

**表3-13　常见青贮原料的适时收割期**

| 青贮原料种类 | 适宜收割适时期 | 含水量／% |
| --- | --- | --- |
| 玉米收获后秸秆 | 果粒成熟立即收割 | 50～60 |
| 豆科牧草及野草 | 现蕾期至开花初期 | 70～80 |
| 禾本科牧草 | 孕穗至抽穗期 | 70～80 |
| 甘薯藤 | 霜前或收薯前1～2 d | 80～86 |
| 马铃薯茎叶 | 收薯前1～2 d | 70～80 |

3. 装填压紧

青贮饲料装填前先在青贮窖池地铺填10～15 cm厚的秸秆，用于吸收青贮汁水。随后分层装填，建议每装填50 cm厚的饲料进行一次压紧。压紧可使用拖拉机辗轧等方式，压紧至无明显下陷后继续装填，直至装满。装满后检查是否压实压紧，无渗漏，以保证形成厌氧条件。

4. 密封

密封工作是决定青贮调制是否成功的重要因素，当装填完毕后应立即进行密封。密封的方法是在装填好的原料上铺盖一层秸秆或软草，再铺盖塑料薄膜，上压30～50 cm厚的土，压实成馒头状。为保证密封后不发生渗水、漏气，需时常检查并在四周约1 m处挖设排水沟。若发生沉陷渗漏的情况，需及时进行覆土压实，保证密封性完整。

### （六）青贮饲料品质的鉴定

青贮饲料使用时应评定青贮品质，通常采取感官评定。主要通过嗅气味、看颜色、摸质地、试纸测定pH值等手段，将青贮饲料分为优、良、中、劣4个等级，估计青贮饲料的品质变化评定标准见表3-14。劣质青贮不得饲喂肉牛，应该废弃。

**表3-14　青贮感官评定标准**

| 指标 | 等级 | | | |
|---|---|---|---|---|
| | 优 | 良 | 中 | 劣 |
| 气味 | 酸香，泡菜味，无丁酸臭味 | 醋酸味，有强的丁酸臭味 | 酸且臭，刺鼻，有强丁酸臭味 | 霉味、腐臭、有氨味 |
| 颜色 | 与原料颜色一致，呈绿色或黄绿色 | 色变深，呈深绿色或草绿色 | 色发暗，呈褐色或墨绿色 | 严重变色，暗黑褐色，烂草色 |
| 结构质地 | 茎叶明显，结构良好 | 茎叶可分，结构尚好 | 叶片好，变形，结构不明显 | 叶片及嫩枝霉烂，腐败，烂草叶 |
| pH值 | ≤4.6 | 4.6～5.1 | 5.1～6.0 | >6.0 |

### （七）青贮饲料的取用

青贮一般经过1个月后即可发酵成熟，开窖取用。做到以下3点：一是垂直取料，切取整齐，以减少空气渗透和暴露的面积；二是按需取料，每次取料量饲喂1 d为宜，现取现喂，避免引起饲料腐烂变质；三是取后密封，尽可能缩短取料面的暴露时间，避免二次发酵，如果有风或鸟害可用薄膜盖住表面。

### （八）饲喂方法与推荐量

饲喂方法，初次饲喂时，牛羊往往不习惯草食。刚开始先空腹饲喂少量青贮料，约为正常饲喂量的10%，再饲喂其他草料；或将青贮料与其他料拌在一起饲喂。喂量应由少到多，逐渐达到适应后即可习惯采食。

饲喂推荐量，饲喂量一般不应超过日粮干物质总量1/2，适宜的饲喂量应根据青贮饲料的原料品质和发酵品质确定。喂青贮料后，仍需喂精料和干草。

# 第四章 肉牛饲养管理技术

科学的饲养管理是发展肉牛养殖业的重要保证，任何具有高产性能的优良品种，如饲养管理不当，那么，再好的生产潜力和优势都无法显示出来，甚至会使优良肉牛品种退化，造成个体健康状况下降，体质衰退，以致丧失生产能力。在科学的饲养管理条件下，可显著减少肉牛疾病发生率，并提高肉牛生产性能，生产优质肉牛产品，才能真正反映出优良品种的高产水平，从而促进肉牛生产力的提高，达到高产、高效的目的。

## 第一节 肉牛的消化特征及生理现象

肉牛属于反刍动物，肉牛采食饲料后，把饲料降解并释放营养成分的过程叫作消化。由口腔到肛门之间的一条长的食物通道称为消化道，将消化道及其附属器官统称为消化系统。饲料被消化成小分子营养物质后，经血液吸收并运送到各个组织器官被利用。因此，了解肉牛消化系统的主要组成、功能及肉牛的消化特点至关重要。

### 一、肉牛的消化器官

肉牛的消化系统比较复杂，主要由口腔、食道、胃、小肠、大肠、肛门和消化腺包括唾液腺、胃腺、肠腺和胰腺以及肝脏、胆囊、肾脏等附属消化腺及器官组成（图4-1）。

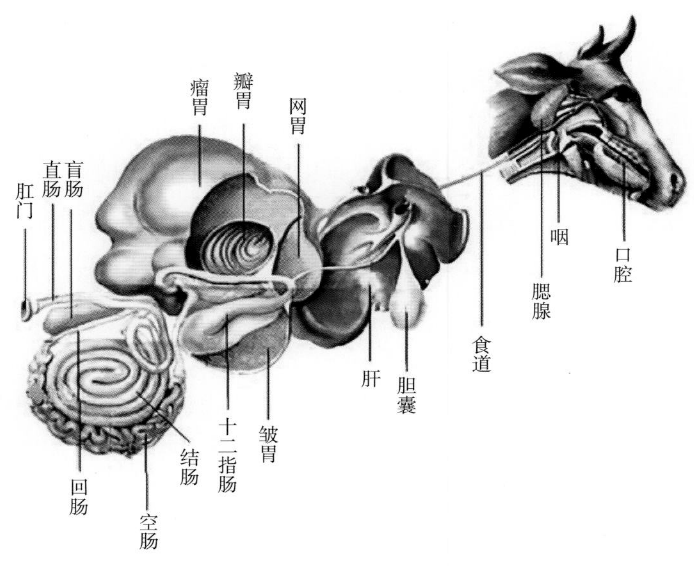


图4-1　牛的消化器官

（注：图片来源于https://image.so.com）

## （一）口腔

口腔为消化管的起始部位，其主要由唇、齿、舌和唾液腺组成。牛的口腔是吞食、咀嚼、并使食物与唾液充分混合形成食团便于下咽和进行反刍的器官。唇、舌、齿是主要的摄食器官，唾液腺可产生唾液，帮助消化食物。普通成年牛有32枚牙齿，其中门齿8枚，上下臼齿24枚；犊牛有20枚，其中乳门齿8枚，上下臼齿12枚（无后臼齿）。牛无上切齿，其功能被坚韧的齿板所代替，为下切齿提供了相对的压力面。食物在口腔内经过咀嚼，被牙齿压碎、研磨，然后吞咽。牛舌长而灵活，可将草料送入口中，舌尖端有大量坚硬的角质化乳头，这些乳头有收集细小的食物颗粒的作用，舌的运动可以配合切齿和齿板的咬合动作摄取食物。牛的唇相对来说不很灵活，但当采食鲜嫩的青草或小颗粒料时，唇就成为重要的采食器官。牛在采食时未经充分咀嚼即行咽下，经一定时间后，瘤胃中食物重新反刍到口腔再精细咀嚼。牛在咀嚼时要消耗大量的能量，因此，对饲料进行加工，可节省牛的能量消耗。

## （二）食道

食道是自咽部通至瘤胃的管道，成年牛长约1.1 m，全部由横纹肌构成，有很强的逆蠕动功能。草料与唾液在口腔内混合后通过食道进入瘤胃，瘤胃内容物又定期地经过食道反刍回口腔，经咀嚼后再行咽下。

（三）胃

牛有非常庞大的复胃或称四室胃，包括瘤胃、网胃、瓣胃及皱胃，其中前三个胃称为前胃，只有第四个胃皱胃有胃腺，能分泌消化液，故又称为真胃。前胃以微生物消化为主，主要在瘤胃内经行。在牛早期胚胎发育中，前胃的发育要明显快于皱胃的发育，但出生时，皱胃的重量仍然占到胃总重量的50%～60%。随着月龄的增加，犊牛对植物性饲料的采食量逐渐增加，促进瘤胃和网胃迅速发育，而真胃容积相对变小，到6月龄时，已具备成年牛的消化能力。

1. 瘤胃

牛的瘤胃容量最大，约为4个胃总容积的80%，占据整个腹部左半侧和右侧下半部，是一个左右稍扁，前后稍长的大囊袋，能对食物进行物理消化和微生物消化。瘤胃有贮积加工和发酵饲料的功能，虽然没有消化液分泌，但胃壁强大的肌肉能有力地收缩和松弛，使瘤胃节律性地蠕动，搅拌饲料。在瘤胃黏膜上有许多叶状突起的乳头，有助于对饲料的揉磨和搅拌。瘤胃通过蠕动将内容物向后送入网胃继续消化。

肉牛的瘤胃内有大量的微生物，瘤胃可看作一个厌氧性微生物接种和繁殖的活体发酵罐，是一个由密集多样的微生物组成的生态系统，其微生物区系既高度竞争又相互共生，微生物群落相对稳定，有利于维护反刍动物机体健康并提升其生产性能。成年牛的瘤胃微生物菌群主要有产甲烷属古菌、原虫、厌氧菌、噬菌体、真菌等。饲料内的营养物质通过瘤胃这个“微生物高效繁殖的发酵罐”进行消化，牛采食干物质的70%～85%由瘤胃发酵吸收，为机体提供所需能量的70%。瘤胃内纤毛虫、细菌、真菌等多种微生物共同作用又相互依存组成了稳定的微生物区系。早期饲喂方式和营养对瘤胃发育和瘤胃微生物群的建立有影响。牛摄入的固体饲料数量随着年龄增长而迅速上升，通过反刍减小了纤维颗粒的尺寸，磷酸盐、碳酸盐等反刍唾液中的缓冲物质可及时将微生物发酵过程中产生的酸予以中和，中性偏酸的环境得以维持，促进瘤胃微生物的繁殖与纤维分解。

瘤胃为厌氧的生态环境，瘤胃液中的微生物群落繁多、复杂而共生，每毫升胃液中含有的细菌、原虫、古细菌、真菌分别约有$10^{10}$个、$10^{8}$个、$10^{7}$个和$10^{3}$个，其中细菌和纤毛虫容积量各约占50%。进入瘤胃的饲草料，在微生物作用下降解、发酵等一系列复杂的消化和代谢过程，产生挥发性脂肪酸（VFA）、合成微生物蛋白、糖原、维生素供机体利用，这些微生物在宿主的营养、生理和免疫功能方面发挥着重要作用。

2. 网胃

网胃位于膈顶层面，瘤胃前侧，内壁上有许多网状小格，状似蜂巢，也称蜂巢胃，其容积占整个胃总容积的5%，无腺体分泌。瘤胃与网胃的内容物可自由混合，网胃的功能除与瘤胃相同外，还能帮助食团逆呕和排出胃内的发酵气体。食物在网胃中短暂停留，能使微生物在这里充分消化。网胃周期性地迅速收缩，磨揉食糜并将其送入瓣胃。

3. 瓣胃

瓣胃呈圆球形，较结实，其内容物含水量少，瓣胃在出生后才快速生长发育，成年牛的瓣胃容积占整个胃容积的7%～8%。胃壁黏膜形成80～100片大小不等的瓣叶，从断面上看很像一叠叶片，故又称牛百叶。瘤胃、网胃中的内容物，通过网胃和瓣胃之间的开口即网瓣孔而进入瓣胃。瓣胃的作用是对食糜进一步研磨，将稀软部分送入皱胃，吸收有机酸和水分，使进入皱胃的食糜便于消化。

4. 皱胃

皱胃呈长梨形，黏膜光滑柔软，有多个皱褶，是牛真正具有消化功能的胃。反刍动物只有皱胃分泌胃液，皱胃壁上的皱褶能增加其分泌面积，其功能与单胃动物的胃相同，就是分泌消化液，食物一旦抵达皱胃，立即与皱胃内的胃液发生作用。胃腺分泌的胃液主要成分为盐酸、胃蛋白酶和凝乳酶，可使食物得到初步的化学消化。皱胃分泌的凝乳酶对犊牛非常重要，它能使牛奶在皱胃内形成凝块，有利于牛奶在肠内的消化和吸收。初生犊牛皱胃约占整个胃容积的80%。自犊牛开始采食饲料起，前胃便快速生长，成年牛的皱胃占整个胃容积的7.5%。

### （四）肠道

牛的肠道较长，可分为小肠和大肠两部分。小肠特别发达，一般小肠长35～40 m，可分为3段：十二指肠、空肠和回肠。大肠长8～9 m，由盲肠、结肠和直肠组成，其末端为肛门。小肠是食物消化和吸收的主要场所，大肠消化食物主要依靠食糜带来的小肠消化酶和微生物的作用。小肠肠壁还有许多指状小突起和绒毛，胰腺分泌的胰液由导管进入十二指肠，其中含有胰蛋白分解酶、胰脂肪酶和胰淀粉酶，它们分解食物中的蛋白质、脂肪和糖，分解产物经小肠黏膜的上皮细胞吸收入血液或淋巴系统。肠液的分泌以及大部分消化反应都在小肠的前部进行，消化产物的吸收则主要在小肠的后部进行。食物在大肠中继续进行消化和吸收，并吸收水分。大肠内的微生物不仅起着消化作用，某些细菌还能合成维生素。食物在消化道内存留时间长，一般需要7～8 d，甚至达到10 d，营养物质能被充分消化吸收，故牛对食物的消化率较高。

## 二、肉牛的特殊消化生理现象

肉牛的特殊消化生理现象主要包括反刍、唾液分泌、食道沟反射及嗳气。

### （一）反刍

反刍是反刍动物特有的消化特点，是一个复杂的生物性反应过程。肉牛采食速度一般比较快，将采食的富含粗纤维的草料，特别是粗饲料，大多未经充分咀嚼就吞咽进入瘤胃，在瘤胃内浸泡软化，通常在休息时逆呕到口腔，经过重新咀嚼，并混入唾液再吞咽下去的过程叫反刍。反刍是将胃内食物经逆呕、再咀嚼、吞咽的连续动作，是由瘤胃前庭和网胃受到粗饲料的刺激及皱胃的空虚而引起的。通过反刍，粗饲料被二次咀嚼，使食物变得细腻，混入唾液，以增大瘤胃细菌的附着面积。反刍咀嚼过程使食物沉于瘤胃网胃底部，同时随着前胃的收缩将沉于胃底的细碎食糜通过网瓣孔挤入并逐渐充满皱胃，此时反刍停止。

从反刍开始到反刍结束的这段时间为一个反刍周期。牛反刍行为的建立与瘤胃的发育程度有关，初生犊牛没有反刍行为，随着瘤胃的充分发育，一般在9～11周龄时出现反刍行为，到6～9月龄达到成年牛的反刍水平。通常在采食后0.5～1 h开始反刍，每日反刍周期为9～16次，每次反刍15～45 min，然后间歇一段时间再开始第二次反刍，每日用于反刍时间累计为4～9 h。

牛的反刍活动受品种、年龄、饲草饲料质量、环境等许多因素的影响。牛采食以后反刍正常，鼻镜有汗，说明牛健康正常。如果采食后不反刍，鼻镜干燥发热，往往是有病的征兆。牛反刍频率和反刍时间受牛年龄、牧草质量和日粮类型的影响。幼牛日反刍次数高于成年牛，采食粗劣牧草会增加反刍次数和时间，日粮精料比例高则减少反刍次数和时间。扰乱或停止反刍的因素是多种多样的，如发情期，反刍几乎消失，但不完全停止，任何引起疼痛的因素、饥饿、母性忧虑或疾病都能影响反刍活动，分娩前后，反刍功能降低。

### （二）唾液分泌

唾液在牛消化代谢中有特殊作用，主要是湿润饲料、缓冲、杀菌和保护口腔以及抗泡沫作用等。牛具有发达的唾液腺，可分泌大量的唾液，唾液分泌为适应消化粗饲料的需要，牛分泌大量富含缓冲盐类的腮腺唾液。唾液中含有黏蛋白、尿素及无机盐等，能维持瘤胃内环境，浸泡粗饲料，对保持氮素循环起着重要作用。据研究，每头牛每天可分泌100～250 L的唾液。唾液分泌量及各种成分的含量受牛采食行为、饲料的物理性状和水分含量、饲料适口性等因素的影响。唾液腺包括五个成对的腺体和三个单一的腺体，成对腺体包括：腮腺、颌下腺、白齿腺、舌下腺、颊腺。单一腺体包括：腭腺、咽腺和唇腺。唾液就是上述腺体所分泌的混合液体，可湿润草料使之便于咀嚼，有助于消化饲料和形成食团，利于吞咽，大量的唾液才能维持瘤胃内容物随着反刍将粗糙未嚼碎返回到口腔，已嚼碎的通过充分发酵后逐步向皱胃转移。唾液具有抗泡沫作用，对于减弱某些日粮的生泡沫倾向起着重要作用，采食时增加唾液分泌量，有助于预防瘤胃臌气。因此，唾液对牛有着非常重要的作用。

瘤胃pH值取决于唾液分泌量，唾液分泌量则取决于反刍时间，而反刍时间又决定于饲料组成。喂粗饲料反刍时间长，喂精饲料则反刍时间短。换言之，牛喂高粗料日粮，反刍时间长，唾液分泌多，瘤胃内pH值高，属乙酸型发酵；若喂高精料（淀粉），反刍时间短，唾液分泌少，瘤胃pH值低，属丙酸型发酵以至乳酸型发酵。牛的唾液呈碱性，pH值约为8.2，唾液中富含碳酸盐、磷酸盐、缓冲盐和尿素，大量的缓冲物质，可中和瘤胃内细菌作用产生的有机酸，使瘤胃的pH值维持在6.5～7.5，对维持瘤胃内的酸碱平衡和内源氮重新利用起着重要作用，因此，给生物菌群的生殖和活动提供了适宜的条件。同时，由于大量唾液能维持瘤胃内容物的糜状物顺利地随瘤胃蠕动而翻转，使粗糙未嚼细的饲草料居于上层，反刍时再返回口腔；嚼细的、已充分发酵吸足水分的细碎饲草料沉于胃底，随着反刍向第三第四胃转移。

#### （三）食道沟反射

食道沟是牛网胃壁上自贲门向下延伸到皱胃的肌肉皱褶。食道沟实质上是食道的延续，收缩时呈管状，在犊牛期，当牛受到与吃奶有关的刺激时，食道沟闭合，将奶水绕过瘤胃和网胃，直接进入瓣胃，再经瓣胃管进入皱胃进行消化，此过程称为食道沟反射。乳汁直接进入瓣胃和皱胃，可避免进入前胃而引起细菌发酵及消化道疾病。

#### （四）嗳气

瘤胃和网胃中寄居着大量的微生物，这些微生物对进入瘤胃和网胃中的各种营养物质进行强烈的发酵，产生挥发性脂肪酸和各种气体（主要是甲烷和二氧化碳）。随着瘤胃内气体的增多，气体被驱入食道，从口腔逸出的过程就是嗳气。

## 第二节 肉牛的饲养管理技术要点

近年来，随着国内经济水平的提升，国内牛肉消耗量不断增大，牛肉市场发展良好，给肉牛养殖业带来了光明的发展前景。相对于猪肉来说，高蛋白的牛肉性价比更高，这反而刺激了肉牛市场的扩大化。为了提高肉牛养殖效益，养殖企业必须要做好肉牛饲养管理工作，才能加快肉牛的健康生长发育。

### 一、肉牛的饲喂原则

在饲养肉牛时，合理的饲料比例对促进肉牛生长和增重具有重要意义，正确的饲料搭配能有效改善肉牛的品质和营养价值。科学、合理的饲养方法是提高肉牛产出效率、提高其营养价值的关键。

#### （一）饲料合理搭配，分阶段育肥

肉牛饲养相比其他牛而言，营养需求发生变化，结合不同生长发育期肉牛营养需求的特点，合理配制日粮，是保证其正常生长发育、最大限度发挥生产性能的关键技术。

科学合理地配制饲料，改善饲料营养结构，粗细搭配均匀，可有效缩短饲养周期，提高肉牛的产肉率，保证牛肉品质。饲料种类繁多，通常有精饲料、粗饲料、糟渣饲料、青贮饲料等，可以按照饲料形式分开饲喂，也可以混合拌匀后饲喂。机械混合时，至少开动机器3 min；手工操作时，应至少将所有饲料搅拌3次，以看不到饲料堆里有各种饲料层次为准。避免牛挑食，保证先后采食的牛吃到的饲料基本相同，可以提高牛生长发育的整齐度。

合理的饲养方法能使肉牛的饲料利用率提高，从而使肉牛的生产效益得到进一步的改善。根据肉牛的生长特点，采用科学的分段育肥技术，针对肉牛不同生长阶段的生长特点，给予相应的养分支持，比如早期主要发育的是骨骼和肌肉，这个阶段要多补充蛋白质和矿物质。粗饲料的比例为30%～40%，采用青贮、氨化、糖化等工艺，提高粗饲料的适口性，提升饲料转化率。但是要注意把控饲料投喂量，以免肉牛吃太多而导致肥胖，对肉牛的肉质造成不良影响。在饲养期间，必须保证营养全面均衡，注意在不同阶段给予不同的营养物质。不同喂养阶段，各品种的粗、精饲料比例存在一定的差别，因此，要合理调配。建议定时喂养，以培养其优良的进食习惯。在喂养之前，粗料要经过湿搅、浸水、发酵，还可以将其切成小块后进行喂养，进一步提高食物的可食性和消化率。

### （二）饲喂次数的把控

肉牛饲喂大多数是日喂2～3次，少数实行自由采食，自由采食能满足牛生长发育的营养需要，因此长得快，牛的屠宰率高，出肉多，育肥牛能在较短时间内出栏，但自由采食存在采食时间较长、饲料浪费较大的缺点。为了保障肉牛养殖场在操作与管理过程中的便捷性与便利性，可以将饲喂频率保持在2次/d，采用此饲喂方法，可以保障肉牛每天的反刍时间能够保持在8 h以上。采用限制饲养时，牛不能根据自身要求采食饲料，限制了牛的生长发育速度。采用自由采食还是限制饲养，要根据牛场的饲料来源、牛的状况和市场综合考虑。另外，在改变日粮的2～3 d，及时对肉牛的采食情况以及反刍次数进行全面化观察，当发现异常的进食情况时需要立即采取有效的整改措施进行处理，保障肉牛进食期间的饲喂合理性。

### （三）投料方式

采用少喂勤添，使牛总有不足之感，但应避免争食或挑食。少喂勤添时要注意牛的采食习惯，一般的规律是早上采食量大，要先给牛群饲喂秸秆类优质干草，利用牛处在空腹阶段的饥饿感，让其采食一定量的干草，以解决好饱的问题，因此早上第一次添料要多，太少容易引起牛争料而顶撞斗架；下午安排饲喂精饲料，以适当延长精饲料的消化时间，提高精饲料的消化率；喂完精料之后，晚上饲养人员休息前，将槽内的剩余饲草清理完毕，天黑之前可以适当再给牛群添加一定量的优质干草，最后一次添料量要多一些，以满足有采食意向个体的需要。养殖户和养殖场要根据季节变换，气候变化，饲草料条件按照上述基本原则灵活掌握，只要做到随时、随势而及时调整和合理安排，就一定能够产生理想的效益和满意的效果。

### （四）控制牛舍温度和相对湿度

牛舍温度和相对湿度对肉牛的生产性能发挥以及健康生长有着很大的影响，适宜的温度和湿度条件之下，肉牛能够正常生存生活，生产效益高。进入夏秋季节之后，外界温度逐渐升高，再加上养殖密度较大，牛舍温度会显著升高，如果温度超过了肉牛的身体承受能力，就会引发严重的热应激反应，导致肉牛食欲下降，采食量下降，不能够摄入充足的营养物质，从而影响到机体的正常生长发育和增重速度，同时还会造成肉牛内分泌紊乱、抗病能力下降、抵抗能力不足，很容易诱发一系列的传染性疾病。冬春季节外界温度相对较低，如果圈舍防寒保暖性能相对较差，将很容易造成牛群出现冷应激刺激，给感冒、腹泻等呼吸道疾病、消化道疾病的发生提供条件。相对湿度对肉牛的影响虽然不大，但是如果和温度相互作用，则很容易造成病原微生物的大量滋生，使肉牛的患病率显著升高。因此，在肉牛养殖管理期间，一定要控制好圈舍的温度和相对湿度，夏秋季节一定要做好防暑降温工作，及时将圈舍当中的高温高湿气体去除，确保有清洁凉爽的空气进入圈舍当中。冬春季节一定要做好圈舍防寒保暖，避免贼风侵袭，配置完善的保暖措施。一般情况下，牛舍相对湿度控制在55%～70%。

### （五）保证充足饮水

水是一种重要的营养成分，常常被人们忽视而影响牛的生长发育。在牛舍设置饮水槽，定期添加新鲜饮水，保证饮水充足，同时水槽每天彻底清洗干净，避免饮水受到污染，引起机体发生疾病。在寒冷的冬季要给牛群饮用深井水或稍微加热后的温水，以维持牛体体温和减少能量消耗，有利于牛体新陈代谢和消化吸收，增强对外界寒冷的抵抗能力。切忌给牛群饮用冰碴水，会给牛群造成冷应激，降低牛只体质和抵抗疾病的能力。采用自由饮水法最为适宜。不能自由饮水时，日饮水的次数不能少于3次。

### （六）科学防治寄生虫

加强寄生虫的防治管理可有效提升肉牛对病毒及细菌的抵抗力，可对牛群饲养管理状况进行有效改善，进而营造良好的生长环境，促进肉牛养殖效率的有效提升。在防治寄生虫时，应以预防为主、治疗为辅，规范肉牛养殖场的管理，合理制订免疫流程。同时，应定期对养殖场进行消毒，强化肉牛的营养保健，进而保障肉牛的健康成长。

## 二、肉牛的饲喂技巧和方法

开展肉牛养殖技术和饲喂方法的研究，从肉牛育肥管理、饲料配制、科学饲喂、益生菌添加等方面进行深入解读，能有效降低生产成本，增加养殖企业经济效益，从根本上解决我国肉牛养殖业所面临的问题，有利于我国肉牛养殖业的快速发展。

### （一）肉牛育肥管理原则

按照肉牛的年龄、品种、体重等方面进行分群管理，在肉牛育肥期应减少运动，以减少营养物质的消耗，提高育肥效果。2岁前公牛育肥，生长速度快，瘦肉率高，饲料报酬高，2岁以上公牛育肥则以去势为宜，方便管理的同时生产的牛肉无膻味，胴体品质好。按时做好春秋两季和育肥前的驱虫及防暑工作，肉牛防暑胜于保暖，可改变局部环境，在干热气候下，牛舍内使用喷雾可降低2～3℃。保持牛舍的卫生，才能保障肉牛的正常生长发育。及时清除牛粪，每天在喂牛时要清除牛粪。打扫牛舍及饲槽，每天喂完牛之后要扫净拌料，及时扫净饲槽。牛舍的消毒，每月进行一次，用2%氢氧化钠溶液进行牛舍地面和墙壁喷雾消毒，氨味过浓时用过氧乙酸消毒，牛舍门口可用白灰消毒。供足饮水，冬季牛以吃干草料为主，所以要供给充足的饮水。饮水不足，不但影响牛采食，也影响牛对饲料的消化和利用，使牛的被毛、皮肤干燥，精神不振。供给的水要清洁卫生、温度要适宜（20℃左右）。在天气晴朗时，要把牛牵出舍外晒太阳，同时要刷拭牛体，即可预防皮肤病和体外寄生虫病的发生，还可以促进血液循环，增强牛对寒冷的抵抗力，对肉牛增膘极为有利。

### （二）肉牛饲料配制的原则

根据肉牛在不同饲养阶段和日增重的营养需要量进行配制，即依据肉牛饲养标准配制日粮，但应注意牛品种的差别。根据牛的消化生理特点，以提高肉牛对纤维性饲料的采食量和利用率为目标，合理选择多种饲料原料进行搭配，并注意饲料的适口性。要尽量选择当地来源广、价格便宜的饲料来配制日粮，特别是充分利用农副产品，以降低饲料费用和生产成本。饲料选择应尽量多样化，以起到饲料间养分的互补作用，从而提高日粮的营养价值和利用率。饲料添加剂的使用，要注意营养性添加剂的特性，比如氨基酸添加剂要事先进行保护处理。玉米等农作物秸秆经过盐化、碱化、氨化等处理，或者粉碎后拌精料后饲喂肉牛，不仅能增加饲草的适口性，提高肉牛的采食量，还能提高饲草的消化、吸收、利用率，从而节省饲草，降低饲养成本增加经济效益。

### （三）科学饲喂

饲料是育肥牛增膘长肉的物质基础，必须合理搭配饲料。饲草饲料要少喂勤添。由于牛的消化系统较长，因此需要饲喂2～3次/d，每次喂饱。肉牛养殖时应将犊牛、青年牛、成年牛、公牛、母牛分群饲养，一方面便于根据组群不同营养需求合理配制日粮，充分利用好饲草料资源；另一方面有利于牛群的饲养管理。饲喂日程应根据饲料种类和饲喂量安排，饲料应以生物蛋白价值高，适口性好且能满足肉牛生长发育为主。通常是先粗料后精料，精饲料与粗饲料间隔供给，每次喂料间隔5～6 h。饲喂青贮饲料时，要由少到多，逐步适应；为提高饲草利用率，减少浪费，饲喂青干草时要切短，新鲜草切成5～10 cm，农作物秸秆揉碎或切成3～4 cm后饲喂。对有条件每天割回的新鲜牧草（人工种植的或天然牧草），要及时饲喂，不要隔天喂，割回的青草不要堆放在一起，以防发热，产生异味或变质，影响肉牛采食和造成饲草浪费。调换饲料种类、改变日粮时应在2～3 d内逐渐完成，切忌变换过快，不喂潮湿、发霉、变质饲料。

肉牛在采食时不易吃的过饱，使牛在每次饲喂时都保持旺盛的食欲，以提高饲料的利用率。在催肥阶段，可适当地补饲一些根块、块茎、禾本科籽粒或酿造副产品。但由于这类饲料易发酵，因此要严格控制其在牛饲料中的占有比例。特别是酿造类副产品，在每日饲料比例中不超过35%。新鲜的易发酵的饲料，小牛应控制在20 kg以内，大牛应控制在35 kg以内。补饲这类含能量较高的饲料，应注意饲料的多样性，并在这类饲料中添加0.5%的碳酸钙或小苏打，防止长期饲喂单一酒糟或酿造副产品造成的酸中毒。补饲豆类、豆饼、油枯类蛋白精饲料或酵母时，每日量应控制在1 kg以内。

### （四）全混合日粮（TMR）饲喂技术

全混合日粮是根据动物不同阶段的营养需求，综合运用营养调控技术和多饲料原料搭配原则，通过特定的机械设备和加工工艺将粗饲料、精饲料及其他饲料添加剂等混合均匀，配制出包含多种营养素、营养相对均衡的日粮。利用TMR饲喂模式可弥补我国传统饲喂方式的缺陷，高效利用低品质粗饲料原料、减少资源浪费，提高肉牛生产性能。TMR饲喂技术是实现肉牛场从传统养殖模式过渡到现代化饲养方式的一条途径，也是肉牛生产集约化、规模化的必然选择。

#### 1. 合理分群

根据圈舍大小以及牛群不同的生产阶段，按照品种、年龄、体重、养殖模式等进行分群，尽量减少同群牛只的个体差异。

#### 2. 投喂方法

投料时，车辆行进速度要匀速，铺料要均匀。每日投料2次。按照日饲喂量的50%早晚各投放一次，也可按早60%、晚40%的比例投放。

#### 3. TMR的优点

TMR饲喂技术可以提高肉牛增重效果和有效利用非粮型饲料资源，降低饲养成本，有利于肉牛养殖标准化和规模化发展，已逐步在肉牛养殖中推广应用（卧式、立式TMR机见图4-2）。

（1）均衡营养，有利于维持瘤胃内环境稳定。TMR是将不同的粗饲料、精料及其他饲料和饲料添加剂等按一定比例均匀混合，减少了由于肉牛挑食、摄入营养不平衡而引起的瘤胃功能异常，使瘤胃微生物可以同时利用碳水化合物、纤维素和脂肪等营养素，提高瘤胃微生物的繁殖速度，利于提高有益微生物的活性和蛋白质的合成效率，提高饲料的消化率和转化率，维持瘤胃内微生态环境的稳定，减少肉牛代谢性酸中毒、酮血病等营养代谢病的发生。

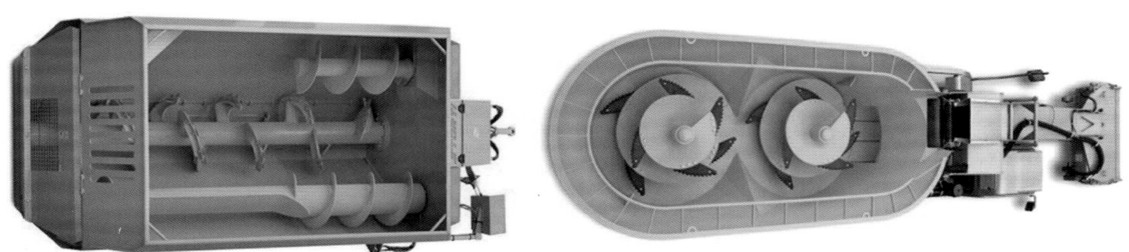

图4-2　卧式TMR机（左）、立式TMR机（右）

（2）改善适口性，提高饲料利用率，开发新饲料资源。应用TMR技术可改善饲料适口性，扩大饲料原料来源，有效缓解我国饲料资源短缺矛盾，降低饲料成本和牛场管理成本。不同的饲料原料经搅拌机充分搅拌混合均匀后，一些适口性较差或具有异味的饲料原料的气味被掩盖或降低，降低了动物挑食的可能性，减少了饲料浪费，提高了饲料利用率。同时，制作TMR是将干草青贮玉米等粗饲料先切短再与精饲料进行混合，可以使不同饲料原料在物理空间上产生互补作用，有利于提高肉牛干物质采食量。

（3）简化劳动程序，提高劳动效率。采用TMR饲喂技术可简化肉牛的饲养程序，省工省时，大幅度提高了劳动效率。由于TMR技术不像传统的肉牛饲喂方式需要将精料、粗料和其他饲料逐类分步发放，TMR饲喂技术只要将混匀的日粮送到即可，因而可实现机械化、自动化饲喂，适合肉牛养殖标准化和集约化发展。

（4）提高肉牛生产潜能。TMR饲喂技术是根据牛的不同体重生理状况及生长阶段等所需营养标准来制订饲料配方并进行配制，互补了各种饲料原料的优点，保证了肉牛所需各种养分摄入量与需求量的均衡，同时减少了饲喂过程中的随意性，使得饲养管理更精确平衡，有利于肉牛充分发挥自身生产潜能，显著提高日增重。

4. TMR饲喂技术的局限性

尽管采用TMR饲喂技术在规模化、集约化肉牛养殖中存在优势，但也存在一定局限性。TMR饲喂技术需要专门的生产设备，生产设备要求高、投资较大，需要配套铡切或揉碎、混合、计量设备等，因此在较小规模养殖场推广应用有难度。TMR生产设备的保养、维修需要专业技术人员，设备保养、维修费用较高，对较小规模及家庭养殖场的资金压力较大。TMR饲喂技术对饲料的干物质、粗饲料品质要求较高，需要经常对所使用的原料进行调查并分析其营养成分，特别是原料水分的变化。根据肉牛的营养需求及营养状态，综合考虑各种饲料原料特性，各种饲料原料按一定比例混合以满足肉牛的营养需求，使肉牛能够充分发挥生长潜能。TMR饲喂技术对养殖场场区的道路、牛舍通道要求较高，并需要考虑牛舍入口和喂料通道宽窄和牛舍高度等满足需要。TMR日粮由于水分含量比较高，导致保存时间短。因此在制作TMR日粮时，添加米曲霉、酵母菌和白蚁肠道分解菌可延长TMR日粮贮存时间和品质，尽可能现配现喂，保证不发生发霉变质现象，尤其是在夏季。

### （五）添加益生菌保持胃肠道健康

众所周知，抗生素在改善动物生长性能、预防疾病方面起着非常重要的作用，但其带来的负面效应也非常严重，如抗生素残留、耐药菌株的产生等问题。随着我国饲料端禁抗的实施，在促进动物生长发育、预防疾病方面需要研发新型的替抗产品。目前，主要的替抗产品有微生态制剂、植物提取物、酸化剂、中草药等添加剂。在反刍动物生产中，应用有益微生物或益生菌来帮助宿主平衡肠道菌群，改善肠道健康，从而尽可能地替代抗生素的使用，正在引起越来越多的研究兴趣。

益生菌是活性微生物，又称为微生态制剂，在消化道系统内定植对动物有益，健康功效显著，能平衡动物微生态。主要有：酵母菌、酶制剂、乳酸菌、芽孢杆菌、双歧杆菌、放线菌等。早期使用益生菌可减缓断奶应激反应，减少消化道疾病，提高采食量和饲料利用率方面应用前景广阔。使用复合益生菌后瘤胃内环境会更加稳定，有益菌在瘤胃中更适合生长，瘤胃发酵更趋于正常。益生菌具有丰富瘤胃微生物区系、抑制犊牛腹泻，提高了非常规粗饲料的利用率，促进肉牛生长具有长效作用，减少环境污染，推广应用价值高。

近年来，调控瘤胃微生物的技术手段和研究方法日益成熟，肉牛的瘤胃是一个由密集多样的微生物组成的生态系统，其微生物区系既高度竞争又相互共生。微生物群落相对稳定，有利于维护反刍动物机体健康，并提高其生产性能。在断奶犊牛日粮中添加纳豆枯草芽孢杆菌可促进犊牛体内纤维素分解细菌的生长，从而有助于瘤胃细菌群落的发育。日粮中添加适宜枯草芽孢杆菌，可产生大量的消化酶，补充动物体内源酶的不足，降低日粮中抗营养因子水平，提高日粮利用率。益生菌进入瘤胃后可以通过稳定瘤内微生物群落的平衡，进而维持瘤胃液pH值的稳定，达到缓解瘤胃酸中毒的作用。另外，益生菌被动物食用后，可以通过诸多途径来达到维持机体免疫系统机能稳定的作用。基础日粮中添加一定剂量的复合益生菌可以显著提高肉牛的平均日增重，料重比降低明显，改善了肉牛的生长性能，利用复合益生菌发酵玉米秸秆能提高肉牛生长性能和机体免疫力，增强肉牛对饲料的消化吸收能力。

### （六）提供适宜的育肥环境

育肥牛的环境往往是肉牛养殖过程最易被忽略的一个重要的因素之一，实际上环境因素对于育肥牛的生长发育和增重影响很大。尤其是温度，温度适宜的情况下肉牛的采食量大、生长发育良好，而温度过高则会引肉牛发生严重的热应激，使采食量大幅度下降，温度过低则会增加育肥牛能量的消耗，造成饲料浪费，因此，要控制好牛舍的环境湿度，育肥牛最适宜的温度为10～24℃，最低也不可低于0℃。要控制好牛舍的相对湿度，如果湿度过大，会降低育肥牛的舒适度，还会给病菌的繁殖提供有利条件，易引发育肥牛患各种疾病，因此，要加强牛舍的通风换气工作，降低舍内的相对湿度。要管理好牛舍的环境卫生，卫生条件差会导致病菌滋生与繁殖，还会引起空气质量下降，因此，要每天清理牛舍，定期消毒，加强通风，保持牛舍适宜的环境。

### （七）适量活动

在肉牛育肥过程中应采取一牛一桩的管理模式，牛的缰绳不能太长，以防扩大肉牛的活动范围（图4-3），增加其运动量和体能消耗。同时，缰绳太长，牛与牛之间容易发生碰撞，也不利育肥牛采食、饮水、休息、活动等，对肉牛育肥产生不利影响，减缓育肥速度，增加饲养成本，降低养殖效益。

图4-3　育肥牛拴系饲养

### （八）公牛不去势

当育肥的肉牛是公牛时，为了降低牛肉中脂肪含量，增加瘦肉率，提高牛肉品质，公牛不做去势处理。公牛去势后，因为伤口疼痛，严重影响其采食、休息、活动，进而影响生长发育和生产性能的发挥。同时，去势后，伤口需要愈合消耗大量营养，增加饲养成本，降低育肥速度，减少了饲养育肥牛的经济效益和社会效益。

#### （九）适时出栏

确定肉牛育肥的最佳结束期，不仅对养牛者节约投入、降低生产成本有利，而且对提高肉牛的质量也有重要意义。因为育肥时间的长短和出栏体重的高低不仅与总的采食量和饲料利用率相关，而且对牛肉的嫩度、多汁性、肌纤维粗细、大理石花纹丰富程度及牛肉脂肪含量等有重要影响。在饲养管理良好、饲草饲料营养全面充足的前提下，肉牛的生长速度在前一年最快，以后逐渐降低，育肥速度变慢，尤其是性成熟后，生长速度变得更慢。所以，肉牛的屠宰年龄应在一年半左右最为合适，最迟也不能超过两年半，否则会增加饲养成本，降低养殖肉牛的经济效益和社会效益。

## 第三节 肉牛各阶段饲养管理技术

饲养管理是影响肉牛饲养效益的关键性因素，只有在科学的饲养管理条件下，才能正常生长发育、繁殖，发挥品种优良的基因效应，充分显示出高生产效能，不断提高牛群质量。因此，抓好肉牛各个阶段的饲养管理是科学养牛的关键环节。

### 一、犊牛饲养管理

肉牛饲养中犊牛是养牛产生经济效益的主要途径，也是发展壮大牛群的基础，犊牛的养殖好坏直接关系到成年后牛的各项性能。犊牛一般是指从出生到6月龄的牛，这时的犊牛经历了从母体子宫环境到体外自然环境，由靠母乳生存到靠采食植物性为主的饲料生存，由不反刍到反刍的巨大生理环境转变。犊牛各器官系统尚未发育完善，抵抗力低，易患病。

#### （一）新生犊牛护理和初乳饲喂

1. 清除黏液

犊牛应在产房的产栏中出生，垫料（干草、麦秸等）充足，环境干燥，空气清新。犊牛出生后，首先清除口腔及鼻孔内的黏液以免妨碍呼吸，造成犊牛的窒息或死亡。其次是用干草或干抹布擦净犊牛体躯上的黏液，以免犊牛受凉（特别是当外界气温较低时）。

2. 断脐带

犊牛出生时，脐带往往会自然地被扯断。在未扯断脐带的情况下，可在距犊牛腹部

10～12 cm处，用消毒过的剪刀剪断脐带，然后挤出脐带中的黏液并用碘酊充分消毒，以免发生脐带炎等疾病。断脐带后1周左右脐带会干燥而脱落，若长时间脐带不干燥并有炎症时应及时治疗。

3. 去软蹄

用手剥去小蹄上附着的软组织（软蹄），避免蹄部发炎。

4. 擦干犊牛体表

犊牛身上的黏液由母牛舔干，也可用干草擦干。舔食犊牛身上的羊水能增强母牛子宫的收缩，有利胎衣的排出（图4-4）。

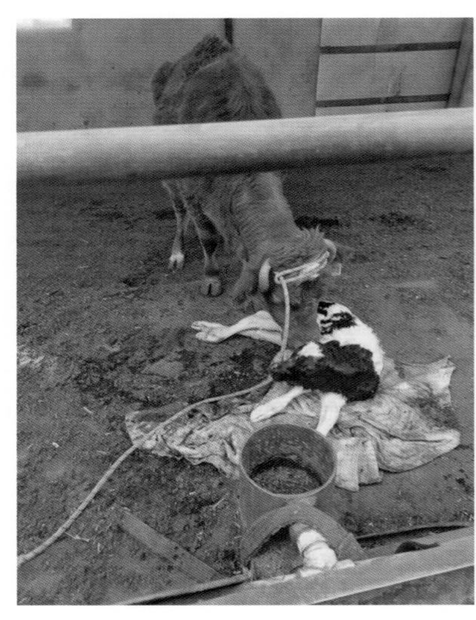

图4-4　母牛舔食犊牛身上黏液、哺喂初乳

5. 哺喂初乳

牛分娩后5 d内所产的乳称为初乳，初乳具有很多特殊的生物学特性，是初生犊牛不可缺少和替代的营养品。初乳中含有大量的免疫球蛋白，是普通乳的10倍之多。因为在母牛怀孕期间抗体无法穿过胎盘进入胎儿体内，新生牛犊的血液中没有抗体。新生牛犊依靠摄入高质量的初乳获得被动免疫能力，抵御病原微生物的侵袭。如果犊牛没有饲喂足量高品质的初乳，出生后的前几天（或几周）内的死亡率极高。初乳中含有较高浓度的镁离子，具有促进胎粪排出的作用。初乳较高的酸度有利于刺激犊牛胃液的分泌，较高的黏度使其起到暂时代替消化道黏膜的作用。因此，初乳对于犊牛消化系统的正常运转有重要作用。此外，初乳中的营养物质丰富，是犊牛全价营养的来源。

（1）初乳的喂量。出生后1 h内饲喂3 L初乳，12 h饲喂2 L初乳（不能剩余）；或出生后1 h内饲喂4 L初乳，12 h饲喂2 L初乳（可以剩余）。饲喂初乳前不应饲喂其他任何食物。初乳的饲喂温度在35℃左右。剩余的初乳可冷藏或冷冻保存（标注日期和来源），冷藏或冷冻保存的初乳可用水浴加热至35℃饲喂犊牛，明火加热易造成初乳的凝固。

（2）初乳的饲喂方法。第一次饲喂初乳可以使用胃导管，其优点是犊牛能够在短时间内摄入足量初乳。第二次饲喂初乳可以使用带有橡胶奶嘴的奶瓶或普通奶桶。每次使用后盛奶用具应清洗干净。

（3）初乳与疾病的传播。某些情况下，初乳是母牛和犊牛间疾病传播的载体。如患有结核或副结核母牛，可以通过初乳传染给犊牛。因此，阳性母牛所产的犊牛，必须从产房立即移走，并饲喂健康母牛的初乳。

### （二）犊牛哺乳

肉用犊牛的饲养一般采用自然哺乳。如果母牛是放牧饲养，犊牛也跟随母牛一起放牧。回舍后，为避免挤踏伤害犊牛，应把犊牛单独关在犊牛栏内，每隔4～6 h放出哺乳1次。舍饲期间，母牛与犊牛也应分栏饲养，每隔4～6 h哺乳一次。肉用母牛产后40 d左右为泌乳旺期，如果母牛的日泌乳量超过10 kg，则犊牛往往吃不完，如不及采取措施，容易引起犊牛消化道疾病和母牛乳房炎，这些措施包括寄养其他犊牛、人工挤乳或调整母牛日粮、适当降低饲喂标准等方法。

#### 1. 哺乳量

根据不同饲养方案，哺乳量差别较大。如初乳期后到30～40日龄以哺喂全乳为主，喂量占体重的8%～10%。随后逐渐减少全乳的喂量，在60～90日龄断乳。早期断乳可在5周龄左右，哺乳量控制在100 kg左右。

#### 2. 哺乳方法

犊牛饲喂方法较多，主要包括奶桶饲喂法、奶瓶饲喂法、自动饲喂法、群体饲喂法等。注意喂奶器卫生，最好能够每次饲喂后及时清洗，以免细菌滋生。

### （三）犊牛补饲犊牛精料和干草

随着哺乳犊牛的生长发育、日龄增加，每天需要养分增加，补饲精料和优质干草可减缓单靠母乳不能满足及母牛产后2～3个月产乳量逐渐减少与犊牛养分需要的矛盾。同时为了促进瘤胃的发育，在犊牛哺乳期，应用“开食料”和优质青草或干草进行补饲（图4-5）。犊牛大约在出生后20 d即开始出现反刍，并伴有腮腺唾液的分泌。许多瘤胃微生物，特别是原虫要通过唾液从其他反刍动物中获得，而其他瘤胃微生物则通过饲草料进入体内。到7周龄时，犊牛已形成比较完整的瘤胃微生物区系，具有初步消化粗饲料的能力。如果早期喂给精料，可以加速瘤胃发育。瘤胃微生物区系的繁殖、瘤胃的发酵产物挥发性脂肪酸，对瘤胃容积和瘤胃黏膜乳头的发育有刺激生长的作用。

#### 1. 补料时间

犊牛出生后第1周可以随母牛舔食精料，第2周可试着补些精料或使用开食料、犊牛料补饲，第2、第3周补给优质干草（图4-5），自由采食（通常将干草放入草架内，防止采食污草），也可在饲料中加些切碎的多汁饲料，2～3月龄以后可喂秸秆或青贮饲料。

图4-5　犊牛补饲优质干草

2. 补料方法

犊牛生后2～3周开始训练采食犊料，最好是直径3～4 mm、长6～8 mm的颗粒料和优质禾本科、豆科干草。这些饲料在此期间虽不起主要营养作用，但能刺激瘤胃的生长发育。犊牛混合精料要具有热能高、容易消化的特点，并要加入少量的抑菌药物。补料时在母牛圈外单独设置犊牛补料栏或补料槽，每天补喂1～2次，补喂1次时在下午或黄昏进行，补喂2次时，早、晚各喂1次。补料期间应同时供给犊牛柔软、质量好的粗料，让其自由采食，以后逐步可加入胡萝卜（或萝卜）、甘薯、甜菜等多汁饲料。补饲饲料量随日龄增加而逐步增加，尽可能使犊牛多采食。根据母乳多少和犊牛的体重来确定喂量，参考补饲量见表4-1和表4-2。有条件时可设立犊牛哺饲栏，从2～3月龄始，母牛圈外单独设置补料栏/槽，以防母牛抢食，栏高1.2 m，间隙0.35～0.4 m，犊牛能自由进出，母牛被隔离在外。

表4-1　犊牛料推荐配方（参考）

| | |
|---|---|
| 配方1 | 玉米48%，麸皮20%，豆粕15%，棉粕12%，食盐1%，磷酸氢钙2%，石粉1%，预混料1% |
| 配方2（哺乳期） | 玉米60%，豆粕18%～20%，大麦10%，糠麸类10%～12%，植物油脂类或膨化大豆5%，磷酸氢钙2.5%，食盐1%，微量元素维生素预混料1% |
| 配方3（断奶后） | 玉米60%，豆粕18%～20%，大麦10%，糠麸类10%～12%，植物油脂类或膨化大豆3%，磷酸氢钙2.5%，食盐1.5%，小苏打1%，微量元素维生素预混料1% |
| 配方4（直线育肥） | 玉米55%，豆饼15%，大麦10%，玉米蛋白粉5%，膨化大豆10%，磷酸氢钙2%，食盐1.5%，小苏打1%，微量元素维生素预混料1% |

注：配方摘自《肉牛育肥生产技术与管理》。

表4-2 犊牛饲养方案（参考）

| 日龄 | 日喂奶量/（kg/头） | 犊牛料/［kg/（头·d）］ | 干草/［kg/（头·d）］ | 多汁饲料/［kg/（头·d）］ | 青贮/［kg/（头·d）］ |
|---|---|---|---|---|---|
| 0 ~ 30 | 6 | 0 ~ 0.3 | 自由采食 | 0 ~ 0.05 | |
| 31 ~ 50 | 6 | 0.3 ~ 0.5 | 自由采食 | 0.05 ~ 0.4 | |
| 51 ~ 60 | 2 | 0.5 ~ 0.9 | 自由采食 | 0.5 ~ 1.0 | |
| 61 ~ 90 | | 0.9 ~ 1.8 | 自由采食 | 1.1 ~ 2.0 | 0 ~ 2 |
| 91 ~ 120 | | 1.8 ~ 2 | 自由采食 | 2.1 ~ 3.0 | 2 ~ 4 |

注：信息摘自《新疆肉牛养殖》（内部发行资料）。

### （四）犊牛断乳

犊牛断奶是提高母牛生产性能的重要环节，犊牛一般经过4 ~ 6个月的哺乳和采食补料训练后，生长发育所需的营养已基本得到满足，可以进行断奶。断奶时体重超过100 kg，其消化机能已健全，能利用一定的精料及粗饲料，一般能采食1.5 kg精料。在舍饲条件情况下，犊牛长至120 ~ 150日龄时，可根据犊牛生长情况逐步进入断奶阶段。可进行一次性断奶，将母牛移走，犊牛留在原饲养环境下，断奶期间应保持饲养环境、饲养员、饲养场地等因素不变，避免犊牛产生应激反应。在草原放牧情况下，断奶采用渐进性断奶。将犊牛与母牛隔栏饲养，“母带犊”定点哺乳，以后逐步减少喂奶时间及次数，通过过渡期实现断奶。对断奶犊牛，应考虑到饲料的调制和全价性，投喂足量营养全价的精料和青干草等，日喂精料1.5 ~ 2.0 kg，优质的青、干草任意采食。要避免突然更换饲料而出现应激反应。

### （五）犊牛的管理

1. 犊牛舍卫生

刚出生的犊牛对疾病没有任何抵抗力，应放在干燥、避风、不与其他动物直接接触的单栏内饲养，以降低发病率。直至断乳后10 d，最好均采取单栏饲养，并注意观察犊牛的精神状况和采食量。犊牛舍内要有适当的通风装置，保持舍内阳光充足，通风良好，空气新鲜、冬暖夏凉。犊牛舍应及时更换垫草。一旦犊牛被转移到其他地方，牛栏必须清洁并消毒。

2. 健康管理

建立犊牛健康监测制度，及时发现犊牛患病征兆，如食欲降低、虚弱、精神萎靡等，必要时请兽医诊断并及早治疗。犊牛常见疾病为肺炎和下痢，这是造成犊牛死亡率较高的主要疾病。

3. 去副乳头

母牛有4个乳区，每个乳区有1个乳头，但有时在正常乳头的附近有小的副乳头，可引发乳腺炎，应将其切除。方法是用消毒剪刀将其剪掉，并涂碘酊等消炎药消毒。适宜的切除时间在4～6周龄。

4. 去角

犊牛2～3周龄时可以进行去角。去角的方法有苛性钠或苛性钾涂抹法和电烙铁烧烙法。具体操作方法是将生角基部的毛剪去后，在去毛部的外围有毛处，用凡士林涂一圈，以防以后药液流出，伤及头部或眼部。然后用棒状苛性钠或苛性钾稍湿水涂擦角基部，至角基部有微量血液渗出为止，或用电烙铁烧烙，待成为白色时再涂以青霉素软膏或硼酸粉。去角后的犊牛要分开，防止别的小犊牛舔到，而且不让小犊牛淋雨，以防止雨水将氢氧化钠（苛性钠）冲入眼内。

5. 免疫

犊牛的免疫程序应根据牛场具体情况和国家的有关法律法规，由专业人员制订。

6. 称量体重和转群

犊牛可每月称量一次体重和体高，并做好记录，用于监测犊牛发育情况。6月龄后转入青年牛群。根据犊牛体质强弱、出生时间等情况进行分群饲养（图4-6、图4-7），6月龄后应公、母分开进行饲养管理。做好环境卫生消毒工作，定期对圈舍、牛栏、运动场和周围环境进行清扫和消毒消杀，奶具在使用后要进行彻底的清洗和消毒，补饲的牛乳及饲草料应保持新鲜、干净，严禁将酸败、发霉变质及冷冻的乳、草、料饲喂给犊牛，并定期对犊牛身体进行刷拭。犊牛圈舍温度最好控制在16～18℃，夏季温度则不高于27℃，保证犊牛在温度、湿度适宜，干净卫生、采光充足、通风良好和保暖性能好的圈舍中活动，有助于犊牛的健康生长。

图4-6　犊牛分群管理

图4-7　分群饲养管理

## 二、育成牛饲养管理

育成牛是指7～18月龄的后备牛。育成期饲养的主要目的是通过合理的饲养保持心血管系统、消化系统、呼吸系统、乳房及四肢的良好发育，使其按时达到理想的体型体重标准和性成熟，按时配种受胎，并为其一生的高产打下良好的基础。

### （一）合理放牧

放牧是饲养育成牛的常用方法，利用天然草地要测定牧草产量，根据载畜数量，估计牧草是否充足，如果不够，应给予补饲。人工草地要实行分区轮牧，并留出割草地调制干草收贮备用。有条件时，天然牧场也要分区轮牧，因为牛的放牧要求牧草有一定高度，通常利用天然草地为20 cm左右，如果牧草过低，牛吃不饱还践踏草地，降低牧草产量，春天牧草返青时不宜放牧，以免牛“跑青”而累垮。由舍饲到放牧注意逐步转变。舍饲期间采食秸秆、干草和精料，刚返青的草不耐践踏和啃咬，过早放牧会加快草地的退化，不但当年产草量下降，而且影响将来的产草量。最初放牧15 d，并逐渐增加放牧时间，让牛逐步适应。避免其突然大量吃青草，发生臌胀、水泻等严重影响牛健康的疾病。因此，早春控制放牧时间，逐渐延长，先喂少量秸秆再出牧。

### （二）公母分群管理

混群放牧影响牛的增重，乱配会降低后代质量，6月龄以后的育成牛必须按性别分群管理。按性别分群是为了避免乱配和小母牛过早配种。乱配会发生近亲交配和无种用价值的犊牛交配，使后代退化。母牛过早交配使其身体的正常生长发育受到损害，成年时达不到应有的体重，其所生的犊牛生长缓慢，使牛生产蒙受不必要的损失。牛数量少没有条件公母牛分群时，可对育成公牛做附睾切割，保留睾丸并维持其正常功能（相当于输精管切割）。因为在合理的营养条件下，公牛增重速度和饲料转化效率均较阉牛高得多，胴体瘦肉量大，牛肉的滋味和香味也较阉牛好。

### （三）分群轮牧

牛群组成数量可因地制宜，水草丰盛的草原地区可100～200头一群，山区可50头左右一群。群体大可节省劳动力，提高生产效率，增加经济效益；群体小则管理细，在产草量低的情况下，仍能维持适合于牛特点的牧食行走速度，牛生长发育较一致。1岁之前育成牛、带犊母牛、妊娠最后2个月母牛及瘦弱牛，可在较丰盛、平坦和近处草场（山坡）放牧。为了减少牧草浪费和提高草地（山坡）载畜量，可分区轮牧，每年均有一部分地段秋季休牧，让优良牧草有开花结实、扩大繁殖的机会。还要及时播种牧草，更新草场。

### （四）放牧补饲

青草能吃饱时，育成牛日增重可达400～500 g，通常不必回圈补饲。青草返青后开始放牧时，嫩草含水分过多，能量及镁缺乏，以及初冬以后牧草枯萎、营养缺乏等情况下，必须每天在圈内补饲干草或精料，补饲时机最好在牛回圈休息后夜间进行。夜间补饲不会降低白天放牧采食量，也免除回圈立即补饲，使牛群养成回圈路上奔跑所带来的损失。补饲时，各种矿物元素不能集中喂，尤其是铜、硒、碘、锌等微量元素所需甚少，稍多会使牛中毒，但缺乏时明显阻碍生长发育，可以采购适于当地的舔砖来解决。最普通的食盐舔砖只含氯化钠，已估计牛最大舔入量不致于中毒。功能较全的，则为除食盐外还含有各种矿物元素，但使用时应注意所含的微量元素是否适合当地。还有含尿素、双缩脲等增加粗蛋白质的特种舔砖。一般把舔砖放在喝水和休息地点让牛自由舔食。

### （五）舍饲

育成牛舍饲，可根据不同年龄阶段分群饲养。断奶至周岁的育成母牛，将逐渐达到生理上的最高生长速度，而且在断奶后幼牛的前胃相当发达，只要给予良好的饲养，即可获得最高的日增重。此时宜采用较好的粗料与精料搭配饲喂。粗料可占日粮总营养价值的50%～60%，混合精料占40%～50%；到1周岁时粗料逐渐增加到70%～80%，精料降至20%～30%。用青草做粗料时，采食量折合成干物质增加20%。舍饲过程中，应多用干草、青贮和根茎类饲料，干草饲喂量（按干物质计算）为体重的1.2%～2.5%。青贮和根茎类可代替干草量的50%。不同的粗料要求搭配的精料质量也不同，用豆科干草做粗料时，精料需含8%～10%的粗蛋白质；用禾本科干草做粗料，精料蛋白质含量应为10%～12%；用青贮做粗料，则精料应含12%～14%粗蛋白质；以秸秆为粗料，要求精料蛋白质水平更高，达16%～20%。周岁以上育成牛消化器官的发育已接近成熟，其消化力与成年牛相似，粗放饲养，能促进消化器官的机能。至初配前，粗料可占日粮总营养价值的85%～90%。如果吃到足够的优质粗料，就可满足营养需要；如果粗料品质差，要补喂精料。由于该阶段牛的运动量加大，所需营养也加大，配种后至预产期前3～4个月，为满足胚胎发育、营养储备，可增加精料，并注意矿物质和维生素A的补充。舍饲牛可采用小围栏的管理方式，也可采用大群散放饲养，前者每栏10～20头牛不等，平均每头牛占7～10 $m^2$。牛的饲喂可定时饲喂，也可自由采食。一般粗饲料多采取全天自由采食，精料定时补饲（图4-8）。

图4-8　舍饲饲养

### （六）饮水

舍饲时自由饮水，放牧时每天应让牛饮水2～3次。饮足水，才能吃够草。牧区饮水地点距放牧地点要近些，最好不要超过5 km。水质要符合卫生标准。按成年牛计算（半岁以下犊牛算0.2头成年牛，半岁至2.5岁平均算0.5头牛），每头需喝水10～50 kg/d。吃青草饮水少，吃干草、枯草、秸秆饮水多，夏天饮水多，冬天饮水少。

## 三、成年牛饲养管理

### （一）种公牛的饲养管理

种公牛饲养管理水平的高低、种公牛本身质量的好坏，是一个地区养牛生产水平的重要标志。根据当地养牛数量和实际生产情况的需要，确定留养种牛的数量，必须遵循“少而精”的原则。种公牛的饲养目标是使其具有健康的体质、旺盛的性欲、灵活的体躯和优良的精液品质，而且使用年限要长。

1. 种公牛饲养管理的重要性

种公牛对牛群发展和改良起着极其重要的作用。饲养管理上的任何疏忽，都会造成种公牛体质或性格的变坏，精液品质下降，甚至失去种用价值。因此，加强种公牛的饲养管理，对保证公牛体格健壮，提高精液品质与延长使用年限就显得十分重要。

2. 种公牛的饲养

育成公牛的生长比育成母牛快，因而需要的营养物质较多，尤其需要以补饲精料的形式提供营养，以促进其生长发育。对种用后备育成公牛的饲养，应在满足一定量精料供应的基础上，喂以优质青粗饲料，并控制饲喂量，以免形成草腹，非种用后备牛不必控制青粗料喂量，以便在低精料下仍能获得较大日增重。

3. 种公牛的管理要点

在管理公牛时，饲养人员首先要注意安全。公牛平时的表现可能也比较温驯，但一旦由于某种刺激而兴奋（如遇见母牛、有求偶欲、见陌生人等），牛就会一反常态，出现瞪眼、低头、喘粗气、前蹄刨地和咆哮等动作，这是牛发脾气，要顶人的先兆。因此，管理公牛要坚持以恩威并施，驯服为主的管理原则。饲养员平时不得随意逗弄、鞭打和虐待公牛。若发现公牛有惊慌表现时，要以温和的声音使之安静，如不驯服时再厉声喝止。

## （二）母牛的饲养管理

肉用繁殖母牛包括育成母牛、成母牛两个时期。成母牛可分为空怀（哺乳期和非哺乳期）、妊娠两个生理时期。

1. 育成母牛饲养

育成母牛是指6月龄断奶至配种前的母牛。该阶段母牛生长发育旺盛，育成牛的饲养以青粗饲料为主，任其自由采食，主要供给青贮饲料和优质青干草。根据体况和粗饲料的品质，精料供应0.5 ~ 2.0 kg/d，放牧牛应补充微量元素等矿物质饲料，预防异食癖的发生。

2. 空怀母牛的饲养

繁殖母牛在配种前应具有中、上等膘情，过瘦、过肥往往影响繁殖。在日常饲养实践中，倘若喂给过多精料而又运动不足，易使牛群过肥，造成不发情，在肉用母牛饲养中，这是最常见的，必须加以注意。但在饲料缺乏，母牛瘦弱的情况下，也会造成母牛不发情而影响繁殖。实践证明，如果母牛前一个泌乳期内给予足够的平衡日粮，同时适当运动，管理周到，能提高母牛的受胎率。瘦弱的母牛配种前1 ~ 2个月加强饲养，适当补饲精料，也能提高受胎率。日粮应以粗饲料为主，精饲料少量补充。精料饲喂量占体重的0.2% ~ 0.3%为宜，配种前母牛体况保持中等以上，加强户外运动，切忌过肥。对于体况较差或瘦弱母牛配种前2 ~ 3个月要增加饲草料营养浓度，补饲混合精饲料1.0 ~ 2.0 kg/d。

母牛发情应及时配种，防止漏配和失配。对初配母牛，应加强管理，防止野交、早配或配种太晚。经产母牛产犊后3 ~ 4周要注意其发情情况，对发情不正常或不发情者，要及时采取措施。一般母牛产后1 ~ 3个情期，发情排卵比较正常，随着时间推移，一方面泌乳量直线上升至产乳盛期，另一方面犊牛体重增大，消耗增多，如果不能及时补饲，往往母牛膘情下降，发情排卵受到影响，导致产后多次错过发情期，受胎率会越来越低。如果出现久配不孕，要及时进行直肠检查，慎重处理。

经产母牛要加强营养，营养标准参照《肉牛饲养标准》（NY/T 815—2004）执行。推荐精饲料配方：玉米55%、小麦麸19%、饼类23%、食盐1%、石粉1%、预混料1%。饲喂量：全株玉米20 kg、苜蓿干草2 kg、小麦秸1 kg、混合精料2 kg。实践表明，采取"短期优饲"可以提高经产母牛的发情时间。经产母牛产后60 ~ 90 d出现发情要及时配种。

3. 妊娠母牛的饲养

妊娠母牛，尤其初孕母牛不仅本身生长发育需要营养，而且要满足胎儿生长发育的营养需要和为产后泌乳进行营养贮积。应加强妊娠母牛的饲养管理，使其能正常产犊和哺乳。

（1）妊娠前期（受胎至妊娠2月龄）。此时期胎儿较小，营养需要量较低，舍饲条件下以优质粗饲料为主、精饲料为辅。冬季给予干草、青贮饲料，适当补喂精料1.0 ~ 2.0 kg/d。在放牧期春季和夏初应补饲精饲料0.5 ~ 1.0 kg/d，夏季牧草茂盛可不喂精料，但应补饲矿物质舔砖。

（2）妊娠中期（妊娠2月龄至7月龄）。根据母牛膘情和牧草品质供给精饲料，通常补饲量0.5 ~ 1.5 kg/d，使母牛膘情维持在中等偏上。如果母牛体质较弱，生理机能差，精饲料饲喂量应增加至1.5 ~ 2.0 kg，每日饲喂3次，粗饲料自由采食。如果在优质草场放牧，加少量的精饲料。

（3）妊娠后期（妊娠8月龄至分娩）。此时期胎儿生长迅速，需要母体供给大量营养物质，满足胎儿和母体营养需要，故此期应增加精饲料饲喂量，多饲喂蛋白质含量高的饲料。一般混合精料的补饲量为1.5 ~ 3.0 kg/d。每头牛供给精料2.0 ~ 3.0 kg/d，每日饲喂3次。禁止饲喂发霉饲料、冰冻饲料、有毒饲料（如棉籽饼、菜籽饼、酒糟等），预防流产或早产。根据预产期，产前15 d要适度控制精料用量，精饲料最大喂量不能超过体重的1%，防止母牛消化不良和乳房疾患；产前2 ~ 3 d，精料可增加一些糠麸的含量，减喂食盐，青贮等多汁饲料，供给优质的干草为宜。围产期（分娩前15 d）将母牛赶入产房，通过乳房肿胀变化程度及臀部塌陷等行为学变化判断母牛分娩时间，做好接产准备，母牛一般采取自然分娩，接产人员只需留观分娩过程即可。当出现胎儿过大、胎式不正、产程过长、分娩无力等情况时，必须严格按照接产的操作规程进行人工助产，出现难产时要及时请兽医进行处理。

（4）产房准备。产房应当干燥，清洁、通风良好，光线充足，无贼风，墙壁及地面光滑并便于消毒。在北方寒冷季节应有取暖设施，地面铺设厚垫草或锯末渣。预产期的1周前，清扫牛床，铲除牛粪和杂物，铺设垫草，保持牛床卫生、干燥。母牛生产后要及时对地面清理消毒。牛场若无单独产房，围产期母牛尽量接受日光浴，运动适度，冬季母牛舍应保持温暖、干燥，同时防止贼风侵袭。

（5）产后护理。母牛分娩后，对外阴部及周围进行清洗和消毒，缓慢驱赶母牛站起，让母牛舐舔犊牛身上的羊水，有利于建立母子亲和力，促进排出胎衣。饮用36～38℃的温水3～5 kg与红糖500 g、麸皮0.5～1.0 kg、食盐100～150 g调成的稀粥。母牛产后2～3 d提供易于消化的日粮，粗饲料以优质干草为主，种类要多样化，自由采食，控制精料喂量，随着食欲的增加，每天可以增喂0.5～0.8 kg；一般3～4 d转为正常日粮。

4. 哺乳母牛的饲养

哺乳母牛的饲养舍饲条件下，母牛分娩后2周内自由采食优质青干草，分娩3 d后补充少量混合精料，逐渐增至正常；分娩2周后，泌乳量迅速上升，身体已恢复，必须保证供给充足的微量元素、矿物质和维生素，增加精饲料，确保日粮粗蛋白质>10%。在放牧条件下，以优质草场放牧，精料的给予量根据粗饲料和母牛膘情而定，一般精料的补给量0.5～2.0 kg/d为宜。

哺乳母牛在管理舍饲条件下，产后哺乳期母牛每天要保证适宜的运动量，及时清理牛的排泄物，保持圈舍干燥、温暖。供应充足、清洁的饮水，冬季水温度保持在0℃以上，水质应符合《无公害食品 畜禽饮用水水质》（NY 5027—2008）要求（图4-9）。

图4-9　哺乳母牛饲养管理

## 第四节 肉牛育肥技术要点

所谓育肥，就是给牛供给高于其本身维持和正常生长发育所需营养的日粮，使多余的营养以脂肪的形式沉积于体内，获得高于正常生长发育的日增重，缩短出栏时间，使牛按期上市。对于幼牛，其日粮营养应高于维持营养需要和正常生长发育所需营养；对于成年牛，只要大于维持营养需要即可。由于维持需要没有直接产品，又是维持生命活动所必需，所以在育肥过程中，日增重越高，维持需要所占的比例越小，饲料的转化率就越高。各种牛只要体重一致，其维持需要量相差不大，仅仅是沉积的体组织成分的差别。所以，降低维持需要量的比例是肉牛育肥的中心问题，也就是说，提高日增重是肉牛育肥的核心问题。

育肥期牛的营养状况对产肉量和肉质影响也很大。营养状况好、育肥良好（肥胖）的比营养差、育肥不良（瘠瘦）的成年牛产肉量高，产油脂多，肉的质量好。所以，牛在屠宰前必须进行育肥和肥度的评定。肉牛肥育的目的是增加屠宰牛的肉和脂肪，改善肉的品质。从生产者的角度而言，是为了使牛的生长发育遗传潜力尽量发挥完全，使出售的供屠宰牛达到尽量高的等级，或屠宰后能得到尽量多的优质牛肉，而投入的生产成本又比较适宜。要使牛尽快肥育，则给牛的营养物质必须高于维持和正常生长发育之需要，所以牛的肥育又称为过量饲养，旨在使构成体组织和贮备的营养物质在牛体的软组织中最大限度地积累。肥育牛实际是利用这样一种发育规律，即在动物营养水平的影响下，在骨骼平稳变化的情况下，使牛体的软组织（肌肉和脂肪）数量、结构和成分发生迅速的变化。根据营养供给方式、肉牛育肥开始和出栏的时间不同，可以将肉牛的育肥分为犊牛育肥、育成牛育肥、青年牛育肥和成年牛育肥等多种。由于不同生长时期的肉牛对营养的需求不同，因此不同阶段选择的饲料及饲喂量也各不相同。养殖者应该根据牛在各个时期对营养物质的需求选择饲料及补饲量。

## 一、犊牛育肥

犊牛肉蛋白质比一般牛肉高27.2%～63.8%，而脂肪却低95%左右，并且人体所需的氨基酸和维生素齐全，是理想的高档牛肉，发展前景十分广阔。我国已开始发展奶公犊育肥产业，为我国奶公犊的高效利用、增加高质量牛肉品种供应市场摸索了新的途径。

### （一）犊牛肉的特点

犊牛育肥的目的是生产白牛肉或小牛肉。犊牛出生后3～5个月，完全用全乳、脱脂乳或代用乳进行饲养，体重达95～125 kg时屠宰，这样生产的牛肉称为白牛肉。这种牛肉富含水分，鲜嫩多汁，蛋白质含量高而脂肪含量低，风味独特，是一种自然的高品质牛肉。犊牛饲养到6～8个月，以牛奶为主、搭配少量混合精料进行饲养，这样生产的牛肉称为小牛肉。为了使小牛肉肉色发红，许多育肥场在全乳或代用乳中补加铁和铜，可以提高肉质和减少犊牛疾病的发生。

### （二）育肥犊牛的选择

肉用品种、兼用品种、乳用品种或杂交后代均可选用。在我国以乳牛公犊为主要来源，一般选择初生重不低于35 kg健康状况良好的初生公犊，要求健康无病、精神良好，头方大、蹄大、管围粗壮等。要求前期生长快，饲料转化率高、肉质好。淘汰母犊亦可。

### （三）育肥方法

初生犊牛一定要保证出生后0.5～1 h内充分地吃到初乳，初乳期4～7 d，这样可以降低犊牛死亡率。给4周龄以内犊牛喂奶，要严格做到定时、定量、定温。保证奶及奶具卫生，以预防消化不良和腹泻病的发生。夏季奶温控制在37～38℃，冬季控制在39～42℃。天气晴朗时，让犊牛于室外晒太阳，但运动量不宜过大。一般5周龄以后，拴系饲养，减少运动，但每天应晒太阳3～4 h。夏季要注意防暑。冬季室温应保持在0℃以上。最适温度为18～20℃，相对湿度80%以下。犊牛育肥全期内每天饲喂2次，自由饮水，夏季可饮常温水，冬季饮20℃左右的温水。犊牛若出现消化不良，酌情减喂精料，并给予药物治疗。喂完初乳后转喂常乳或代乳品，1月龄前喂量为4～6 kg/（头・d），30～60日龄饲喂量6～8 kg/（头・d），60～100日龄饲喂量8～11 kg/（头・d）。严格控制代乳品和水中的含铁量，强迫牛在缺铁条件下生长。采用封闭式饲养，牛舍地板尽量采用漏缝地板，控制牛与泥土、草料的接触。代乳品参考配方如表4-3所示。

**表4-3　代乳品配方（参考）**

| | |
|---|---|
| 配方1 | （颗粒代乳料）玉米粉28%，麸皮37%，苜蓿草粉20%，大豆粉6%，酸奶粉2%，葡萄糖2%，预混料5% |
| 配方2 | 熟化玉米粉10%，膨化大豆粉42%，干脱脂奶粉25%，乳清粉12%，葡萄糖5%，乳酸钙1%，预混料5% |

犊牛生后90～100 d，体重达到100 kg左右，完全由母乳或代乳品培育，生产小白牛肉时，乳液中绝不能添加铁、铜元素。而在生后7～8月龄或12月龄以前，以乳为主，辅以少量精料培育。体重达到300～400 kg所产的肉称为小牛肉。小牛肉分大胴体和小胴体，犊牛育肥至6～8月龄，体重达到250～300 kg，屠宰率58%～62%，胴体重130～150 kg称小胴体。如果育肥至8～12月龄屠宰活重达到350 kg以上，胴体重200 kg以上，则称为大胴体。肉用犊牛参考饲料配方如表4-4所示。

**表4-4　肉用犊牛饲料配方**

| | | |
|---|---|---|
| 4～6月龄 | 配方1 | 苜蓿干草0.5 kg，玉米青贮4.0 kg，小麦麸1.0 kg，棉籽饼0.5 kg，菜籽饼1.0 kg，食盐0.05 kg，磷酸氢钙0.05 kg，石粉0.15 kg，复合预混料0.1 kg |
| | 配方2 | 小麦秸秆0.5～1.0 kg，甜菜渣0.5 kg，玉米2.0 kg，小麦麸1.0 kg，豆粕0.5 kg，菜尿素0.08 kg，食盐0.05 kg，磷酸氢钙0.1 kg，石粉0.15 kg，复合预混料0.1 kg |
| 7～12月龄 | 配方1 | 玉米秸3.0 kg，苜蓿草粉0.5 kg，玉米1.5 kg，葵花粕0.5 kg，复合预混料0.4 kg |
| | 配方2 | 苜蓿草粉0.2 kg，玉米青贮（带穗）12.0 kg，干甜菜渣1.0 kg，大麦0.4 kg，小麦麸0.5 kg，菜籽饼0.4 kg，复合预混料0.4 kg |

## 二、育成牛育肥

犊牛满6个月后即可转入育成牛群，因此青年牛又叫育成牛。育成牛育肥，也称育成牛直线育肥或者幼龄牛强度育肥。该育肥方法充分利用牛早期生长发育快的特点，在犊牛断奶后直接进入育肥阶段，一直保持高营养水平，进行高强度育肥，直到出栏屠宰。牛的日增重保持在1.2 kg以上，或者在15～18月龄体重达到550～650 kg结束育肥。利用本育肥方法生产的牛肉鲜嫩多汁、脂肪少、品质佳。

### （一）育成牛特点

利用牛早期生长发育快的特点，5～6月龄的牛只断奶后直接进入育肥阶段，采用高度营养饲喂，使其日增重保持1.2 kg以上，1周岁时即结束育肥，这时活重可达400 kg，这种方法必须用大型肉用牛或我国良种黄牛的杂交后代牛，这时处在生长旺盛时期，育肥增重快、饲料报酬率高。在13～24月龄时体重达到360～550 kg时可出栏，此时牛肉鲜嫩多汁，脂肪少，适口性好，属于高档牛肉的一种，是肉牛育肥的主要方式。

### （二）育成牛选择

选择改良杂交牛、不做种用的纯种公犊、奶公犊，要求发育良好，健康无病，不去势。

### （三）育成牛育肥方法

根据地域和饲料资源的不同，育成牛育肥采用两种方法，一是采用舍饲育肥方法，即不进行放牧，采用大量优质干草和精料、自由采食的饲喂方式，始终保持较高营养水平，一直到肉牛出栏。此种方法的牛生长速度快，饲料利用率高，饲养周期短，育肥效果好，脂肪在肌纤维间分布均匀，大理石纹明显，肉质嫩，质量优。二是采用放牧饲养方式，即在有放牧条件的地区，育肥牛主要以放牧为主，根据草场情况，适当补饲精料或干草的方式，该方法的优点是精料用量少，个体生长快，脂肪沉积少，饲养成本低；缺点是日增重较低，脂肪在腹腔沉积，而肌纤维间的脂肪分布少，因此，大理石纹特性不佳。

### （四）育成牛育肥阶段

育成牛育肥主要是利用幼龄牛生长发育快的特点，在犊牛断奶后直接转入育肥阶段，育成牛时期也可分为3个阶段。

#### 1. 适应期

刚断奶的犊牛，转入育肥舍后对环境不适应，一般要有适应期。应让其自由活动，充分饮水。推荐日粮参考配方如表4-5所示。配制成混合精料，按体重的1.0%～1.5%计算喂量。

表4-5 适应期推荐日粮配方

| | |
|---|---|
| 配方1 | 酒糟5～8 kg，玉米面1～2 kg，麸皮1～1.5 kg，食盐30～35 g。干草5～10 kg或自由采食 |
| 配方2 | 玉米52%，麸皮21%，去毒菜籽饼12%，豆粕8%，磷酸氢钙1.5%，石粉1.5%，食盐1%，肉牛专用预混料3% |

2. 增重期

一般为7～8个月，分为增重前期和增重后期。日粮参考配方如表4-6所示。

表4-6 增重期日粮配方

| | |
|---|---|
| 前期 | 酒糟10～15 kg，玉米面2～3 kg，饼类1 kg，麸皮1 kg，尿素50～60 g，食盐40～50 g，干草5～10 kg或自由采食。尿素要拌在精料中饲喂，切忌溶于水中供牛饮用，以免中毒 |
| 后期 | 酒糟15～20 kg，玉米面3～4 kg，饼类1 kg，麸皮1 kg，尿素60～80 g，食盐50～60 g。干草4～8 kg或自由采食 |

3. 催肥期

催肥期要促使牛体膘肉丰满，沉积脂肪，一般为1.5～2个月。粗饲料以青贮玉米、麦秸、苜蓿草等，粗饲料粉碎至3～4 cm并与精饲料混合拌匀饲喂。酒糟、青贮玉米、氨化秸秆、优质青干草等粗饲料，铡短后放在槽里，供牛自由采食。保证日粮各项指标分别达到：粗蛋白质11%～16%、综合净能量23～25 MJ、钙33～40 g、磷15～20 g。保证饮足清水，适当限制运动。给予高水平营养，进行直线持续强度育肥，13～24月龄前出栏，出栏体重达到400～550 kg。日粮参考配方如表4-7所示，育肥牛不同阶段精料参考配方如表4-8所示。

表4-7 催肥期日粮配方（参考）

| | |
|---|---|
| 配方1 | 酒糟20～25 kg，玉米面4～5 kg，饼类1.5 kg，麸皮1.5 kg，尿素100～130 g，食盐60～70 g。干草2～3 kg。 |
| 配方2（牧区补饲） | 玉米50%，麦麸27%，胡麻饼20%，钙粉2%，食盐1%（放牧后补饲混合饲料2 kg） |

表4-8 育肥牛不同阶段精料配方（参考） 单位：%

| 组成 | 体重 | | | |
|---|---|---|---|---|
| | 300 kg以下 | 300～400 kg | 400～500 kg | 500 kg以上 |
| 玉米 | 55 | 60.5 | 65.5 | 70 |
| 饼粕类（豆饼粕、棉籽饼粕） | 24 | 23 | 18 | 15 |

（续表）

| 组成 | 体重 | | | |
|---|---|---|---|---|
| | 300 kg以下 | 300～400 kg | 400～500 kg | 500 kg以上 |
| 麸皮 | 14 | 10 | 10 | 8.5 |
| 食盐 | 1 | 1 | 1 | 1 |
| 小苏打 | 1 | 1.5 | 1.5 | 1.5 |
| 预混料 | 4 | 4 | 4 | 4 |

注：数据摘自《新疆肉牛养殖》（内部资料）。

#### （五）育成牛的管理

青年肉牛采取舍饲强度育肥，要掌握短缰拴系（缰绳长0.5 m）、先粗后精、先喂后饮、定时定量饲喂的原则。每日饲喂2～3次、饮水2～3次。喂料时应先取酒糟用水拌湿，或干、湿酒糟各半混匀，再加麸皮、饼类和食盐等。牛吃到最后时加入少量玉米面，让牛将料吃净。饮水在给料后1 h左右进行，冬季饮10℃以上的温水，夏季饮清洁凉水。

### 三、成年牛育肥

成年牛育肥主要是根据成年牛的品种特点，让育肥牛的脂肪堆积速度加快，确保瘦肉与脂肪的均匀分布，这样就能提高育肥牛的牛肉品质。

#### （一）成年牛的特点

成年牛育肥一般是指30月龄以上的牛，无论是肉牛、役用牛或是淘汰母牛都可作为育肥对象。这些牛一般生长发育已经停滞，增重缓慢，产肉率低，肉质差，故在屠宰前都要经过一段时期的专门育肥，一般育肥时间控制在50～60 d。经过育肥肌肉之间和肌纤维之间脂肪增加，肌纤维、肌肉束迅速膨大，使已形成的结缔组织网状交联松开，肉质明显变嫩，改善肉味。

成年牛育肥期以2～3个月为宜，不宜过长，因其体内沉积脂肪能力有限，满膘时就不会再增重，应根据牛的膘情灵活掌握育肥期长短。牛育肥期间，需要适当增加牛的运动量来提高抵抗力，并且在育肥期间添加催肥剂，例如壮骨肽、牛羊肽壮乐、健肥宝等。同时，在饲料中可以定期添加一些中草药来提高免疫力，例如黄芪多糖饮水。成年牛的育肥日粮以能量饲料为主，要充分利用当地饲料资源，如农作物秸秆、玉米青贮等，以降低生产成本，提高经济效益。

### （二）成年牛的选择

成年牛育肥之前，应严格进行选择，淘汰过老、过瘦、采食困难、经常患病或不易治愈的牛只，否则会浪费人力和饲料，得不偿失。挑选后育肥牛，应进行驱虫、健胃、编号，以便掌握育肥效果。育肥期一般以2～3个月为好。

### （三）成年牛的饲养

成年牛育肥以体脂肪增加为主，肌肉增加极少。因此，日粮要求有较高的能量物质。初期为过渡期，不需要较大增重，可采用低营养物质饲料饲喂，以防引起弱牛、病牛或膘情差的牛消化紊乱。待短期适应后，逐渐调整配方，提高能量饲料比例。在牧区，可充分利用青草期进行放牧饲养，使牛复壮后再育肥，可降低饲料成本。也可采用酒糟育肥法，即日粮中酒糟15～20 kg，再配以玉米、少量饼类、食盐及添加剂，也能取得良好的育肥效果。表4-9提供精料配方供参考。

**表4-9　成年牛精料配方（参考）**

| | |
|---|---|
| 配方1 | 玉米70%，麸皮10%，大麦7%，豆饼5%，苜蓿粉5%，矿物质和复合维生素3%。精料日喂量以体重的1%为宜，粗饲料为自由采食 |
| 配方2（改善肉质） | 玉米面62%，大麦10%，豆粕5%，棉仁粕8%，麸皮10%，磷酸氢钙2%，食盐1%，小苏打1%，微量元素维生素预混料添加剂1% |

### （四）成年牛的管理

按体重、品种及营养情况将牛群分组。肥育前对牛群进行驱虫、健胃。成年公牛在肥育前15～20 d去势。舍饲肥育要注意温度，冬季牛舍要保温，以5～6℃为宜。夏季牛舍要通风，舍温以18～20℃为宜。饲养在光线较暗的牛舍内，采用短缰拴系或小围栏饲养减少活动空间，降低能量消耗，以利增膘。肥育场所要保持安静，避免骚动干扰。

## 四、提高肉牛肥育效果的技术措施

影响肉牛育肥效果的因素很多，在实际养殖中要针对这些因素采取有效的技术措施提高肉牛的育肥效果，使经济效益最大化。

### （一）一般措施

1. 品种

可选用我国育成的专门化肉牛品种。例如夏南牛，该牛适应性强，在长江以北地区均能饲养，生长速度快，经济效益好。也可使用国外肉牛品种公牛，与我国本地黄牛母牛杂交的杂种牛育肥，既可利用杂种优势提高生长速度，又可充分发挥本地黄牛适应性强、耐粗饲的优势，提高肉牛育肥的经济效益。

2. 年龄

研究表明，肉牛在1岁时增重最快，2岁时增重速度仅为1岁时的70%。结合饲料利用率、屠宰率和牛肉质量等综合分析，肉牛最佳育肥年龄应在1～2岁。此阶段牛生长快，肉质好、经济效益高。

3. 性别

性别会影响牛的育肥速度，在同样的饲养管理条件下，公牛的生长速度和饲料利用效率高于阉牛，并且胴体瘦肉多，脂肪少。公牛的生长速度比阉牛高14.4%，饲料利用效率高11.7%。因此，如果在2岁内育肥出栏的公牛，以不去势为好。

4. 有利季节

进行肉牛育肥最适宜气温为10～21℃。一般情况下，秋季气候适宜，草料丰富，蚊蝇少，牛的采食量大，生长快，是育肥的最佳季节，春季次之。夏季天气炎热，食欲差，不利于牛的增重。而冬季则气温太低，牛的维持需要增加，增重慢，且草料缺乏，不利于育肥成本的控制。

5. 配制饲料

降低饲养成本要按照育肥牛的营养需要标准配合日粮，正确使用各种饲料添加剂。日粮中的精料和粗料品种应多样化，可提高牛的适口性，有利于营养互补和提高增重。要充分利用当地优质饲料资源，既降低饲料成本，又可保证饲料的来源。

6. 管理

在育肥期前要进行驱虫、健胃、防疫。平时经常观察牛的状态，如采食、饮水、反刍、排粪等情况，一旦发现异常及时处理。勤刷拭，少运动，圈舍经常清扫，定期消毒。保持环境安静，避免牛群受惊扰等。

### （二）特殊措施

1. 调控瘤胃发酵

瘤胃发酵是牛最为突出的消化生理特点，在其营养上占有举足轻重的地位。调控瘤胃发酵使微生物的生长和瘤胃发酵达到最佳状态，是增加采食量、提高肉牛生产性能的关键。瘤胃发酵功能加强，单位时间内牛采食饲料多，用于转化为产品的进食部分增加，而用于维持的部分相对减少，导致饲料转换率提高，肥育速度加快。具体调控方法如下。

（1）早期锻炼，定向培育。哺乳期犊牛早期补饲草料，以锻炼胃肠，增大胃的容积，提高采食量。

（2）饲养方式。调控坚持先粗后精的饲喂顺序，少喂勤添，能减轻瘤胃的代谢波动，维持相对稳定的瘤胃内环境，提高瘤胃内微生物的发酵效率。

（3）利用矿物质盐缓冲剂稳定瘤胃内环境。高精料肥育时易发生精料酸中毒。可使用碳酸氢钠、氧化镁等缓冲物质，以降低瘤胃酸度，提高微生物活性，促进瘤胃正常发酵提高采食量。

（4）利用离子载体调控瘤胃挥发性脂肪酸的比例。在日粮中添加莫能菌素、盐霉素和沙拉里霉素等，可增加丙酸产量，降低乙酸、丁酸的产量，进而提高饲料利用率和肉牛生产性能。

2. 非蛋白氮的利用

非蛋白氮一般是指简单的含氮化合物，如尿素、双缩脲、铵盐类等，可代替蛋白质饲料，饲喂反刍动物以提供合成菌体蛋白所需要的氮，节省蛋白质饲料。以尿素为例，其含氮量为43%～46%，与大豆饼蛋白质含量43%相比，1 kg尿素约相当于6 kg大豆饼。充分发挥肉牛利用尿素类非蛋白氮合成菌体蛋白的生物学特性，是节约饲料蛋白质供应，提高经济效益的重要途径。

初生犊牛瘤胃容积小，功能尚不健全，微生物菌落尚未建立，不能利用非蛋白氮。犊牛到9～12周龄，才具有成年牛的瘤胃微生物功能。因此，犊牛应在12周龄以后开始添加。日粮中应有一定量碳水化合物，为微生物有效利用氮提供可利用的碳架和能源。所以，日粮中应适当添加玉米面。

严格控制尿素用量，尿素的一般喂量为饲料中总干物质的1%，或不超过精料的3%，或不超过日粮中蛋白质总需要量的20%～25%，或每100 kg体重20～30 g。尿素应均匀地混合在精料或切碎的粗饲料中拌匀饲喂。应尽量减缓尿素在瘤胃中的分解速度，严禁尿素溶于水中饮用，造成尿素分解过快，发生中毒。也可制作尿素舔砖，供牛舔食；或选用双缩脲、糊化淀粉尿素等分解慢的产品。

### （三）出栏期饲养管理

育肥牛的日常管理工作对于出栏影响也很大。加强肉牛的管理的目的是减少或者避免肉牛发生应激反应。首先要保持牛舍的卫生，每天都要刷拭牛体2～3次，一方面可以保持牛体清洁，另一方面则可以减少体外寄生虫病的发生，促进血液循环，增强新陈代谢，提高采食量，利于生长发育和增重。肉牛育肥需要限制运动，以减少不必要的消耗，尤其是到了育肥中后期，每次喂完料后都需要将育肥牛拴系到短木桩上，或者赶到栏中休息，拴牛的缰绳不宜过长，以减少牛的运动消耗。但是也要每天定时地将育肥牛赶到运动场，目的是让其接受阳光和呼吸新鲜空气。整个育肥期都要定期地进行称重，称重的目的是更好地掌握肉牛的增重情况，以便于根据称重结果及时地调整饲养管理方法。另外，还要注意一些管理上的小细节，以免由于细节的疏忽而引起不必要的损失。如每次喂完料都应将剩料清理干净，以免污染新料引起育肥牛患病。牛是否育肥好了，育肥期是否结束，通常有以下4种判断方法。

1. 牛的采食量判断

在后期，牛食欲下降，采食量骤减，无疾病等原因，日采食量连续数日下降，达到正常量的1/3，也不喜欢运动，喜欢安静卧息。此时牛体重不再增加，甚至减轻，已达到育肥目的，应考虑尽快出栏。

2. 育肥度判断

检查育肥期各阶段日增重大小，计算育肥度指数。如日增重已趋于稳定或开始下降，则说明牛处在育肥末期，应考虑出栏。育肥度指数标志增重期间肌肉沉积情况，指数越大肥育程度越好。计算方法：体重／体高×100=育肥指数，育肥指数在526左右为最佳。

3. 体型外貌判断

若牛被毛细致而有光泽，膘肥体胖，全身肌肉丰满，肋骨脊柱横均不显露，腰角与臀部呈圆形，肌肉充实，主要部位：胸垂、腹肋部、腰部、臀部脂肪沉积厚实、圆润，应及时出栏。

4. 观察牛肉市场行情

育肥工作以经济效益为主，取得最大利益是育肥工作的根本。所以要密切注意市场，价格稳定走高时及时出栏上市，将育肥效果与市场紧密结合，以期达到效益最佳。

## 第五节 高档牛肉生产技术要点

高档牛肉是指对育肥达标的优质肉牛，经特定的屠宰和嫩化处理及分割加工后，生产出来的优质部位牛肉。高档牛肉是制作高档食品的原料，要求肌纤维细嫩，肌间有一定量的脂肪，鲜嫩可口。一般包括牛柳、眼肉和西冷。高档肉牛产业是我国畜牧基础产业的再发展，具有较大的发展空间。以科学的思想为指导，市场需求为方向，开展高档牛肉生产，树立具有中国特色的高档牛肉品牌，提升我国高档牛肉产业的国际竞争力。

### 一、高档牛肉标准

高档牛肉是指能够作为高档食品的优质牛肉，高档牛肉的生产对肉牛的要求较高，无论是从选牛还是在育肥中，甚至到后期的屠宰和分割都有着严格的要求。

1. 年龄与体重要求

年龄在30月龄以内；屠宰活重为500 kg以上，达到满膘。体型呈长方形，腹不下垂，背平宽，皮较厚，皮下有较厚的脂肪。

2. 胴体及肉质

要求胴体完整，无损伤，胴体表面脂肪的覆盖率达80%以上，脂肪洁白、坚挺，背部脂肪厚度为8～10 mm，第12～第13肋骨间脂肪厚为10～13 mm；肉质柔嫩多汁，大理石纹明显，剪切值在3.62 kg以下的出现次数应在65%以上，每条牛柳重2 kg以上，每条西冷重5 kg以上，每条眼肉重6 kg以上。

## 二、高档牛肉生产技术要点

主要包括优质肉牛生产技术、牛肉分割技术操作规程、高档牛肉冷却配套技术和冷却保鲜技术等方面。对生产“雪花”牛肉牛的育肥除要利用高能量水平日粮进行长时间育肥外，更要注意品种选择、年龄选择、性别选择等。

1. 品种

肉牛的品种多种多样，适合于生产高档牛肉的品种有安格斯牛、日本和牛、秦川牛、延边牛、墨累灰、复州牛、三河牛、科尔沁牛等。根据试验研究，我国地方良种黄牛或其与引进的国外肉用、兼用品种牛的杂交牛，经过良好条件饲养，均可达到高档牛肉水平，可以作为高档牛肉的牛源。国外肉牛品种如利木赞牛、安格斯牛及相应杂种牛等是目前生产“雪花”牛肉的主要品种，以黑毛和牛较为优质，国外优良肉牛品种与国内地方品种（如秦川牛、晋南牛、鲁西牛、南阳牛等）品种进行杂交，其杂交一代或二代也能达到“雪花”牛肉生产的基本要求。

2. 年龄

牛的脂肪沉积与年龄呈正相关，即年龄越大沉积脂肪的能力越强，而且脂肪沉积在肌纤维间最好。大量研究表明，1～12月龄脂肪沉积较少，大理石纹等级低；12～24月龄，脂肪积速度加快，大理石纹等级迅速提高；30月龄后大理石纹等级变化不明显。另外，年龄也与肌肉嫩度、脂肪颜色有关，一般随年龄增大肉质变硬，颜色变深变暗，脂肪逐渐变黄。一般宜选择6～8月龄的犊牛开始进行育肥。

3. 性别

一般母牛沉积脂肪最快，阉牛次之，公牛沉积最迟且慢；肌肉颜色以公牛深、母牛浅、阉牛居中。饲料转化率以公牛最好，母牛最差。年龄较轻时，公牛不必去势，年龄偏大时，公牛应去势（育肥期开始之前10 d）；母牛则年龄稍大亦可（母牛肉一般较嫩，年龄大些可改善肌肉颜色浅的缺陷）。综合各方面因素，用于生产“雪花”牛肉的一般要求是阉牛，因为阉牛的胴体等级高于公牛，生长速度又比母牛快。因此，在生产高档牛肉时，应对育肥牛在3～4月龄以内去势。

4. 营养

为了使脂肪沉积到肌纤维之间，要对饲料进行优化搭配，饲料应多样化，尽量提高日粮能量水平，并满足其蛋白质、矿物质和微量元素的需要，以达到较高日增重。这样，脂肪沉积到肌纤维之间的比例才会增加，也能促使结缔组织（肌膜、肌鞘膜等）已形成的网状交联松散，以重新适应肌束的膨大，从而使肉变嫩；圈存时间可缩短，提高育肥效率。

5. 强度育肥

高档牛肉的分期育肥是把肉牛育肥按照牛的月龄分为犊牛期、育成期和催肥期这3个阶段，犊牛期为断奶后到6月龄左右的犊牛，育成期为6～18月龄的牛，催肥期为18～24月龄。育成期的时候应该少量补给精料，每日补给量为0.5～1.5 kg，育成期时要以粗饲料为主的方式进行饲喂，体重达到250～350 kg时可以进入集中舍饲育肥阶段。从市场上或其他地方购入育肥牛后，由于和原来的饲养方式及饲料结构的不同，所以要有一个过渡期，时间一般为1个月左右。这段时期要逐渐地增加精饲料的量，尤其是要增加优质的蛋白质类饲料的添加量，在增加精饲料的过程中一定要注意观察育肥牛的反刍及其他活动情况，防止精饲料添加过多或过快引起育肥牛酸中毒。当高档肉牛体重达到500 kg左右时到了催肥阶段，在此期间肉牛的增重速度会逐渐降低，脂肪的沉积会比较多，是形成肌肉大理石纹的好时机。随着肉牛肥度的不断增加，肉牛的食欲会随之减退，此时主要是以优质的青粗饲料为主，同时补给高能量的精料，为了增加育肥牛的采食量，可以把各种饲料混合均匀后做成颗粒饲料，最好是可以把颗粒饲料熟化来增加饲料的香味，从而来增加育肥采食量。

6. 出栏

为了提高牛肉的品质，应该适当延长育肥期，增加出栏重。出栏时间不宜过早，否则影响牛肉的风味，肉牛在未达到体成熟以前，许多指标都未达到理想值，产量也上不来，影响整体经济效益；出栏时间也不宜太晚，太晚则肉牛自身体脂肪沉积过多，不可食用部分增多，饲料消耗量增大，达不到理想的经济效益。国外品种一般在25～27月龄、体重达到650～700 kg时出栏，我国黄牛的杂交后代在25～30月龄、体重达到550～650 kg时出栏较好。

## 三、雪花牛肉生产技术

牛肉具有高蛋白、低脂肪、低胆固醇的特点，具有很高的营养价值。随着生活水平的提高，人们对牛肉产品也有了不同层次的消费需求，使得雪花牛肉逐渐从整个肉牛产业中凸显出来。雪花牛肉指油花分布均匀且密集，如同雪花般美丽，红白相间明显，状似大理石花纹的牛肉，国内外也称其为大理石状牛肉。雪花牛肉中含有丰富的蛋白质，氨基酸组成比猪肉更接近人体需要，能提高机体抗病能力，而胆固醇的含量极低，1 kg雪花牛肉仅相当于1个鸡蛋黄含有的胆固醇。

### （一）雪花牛肉生产技术特点

雪花牛肉是选择优良牛种，通过标准化饲养手段，全程标准化屠宰、加工所获取的高品质牛肉产品。与普通牛肉相比，雪花牛肉生产具有以下特点：一是肉牛品种优良，雪花牛肉生产所选用的牛种主要为国内外优质品种（品系），如日本和牛、雪龙黑牛、鲁西黄牛等，均具有优良的脂肪沉积性状；二是饲养科学，雪花牛肉生产离不开科学、合理的饲养管理系统，饲养环节能够做到定时定量的饲料投放原则；三是育肥期长，雪花牛肉的生产周期较长，肉牛的育肥期多在12个月以上，部分高端产品的育肥期更长，达20～24个月；四是牛肉品质突出、营养价值高；在外观方面，雪花牛肉由于脂肪沉积到肌肉纤维之间，往往会形成明显的红、白相间条纹，状似大理石花纹；肉品口感香、鲜、嫩、滑，入口即化；营养方面雪花牛肉含有大量对人体有益的不饱和脂肪酸，且胆固醇相对较低，更有利于人体健康；五是质量全程可控，雪花牛肉的生产从选种选配、饲料饲养、疫病防控到屠宰加工都有完善的质量追溯系统，能够确保生产各个环节质量的可控。

### （二）肉牛品种对雪花牛肉生产的影响

经过选育的瘦肉型肉牛品种很难生产大理石花纹丰富的雪花牛肉，而我国一些地方良种，如秦川牛、鲁西牛、关岭牛、延边牛等具有生长慢、成熟早、耐粗饲、繁殖性能强、肉质细嫩多汁、脂肪分布均匀、大理石纹明显等特点，具备生产雪花牛肉的潜力。引进国外肉牛良种与上述品种的母牛进行杂交，杂交后代经强度育肥，不但肉质好，而且生长速度快，是目前我国雪花肉牛生产普遍采用的杂交牛种组合。具体选择哪种杂交组合需根据消费市场决定，若生产脂肪含量适中的高档红肉，可选用西门塔尔、夏洛来牛等生长快、产肉率高的肉牛品种与国内地方品种进行杂交繁育；若生产符合肥牛市场需求的雪花牛肉，则可选择安格斯牛、日本和牛等作父本，与肌纤维细腻、胴体脂肪分布均匀、大理石花纹明显的国内地方良种进行杂交繁育。

### （三）性别对雪花牛肉生产的影响

一般认为，公牛的日增重比阉牛高10%～15%，而阉牛比母牛高约10%。这是因为公牛体内的雄性激素是影响生长速度的重要因素，去势后的公牛体内的雄性激素含量显著降低，生长速度降低。若进行普通肉牛生产，应首选公牛育肥，其次为阉牛和母牛。同时，雄性激素又直接影响牛肉的品质，体内雄性激素越少，肌肉就越细腻，嫩度越好，脂肪就越容易沉积到肌肉中，而且牛性情变得温顺，便于饲养管理。因此，综合考虑肉牛的增重速度和牛肉品质等因素，用于生产优质牛肉的后备牛应选择公牛；用于生产雪花牛肉的后备牛应首选去势公牛，母牛次之。

### （四）年龄对雪花牛肉生产的影响

年龄是公认的影响肉质的重要因素。幼龄动物机体缺乏糖原，随着年龄的增长，动物机体内的糖原逐渐增加，而动物肉产品的pH值逐渐降低。研究发现，幼龄组动物肉样的肌原纤维更容易断成碎片，同时高pH值可增加蛋白质分解活性，导致肌原纤维断裂指数较高。肉样的脂肪含量与年龄有关，脂肪是一种晚熟的机体组织，年龄越大脂肪含量越高，并且矿物质含量也随年龄的增加而有上升的趋势。另外，虽然年龄大的动物肉产品脂肪含量高，但其嫩度依然低于幼龄动物，由于肌红蛋白随着年龄的增加而增加，故肉色较暗，肉质的总体评分较幼龄动物低。

### （五）营养因素对雪花牛肉生产的影响

雪花牛肉中含有丰富的肌内脂肪，营养因素直接影响着牛肉肌内脂肪的形成，适宜的营养水平对肉牛生长肥育性能、胴体瘦肉率、牛肉组成及牛肉品质等起关键作用，通过调整日粮营养水平和日粮组成可以改善胴体品质、降低背膘厚度、增加肌内脂肪含量。

#### 1. 日粮能量水平对雪花牛肉生产的影响

日粮的能量水平是影响肉牛育肥的重要营养指标，对牛肉品质的影响极为重要，高能量水平的日粮会使肌内脂肪含量显著升高。肉牛生长期间宜采用高蛋白质、低能量饲料，育肥期间用低蛋白质、高能量饲料能满足脂肪沉积，有利于大理石状花纹的形成。提高日粮的能量水平对西门塔尔牛的育肥效果明显，日粮的能量水平可显著提高肉牛的日增重、胴体质量和屠宰率，并且可显著提高上脑肉、腰肉、腱子肉和眼肉的肌内脂肪含量。因此，要想获得优异的育肥效果，提高胴体肌内脂肪的含量，必须考虑肉牛整个育肥的日粮能量水平和蛋白质水平，科学合理地配制日粮。

#### 2. 日粮蛋白质水平和氨基酸对雪花牛肉生产的影响

日粮中蛋白质水平和氨基酸对肉牛的生长速度、瘦肉率、脂肪沉积也有一定影响。研究表明，随日粮蛋白质水平增加，胴体背膘下降，瘦肉率增加，肌肉大理石纹趋于下降，肉嫩度下降。日粮的营养水平对牛肉的大理石花纹等级影响显著，大理石花纹与脂肪沉积呈正相关，脂肪沉积越好，大理石花纹越明显。日粮中油脂的吸收率在很大程度上受日粮蛋白质水平的影响，当日粮蛋白质水平低时，以脂肪的形式沉积能量；当日粮蛋白质水平高时，体蛋白沉积增加，脂肪沉积则会相对减少。

日粮氨基酸的平衡状况对肉质也有影响，日粮中缺乏赖氨酸可显著降低蛋白质的沉积速度，进而影响胴体蛋白质含量。另外，日粮中添加某些氨基酸会影响宰后肌肉组织的理化特性和肉质，补充赖氨酸能增加背最长肌（LD）面积，降低肌肉的多汁性和嫩度；添加色氨酸可有效降低与屠宰前与应激有关的PSE（灰白、柔软和多渗出水）肉的发生。

3. 矿物质元素对雪花牛肉生产的影响

钙和镁：钙是肌肉收缩和肌原纤维降解酶系的激活剂，对牛肉嫩度的影响较大。镁作为钙的拮抗剂，可抑制骨骼肌活动，提高肌肉终点pH值。研究表明，高镁可提高肌肉的初始pH值，降低糖酵解速度，减缓pH值下降，从而延缓应激，提高肉质。日粮中高镁（1 000 mg/kg）可作为缓解动物应激的肌肉松弛剂和镇静剂，减少屠宰时儿茶酚胺的分泌，降低糖原分解和糖酵解速度，改善肉质。

铜和铁：铜和铁是机体Fe-SOD、CuZn-SOD（超氧化物歧化酶）的重要组成部分，能将超氧阴离子还原为自由基，羟自由基在过氧化氢酶或过氧化物酶的作用下生成水。有研究表明，提高饲料中铜和铁的添加量，可增强肌肉中SOD的活性，减少自由基对肉质的损害，从而改善肉质。但是，高铜日粮会导致铜在肝、肾中富集，降低其食用价值，危害人体健康，生产中应禁止使用。

硒：硒可以防止细胞膜的脂质结构遭到破坏，保持细胞膜的完整性。硒是谷胱甘肽过氧化物酶（GSH-Px）的必要组成成分。GSH-Px能使有害的脂质过氧化物还原为无害的羟基化合物，并最终分解过氧化物，从而避免破坏细胞膜的结构和功能，减少肌肉汁液渗出。在清除脂质过氧化物中，硒与过氧化氢酶和超氧化物歧化酶具有协同作用，因而能提高牛肉品质。在效果上，有机硒优于无机硒。

4. 维生素对雪花牛肉生产的影响

维生素A和β-胡萝卜素：维生素A直接影响着牛肉肌内脂肪代谢，与牛肉的大理石花纹呈显著线性负相关。作为维生素A的前体物质β-胡萝卜素，在肉牛饲料中含量高、活性强，极易沉积在脂肪组织中，使体脂变黄而降低牛肉的等级，因此在牛肉特别是雪花牛肉生产中也应尽量减少饲料中β-胡萝卜素的含量。

维生素E：维生素E作为有效的脂溶性抗氧化剂，可改善牛肉色泽的稳定性，防止脂肪被氧化，减少滴水损失。体内维生素E主要分布在肌肉组织细胞膜、微粒体和线粒体膜等生物膜上，能抑制自由基与膜上多不饱和脂肪酸（PUFA）的氧化反应或还原氧化产生的脂自由基，从而维持PUFA的稳定性，保持细胞膜的完整性，减少滴水损失。在日粮中添加维生素E能够提高牛肉色泽和脂肪氧化稳定性、延长货架期。

## 四、屠宰和分割

育肥结束后肉牛的体重应当达到550 kg以上，有些优良品种可以达到600 kg，此时出栏屠宰率最高。屠宰后的胴体应当在0～3℃的环境下排酸，排酸时间多为36 h。排酸完成后要对牛肉进行分割，分割的原则是最大限度地提高产品的附加值，减少碎肉率，分割时应从12个部位进行，对于上脑、里脊、眼肉等部位应当按照规定进行修整。完成分割后要用塑料袋进行密封真空包装，并置于−33℃环境下速冻。上市前，还要对每批肉进行细菌、挥发性盐基氮等项目的检测，全部合格后方可上市。目前对于高档牛肉的生产规范尚不健全，从业人员应当积极建立有效的屠宰、分割、包装、运输以及销售的监管体系，从而抑制无序竞争，保障市场的秩序。

雪花牛肉生产中，高价肉比例小，目前国内涉及饭店和宾馆使用量较大的牛肉肉块是牛柳、西冷、眼肉，这三块肉的重量为27～28 kg，只占牛肉产量的10%，但其经济价值却占近50%。另外，用户对高档牛肉质量的要求为：肉块重量，牛柳2 kg以上，西冷5 kg以上，眼肉6 kg以上；脂肪颜色洁白，西冷的脂肪要求8～12 mm；肉块外观不能有刀伤，分割整齐。要获得比较好的经济效益，必须按照高档牛肉的生产加工工艺进行生产。

高档牛肉的生产加工工艺流程为：检疫→称重→淋浴→击昏→倒吊→刺杀放血→剥皮（去头、蹄和尾）→去内脏→劈半→冲洗→修整→称重→冷却→排酸成熟→剔骨分割、修整→包装。

# 第五章

# 肉牛常见疾病防治技术

随着养牛业的规模化、集约化程度越来越高，牛的疾病也逐渐增多，且复杂多样，这不仅给牛场和专业户的生产带来经济损失，直接影响养牛业的稳定持续发展，而且还间接地威胁着人类健康。因此，养牛业要取得良好的经济效益，必须在饲养环境管理、制订科学合理的饲料配方、免疫防治、定期检测和监测、消杀虫害及周围环境消毒等方面下功夫，以达到高产、稳产、高效益的目的。必须拥有健康的牛群，有效地预防、诊断和治疗牛病，将牛的发病率和死亡率控制在最低程度，以便促进养牛业健康，稳定发展。倡导“防病不见病，见病不治病”的健康养殖理念，饲养健康牛群，提供绿色产品，保障人、牛安全。

相对于集约化、工厂化养殖方式来说，让肉牛在自然生态环境中按照自身原有的生长发育规律自然地生长，而不是人为地制造生长环境和用促生长剂让其违反自身原有的生长发育规律快速生长。可以充分利用养殖空间，在较短的时间内饲养出栏大量的肉牛，以满足市场对肉牛产品的量的需求，从而获得较高的经济效益。但由于这些肉牛是生活在人造的环境中，采食添加有促生长素在内的配合饲料，因此，尽管生长快、产量高，但其产品品质、口感均较差。而农村一家一户少量饲养的不喂全价配合饲料的散养肉牛，自然地生长，生长慢、产量低，因而其经济效益也相对较低，但其产品品质与口感均优于集约化、工厂化养殖方式饲养出来的肉牛。集约化养殖动物密度较大，频繁接触，容易患病，要坚守“防病不见病，见病不治病”的理念，应该从饲养管理入手，从重点疫病防控着眼，做好疾病防治各项工作。

本章着重介绍肉牛疾病的综合防控技术、常见传染病防治技术、常见寄生虫病防治技术、常见普通病防治技术、常见营养代谢病防治技术、常见中毒病防治技术等内容，同时针对不同病种做好临床诊断（图5-1），并采取有效的预防和治疗措施。

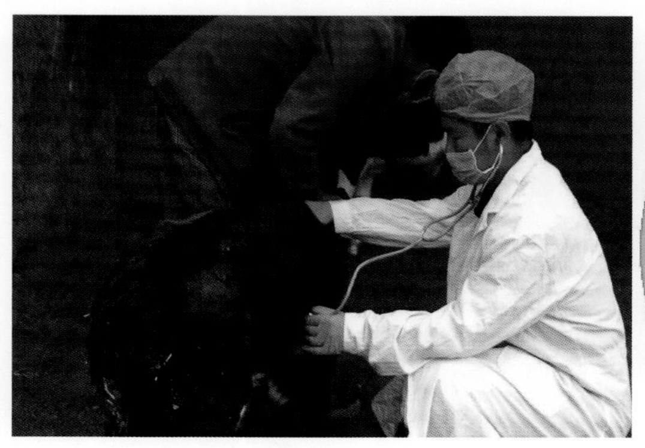

家畜有病不能言，病史要向畜主问；询问病史要详细，虚作空诈要避免。
一问发病若干日，急性慢性便可知；
二问使役与负重，是否驾力逆气伤。
三问饮喂多少料，饥饱原因是一项；
四问粪尿量与色，胃肠有寒或有热。
五问呼吸与咳嗽，肺经有病便可得；
六问母畜有无孕，处方下药能安全。
七问曾否治疗过，经过情况是好坏；
八问放牧与管理，有无角斗与押跌。
九问气侯有无变，曾否暴晒与雨淋；
十问周围和同群，瘟疫是否在流行；
询问之时问得好，处方施治疗效高

图5-1　牛病临床诊疗与问诊技术口诀

## 第一节　肉牛疾病的综合防控技术

随着肉牛产业的发展，肉牛养殖逐步由一家一户为主的分散饲养转变为规模化、工厂化集中养殖。这种肉牛的高密度集中饲养方式的出现，极大地增加了肉牛疫病的感染和传播机会。针对当前肉牛养殖工艺与需求，从肉牛疾病综合防控方面入手，坚持传染病防控原则，肉牛不同生理期保健，把好饲草料质量安全关，做好营养代谢病监测，结合不同季节采用药物保健、常规性非季节性药物保健（如驱虫），同时根据当地农业农村部门的相关规定做好肉牛的疫苗免疫接种工作，确保肉牛健康生产。

### 一、预防疾病的一般性原则

#### （一）坚持人畜分离的原则

坚持绿色发展。统筹资源环境承载能力、畜禽产品供给保障能力和养殖废弃物资源化利用能力，协同推进畜禽养殖和环境保护，促进可持续发展。肉牛养殖环境布局和设施设备规模肉牛养殖场无论其规模大小，其养殖环境布局必须科学合理、符合动物防疫要求。养殖生产区和人的生活区、接待区等应严格分离，闲杂人员一律不允许进入养殖生产区，养殖场和圈舍进出处应设立消毒池、消毒室等消毒设施。养殖生产区内应设疫病隔离观察治疗区，并设于生产区的下风向。科学设计排粪沟，确保粪尿不长时间滞留在圈舍。应供给动物清洁卫生的饮水；条件较好的业主应安装自动供水、饮水系统，既达到清洁卫生的要求，又满足动物自由饮水需要。

### （二）坚持“防疫优先”的原则

将肉牛疫病防控作为防范肉牛产业风险和防治人畜共患病的第一道防线，着力加强防疫队伍和能力建设，落实政府和市场主体的防疫责任，形成防控合力。建立健全科学合理的动物防疫制度是提高规模肉牛养殖场经济效益的关键措施之一。这些制度包括按动物防疫法规建立健全的调入申报防疫监督制度、定期清洗消毒制度、按科学合理的免疫程序制订的免疫注射制度、外来人员消毒制度、饲养管理人员进出场消毒制度等；这些制度不仅要张贴上墙，还必须让场内所有人员熟记于心，落实到行动上去，按制度规定去做，一切制度化。

1. 坚持政策引导

更好发挥政府作用，优化区域布局，强化政策支持，加快补齐畜牧业发展的短板和弱项，加强市场调控，保障畜禽产品有效供给。执行属地管理，认真落实动物防疫责任书，由所在的乡（镇）与规模肉牛养殖场签订动物防疫目标责任书，各养殖场负责人为防疫主要责任人，乡（镇）畜牧兽医站技术人员为防疫指导员。

2. 实行防疫公示制度

将防疫监管责任人、防疫指导员和防疫责任人的各自职责进行全面公示，以便接受社会监督。

3. 驻场兽医职责

肉牛养殖场实行防疫技术员分片包干、定场定人，明确防疫责任人、防疫监管责任人和防疫指导员，认真履行各自的职责，全面落实防疫措施，提升防疫能力，有效防控重大动物疫病发生。

## 二、加强饲养管理，科学调制饲料，做到营养合理

### （一）给予合理日粮

做好饲料贮存和调制工作根据牛的用途和不同生理阶段，合理搭配饲料。日粮的数量和质量，既要考虑机体生理需要，又要注意营养物质间的平衡关系。同时，还要注意公牛配种期、母牛妊娠期和泌乳期、犊牛生长期等情况下的特殊需要。如高产奶牛群在泌乳高峰期，应在精饲料中适当加喂碳酸氢钠、氧化镁等添加剂。饲料贮存和加工调制过程中，要防止营养物质的破坏和流失。如某些维生素类添加剂，贮存时间稍长就会失去活性，因此，最好是现用现配。此外，加强运动和多晒太阳对预防佝偻病等营养代谢病有着十分重要的意义。

### （二）定期抽查血样和尿样，及时发现和处理病情

对于奶牛、肉奶兼用型品种，每年应进行2～4次血样检查，检查项目包括：血红细胞数、红细胞压积（PCV）、血红蛋白、血糖、血磷、血钙、血钠、血酮体、总蛋白、

白蛋白等。在产前1周至分娩后的2个月内，隔天测定尿pH值和酮体1次。经过血样和尿样检查，及时发现病情，并通过改善日粮、添加微量元素和使用药物治疗等，将营养代谢病消灭在萌芽和早期阶段。

## 三、健康管理措施

### （一）加强饲料质量检查，注意饲喂、饮水卫生，预防中毒病

俗话说“病从口入”。饲料、饮水卫生的优劣与牛的健康密切相关，应严格按照饲养管理的原则和标准实施。饲料从采购、采集、加工调制到饲料保存、利用等各个环节，要加强质量和卫生检查与控制。严禁饲喂发霉、腐败、变质、冰冻饲料，保证饮水清洁而不被污染。

### （二）细心观察牛群，及时发现、诊治或扑灭疾病

牛场每天由饲养管理人员在饲喂前和饲喂过程中，注意细心观察牛的行为、采食等有无异常变化，并进行必要的检查，发现异常，要由牛场兽医进行及时诊断和治疗，以减少不必要的损失或将损失降低至最低程度。

## 四、药物保健措施

长期从事肉牛养殖的经验和教训告诉我们：防重于治，平安无事；治重于防，买空药房。倡导“防病不见病，见病不治病”的理念，可以贯彻健康养殖的精神，饲养健康牛群，提供绿色产品，保障人、牛安全。应该从饲养管理入手，从重点疫病防控着眼，做好各项工作。随着现代畜牧业的发展，规模化牛场通过遗传育种选种选配等手段，使肉牛的生产性能得到很大提高，但与此同时，肉牛的体质、抗逆性等相对有所下降、对营养、饲养、管理等各种环境变化更加敏感；随着肉牛集约化程度的不断提高、与此同时相关的疫情也变得更加复杂，稍有疏忽，疫情就可能在牛群中迅速传播开，造成直接的经济损失，另外，肉牛生长发育缓慢，饲料利用率低，药物、人力等方面的损失也是巨大；还将给肉牛留下病根，成为后患；因此，应采取各种主动保健措施，提升肉牛健康水平，减少或避免各种疾病的侵袭。

### （一）不同季节的药物保健

有针对性地进行药物预防是做好疾病预防的有效措施之一。为了保证肉牛健康生长，除了保持肉牛赖以生长的环境安全、卫生外，还要提高肉牛自身体质，特别是在某些疫病流行之前或流行初期选用安全、廉价的药物，添加到饲料或饮水中服用，可在短时间内发挥作用，对全群进行有效预防。同时要保持良好健康的内外环境相互结合，才能达到科学高效的饲养与管理。张继瑜等（2021）采用中兽药进行科学防病取得满意

效果。

1. 春季保健

（1）主要保健原则。预防伤风、感冒。

（2）保健用药。

茵陈散。由茵陈、黄连、防风、甘草、生姜组成，具有防风固表的作用。

桂枝汤。由桂枝、白芍、炙甘草、生姜、红枣等组成的中草药方剂。

清瘟解毒丸。由葛根、柴胡、羌活、黄芩、大青叶、赤芍、天花粉等组成的中草药方剂，具有清瘟解毒，发散表邪的功效，可用于预防和治疗肉牛流行性病毒性感冒。

荆防毒汤。由荆芥、防风、桑叶、豆豉、羌独活、前胡、陈皮、薄荷、鲜姜、杏仁、苏叶、焦枳壳等组成，具有辛温解表，宣肺散寒的功效，可用于预防和治疗肉牛风寒感冒。

2. 夏季保健

（1）主要保健原则。消积导滞、清热。

（2）保健用药。消黄散：由黄药子、贝母、知母、大黄、白药子、黄芩、甘草、郁金组成，具有清除湿热的功效。

健胃散：由黄芩、陈皮、青皮、槟榔、六神曲等组成，具有理气消食，清热通便的功效，可用于治疗肉牛消化不良、食欲减退、便秘等病症。

消食平胃散：由神曲、麦芽、山楂、厚朴、枳壳、陈皮、青皮、苍术、甘草等组成，具有理气、行滞、消坚，促进反刍动物胃肠活动的功效，可用于预防和治疗肉牛前胃弛缓、瘤胃积食、瘤胃臌气等消化系统疾病。

银翘解毒丸：由金银花、连翘、荆芥穗、薄荷、豆豉、芦根等组成，具有疏散风热、清热解毒的功效，可防治肉牛夏季风热感冒。

羚翘解毒丸：由羚羊角、金银花、连翘、薄荷、竹叶、甘草等组成，具有辛凉透表、清热解毒的功效，可用于肉牛风热感冒重症防治。

消积散：由玄明粉、石膏、滑石、山楂、麦芽、六神曲等组成，具有舒张幽门括约肌，迅速排空四胃，促进胃消化吸收的功效，对肉牛积食、臌气、积液、溃疡等防治效果显著。

体外寄生驱虫药物：敌百虫、蜱虱敌等。

中草药添加剂：在夏季肉牛育肥养殖中，用石膏、板蓝根、黄芩、苍术、白芍、黄芪、党参、淡竹叶、甘草等组成的中草药添加剂，具有显著的预防肉牛夏季热应激综合征的作用。

3. 秋季保健

（1）主要保健原则。理气和中、健胃。

（2）保健用药。

理肺散：由蛤蚧、知母、贝母、秦艽、紫苏子、百合、山药、天门冬、马兜铃、枇杷叶、防己、白药子、栀子、瓜蒌根、麦门冬、升麻等组成，能防治秋燥伤肺，补气健脾，有效防止瘤胃、瓣胃阻塞引起的发酵、腐败、产气，降低有毒物质和牛机体酸中毒死亡。

白头翁散：由白头翁、黄连、黄柏、秦皮组成，治疗肉牛腹泻。

4. 冬季保健

（1）主要保健原则。防冷御寒、避免肢蹄损伤。

（2）保健用药。

茴香散：由茴香、川楝、青皮、陈皮、当归、芍药、荷叶、厚朴、玄胡、牵牛、木通、益智仁组成，有舒筋活络，驱寒御冷的功效。

预防蹄患：一般用10%的硫酸铜溶液进行药浴，可达到消毒作用，并使牛蹄角质和皮肤坚硬，达到防治趾间皮炎及变形蹄的目的。方法：一是先清除趾间污物，将药液直接喷雾到趾间间隙和蹄壁；二是在出口处修建药浴池，进行蹄部药浴，药液选用10%硫酸铜溶液较佳。一池药液用2～5 d，每月药浴1周。

### （二）常规性非季节性药物保健

在肉牛养殖过程中，某些寄生虫病发生的季节性并不明显，只是在某些季节有所侧重，通常结合转群、转饲或转场实施。针对不同养殖方式养殖场要制定肉牛饲养管理的保健制度，按时定量施行药物保健措施；肉牛的常规性药物保健主要针对预防和驱杀体内寄生虫。驱虫前做好粪便虫卵检查，弄清牛群体内寄生虫的种类和危害程度，有的放矢地选用驱虫药。

1. 常见的驱虫方法

（1）定期驱虫方法。在每年春季（3—4月）进行第1次驱虫，秋冬季（10—12月）进行第2次驱虫，每次对全场所有存栏肉牛进行全面用药驱虫；该模式在较大规模肉牛场使用较多，操作简便易于实施。常见驱虫模式见表5-1。

**表5-1　常见驱虫模式**

| 寄生虫分类 | 实施时间 | 药物名称 | 驱虫方法 | 备注 |
|---|---|---|---|---|
| 驱体外寄生虫 | 查看外寄生虫寄生情况实施 | 伊维菌素、氯氰碘柳胺钠 | 灌服或皮下注射 | 每年春秋季各1次 |
| 驱体内寄生虫 | 每年春夏秋驱虫 | 丙硫苯咪唑、吡喹酮 | 灌服 | 每年2～3次 |
| 梨形虫病 | 每年夏驱虫 | 贝尼尔、黄色素、咪唑苯脲 | 深部肌内注射 | 根据当地寄生虫病流行情况而定 |

（2）阶段性驱虫方法。指肉牛在某个特定生长阶段进行定期用药驱虫；种母肉牛产前15 d左右驱虫1次，犊牛阶段驱虫1次，后备母牛转入种肉牛舍前15 d左右驱虫1次，种公肉牛1年驱虫2～3次。

（3）不定期驱虫方法。将肉牛感染寄生虫而出现轻微症状的时间确定为驱虫时期；针对所检出的寄生虫感染种类，选择驱虫药进行驱虫。采用这种驱虫方法的肉牛场较为常见，适合于中小型肉牛场（户）。

2. 药物的选择

在控制寄生虫病的过程中，选用合适的驱虫药物是非常重要的环节。选择药物要考虑操作方便、高效、经济、低毒、广谱、安全等方面。

（1）功效性原则。目前，驱虫药的种类主要有敌百虫、左旋咪唑、伊维菌素、阿维菌素、氯氰碘柳胺钠、阿苯达唑、芬苯达唑等；单独的伊维菌素、阿维菌素对驱除疥螨等寄生虫效果较好，而对肉牛体内移行期的蛔虫幼虫、毛首线虫则效果差，而阿苯达唑、芬苯达唑则对线虫、吸虫、鞭虫及其移行期的幼虫、绦虫等均有较强的驱杀作用。氯氰碘柳胺钠是一种广谱驱虫药，对多种吸虫类、线虫类和节肢动物的幼虫类虫体均有良好疗效；其抗吸虫驱杀活性主要针对肝片吸虫，抗线虫和抗节肢动物的幼虫驱杀活性则主要针对各种吸食血液或血浆的虫体。多数肉牛场为多种寄生虫混合感染，因此，在选择药物时应选用广谱的复方药物，这样才能达到同时驱除体内外各种寄生虫的目的。

（2）方便性原则。选择药物的剂型应根据每个肉牛场的特点，在效果优先的情况下兼顾操作方便。

（3）安全性原则。如左旋咪唑、敌百虫等药物，在使用过程中经常发生中毒现象，因此，母牛及犊肉牛应避免使用；另外，兽用阿维菌素纯度不高时，其中有些成分对肉牛有毒性作用，如果在生产过程中未将有毒的成分除去而直接使用，则容易产生不良的副作用；使用药物要结合肉牛体重，按照说明书剂量进行使用，以免中毒。选购驱虫药物时，应选择信誉度好、有质量保证的厂家，以保证产品的质量。

（4）适口性原则。灌服药物的适口性对驱虫的效果也有影响。只有在不降低采食量的条件下才能保证肉牛体内摄入足够量的药物，从而起到驱虫的目的；同时不会影响肉牛群的正常生长。

3. 驱虫的注意事项

（1）选择正确的驱虫药物和驱虫方法。要对所用驱虫药的药性，安全范围、最小中毒量、致死量和特效解救药进行熟练掌握，提前备好解救药，做到有备无患。

（2）准确估算牛的体重，驱虫药精确计算投药量。药量过少，驱虫效果不理想；药量过多，则容易造成中毒，特别是硝氯酚、碘硝酚过量易危及肉牛生命，造成损失。

（3）正确使用驱虫药，注射用驱虫药应逐一进行，遵循操作规程，口服用驱虫药最好在清晨牛群空腹时灌服。

（4）驱虫后要耐心观察，发现牛出现异常现象后及时诊断，采取相应解救措施。

## （三）肉牛不同生长期药物保健

### 1. 犊牛生长期

（1）关键环控措施是提供舒适的生活环境。犊牛出生后到断奶前，大约6个月为犊牛的生长期；在此期间，犊牛主要以母乳为食物，接触饲草料范围有限，并且有母源抗体的保护，如果管理科学合理的话，一般生长不受影响；在犊牛期，由于气候和环境其他因素的突变，犊牛最易发生的疾病为腹泻，所以圈舍设计科学合理，做到通风良好，温度和湿度适中，要尽量减少或避免这些应激因素，给犊牛提供舒适的生活环境。

（2）药物保健。犊牛要防止营养性贫血与球虫感染等。犊牛生后3～7 d，肌内注射补铁剂如“牲血素”3～4 mL/头，2月龄再注射1次，以防贫血，缺硒地区可以补充亚硒酸钠预防缺硒症；3月龄用磺胺类药物驱虫，以防治犊牛球虫病。补饲抗生素饲料防止犊牛腹泻。

### 2. 肉牛育肥期

（1）管理措施。肉牛的育肥一般有两种方法，一是犊牛直线式育肥，即让犊牛直接进入育肥期，按照一定的科学饲养方法进行育肥，不经过架子牛的阶段；二是架子牛育肥期，就是按照一定的饲养方法，犊牛饲养一段时间后，生长为架子牛，然后在架子牛的基础上，按照一定的方法进行饲养，进行育肥。育肥期药物保健，在10～12月龄时进行药物驱虫1次，12月龄时用人工盐健胃1次；适时接种疫苗，建立免疫屏障有组织、有计划地进行免疫接种，是防控传染病的重要措施之一。在去势、去角时，一定要科学用药，消毒消炎要彻底，保证犊牛不感染。

（2）瘤胃保健。肉牛育肥采食大量饲料，特别是精饲料过多，容易引起前胃疾病，相关学者研究认为，瘤胃为厌氧的生态环境，瘤胃液中的微生物群落共生，每毫升胃液中含有的细菌、原虫、古细菌、真菌分别约有$10^{10}$个、$10^8$个、$10^7$个和$10^3$个，其中细菌和纤毛虫容积量各约占50%。进入瘤胃的饲料，在微生物作用下降解、发酵等一系列复杂的消化和代谢过程中产生挥发性脂肪酸（VFA）、微生物蛋白（MCP）、糖原、维生素供机体利用，这些微生物在宿主的营养（如饲料和消化）、生理和免疫功能方面发挥重要作用。在预防新陈代谢性疾病时，可以从改变饲养方式、调整日粮配比、添加复合益生菌、微生态制剂、植物源性添加剂等技术路径，调控瘤胃微生物，丰富了瘤胃微生物区系，瘤胃内环境会更加稳定，促进瘤胃微生物区系健康，提高了日粮的利用率，促进了肉牛生产性能的提高。

### 3. 母牛围产期

临产前母牛应该饲喂营养丰富、品质优良、易于消化的饲料。要保证饲料质量高，营养成分均衡，尤其是要保证能量、蛋白质供给，也不能忽视微量元素和维生素补充。

在碘缺乏地区要特别注意碘的补充，可以喂适量加碘食盐或碘化钾片，并保证充足的维生素A和钙、磷，注意饮食状况，发现异常要使用健胃消食药物，保证消化功能正常。民间常采用麸皮盐钙汤、小米粥，具体做法为温水10 ~ 20 kg、麸皮500 g、食盐50 g、碳酸钙50 g。小米粥的做法是小米750 g，加水18 kg，煮制成粥，加红糖500 g，凉至40℃左右喂母牛。

### （四）肉牛保健药物规范

#### 1. 药物严格遵守配伍禁忌

在临床上治疗疾病时常将两种以上的药物配伍使用时，由于各种药物的理化性质和药理作用不同，配伍应用可能造成药效减低甚至产生毒副作用。

#### 2. 严格遵守药物的休药期制度

肉牛疾病治疗过程中的药物的休药期是指从最后给药时起，到出栏屠宰时止，药物经排泄后，在体内各组织中的残留量不超过食品卫生标准所需要的时间。应当严格按照相关法律法规建立严格的生物安全体系，防止肉牛发病和死亡，最大限度地减少化学药品和抗生素的使用。肉牛饲养中兽药的使用应有兽医处方并在兽医的指导下进行，应根据《无公害食品　肉牛饲养兽医防疫准则》（NY 5126—2002）与《无公害农产品　兽药使用准则》（NY/T 5030—2016）进行。

#### 3. 用药要严格控制剂量

作用于神经系统、循环系统、呼吸系统、泌尿系统的药物，严格遵守规定的用药方法和用药剂量。

#### 4. 认真做好防疫记录

兽药技术人员要做好日常免疫、发病治疗和用药记录。建立并保存肉牛的免疫程序，抗体监测，疾病诊疗、用药、检疫、消毒、预防或促进生长混饲给药记录，疫苗和药品的进货、保管和使用记录以及病死牛的剖检（送指定单位）无害化处理记录等档案资料，记录应完整并分类存档。各种记录资料须保存2年以上。

药品要做好台账。药品及营养添加剂的购入，必须从正规厂家购入，并严格执行国家《兽药管理条例》和《饲料和饲料添加剂管理条例》的有关规定。进口药品的购入和使用需按照国家有关部门授权和兽药使用规范，并结合各进口国的要求实施，防止滥用。坚持尽量减少用药的原则，改善机体内环境，增加抵抗力。禁止使用未经国家畜牧兽医行政管理部门批准的或已经淘汰的兽药。

## 五、做好传染病防疫工作

### （一）建立、健全省市县多层级兽医防疫体系

以保证兽医防疫措施的贯彻落实，兽医防疫工作是一项与农业、商业、外贸、卫

生、交通等部门都有密切关系的重要工作。只有各相关部门密切配合，从全局出发，大力合作，统一部署，全面安排，建立、健全各级兽医防疫机构，特别是基层兽医防疫机构，拥有稳定的防疫、检疫、监督队伍和懂业务的高素质技术人员，才能保证兽医防疫措施的贯彻落实，把兽医防疫工作做好。

### （二）宣贯并严格执行兽医相关法律法规

兽医法规是做好动物传染病防控工作的法律依据。经济发达国家都十分重视此类法规的制定和实施。改革开放以来，特别是近年来，我国政府非常重视法规建设和实施，先后颁布并实施了一系列重要的法规。1991年公布的《中华人民共和国进出境动植物检疫法》，将我国动物检疫的主要原则和办法作了详尽的规定。1998年公布的《中华人民共和国动物防疫法》对我国动物防疫工作的方针政策和基本原则做了明确而具体的叙述，并出台了配套的实施细则。这两部法规是我国目前执行的主要兽医法规。2003年以后国家又颁布了一批疫病防治方面的法律法规，这些法律法规是我国开展动物传染病防控和研究工作的指导原则和有效依据，认真贯彻实施这些法律法规将能有效地提高我国防疫灭病工作的水平。但是，目前我国在法规建设和现有法规执行上都还存在不足，仍需进一步加强。

### （三）完善“预防为主”的综合性防疫技术体系

控制和杜绝传染病的传播蔓延，降低发病率和病死率。实践证明，只要做好平时的预防工作，很多传染病的发生都可以避免，也能及时得到控制。随着集约化畜牧业的发展，“预防为主”方针的重要性显得更加突出。在规模化饲养中，兽医工作的重点如果不是放在群体预防方面，而是忙于治疗个别患病动物，势必造成越治患病动物越多、工作完全陷入被动的局面，这是一种本末倒置的危险做法。搞好饲养管理、防疫卫生、预防接种、检疫、隔离、消毒等综合性防疫措施，以提高动物的健康水平和抗病能力。

## 六、肉牛的免疫与疾病防治

树立“养重于防、防重于治”的观念，肉牛养殖过程中进行疫苗接种提高牛群整体健康水平有助于防止外来疫病传入牛群，控制、净化、消灭牛群中已有的疫病。规范进行疫苗接种也有助于规模化肉牛场的防疫采用综合防治措施，消灭传染源，切断传播途径，提高牛群抗病力，降低传染病的危害。随着肉牛行业的兴起，规模化养殖中肉牛比较集中，一旦发生牛传染性疾病，会迅速传播难以控制，对养殖户造成巨大的经济损失。例如为预防口蹄疫等恶性传染病的发生，要求养殖过程中进行疫苗接种，能有效提供抗体保护，以应对传染病的发生。

### （一）肉牛的免疫途径

1. 注射免疫

皮下接种是主要的免疫途径，凡引起全身性广泛损害的疾病，以此途径免疫为好。常见于口蹄疫、牛出血性败血症、气肿疽等免疫。此法优点是免疫确实，效果良好，吸收较皮内接种快；缺点是用药量较大，副作用也较皮内接种稍大。

皮内接种目前只适用于牛皮肤结节病和某些诊断等。优点是使用药液少，注射局部副作用小，产生的免疫力比相同剂量的皮下接种为高。缺点是操作需要一定的技术与经验。

肌内注射接种药液吸收快，接种部位多在颈部和臀部。极少数疫苗及血清用此法接种。优点是操作简便，吸收快；缺点是有些疫苗会损伤肌肉组织，如果注射部位不当，可能引起跛行。这些方法都需捕捉动物，占用较多的人力，同时动物产生应激反应，影响生产力。

2. 经口免疫

有些病原体常在入侵部位造成损害，免疫机制以局部抗体为主，如呼吸道病常以呼吸道局部免疫为主，而消化道传染病可用经口免疫模拟病原微生物的侵入途径进行免疫。布鲁氏菌活疫苗（S2株）饮水免疫。虽然简洁方便，但水的质量、温度对疫苗效价影响很大，加之牛饮用量或多或少，不仅浪费菌苗，还会影响菌苗免疫效果；尤其是免疫环境开放，污染面大，故在防疫实际工作中，要注意水源卫生安全。

3. 静脉注射

此法奏效快，可以及时抢救患畜，主要用于注射抗病血清进行紧急预防或治疗。注射部位，牛在颈静脉。疫苗因残余毒力等原因，一般不采用静脉注射。

### （二）疫苗免疫

免疫接种是给动物接种各种免疫制剂（疫苗、类毒素及免疫血清），使动物个体和群体产生对传染病的特异性免疫力。免疫接种是预防和治疗传染病的主要手段，也是使易感动物群转化为非易感动物群的唯一手段。适时接种疫苗，建立免疫屏障，有组织、有计划地进行免疫接种，是防控传染病的重要措施之一。根据免疫接种的时机不同，可分为预防接种和紧急接种两类。

1. 预防接种

在平时为了预防某些传染病的发生和流行，有组织有计划地按免疫程序给健康畜群进行的免疫接种。预防接种常用的免疫制剂有疫苗、类毒素等。预防接种应有针对性地拟定年度预防接种计划，确定免疫制剂的种类和接种时间，按所制订的各种动物免疫程序进行免疫接种。在预防接种后，要注意观察被接种动物的局部或全身反应（免疫反应）。

2. 紧急接种

紧急预防接种是指在发生传染病时，为了迅速控制和扑灭疫病的流行，而对疫区和受威胁区尚未发病的动物进行的应急性免疫接种。应用疫苗进行紧急接种时，必须先对动物群逐一地进行详细的临床检查，只能对无任何临床症状的动物进行紧急接种，对患病动物和处于潜伏期的动物，不能接种疫苗，应立即隔离治疗或扑杀。

### （三）肉牛的免疫程序

目前，在我国散养动物的防疫采取春秋两季集中防疫和日常补防相结合的办法。规模养殖场的免疫程序根据具体情况制订，并及时做动态调整。对国家强制免疫的疫病免疫率应达到100%。不同地域的肉牛场有不同的养殖环境，肉牛饲养场应根据饲养场当地的情况制订科学、合理的肉牛疾病防疫程序，保障肉牛健康，减少因为疫病造成的损失。按照气肿疽、口蹄疫、牛猝死症等肉牛疫病的免疫程序，做好相应疫病免疫接种（表5-2、表5-3）。定期进行肉牛免疫抗体检测工作，根据检测结果实施补免补防，当发生口蹄疫等重大动物疫情时，立即报当地动物防疫监督机构，由动物防疫监督机构依法采取扑灭措施，并按国家有关规定上报。对布鲁氏菌病，应根据当地动物疾控部门的要求，做好疫病检测，出现阳性牛，及时隔离、扑杀，并进行严格消毒。当牛群受到某些传染病威胁时，应及时采用有国家正规批准文号的生物制品如抗炭疽血清、抗气肿疽血清、抗出血性败血症血清等进行紧急接种，以治疗病牛及防止疫病进一步扩散。

**表5-2 犊牛及育成牛免疫程序**

| 疫病名称 | 免疫日期 | 接种方法 | 备注 |
|---|---|---|---|
| 牛支原体肺炎 | 10日龄首免、20日龄二免 | 皮下或肌内注射 | 免疫期6个月，用于舍饲养殖场 |
| 病毒性腹泻-黏膜病、传染性鼻气管炎 | 28日龄首免，间隔1个月强化免疫1次 | 皮下或肌内注射 | 根据当地疫情确定是否免疫。免疫期6个月 |
| 气肿疽 | 2～3月龄 | 肌内注射 | 适用于放牧牛，免疫期6个月 |
| 口蹄疫 | 2.5～3月龄 | 肌内或皮下注射 | 免疫期6个月 |
| 产气荚膜梭菌病 | 4～5月龄 | 肌内注射 | 免疫期6个月 |
| 口蹄疫 | 6月龄 | 肌内或皮下注射 | 强化免疫1次，免疫期6个月 |
| 气肿疽 | 6月龄 | 肌内注射 | 加强免疫1次，免疫期6个月 |
| 布鲁氏菌病 | 6月龄 | 皮下或肌内注射 | 根据当地疫情确定是否免疫。或6月龄首免，18月龄加强免疫1次 |

表5-3　成年牛免疫程序

| 疫病名称 | 疫苗种类 | 接种方法 | 备注 |
|---|---|---|---|
| 口蹄疫 | 牛口蹄疫疫苗 | 肌内或皮下注射 | 免疫期6个月 |
| 气肿疽 | 气肿疽灭活苗 | 肌内注射 | 免疫期6个月 |
| 布鲁氏菌病 | 布鲁氏菌S19弱毒冻干菌菌苗 | 皮下或肌内注射400亿活菌/头 | 根据当地疫情确定是否免疫 |
| 炭疽 | 1号炭疽芽孢苗 | 颈部皮内注射0.2 mL或皮下注射1 mL | 根据当地流行病学情况确定是否免疫 |
| 支原体肺炎 | 牛支原体肺炎 | 皮下或肌内注射3 mL | 根据当地流行病学情况确定是否免疫 |

1. 疫苗免疫失败的原因分析

（1）疫苗质量本身存在问题。

（2）疫苗包装密封不严。

（3）疫苗存放超出有效保质期限。

（4）疫苗存放温度不适宜（如应该低温冷藏保存的疫苗用冷冻保存，应当冷冻保存的疫苗却用冷藏保存）。

（5）疫苗运输过程中温度过高，疫苗接受阳光直射，保管不当等都会造成免疫失败或减效。

（6）注射疫苗时所选用的稀释液不恰当，对疫苗本身产生伤害。

（7）接种疫苗时正在服用抗菌或抗病毒药物，使疫苗效价降低。

（8）营养不良及维生素和微量元素缺乏。如饲料中缺乏蛋白质、维生素E及微量元素硒，会影响免疫球蛋白的产生，从而影响免疫效果。

（9）接种疫苗前后24 h内对圈舍进行消毒。

（10）动物年龄太小，本身存在母源抗体，接种疫苗时产生母源抗体干扰。

（11）动物正在发生疾病的同时进行疫苗接种。

（12）动物在运输前后3 d内进行疫苗接种。

（13）多种疫苗（两种以上）同时接种，使得疫苗相互干扰。在进行肉牛免疫时，要充分考虑上述因素对免疫效果的影响，同时，开展免疫抗体监测工作，才能确保肉牛不发疫病。出现免疫接种失败，及时排查原因，采取补救措施。

2. 免疫接种疫苗注意事项

（1）购买时要注意疫苗的质量，检查是否有分层、结冰等现象，还要注意生产日期和保质期，避免买过期或变质的疫苗。

（2）注意疫苗的保存，不同类型疫苗的保存条件不同，弱毒疫苗在0℃以下保存、菌苗和诊断血清在2～5℃保存。用时使疫苗温度升至室温，充分振摇。疫苗打开后，当日用完。

（3）接种身体健康的牛。对于瘦弱、患病、怀孕牛，可延迟免疫接种，健康状况恢复后，及时进行补种疫苗。

（4）应选择在气候适宜时进行疫苗接种。例如夏季应该选择在清晨或傍晚，冬季应该选择在中午等。稀释后的疫苗要及时使用，气温15℃左右当天用完；15～25℃，6 h用完；25℃以上，4 h以内用完，过期废弃。

（5）严格免疫操作规程，每注射一头牛更换一个针头，严格消毒，防止针头带毒交叉感染，确保免疫质量。

（6）同时接种两种或多种疫苗可能会造成干扰，从而影响免疫效果。

（7）注射后可能会出现体温升高和接种部位出现较大肿块，在3～4 d后可自行恢复。

（8）肉牛免疫过程中操作人员应随身携带肾上腺素、地塞米松磷酸钠、50%葡萄糖、维生素C、安痛定（阿尼利定）等救治不良反应的药品及专用注射器具随时准备急救，在注射完疫苗后一定要观察30 min家畜的精神状态、饮食状态后，才能离开。免疫接种后如果牛发生严重反应，可及时用肾上腺素或按疫苗使用说明书上指定的方法进行抢救治疗。尽量减少死亡损失，避免疏忽大意或没有药品急救、急救不及时而发生肉牛过敏死亡。

（9）免疫过程中，动物防疫人员应做好自身的防护与消毒，佩戴护目镜、防护衣、鞋套，防止人为地传染疫病或感染人畜共患病。每次接种后注射设备、盛放疫苗的容器和剩的疫苗必须进行严格的消毒处理。

### （四）疫苗免疫监测及其评价

免疫监测主要是利用血清学方法，对某些疫苗免疫动物在免疫接种前后的抗体跟踪监测，以确定接种时间和免疫效果。在免疫前，监测有无相应抗体及其水平，以便掌握合理的免疫时机，避免重复和失误；在免疫后，监测是为了解免疫效果，如不理想可查找原因，进行重免；有时还可及时发现疫情，尽快采取扑灭措施。定期对主要疫病进行免疫效价监测，及时改进免疫计划，确保无重大疫情发生。对新补栏肉牛要及时补免，对饲养周期短的育肥牛要加强免疫。对调运的未达首免日龄的犊牛要标明首免的具体时间和疫苗类别。

例如牛口蹄疫抗体检测主要采用酶联免疫吸附试验（ELISA）方法，特别是夹心、液相封闭和固相竞争ELISA，但SPC-ELISA对牛和羊中FMDV感染的早期血清学检测更敏感。口蹄疫A、O型抗体检测，一般采用液相阻断酶联免疫吸附试验（SPC-ELISA）方法，按照试剂盒说明书具体操作。

判断标准：牛，抗体效价≥1∶128判为口蹄疫抗体阳性；抗体效价为（1∶64）～（1∶128）时，判为可疑；抗体效价<1∶64，判定为阴性。可疑血清样品，可以重测，重

测抗体效价≥1：128，判为阳性；抗体效价<1：128判为阴性。

### （五）疫病监测

疫病监测即利用血清学、病原学等方法，对动物疫病的病原或感染抗体进行监测，以掌握动物群体疫病情况，及时发现疫情，尽快采取有效防控措施。

（1）适龄牛必须接受布鲁氏菌病、结核病监测（适龄牛指20日龄以上）。牛场每年开展2次或2次以上布鲁氏菌病、结核病监测工作，要求对适龄肉牛监测率达100%。

（2）布鲁氏菌病、结核病监测及判定方法按农业农村部颁标准执行，即布鲁氏菌病采用试管凝集试验、琥红平板凝集试验、补体结合反应等方法，结核病用提纯结核菌素皮内变态反应方法。

（3）初生犊牛应于20～30日龄时用提纯结核菌素皮内注射法进行第1监测。假定健康牛群的犊牛除隔离饲养外，还应于100～120日龄进行第2次检测。凡检出的阳性牛应及时淘汰处理，疑似反应者，隔离后30 d进行复检，复检为阳性牛只应立即淘汰处理，若其结果仍为可疑反应时，经30～45 d再复检，如仍为疑似反应，应判为阳性。

（4）检出结核阳性反应的牛群，经淘汰阳性牛后，认定为假定健康牛群。假定健康牛群还应该每年用提纯结核菌素皮内变态反应进行3次以上检测，及时淘汰阳性牛，对可疑牛再经30～45 d复检，如仍为疑似反应，应判为阳性，连续2次监测不再发现阳性反应牛时，可认为是健康牛群。健康牛群结核病每年检测率须达100%，如在健康牛群中（包括犊牛群）检出阳性反应牛时，应于30～45 d内进行复检，连续2次监测未发现阳性反应牛时，认定是健康牛群。

（5）布鲁氏菌病每年监测率100%，凡检出是阳性的牛应立即处理，对疑似阳性牛必须进行复检，连续2次为疑似阳性者，应判为阳性。犊牛在80～90日龄进行第1次监测，6月龄进行第2次监测，均为阴性者，方可转入健康牛群。

（6）运输牛时，须持有当地动物防疫监督机构签发的有效检疫证明，方准运出，禁止将病牛出售及运出疫区。从外地引进牛时，必须在当地进行布鲁氏菌病、结核病检疫，呈阴性者，凭当地防疫监督机构签发的有效检疫证明方可引进。入场后，隔离、观察1个月，经布鲁氏菌病、结核病检疫呈阴性反应者，始可转入健康牛群。如发现阳性反应牛，应立即隔离淘汰，其余阴性牛再进行1次检疫，全部阴性时，方可转入健康牛群。

（7）凡在健康牛场内饲养的其他牲畜，也要进行布鲁氏菌病、结核病监测。

## 七、消杀病害与环境消毒

### （一）合理选择消毒药

#### 1. 酚类消毒剂

复合酚作用机理能使菌体蛋白变性、凝固而起杀菌作用，如菌毒敌可以杀灭细菌、病毒和霉菌，对多种寄生虫卵也有杀灭效果。主要用于牛栏舍、设备器械、场地的消毒，杀菌的作用强，通常施药一次后，药效可维持5～7 d。但注意不能与碱性药物混合使用。

2. 醇类消毒剂

如75%酒精，作用机理能使菌体蛋白凝固脱水，而且有脂溶特点，能渗入细菌内发挥杀菌作用。常用于伤口、手臂的消毒。

3. 碱类消毒剂

如氢氧化钠、生石灰等作用机理为水解菌体蛋白和核蛋白，使细胞膜和酶受害死亡。烧碱仍主要用于畜禽圈舍和笼具的消毒，注意在使用时，要注意防护，以免灼伤皮肤，避免在狭小密闭的场地使用；清洗圈舍和笼具，运送卡车，清洗后用清水将碱液洗刷干净。生石灰，它在溶于水之后变成氢氧化钙，同时又产生热量，通常配成10%～20%的溶液对牛饲养场地板或墙壁进行消毒。

4. 氧化剂

如过氧乙酸，作用机理为遇到有机物即释放出初生态氧，破坏菌体蛋白酶蛋白，呈现杀菌作用。过氧乙酸，消毒时可配成0.2%～0.5%的浓度，对牛栏舍、饲料槽、用具、车辆、地面及墙壁进行喷雾消毒，也可以带牛消毒，但要注意现配现用，因为容易氧化。缺点是腐蚀性强，特别对金属制品。

5. 卤类消毒剂

如漂白粉、二氯异氰尿酸钠等，作用机理为易渗入细菌细胞内，对原浆蛋白产生卤化和氧化作用。漂白粉可用于对饮水的消毒，但氯制剂有对金属有腐蚀性、久贮失效等缺点。二氯异氰尿酸钠为新型广谱高效安全消毒剂。对细菌、病毒均有显著的杀灭效果。1：200或1：100水溶液可用于畜禽舍地面及车辆等的消毒。

6. 表面活性剂

如新洁尔灭（苯扎氯铵）、洗必泰（氯己定）、百毒杀等作用机理为能吸附于细胞表面，溶解脂质，改变细胞膜的通透性，使细菌内的酶和代谢终产物流失。双链季铵盐类消毒药（百毒杀）是一种新型的消毒药，具有性质比较稳定，安全性好，无刺激性和腐蚀性等特点。能够迅速杀灭病毒、细菌、霉菌、真菌及藻类致病微生物，药效持续时间约10 d，适合于饲养场地、栏舍、用具、车辆的消毒，另外，也可用于对存有活畜场地的消毒。

7. 挥发性烷化剂

如甲醛等作用机理为能与菌体蛋白和核酸的氨基、羟基、巯基发生烷基化反应，使蛋白质变性或核酸功能改变，呈现杀菌作用。常用的福尔马林用于畜舍的消毒。

## （二）建立完善的消毒制度

### 1. 建造合理的消毒设施

按养殖的饲养规模，场址的选择要地势高燥、背风向阳、空气流通、土质坚实、排水良好、易于组织防疫的地方。远离交通干线和居民区500 m以上，养殖场周围无污染源，各条件符合牛的饲养要求。养殖场应建围墙，大门口应设外来人员更衣室和紫外线灯等消毒设备。生产区与其他区要建缓冲带，场区净道和污道分开，互不交叉，生产区的出入口设消毒池、员工更衣室、紫外线灯和洗涤容器。还要建车辆消毒池，一般为：长4.5 m、宽3.5 m、深0.15 m；用1：300菌毒灭或3%烧碱溶液注满消毒池，用以消毒进出车辆的车轮，池内的消毒液每周更换2～3次。设喷雾消毒装置，用1：100二氯异氰尿酸钠对来往车辆的车身、车底盘进行细致、彻底地喷洒消毒。工作人员应穿上生产区的水鞋或其他专用鞋，通过脚踏消毒池后进入生产区。设立洗手池，用肥皂进行洗手消毒。工作人员在进入生产区之前，必须在消毒间用紫外线灯消毒15 min，更换工作衣、帽；参观人员的消毒方法与工作人员相同，并按指定的路线参观。

### 2. 肉牛育肥实行“全进全出”饲养制度

全场每年都有一段空闲时间，圈舍间隔期以21 d以上为宜。空圈的消毒，彻底清洗设备是非常重要的步骤。随着养殖业生产技术的提升，提高养殖场的消毒效果势在必行。因此，对新进肉牛育肥前或出栏后先清除杂物、粪便及垫料，用高压水枪从上至下彻底冲洗顶棚、墙壁、地面及栏架，直到洗涤液清澈为止。对牛舍、用具及环境进行彻底2%～3%热烧碱水喷洒、10%～20%石灰乳喷洒或涂刷墙体；对牛舍、周围环境、运动场地面、饲槽、水槽等进行全场的彻底清理和消毒。可控制在牛体外长期存活的致病因子是最有效的办法。

### 3. 注重日常消毒

消毒是一种防疫手段，是切断动物疫病传播的有效措施。对养殖小区或养殖场进行定期消毒是搞好环境卫生最为经济有效的办法，特别对病毒性传染病，消毒是最有效的控制手段。牛舍、牛运动场所可用次氯酸盐、百毒杀等消毒液进行喷雾消毒；在助产、配种、打针治疗等操作前，技术员应事先进行对牛乳房、乳头、阴道口等消毒；防止人为感染乳房炎、子宫内膜炎等疾病，保证牛体健康。用具、饮水器和料槽，每周清洗一次，先用消毒液清洗，然后再用清水冲洗，炎热季节，每周二次。饲料要放在通风干燥的地方，防止发生霉变；成品料存放时间要短，最好是现加工现饲喂。对于挤奶牛可先用50℃左右水浸泡的毛巾洗净乳房及乳头，进行按摩，再用0.1%高锰酸钾液擦净乳房和乳头；先弃去头三把奶，挤完奶后，用0.5%碘伏药浴乳头夏季每日一次，冬季隔日一次。用热碱水（70～75℃）洗涤挤奶机械，挤奶厅消毒要选择对人、牛和环境安全、无残留毒性的消毒剂。不能长期使用同一种消毒剂，消毒药要经常轮换使用，以免产生抗药性。

4. 加强物理消毒和生物消毒工作

定期的清扫和消毒可以有效地减少或阻止由于疫病产生的病原体的堆积增长。牛舍、运动场的粪尿要及时清理堆积发酵采取生物热处理，使其成为农田的肥料，防止污染畜体和环境。天气晴朗让肉牛在户外运动，接受阳光沐浴，通过阳光中的紫外线可杀死病原体。

5. 发生重大疫病消毒措施

（1）注意人员的岗位固定，不得随意乱窜。发生疫情时，牛场饲养员要隔离，按规定时间，经检查合格后，才能解除封锁。

（2）启动带牛消毒程序，发生疫情时，采用带牛喷雾消毒，常用药物有新洁尔灭、百毒杀、含氯消毒剂等。可采用大雾滴喷头，喷洒舍内各部位、设备，喷洒畜体时，消毒药水温应控制在25℃为宜，每周2～3次，发病时，每日一次。且注意不同消毒液的交替使用，避免产生交叉耐药性。通过实践证明，畜消毒能有效地杀灭和减少畜舍内空中飘浮的病毒、细菌，对预防呼吸道疾病具有很好的效果，同时还可起到除尘、降温、清洁畜体、抑制氨气产生和吸附氨气的作用，是扑灭畜类病毒性传染病最有效的方法。

### （三）消毒的方法

1. 机械性消毒法

机械性消毒法主要是通过清扫、洗刷、通风、过滤等机械方法消除病原体。该法是一种普通而又常用的方法，但不能达到彻底消毒的目的，作为一种辅助方法，必须与其他消毒方法配合进行。

2. 物理消毒法

采用阳光、紫外线、干燥、高温等方法，杀灭细菌和病毒。

3. 化学消毒法

它是用化学药物杀灭病原体的方法，在防疫工作中最为常用。选用消毒药应考虑杀菌谱广，有效浓度低，作用快，效果好；对人畜无害；性质稳定，易溶于水，不易受有机物和其他理化因素影响；使用方便，价廉，易于推广；无味，无臭，不损坏被消毒物品；使用后残留量少或副作用小等。

4. 生物消毒法

在兽医防疫实践中，常用该法将被污染的粪便堆积发酵，利用嗜热细菌繁殖时产生高达70℃以上的热，经过1～2个月可将病毒、细菌（芽孢除外）、寄生虫卵等病原体杀死，既达到消毒的目的，又保持了肥效。但该法不适用于炭疽、气肿疽等芽孢病原体引起的疫病，这类疫病的粪便应焚烧或深埋。

# 第二节 常见传染病防治技术

传染病是由各种病原体引起的能在人与人、动物与动物或人与动物之间相互传播的一类疾病。病原体中大部分是微生物，小部分为寄生虫，寄生虫引起者又称寄生虫病。我国针对动物疫病预防工作具有统一性、社会性、科学性、强制性的特点，我国将其逐步纳入法治化、制度化轨道。

## 一、传染病防治的技术措施

### （一）防疫管理部门的技术措施

1. 建立动物防疫问责制和公开承诺服务制度

依照《中华人民共和国动物防疫法》规定，县级以上人民政府应将动物防疫纳入本级国民经济和社会发展规划及年度计划。应按有关规定做好资金和物资储备。各级人民政府和兽医主管部门的主要领导是动物防疫第一责任人。目前，我国对重点动物疫病执行春秋两季集中免疫和月月补免相结合的免疫制度。对口蹄疫、猪瘟等重点疫病实施强制免疫。每个乡、村根据实际情况，对国家要求强制免疫的疫病建立固定免疫日，制定动物防疫服务明白栏，实行动物免疫公开承诺制。

2. 制定并组织实施动物疫病预防规划

国务院兽医主管部门根据动物疫病状况风险评估结果制定和公布相应的动物疫病防控措施或防治技术规范。坚持“预防为主”方针，对严重危害养殖业生产和人体健康的重点动物疫病实施强制免疫。防疫做到“县不漏乡、乡不漏村、村不漏户、户不漏畜、畜不漏针”。

3. 完善动物疫情测报网络

提高预警、预报能力。建立省、市、县、乡四级动物疫情测报网络，及时反馈动物疫情信息。按照农业农村部《兽医实验室生物安全管理规范》要求，加强各级动物防疫体系基础设施（兽医实验室）建设，培训高素质人员。利用先进手段监测疫情，对散养户在集中免疫后21 d对规模养殖场每月进行一次重点疫病抗体监测、结果评估，结合日常病原检测，及时把握疫情动态，为动物疫病防控提供科学依据。《国家突发重大动物疫情应急预案》规定，根据突发重大动物疫情的性质、危害程度、涉及范围，将突发重大动物疫情划分为四级：特别重大（Ⅰ级）、重大（Ⅱ级）、较大（Ⅲ级）和一般（Ⅳ级）。相应级别的疫情预警，依次用红色、橙色、黄色和蓝色表示特别严重、严重、较重和一般四个预警级别。

4. 动物防疫工作规范化

建立防疫档案《畜禽标识和养殖档案管理办法》规定，动物防疫机构、乡镇畜牧兽医站、基层防疫员对经强制免疫的动物，应建立畜禽防疫档案；畜禽养殖场应建立养殖档案。实施可追溯管理为切实保证强制免疫计划的落实，国家实施以畜禽标识和免疫档案为基础的可追溯管理，即建立动物标识和疫病可追溯体系。

5. 强化动物检疫和卫生监督

依法做好产地检疫、屠宰检疫、运输检疫和集贸市场检疫及动物卫生监督工作，严格有关场所动物防疫条件审核。严把动物出入关，杜绝疫病传播。

6. 实行动物疫病区域化管理

建立无规定动物疫病区，无规定动物疫病区应符合国务院兽医主管部门规定的标准，经国务院兽医主管部门验收合格予以公布。

7. 加强防疫队伍建设

建立健全基层动物防疫机构，加强乡镇畜牧兽医站建设；建立健全村级动物防疫员队伍，完善村级防疫网络；对动物防疫人员加强法规和技术培训工作，使其能够切实履行好动物防疫职责和义务。

### （二）肉牛养殖场（户）的技术措施

1. 控制和消灭传染源

动物饲养场地建设和动物防疫条件养殖场建场选址、工程设计、工艺流程、防疫制度和人员应符合“动物防疫合格证”办理条件。

2. 切断传播途径

养殖场的环境卫生和消毒环节在动物疾病预防工作中起着非常重要的作用。一个养殖场如果没有合理完善的卫生管理制度，就不可能很好地预防和阻止传染病的发生。发生传染后，若没有确实可靠的卫生消毒措施，就不可能根除病原体的滋生和蔓延。应时刻保持养殖场环境整洁，避免杂草丛生、物品乱堆乱放。消毒要彻底，不走过场、不留死角，杀虫和灭鼠。

3. 提高易感动物的抵抗力

提倡集约化、规模化养殖模式集约化、规模化养殖十分有利于动物疾病的防控。要逐步减少或取消散养动物。树立“养重于防、防重于治”的观念，走“健康养殖”的道路。

## 二、常见传染病诊断与防治

### （一）口蹄疫（Foot and mouth disease，FMD）

口蹄疫是小核糖核酸病毒科中的原型口蹄疫病毒引起的感染，会影响牛、猪、绵羊、山羊、骆驼、鹿等其他偶蹄类动物的一种急性、热性、高度接触性传染病。据研究有7种血清主型，分别是O、A、C、SAT 1、SAT 2、SAT 3和Asia 1，各型多可单独致病，不能交互免疫，各型又有亚型，其中三种（O、A和Asia 1）在中国流行。

1. 流行病学特点

偶蹄动物，包括牛、水牛、牦牛、绵羊、山羊、猪等动物均易感。传染源：主要为潜伏期感染及临床发病动物、带毒动物及其畜产品。传播途径：可通过呼吸道、消化道、生殖道和伤口感染病毒，通常以直接或间接接触（飞沫等）方式传播。易感动物：感染动物呼出物、唾液、粪便、尿液等均可带毒。其中以病变部位的水疱皮和水疱液中病毒含量最高。康复期动物可带毒。病愈绵羊和山羊带毒达6～9个月。认为在该病的传播中起重要的作用。牛是指示器，羊是贮存器，猪是放大器。

2. 临床症状

感染牛初期表现精神沉郁，食欲减退，体温升高，运动迟缓或跛行。仔细检查可见唇部、舌面、齿龈、鼻镜、蹄踵、蹄叉、乳房等部位出现水疱或烂斑。发病后期，水疱破溃、结痂，严重者蹄壳脱落，恢复期可见瘢痕、新生蹄匣；如继发性感染，可能出现局部化脓和败血症（图5-2）。

3. 病理变化口腔、蹄部的水疱和烂斑

消化道黏膜有出血性炎症，心肌色泽较淡，质地松软，咽喉、气管、支气管和前胃黏膜有时可见烂斑；心外膜与心内膜有斑点状出血，幼畜可见骨骼肌、心肌切面上有黄白条纹相间于红色心肌纤维间，灰白色或淡黄色、针头大小的斑点或点状出血。

图5-2　牛口蹄疫症状

4. 诊断

在目前广泛应用于口蹄疫诊断的基于酶联免疫吸附试验的方法，特别是夹心、液相封闭和固相竞争ELISA，但SPC-ELISA对牛和羊中FMDV感染的早期血清学检测更敏感。

5. 综合防治措施

口蹄疫仍属于强制扑杀病种，口蹄疫的预防和控制要做到法制化、体系化、制度化、规范化。国家对口蹄疫实行强制免疫，要求免疫密度达到100%。所有养殖场（户）必须按要求有计划地给健康畜群进行免疫接种，以保护易感动物、消灭传染源、切断传播途径为防治指导思想，以“早、快、严、小”为防控方针，采取封锁、隔离、消毒、扑杀和无害化处理、免疫、监测、流行病学调查等综合防控措施。

（1）免疫接种。舍饲条件的规模场，应开展免疫效果监测，制订科学合理的免疫程序，指导本场免疫工作。非疫区的牛在接种疫苗21 d后方可移动或调运。

（2）防控措施。未发生口蹄疫时严格执行卫生防疫制度，定期用2%苛性钠对全场及用具进行消毒。强化牛的调运检疫监管，严禁从疫区引进和购买牛。定期对牛群进行口蹄疫疫苗的免疫接种。

一旦发生口蹄疫时，养殖场（户）应及时联系当地畜牧兽医部门，尽快确诊，规范上报，严格按照有关应急预案和原农业部发布的《口蹄疫防控应急预案》启动相应级别的应急响应，采取有力措施，控制和扑灭疫情。

### （二）牛结核病（Bovine tuberculosis）

牛结核病是由牛型结核分枝杆菌（*Mycobacterium bovis*）引起的一种人兽共患的慢性传染病，我国将其列为二类动物疫病。以组织器官的结核结节性肉芽肿和干酪样、钙化的坏死病灶为特征。

1. 流行特点

结核病畜是主要传染源，结核分枝杆菌在机体中分布于各个器官的病灶内，因病畜能由粪便、乳汁、尿及气管分泌物排出，污染周围环境而散布传染病原菌。主要经呼吸道和消化道传播，也可经胎盘传播或交配感染。牛对牛型菌易感，其中奶牛最易感，水牛易感性也很高，黄牛和牦牛次之；人也能感染，且与牛互相传染。该病一年四季都可发生。一般说来，舍饲的牛发生较多。畜舍拥挤、阴暗、潮湿、污秽不洁，过度使役和挤乳，饲养不良等，均可促进该病的发生和传播。

2. 临床症状

潜伏期一般为10～15 d，有时达数月以上。病程呈慢性经过，表现为进行性消瘦，咳嗽、呼吸困难，体温一般正常。因病菌侵入机体后，由于毒力、机体抵抗力和受害器官不同，症状亦不同。在牛中该菌多侵害肺、乳房、肠和淋巴结等。

肺结核。病牛呈进行性消瘦，病初有短促干咳，渐变为湿性咳嗽。听诊肺区有啰音，胸膜结核时可听到摩擦音。叩诊有实音区并有痛感。

乳房结核。乳量减少或停乳，乳汁稀薄，有时混有脓块。乳房淋巴结硬肿，但无热痛。

淋巴结核。不是一个独立病型，各种结核病的附近淋巴结都可能发生病变。淋巴结肿大，无热痛。常见于下颌、咽颈及腹股沟等淋巴结。

肠结核。多见于犊牛，以便秘与下痢交替出现或顽固性下痢为特征。

神经结核。中枢神经系统受侵害时，在脑和脑膜等可发生粟粒状或干酪样结核，常引起神经症状，如癫痫样发作、运动障碍等。

3. 病理变化

特征病变是在肺脏及其他被侵害的组织器官形成白色的结核结节。呈粟粒大至豌豆大灰白色、半透明状，较坚硬，多为散在。在胸膜和腹膜的结节密集状似珍珠，俗称“珍珠病”。病期较久的，结节中心发生干酪样坏死或钙化，或形成脓腔和空洞。病理组织学检查，在结节病灶内见到大量的结核分枝杆菌。

4. 诊断

该病仅凭临床症状难以作出诊断，故常用结核菌素试验和细菌学检查等进行诊断。结核菌素试验于每年春秋各检一次。其方法是牛的左侧颈中部剪毛，面积为50 mm × 50 mm在剪毛的中央以拇指和食指将皮肤捏起，用卡尺量取厚度并记录，然后用酒精消毒，皮内注射结核菌素液0.1～0.15 mL，成年牛可注0.2 mL，注射72 h后，观察反应，如果局部发热，有疼痛反应，肿胀面积35 mm × 45 mm以上，皮肤比原来增厚8 mm以上者定为阳性反应，如果肿胀面积在35 mm × 45 mm以下，皮肤比原来增厚5～8 mm可判为可疑，否则为阴性。对可疑的病例进行确诊，则有赖于细菌学检查，可用病料直接涂片（如肺结核取痰液为病料，如乳房结核取乳汁，肠结核取粪便等为病料），用抗酸法染色镜检，发现病原菌即可确诊。

5. 防治措施

定期对牛群春秋进行2次检疫，阳性牛必须予以扑杀，并进行无害化处理。

对开放型的病牛和症状不明显的阳性牛要及时淘汰，防止扩散。

每年定期大消毒2～4次，牧场及牛舍出入口处，设置消毒池，饲养用具每月定期消毒1次，被病牛污染的场所和用具都用20%的新鲜石灰乳进行消毒。培养健康犊牛，对受威胁的犊牛可进行卡介苗接种，每年1次，粪便经发酵后利用。

### （三）布鲁氏菌病（Brucellosis）

布鲁氏菌病是由布鲁氏菌引起的一种变态反应性人畜共患慢性传染病。以牛、羊、猪等家畜为主要传染源，侵害动物生殖系统，以母畜流产或不孕，公畜关节炎、睾丸炎等为主要特征。布鲁氏菌感染宿主需要4个步骤，即黏附、入侵、建立和传播。布鲁氏菌病在世界范围内广泛流行，被世界动物卫生组织列入须通报动物疫病名录。我国人畜间布鲁氏菌病疫情目前仍时有发生，畜间防控按二类动物疫病管理。

1. 流行特点

几乎各种家畜均可感染，而牛是主要宿主，牛的易感性随其接近性成熟而增加，发病年龄以育成牛和成年牛为主，成年牛比牛犊易感，母畜比公畜易感，老龄畜易感性降低。病畜和带菌动物，尤其是受感染的妊娠母畜流产或分娩时，会将大量的布鲁氏杆菌随胎儿、胎水、胎衣排出，胎衣含有大量病菌是主要传染源。主要传播途径是消化道、呼吸道、生殖道及损伤的皮肤、黏膜和吸血昆虫感染，牛采食了被病原污染的饲料与饮水后也会引起感染。

2. 临床症状

该病潜伏期较长，一般为14～180 d，多为隐性感染。该病常发地区，多为慢性，不呈显性经过，而一旦侵入清净区，则几乎都呈急性经过，在妊娠牛群中常暴发流行。母牛最显著的临床症状是流产，母畜中以头胎发病较多，可占50%以上，多数母畜只发生1次流产。孕后3～4个月内发生流产，流产前病牛食欲减退，口渴，精神委顿，阴道流出黄色黏液，有时掺杂血液，常见胎衣滞留，特别是流产晚期的（图5-3）。老疫区发生流产的较少，但子宫炎、乳房炎、关节炎、局部脓肿、胎衣不下、久配不妊者较多。母牛除流产外，其他症状常不明显。流产多发生在妊娠后第5～第8个月，产出死胎或弱胎。流产后可能出现胎衣不下或子宫内膜炎。流产后阴道内继续排出褐色恶臭液体。公牛有时候可见阴茎潮红肿胀，更常见的是睾丸炎及附睾炎，可能有发热与食欲不振，此后疼痛逐渐减少，睾丸和附睾肿大，触之坚硬。急性病例则睾丸肿胀疼痛，公牛发生睾丸炎并失去配种能力。此外，还可能因患关节炎和滑液囊炎（膝关节较常见）导致牛跛行；亦可患乳房炎和支气管炎。

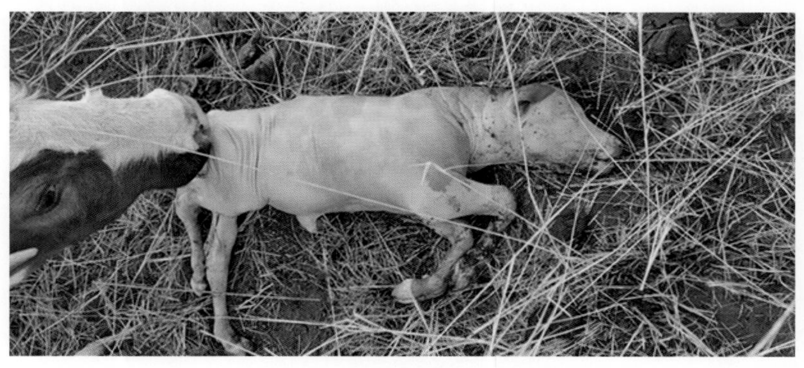

图5-3　布鲁氏菌病牛流产胎儿

3. 病理变化

检查胎衣，胎盘呈淡黄色胶冻样浸润，可见其绒毛膜下组织胶样浸润，并充血或出血，有的出现水肿和糜烂，表面有絮状物和脓性分泌物，胎膜肥厚且有点状出血，胸腔、腹腔积有红色液体，脾脏及淋巴结肿大并有坏死灶，胃内有絮状黏液性渗出物。妊娠牛子宫黏膜和绒毛膜之间有淡灰色污浊渗出物和脓块，绒毛膜上有出血点。胎衣不下者，通常产道流血。胎儿的胃特别是第四胃中有淡黄色或灰白色黏性絮状物，肠胃和膀胱的浆膜下可见点状出血或线状出血。

4. 诊断

对牛感染布鲁氏杆菌的诊断可根据流行病学、临床症状和病理变化可以作出初步诊断，但确诊需根据《动物布鲁氏菌病诊断技术》（GB/T 18646—2018）做病原鉴定和血清学检测。通常无菌采集病料后，接种于琼脂培养基进行培养，然后通过菌落形态、生化特性等进行判断，这是目前比较常用的方法。如无菌采集病牛乳汁或阴道分泌物，涂片后酒精灯外焰固定，进行革兰氏染色，显微镜下观察，布鲁氏杆菌是革兰氏阴性菌，可见红色微小的球状、球杆状和卵圆形。检测方法有试纸卡检测、虎红平板凝集试验、试管凝集试验、半胱氨基酸试管凝集试验、抗人球蛋白试验，基层兽医快速诊断的可以选择试纸卡检测。也可使用血清学检测方法，比较常见的是试管凝集试验、酶联免疫吸附试验、平板凝集试验、补体结合试验。试管凝集试验易出现假阳性，容易造成误诊。平板凝集试验是检查此病比较常规的一种方法，可以用作疾病初期筛查。补体结合试验和酶联免疫吸附试验的敏感性和特异性都比较高，可以广泛使用。

5. 预防措施

对非免疫区牛群每年应定期进行布鲁氏菌病的血清学检查，筛出阳性牛，对所有检出的阳性病畜及其流产胎儿、胎衣和排泄物等，一律隔离、扑杀和无害化处理；定期清理饲养圈舍，对疫源地进行定期消毒，牲畜粪便要做生物学发酵处理；同时要加强牛的移动监管，严格限制活体牛从一类地区向二类地区流动，必须引进种牛或补充牛群时，必须从非疫区引进牛，且在当地进行检测为阴性牛，到达目的地严格执行落地报告制度，引进牛隔离观察21 d，经检测为布鲁氏菌病阴性方可混群饲养。采取综合控制措施，推动实现布鲁氏菌病净化目标。

对免疫区健康畜群，定期免疫接种布鲁氏菌病疫苗。

肉牛场布鲁氏菌病净化工作是一项艰巨的任务，应采取综合防控措施。必须坚持“预防为主”的方针，除了建立健全相关的规章制度，加强饲养管理，改善卫生条件以外，还要采取“监测、检疫、扑杀、无害化处理”相结合的综合性防控措施，最终将所有牛群变为净化群。

（1）分群防控。净化牛群以主动监测为主；稳定控制群以监测净化为主；控制群和未控制群实行监测、扑杀和免疫相结合的综合防控措施，要控制未控牛群，压缩控制群，稳定扩大净化群。

（2）监测。所有的母牛、种公牛每年应进行至少2次血清学监测，覆盖面要达到100%，不得实施抽检。污染牛群要连续反复监测，每3个月检1次。净化群每年2次，春秋检疫。检出阳性牛要立即扑杀并无害化处理。

（3）检疫。牛场最好自繁自养、培育健康幼牛，如果必须引种或从外地或当地调运母牛或种公牛时，必须来自非疫区，凭当地动物防疫监督机构出具的检疫合格证明调运。动物防疫监督机构应对调运的牛进行实验室检测，检测合格后，方可出具检疫合格证明。调入后应隔离饲养30 d，并做好检疫工作，确认健康后经当地动物防疫监督机构检疫合格，方可解除隔离，同群饲养。引进精液、胚胎也要严格实施检疫。

（4）净化。阳性牛要立即扑杀并无害化处理，确诊为阳性牛要立即采取无血扑杀，进行无害化处理（焚烧、深埋）。对病畜和阳性畜污染的场所、用具、物品进行严格消毒。饲养场的金属设施、设备可采取火焰、熏蒸等方式消毒。养畜场的圈舍、场地、车辆等可用5%来苏儿、10%～20%石灰乳或2%氢氧化钠等进行严格彻底消毒；流产的胎儿、胎衣应在指定地点深埋或烧毁，不要随意丢弃，以防病菌扩散。处理流产牛后的用具、工作服用新洁尔灭或来苏儿水浸泡。饲养场的饲料、垫料可采取深埋发酵处理或焚烧处理；粪便采取堆积密封发酵方式或其他有效的消毒方式。检出阳性牛的牛群应进行反复监测，每次间隔3个月，发现阳性牛及时处理。可疑牛要立即隔离，限制其移动。用实验室方法进行诊断，若仍为可疑视同阳性牛处理。可疑牛确诊为阴性的，不要立即混入原群，隔离1个月之后再检测为阴性方可混群。

（5）消毒。牛场要做好定期、临时和日常的消毒，以达到灭源的目的。选2～3种消毒剂交替使用对场地、栏舍、用具、进出口、车辆、排泄物等进行彻底消毒，切断传播途径，防止各种疫病的传播和扩散。可用0.1%新洁尔灭、0.3%过氧乙酸、0.1%次氯酸钠定期带牛环境消毒。

（6）日常管理。要健全制度，并认真实施。非生产人员进入生产区，需穿工作服经过消毒间，洗手消毒后方可入场。饲养员每年体检，发现患有布鲁氏菌病得及时治疗，痊愈后方可上岗。牛场不得饲养其他畜禽。提高饲养管理水平，从而保证牛群的健康，增强体质，提高抗病力。

（7）加强培训。加强养殖人员的培训，提高对动物疫病危害、防控的认识，提高防控水平，培养员工自觉地按动物防疫要求搞好各项防疫工作，自觉地落实各项防控措施，这是牛场防控疫病的有力保证。

### （四）巴氏杆菌病（Pasteurellosis）

牛巴氏杆菌病又称出血性败血病（牛出败），由多杀性巴氏杆菌引起的一种败血性传染病。常以高热、肺炎、急性胃肠炎以及内脏器官广泛出血为特征。秋冬季或长途运输抵抗力下降时容易引发此病。

#### 1. 流行病学

该菌为条件病原菌，常存在于健康牛的呼吸道，与宿主呈共生状态。当牛饲养管理不良时，如寒冷、闷热、潮湿、拥挤、通风不良、疲劳运输、饲料突变、营养缺乏、饥饿等因素使机体抵抗力降低，该菌乘虚侵入体内，经淋巴液入血液引起败血症，发生内源性传染。病畜由其排泄物、分泌物不断排出具有毒力的病菌，污染饲料、饮水、用具和外界环境，主要经消化道感染，其次通过飞沫经呼吸道感染健康家畜，亦有经皮肤伤口或蚊蝇叮咬而感染。该病常年可发生，在气温变化大、阴湿寒冷时更易发病；常呈散发性或地方流行性发生。

2. 临床症状

急性败血型。病牛初期体温40℃以上，流鼻流泪，呼吸困难，精神沉郁、反应迟钝、肌肉震颤，呼吸、脉搏加快，眼结膜潮红，食欲废绝，反刍停止。病牛表现为腹痛，常回头观腹，粪便初为粥样，后呈液状，并混杂黏液或血液且具恶臭。一般病程为12 ~ 24 h。

肺炎型。主要表现纤维素性胸膜肺炎症状。病牛体温升高，呼吸困难，病初干咳，后为湿咳，呼吸困难，有泡沫状鼻汁，后呈脓性。胸部叩诊呈浊音，有疼感。肺部听诊有支气管呼吸音及水泡性杂音，肺区实音。眼结膜潮红，流泪。有的病牛会出现带有黏液和血块的粪便。该病型最为常见，病程一般为3 ~ 7 d。

水肿型。除表现全身症状外，特征症状是颌下、喉部肿胀，有时水肿蔓延到垂肉、胸腹部、四肢等处。眼红肿、流泪，有急性结膜炎。呼吸困难，皮肤和黏膜发绀、呈紫色至青紫色，常因窒息或下痢虚脱而死。

肠型。动物发热、腹泻、大便带血，病死率较高。

3. 病理变化

败血症病牛见主要表现为内脏多器官出血，在浆膜与黏膜以及肺、舌、皮下组织和肌肉出血，胸腹腔内有大量黄色渗出液；水肿型主要病变咽喉部、下颌间、颈部与胸前皮下发生明显的凹陷性水肿，手按时出现明显压痕；有时舌体肿大并伸出口腔。切开水肿部位会流出深黄色液体；肺炎型病牛表现为胸膜炎肺脏点状出血和红色肝变区，偶见黄豆或胡桃大小的化脓灶。肺组织颜色从暗红、炭红到灰白，切面呈大理石样病变，胸腔积聚大量有絮状纤维素的渗出液，此外，还常伴有纤维素性心包炎和腹膜炎。肠型病牛胃肠道出血性炎症变化，其他脏器水肿淤血，有点状出血。脾脏不肿大。

4. 诊断

根据病畜高热、鼻流黏脓分泌物，肺炎等典型症状，可作出初步诊断。败血型常见多发性出血，浮肿型常见咽喉部水肿，肺炎型主要表现肺两侧前下部有纤维素性肺炎和胸膜炎。如需确诊，应做实验室检查。

5. 预防

全群紧急接种牛出败疫苗或牛巴氏杆菌组织灭活疫苗。100 kg以下的牛接种4 mL，100 kg以上的牛只接种6 mL，接种21 d后产生免疫力，免疫保护期为9个月。

平时注意饲养管理，提供全价营养，尤其注意补充微量元素，搞好环境卫生，增强机体抵抗力，防止家畜受寒。

经常消毒，消毒圈舍，可用5%漂白粉、10%石灰乳、二氯异氰尿酸钠、复合酚类消毒剂等，交替使用，每日2～3次。

加强引种检疫。在引进牛过程中，养殖户要按照相关检测标准严格落实检疫工作，牛的引进须获得当地卫生监管部门的允许，待完成一系列审批流程后方可调运。若是跨地域引牛，在第一时间做好监管与隔离工作，一般隔离饲养21 d，可将其与其他牛混养，以有效减少带病牛的引进，同时能从根本上避免交叉感染现象的发生。

6. 治疗

（1）西药疗法。

【处方一】0%磺胺嘧啶钠注射液200～250 mL，40%乌洛托品注射液80～100 mL，生理盐水500 mL；10%葡萄糖注射液500mL，维生素C注射液30～50 mL；5%碳酸氢钠注射液300～500 mL；分别静脉注射，连用2～3d。

【处方二】恩诺沙星，肌内注射，每千克体重2.5 mg，连用2～3 d。

（2）中兽医治疗。主要以清热凉血、止痢、清肺、利咽、平喘等为治则。

【处方一】牛蒡子30 g，马勃、茵陈、栀子、黄芩、黄连各50 g，桔梗、天花粉、山豆根、射干、连翘、金银花各60 g，将上述中草药加入适量水煎熬成药液去渣温服，1次/d，连服3～5 d。

【处方二】麻黄20 g，甘草30 g，知母35 g，连翘、荆芥各40 g，杏仁、银花、黄芩、板蓝根各45 g，鱼腥草60 g，生石膏110 g，将上述中草药加入适量水煎熬成药液去渣，分早晚2次服用，连服5 d。

### （五）气肿疽（Emphysema）

该病是一种急性热性败血性传染病，又叫黑腿病、烂腿黄或鸣疽，是一种反刍动物易感的发热性急性传染病。其主要的感染对象是牛。主要特征为肌肉丰厚部位发生炎性肿胀，压迫出现捻发音，多伴有跛行。病原为气肿疽梭菌。

该病主要通过病牛传染，其病原芽孢能够在土壤中长期生存，因此，一旦牧区被污染很容易使动物再次发病，呈地方性流行。该病在一年四季均可发生，雨季易发。

1. 流行病学特点

各种牛均发病，自然感染一般发生于黄牛，其他牛种易感性较小。多发生于4岁以下的牛，尤其1～2岁多发，死亡率高。全年均可发病，但以温暖多雨季节较多。

2. 临床症状

病牛体温升高、不食、反刍停止、呼吸困难、脉搏快而弱、跛行。患病牛往往在腿部等肌肉丰富的部位发生气性、炎性的肿胀。常常伴有跛行、无法站立等症状，肌肉丰满部发生局部皮肤干硬、黑红，按压肿胀部位有捻发音，叩之呈鼓音，见图5-4所示。

3. 病理变化

尸体迅速腐败和膨胀，天然孔常有带泡沫血样的液体流出，肿胀主要出现在肌肉丰满的部位，肌肉内有暗红色的坏死病灶，呈炎性、气性肿胀，手压柔软，有明显的捻发音。切开肿胀部位，切面呈黑色，肌间充满气体，呈疏松多孔海绵状，从切口流出污红色带泡沫的酸臭液体，局部淋巴结充血、水肿或出血。肝、肾呈暗豆色，常充血或肿大，有豆粒大至核桃大的坏死灶；切开有大量血液和气泡流出，切面呈海绵状有时心肌受损。其他器官常呈败血症的一般变化。

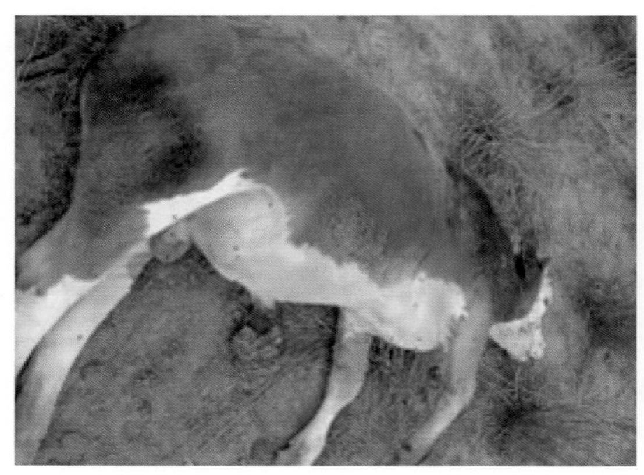

图5-4　牛气肿疽症状

4. 诊断

根据流行病学、典型临床症状（肩部、胸部、臀部等肌肉处肿胀，触压有捻发音）以及病理变化（肌肉切面呈海绵状，伴有泡沫液体流出呈红色，散发酸臭味）可作出初步诊断。具体确诊需进行实验室检验，采集病死畜肿胀部位的水肿液、肝脏、肌肉等作为病料，革兰氏染色呈阳性，镜检观察到单个或多个短链小杆菌，顶端有小空泡即可确诊为牛气肿疽病。如有条件可进行动物接种，对于新发病地区更有必要。其方法是将病料（肌肉、肝和渗出液等）制成5～10倍乳剂，可0.5～1 mL注入豚鼠股部肌肉（如认为病料中的细菌毒力弱，可在乳剂中加入1～2滴20%酸），于24～48 h死亡。剖检肌肉呈黑红色，且干燥，腹股沟部通常可见少量气泡。

5. 防治

在该病流行地区及其周围，每年春秋两季定期注射疫苗：气肿疽明矾疫苗或气肿疽甲醛灭活疫苗，免疫期6个月。条件许可时，另换牧场，同时注意水源。死牛不可剥皮食肉，应深埋或烧毁。

发病后立即对牛群检疫。健康畜立即注射疫苗。检疫阳性的牛先肌内注射抗气肿疽血清150～200 mL，7 d后再皮下注射气肿疽甲醛灭活苗5 mL。

立即对发病牛隔离、消毒等卫生措施，对被污染的圈舍、场地、用具等，用3%甲醛或0.2%汞消毒。污染的饲料、粪便、垫草和尸体应全部烧毁处理，对掩埋地进行消毒，同时将发病牛和可疑发病牛隔离。告知该牧区的所有养殖户暂时圈养放牧牛，确实无法圈养的养殖户在放牧时必须远离曾经掩埋病死牛的地点。

6. 治疗

【处方一】早期用油剂青霉素300万～600万IU在肿胀病灶周围分点注射，每日2次。

【处方二】早期在水肿部位的周围，分点注射3%双氧水，也可以用1%～2%的高锰酸钾溶液适量注射。

【处方三】10%磺胺噻唑钠100～200 mL+乌洛托品100 mL+5%葡萄糖1 000 mL，静脉注射。

【处方四】10%磺胺二甲基嘧啶钠注射液100～200 mL+乌洛托品100 mL+0.9%氯化钠1 000 mL；碳酸氢钠300 mL，分别静脉注射，每日1次。

【处方五】病情严重者切开水肿部，剔除坏死组织，用2%高锰酸钾溶液或3%双氧水充分冲洗。如配合静脉注射抗气肿疽血清，效果更好。抗气肿疽血清的用量是一次注射150～200 mL。同时结合全身状况，对症治疗，如解毒、强心、补液等。

### （六）大肠杆菌病（Colibacillosis）

犊牛大肠杆菌病又称犊白痢是由致病性大肠杆菌所致犊牛腹泻的一种急性传染病。新生犊牛当其抵抗力降低或发生消化障碍时，均可引起该病。

1. 流行病学

病犊或带菌犊是该病自然流行的传染源，通过粪便排出病菌，散布于外界，污染地草料、水源。传播途径，主要通过消化道感染，子宫内感染和脐带感染也时有发生。呈地方流行性或散发，主要发病于冬春季节气候多变季节，初生犊牛神经调节机能尚不完善，环境气候突变，胃肠内环境变差，乳汁发酵，引发下痢。

2. 临床症状

该病临床上以败血症、肠毒血症和下痢为特征，一周龄以内的犊牛易感，10日龄以上少见发病。

（1）败血症。常于症状出现后数小时内死亡。仅见发热及精神委顿，或见腹泻。主要发生于7日龄以内未吃初乳的犊牛，体温高达40～41℃，呼吸微弱、心跳加快。精神不振，偶有腹泻，常于症状出现24 h内死亡。无明显病变，有的可见肠道出血、充血。

（2）肠毒血症。剧烈腹泻，粪便稀薄，灰白色含凝乳块，有很多气泡，酸臭，最后死于脱水和酸中毒。肠毒血症可能有神经症状。下痢型真胃内大量凝乳块，黏膜有充血、出血、水肿，肠系膜淋巴结肿大，肠内容物混有血液和气泡。

（3）肠型。多见于7～10日龄吃过初乳的犊牛，病初体温升高达40℃，数小时后开始下痢，体温降至正常，食欲下降，排出大量水样稀便，粪便呈现黄色、白色或绿色并带有气泡，有的还混有未消化的凝乳块、泡沫、血液等，粪便气味酸臭；后期排粪失禁，腹痛，发育迟滞，病程长的出现脐炎、肺炎和关节炎症状。

3. 病理变化

败血型、肠毒血型急性死亡病例常无明显的病理变化，病程长的可见急性胃肠炎的变化，其胃内有大量凝乳块，黏膜充血水肿，覆盖有胶冻状黏液，整个肠管松弛，缺乏弹性，内容物混有血液，小肠黏膜充血，出血，部分黏膜上皮脱落，肠系膜淋巴结肿大，切面多汁，肝和肾苍白，被膜下可见出血点。心内膜可见有小点出血；病程长者在肺和关节也有病理变化（图5-5）。

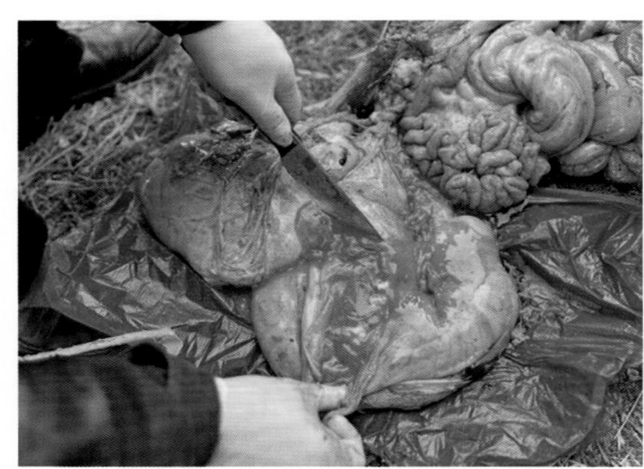

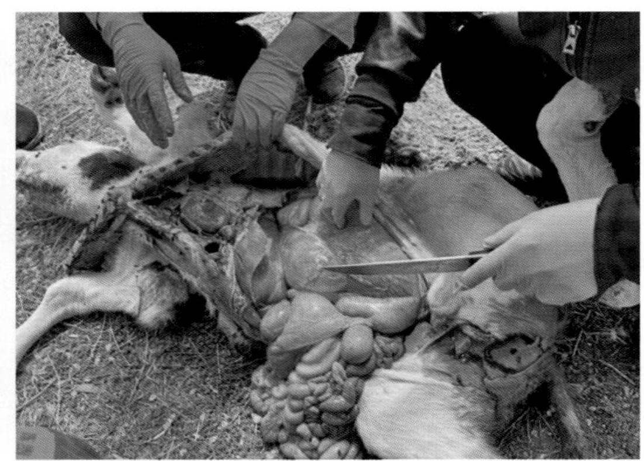

图5-5　犊牛大肠杆菌病解剖

4. 诊断

犊牛大肠杆菌性腹泻一般缺乏特征性临床表现，可根据流行病学特点，临床症状、剖检变化综合分析，作出初步诊断，但其他病原微生物感染也会出现类似症状及病理变化，尚要考虑有无混合感染的问题，所以确诊还要通过病原分离培养，染色镜检、生化试验、致病性试验及血清型鉴定。

5. 预防

加强对妊娠母牛的饲养管理，多饲喂营养物质丰富的饲草料，提供一定的运动场地，为待产母牛准备干燥、舒适的生产环境。在接产时，对接产工具及母牛外阴部位进行彻底的消毒处理。

加强营养，注意新生犊牛吃足初乳，注意给母牛合理补充微量元素。

有该病的畜群，可在幼畜饲料中添加适宜的抗菌药物如新霉素、土霉素等进行预防，败血型可用多价菌苗或自家菌苗于产前接种。

可在母牛妊娠后期接种大肠杆菌疫苗，增强新生犊牛的抗病力。新生犊牛可投喂一定剂量的抗生素药物如速效磺胺脒10 ~ 20 mg/kg，连续服用3 d，用于预防犊牛大肠杆菌导致的腹泻具有良好的效果。

6. 治疗

保持电解质平衡，防止机体内胃肠道感染，采用补液、强心、防止酸中毒对症治疗。

【处方一】采用口服乳酶生和碳酸氢钠，灌服葡萄糖多维，促进犊牛消化功能的恢复。

【处方二】选用碳酸氢钠1 g，磺胺脒1 g，次硝酸铋（碱式硝酸铋）0.5 g，鞣酸蛋白1 g，研磨混合配制成溶液灌服，2次/d。

【处方三】10%浓盐水30～60 mL，5%葡萄糖溶液500 mL+10%樟脑磺酸钠注射液5～10 mL，复方氯化钠500～1 000 mL，5%碳酸氢钠50～100 mL，分别静脉滴注。

【处方四】5%葡萄糖500 mL+维生素C 20 mL，0.9%生理盐水250 mL+头孢噻呋钠0.5～1 g分别静脉注射，有良好效果（图5-6）。

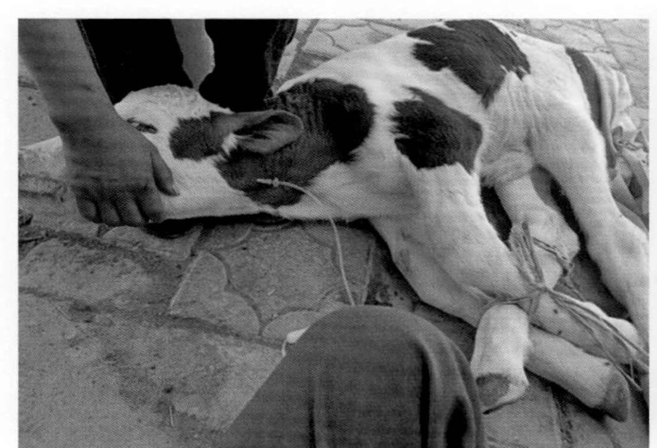

图5-6　犊牛大肠杆菌病临床治疗

### （七）牛产气荚膜梭菌病（Bovine clostridium welchii disease）

产气荚膜梭菌又称猝死症，是由产气荚膜杆菌引起的。该菌广泛分布于自然界，同时也是肠道中的常在菌之一，在一定条件下，可引起各种严重疾病。

1. 流行病学

该病1999年在新疆哈密市伊州区沁城乡城西村、城东村呈现散发。该病发病快、死亡急、往往来不及治疗即告死亡，舍饲养殖场犊牛也常常出现该病。

产气荚膜梭菌能使不同年龄不同品种的牛（包括黄牛、奶牛）发病，四季均可发生。病程长短不一，短则数分钟至数小时，长则3～4 d或更长；发病时有的集中在同圈或毗邻舍，有的呈跳跃式发生；发病间隔时间长短不一，有的间隔几天、十几天，有的间隔几个月；病死率高。发病黄牛、犊牛多为体格强壮膘情较好者，奶牛多为高产牛。

2. 临床症状

（1）最急性型。无任何前躯症状，在放牧中或拴系或使役时，突然出现异常，四肢无力，行走或站立不稳，喜卧地，也有四肢伸直站立支撑身体的，强行驱赶，不思行走，或倒退或步履不稳，摇摆缓步；精神沉郁，头触地呆立；肌肉发抖，尤以后躯为甚；起卧、跳跃后跌于地，四肢呈游泳状划动，头颈向后伸直，鸣叫数声不久死亡。病程最短的几分钟，最长的1～2 h。也有的头天晚上正常，第2天发现死在厩舍中。死后腹部迅速胀大，口腔流出带有红色泡沫的液体，舌脱出口外，肛门外翻。

（2）急性型。病牛体温升高或正常，呼吸急促，心跳加快，精神沉郁或狂躁不安，食欲不振甚至废绝，耳鼻、四肢发凉，全身颤抖，行走不稳。出现症状后，病情发展迅速，倒地、四肢僵直，口腔黏膜发绀，大量流涎，腹胀、腹痛，全身肌肉抽搐震颤，口流白沫，倒地后四肢划动，头颈后仰，狂叫数声后死亡。

（3）亚急性型。呈阵发性不安，发作时两耳竖直，两眼圆睁，表现出高度的精神紧张，后转为安静，如此周期性反复发作，最终死亡。急性和亚急性病牛有的发生腹泻，肛门排出含有多量黏液、色呈酱红色并带有血腥异臭的粪便，有的排粪呈喷射状水样。病畜频频努责，表现里急后重。

3. 病理变化

以全身实质器官出血和小肠出血为主要特征。心包积液，心脏质软，心脏表面及心外膜有出血斑点，心室扩张。肺气肿、有出血斑。肝脏呈紫黑色，表面有出血斑。胆囊肿大。小肠黏膜有较多的出血斑，肠内容物为暗红色的黏稠液体，淋巴结肿大出血，切面深褐色。

4. 诊断

根据临床症状、病理变化，结合显微镜检查，选取无菌采取死亡牛肠黏膜浸出物、肝和脾脏肾脏各少许做组织抹片，分别进行革兰氏染色和荚膜染色。革兰氏染色镜检见有数量不多革兰阳性短而粗的杆菌；荚膜染色镜检多为单在或形成短链，见有荚膜存在。进一步诊断可以采用细菌培养分离鉴定。

5. 预防

保持环境温度稳定和安静，保持环境卫生，及时清理粪便，定期用生石灰、百毒杀等消毒，杀灭环境中的病原。

加强饲养管理，不要突然更换饲料，可在饲料中添加微量元素硒，同时可以增加益生菌（乳酸杆菌，枯草芽孢杆菌，纳豆芽孢杆菌，酵母菌数种等）以补充肠道中的正常菌群平衡，对减少该病的发生具有一定的临床效果。放牧牛群在夏初应少“抢青”，更换干湿草时应缓慢进行，防止引起该病的发生。

搞好预防接种，哈密市伊州区沁城乡采用中国农业科学院兰州兽医研究所生产的产气荚膜梭菌多价疫苗进行预防注射后，以控制该病的流行。现在部分舍饲肉牛场常常采用“羊三联四防苗”每头牛注射羊用剂量的5倍量，取得较好效果。

6. 治疗

牛的产气荚膜梭菌病采用药物治疗效果不佳，因其发病急、死亡快，根本来不及治疗，而对于一些亚急性病例有的专家采用产气荚膜梭菌高免血清紧急注射并结合其他药物治疗，治疗率可达90%。

### （八）牛结节性皮肤病（Bovine sarcoidosis）

牛结节性皮肤病是由痘病毒科山羊痘病毒属牛结节性皮肤病病毒引起的牛全身性感染疫病，临床以发热、消瘦，淋巴结肿大，皮肤水肿、局部形成坚硬的结节或溃疡为主要特征。皮肤出现结节为特征，该病不传染人，不是人畜共患病。世界动物卫生组织将其列为法定报告的动物疫病，农业农村部暂时将其作为二类动物疫病管理。

#### 1. 流行病学

感染牛和发病牛的皮肤结节、唾液、精液等含有病毒。主要通过吸血昆虫（蚊、蝇、蠓、虻、蜱等）叮咬传播。可通过相互舔舐传播，摄入被污染的饲料和饮水也会感染该病，共用污染的针头也会导致在群内传播。感染公牛的精液中带有病毒，可通过自然交配或人工授精传播。能感染所有牛，黄牛、奶牛、水牛等易感，无年龄差异。潜伏期28 d。

#### 2. 临床症状

牛的临床表现差异很大，跟动物的健康状况和感染的病毒量有关。体温升高，可达41℃，可持续7 d。浅表淋巴结肿大，特别是肩前淋巴结肿大。奶牛产奶量下降。精神沉郁，不愿走动。眼结膜炎，流鼻涕，流涎。发热后48 h皮肤上会出现直径10～50 mm的结节，以头、颈、肩部、乳房、外阴、阴囊等部位居多。结节可能破溃，吸引蝇蛆造成感染，反复结痂，迁延数月不愈。口腔黏膜出现水疱，继而溃破和糜烂。牛的四肢及腹部、会阴等部位水肿，导致牛不愿活动。公牛可能暂时或永久性不育。怀孕母牛流产，发情延迟可达数月。牛结节性皮肤病与牛疱疹病毒病、伪牛痘、疥螨病等临床症状相似，需开展实验室检测进行鉴别诊断。

#### 3. 病理变化

消化道和呼吸道内表面有结节病变。淋巴结肿大，出血。心脏肿大，心肌外表充血、出血，呈现斑块状淤血。肺肿大，有少量出血点。肾脏表面有出血点。气管黏膜充血，气管内有大量黏液。肝脏肿大，边缘钝圆。胆囊肿大，为正常2～3倍，外壁有出血斑。脾脏肿大，质地变硬，有出血状况。胃黏膜出血。小肠弥漫性出血。

#### 4. 诊断

根据临床症状、病理变化不难对该病作出初诊，确诊需采集全血分离血清用于抗体检测，可采用病毒中和试验、酶联免疫吸附试验等方法。

#### 5. 防治措施

疫情所在县和相邻县可采用国家批准的山羊痘疫苗（按照山羊的5～8倍剂量），对全部牛进行紧急免疫。检疫监管扑杀完成后30 d内，禁止疫情所在县活牛调出。各地在检疫监督过程中，要加强对牛结节性皮肤病临床症状的查验。

## 第三节 常见寄生虫病防治技术

牛的寄生虫包括宿主特异性的种和宿主范围广的种。牛的寄生虫种群取决于环境因素和饲养管理水平。牛的寄生虫病是寄生虫侵入动物机体而引起的疾病。因虫种和寄生部位不同，引起的病理变化和临床表现各异。寄生虫是以生物身体为宿主寄生，以获得大量营养，借此繁衍。

大多数寄生虫都具有较强的繁殖能力，对宿主危害主要表现在如下两个方面。

1. 夺取营养

寄生虫会大量吸收牛只身体中的营养成分，长期下去牛只会出现营养不良的情况，引起慢性、消耗性疾病，死亡风险较高，为养殖者带来较大的经济损失。

2. 传播疾病

寄生虫本身可能会引起其他病菌传播，被寄生后，牛的抵抗力、免疫力均会有所下降，为其他病菌入侵创造有利条件，细菌、病菌感染概率大大增加，还有一部分寄生虫携带的病菌，会在牛与人之间传播，对人身体健康造成较大危害。这也就不难看出，牛寄生虫病危害性极大，必须引起有关部门重视，通过规范化饲养肉牛、重视检疫工作、增加兽医医疗投入、加大宣传力度等方式，做好有关处理，以预防为主，尽可能降低牛寄生虫病的发生概率，采取有效措施加以处理，进行较好防治，避免牛寄生虫病引起大规模疫病，促进畜牧养殖业稳步发展。

### 一、牛皮蝇蛆病（Hypodermic myiasis of cattle）

牛皮蝇蛆病是由牛皮蝇和纹皮蝇等的幼虫寄生于牛的背部皮下组织而引起的一种慢性外寄生虫病。起因于牛皮蝇的幼虫寄生于皮下组织，临床表现为皮肤发痒、不安和患部疼痛。

#### （一）流行病学

该病只发生于从春季起就在牧场上放牧的牛只，舍饲牛少见。成蝇在夏季的繁殖季节产卵时追逐牛只，影响采食和休息，使牛逐渐消瘦、贫血等，奶牛产奶减少。

#### （二）生活史

成虫在夏天出现，在外界生活5～6 d，不采食，飞行交配或在牛身上产卵后死亡。淡黄色、长圆形的虫卵黏附于牛毛上，经4～7 d孵化为一期幼虫，随后经毛囊钻入皮下。一期幼虫经神经外膜组织移行至腰骶部椎骨，经5个月的发育后从椎间孔爬出至腰背部皮下，此时发育成二期幼虫，二期幼虫经蜕皮发育成三期幼虫，随后在牛皮形成瘤状隆起，在牛背部皮肤下停留2～3个月，三期幼虫体积变大，颜色变黑，随后由皮孔蹦出，钻入土中3～4 d开始化蛹。蛹经1～2个月羽化成成年皮蝇。皮蝇的整个发育周期为1年左右，其中在牛体内的寄生时间为10～11个月。

#### （三）临床症状

蝇飞翔产卵时，引起牛的不安，影响采食，有的牛奔跑时受外伤或流产。皮蝇幼虫钻入皮肤时，患牛烦躁不安、消瘦、产乳量下降、贫血。在背部皮下寄生时发生瘤状隆起，皮肤穿孔，还可见牛皮蝇的第三期幼虫从隆包中钻出。幼虫移行造成所经组织如口腔、咽、食道损伤、发炎。第三期幼虫引起局部发炎和结缔组织增生，形成肿瘤样结节。

#### （四）病理变化

成虫产卵和幼虫在皮下移行时，形成血肿、窦道，最后形成结缔组织包囊，继而化脓菌侵入，形成脓肿。

#### （五）诊断

对该病的判定，幼虫只是出现于背部皮下时易于诊断，最初可在背部摸到长圆形的硬结，继而出现肿胀、小孔及流出的脓汁痂块等。过一段时间后可以摸到瘤状肿，瘤状肿中间有一小孔内有一幼虫。在幼虫近于成熟小孔较大时，用力在四周挤压，可使虫体蹦出。此外，流行病学资料包括当地流行情况及病畜来源等对该病的诊断均有重要参考价值。

#### （六）预防

夏季蝇类活动季节，用0.005%敌杀死溶液或0.006 7%杀灭菊酯溶液等杀虫剂喷洒牛体、畜舍及活动场所，杀死幼虫和成蝇。

#### （七）治疗

2%敌百虫水溶液涂擦病牛背部或3%倍硫磷0.3 mL/kg，或4%蝇毒磷0.3 mL/kg，或8%皮蝇磷0.33 mL/kg沿背中线浇注。

### 二、牛疥癣病（Bovine mange）

牛疥癣病又叫疥癣、疥疮、疥虫病等，是疥螨和痒螨寄生在动物体表而引起的慢性寄生性皮肤病。是由疥癣螨虫寄生后引起的皮炎，病牛头颈部位出现丘疹样不规则病变，出现剧痒，用力磨蹭患部，形成脱毛、落屑、皮肤增厚等现象，鳞屑、被毛和渗出的炎性液体黏在一起，形成痂垢，严重时病变波及全身。常见的牛疥癣病有3种，根据螨虫的生活方式不同发生寄生部位也不一样，最常见的是吮吸疥癣虫，其次是食皮疥癣虫，最少见的是穿孔疥癣虫。牛疥螨病具有高度传染性，发病后往往蔓延至全群，危害十分严重。

### （一）流行病学

该病的传播是以病畜和健畜直接接触而传染，通过被病畜污染过的厩舍、用具等间接接触引起，感染主要发生于冬季和秋末、春初。发病时，疥螨病一般始发于皮肤柔软且毛短的部位，如面部、颈部、背部和尾根部被毛较短的部位，继而皮肤感染逐渐向周围蔓延，严重时可波及全身。痒螨病则起始于被毛稠密和温度、湿度比较恒定的皮肤部位，黄牛见于颈部两侧、垂肉和肩胛两侧，以后才向周围蔓延。

### （二）生活史

痒螨的生命周期呈直线型，它通过动物之间的接触进行传播。痒螨是一种穴居螨，以动物皮肤分泌物和渗出物为食，在感染处会造成轻微损伤。它还以细菌或皮肤碎片为食，如果有可能还会进食血液。雌性在受伤区域的边缘产卵。幼虫孵化出来蜕皮成为若虫，最后发育为成虫。在最佳湿度和温度条件下整个生命周期可在10 ~ 12 d内完成。在某些阶段的螨虫可离开宿主存活2 ~ 3周。

疥螨在皮肤表皮上挖凿隧道，雌虫在隧道内产卵，每个雌虫一生可产卵20 ~ 50个。卵孵化成为幼虫，孵化的幼虫爬到皮肤表面，在皮肤上凿小洞穴，并在穴内蜕化为若虫。若虫钻入皮肤挖凿浅的隧道，并在里面蜕皮为成虫，如图5-7所示。

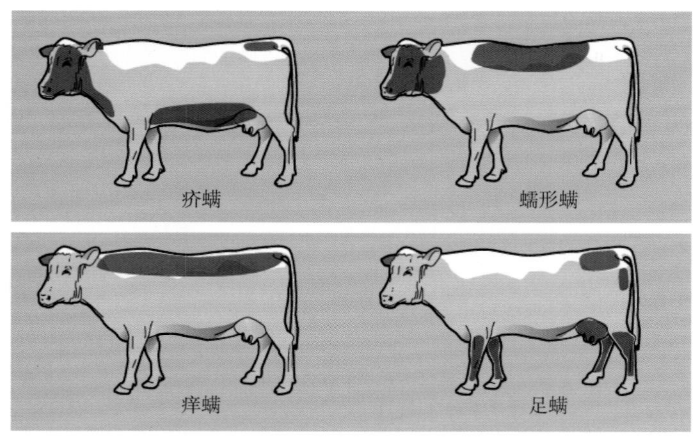


图5-7　牛身上不同种类螨虫偏爱的寄生部位

（注：摘自http://mp.weixin.qq.com/s/8ocCvcmUANbcOidd7awtMa）

### （三）临床症状

感染初期因虫体的小刺、刚毛和分泌的毒素刺激神经末梢，引起剧痒，局部皮肤上出现小结节，继而出现小水疱，患部发痒，以致牛摩擦和啃咬患部，不断在圈墙、栏柱等处摩擦。造成局部脱毛，患部皮肤出现结节、丘疹、水疱甚至脓疱，以后形成痂皮和皲裂及造成被毛脱落，炎症可不断向周围皮肤蔓延，皮肤变厚，出现皱褶、皲裂，病变向四周延伸。在阴雨天气、夜间、通风不好的圈舍以及随着病情的加重，痒觉表现更为剧烈。由于患畜的摩擦和啃咬，牛只又因终日啃咬和摩擦患部、烦躁不安，影响了正常的采食和休息，日渐消瘦和衰弱，生长停滞，有时可导致死亡（图5-8）。

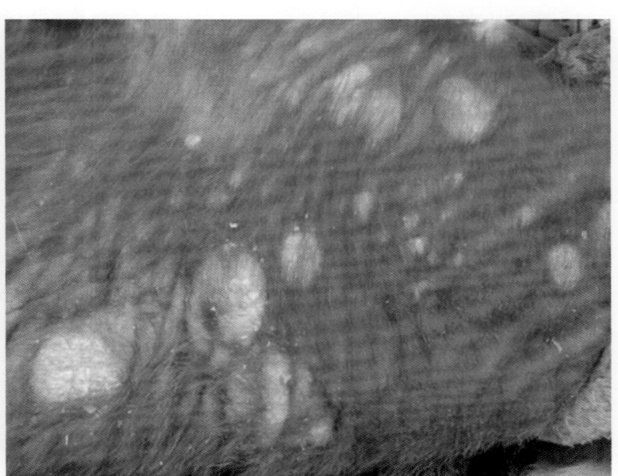

图5-8　肉牛疥癣病症状

### （四）病理变化

疥螨在皮肤内做隧道移行会造成皮肤的病理性损伤，疥螨发育的各阶段均在皮肤隧道内寄生，当疥螨在皮肤内钻掘隧道时会使皮肤受到损伤，而引起出血点；由于在移行过程中其口器能分泌溶解宿主皮肤组织的化学物质，这些化学物质能导致周围血管过敏、充血、渗出，在皮肤上出现红斑和结痂，并刺激皮肤使皮下组织增生，角质层增厚，棘细胞层水疱变性、皮肤增厚形成皱褶等症状；同时由于真皮乳头层嗜酸性粒细胞、肥大细胞和淋巴细胞等浸润进而导致了过敏性炎症反应。

痒螨病以皮肤表面形成结节、水疱、脓疱，后者破溃干涸形成黄色柔软的鳞屑状痂皮为特征。病理组织学检查，痒螨病见真皮乳头层充血，表皮各层固有结构破坏。表皮棘细胞层和角化层过度增生，同时也见细胞坏死崩解所形成的大量碎屑和浆液渗出及炎性细胞渗出。皮肤的汗腺、皮脂腺、毛囊也遭破坏。

### （五）诊断

根据临床症状结合镜检，刮取皮肤组织查找病原进行确诊。其方法是用经过火焰消毒的凸刃小刀，涂上50%甘油水溶液或煤油，在皮肤的患部与健部的交界处用力刮取皮屑，一直刮到皮肤轻微出血为止。刮取的皮屑放入10%氢氧化钾或氢氧化钠溶液中煮沸，待大部分皮屑溶解后，经沉淀取其沉渣镜检虫体。亦可直接在待检皮屑内滴少量10%氢氧化钾或氢氧化钠制片镜检，但病原的检出率较低。无镜检条件时，可将刮取物置于平皿内，在热水上或在日光照晒下加热平皿后，将平皿放在黑色背景上，用放大镜仔细观察有无螨虫在皮屑间爬动。

### （六）治疗

1. 注射或灌服药物

可选用碘醚柳胺钠内服或肌内注射，一次性剂量7～12 mg，休药期60 d，泌乳期禁用；应用伊维菌素时，剂量按每千克体重0.2 mg，休药期28 d。

2. 涂药疗法

适合于病畜数量少、患部面积小的情况，可在任何季节应用，但每次涂药面积不得超过体表的1/3。可选择下列药物。

（1）5%敌百虫溶液。来苏儿5份溶于温水100份中，再加入5份敌百虫即成。此外，亦可应用单甲脒、溴氰菊酯（倍特）等药物，按说明涂擦使用。

（2）克辽林擦剂。克辽林1份，软肥皂1份，酒精8份，调和即成。

（3）药浴疗法。该法适用于病畜数量多且气候温暖的季节，也是预防该病的主要方法。药浴时，药液可选用0.05%蝇毒磷乳剂水溶液，0.5%～1%敌百虫水溶液，0.05%辛硫磷油水溶液等。

### （七）预防

1. 坚持“以防为主”方针

有计划地对饲养牛群定期驱虫（可用注射或药浴、涂擦等方法驱虫）可取得预防与治疗的双重效果。

2. 加强饲养管理

疥螨病多发于秋冬季节，饲养管理不良、卫生条件差时最易造成该病的发生。

3. 定期对圈舍和用具清扫和消毒

保持养殖场圈舍、场地、用具的卫生，以免病原散布，不断出现重复感染。

4. 饲养环境

经常保持饲养环境的干燥、通风，圈舍卫生、干燥。

5. 加强检疫工作

对新购入的家畜应隔离检查后再混群，及时发现病畜，以做到早发现、早治疗，控制疫病的蔓延扩散。

## 三、牛巴贝斯虫病（Bovine babesiosis）

牛巴贝斯虫病旧名称焦虫病，因经蜱传播又称“蜱热”，是由巴贝斯虫属的原虫寄生于牛的红细胞内而引起的一种蜱传性的血液原虫病。我国已查明微小牛蜱、刻点血蜱是双芽巴贝斯虫的传播媒介，牛巴贝斯虫病的传播媒介为镰形扇头蜱。以高热、溶血性贫血、黄疸、血红蛋白尿及急性死亡为典型特征。

### （一）流行病学

患牛和带虫牛是主要传染源。在不同的地区，巴贝斯虫病的流行也具有明显的地区性和季节性。在我国大多数地区，该蜱成虫每年出现于4月上旬，最早出现于3月底，4月下旬至5月为高峰，6月减少，7月即从牛体上消失，该病多发生于1～7月龄的犊牛，成年牛多为带虫者。因此，双芽巴贝斯虫和牛巴贝斯虫引起的巴贝斯虫病，多发生于4—9月。

### （二）生活史

牛、羊巴贝斯虫的发育过程基本相似，需要转换2个宿主才能完成其发育，一个是牛或羊，另一个是硬蜱。现以牛双芽巴贝斯虫为例：带有子孢子的蜱吸食牛血液时，子孢子进入红细胞中，以裂殖生殖的方式进行繁殖，产生裂殖子。当红细胞破裂后，释放出的虫体再侵入新的红细胞，重复上述发育，最后形成配子体。蜱吸食带虫牛或病牛血液后，虫体在硬蜱的肠内进行配子生殖，然后在蜱的唾液腺等处进行孢子生殖，产生许多子孢子。

### （三）临床症状

急性巴贝斯虫病的典型特征为高热、贫血、黄疸和血红蛋白尿。潜伏期一般为12～25 d；患牛首先表现为发热，体温升高至40～42℃，呈稽留热型；脉搏及呼吸加快，精神沉郁，喜卧地；食欲减退或消失，反刍迟缓或停止，怀孕母牛常发生流产；病牛迅速消瘦、贫血，黏膜苍白或黄染；由于红细胞遭受大量破坏，血红蛋白从肾脏排出而成为血红蛋白尿，尿的颜色逐渐加深，由淡红色变为棕红色乃至黑红色，如酱油状；血液稀薄，血红蛋白量减少到25%左右，血沉加快10余倍。重症病例如不治疗，可在4～8 d（血红蛋白尿出现后数日）死亡，死亡率可高达50%～80%。慢性病例体温波动于40℃上下，持续数周，食欲下降，机体消瘦，并出现渐进性贫血，需经数周或数月才能恢复。

### （四）病理变化

消瘦，尸僵明显，可视黏膜苍白或黄染，血液稀薄如水；皮下组织、肌间结缔组织、浆膜及脂肪组织水肿、黄染，呈黄色胶样状；胃肠黏膜肿胀、潮红并有点状出血；

第三胃干硬，似足球状，各脏器被膜均黄染；脾脏明显肿大，甚至比正常肿大4～5倍，脾髓变软，呈暗红色，白髓肿大呈颗粒状突出于表面；肝肿大呈黄褐色，切面呈豆蔻状花纹，被膜上有时有少量小点状出血；胆囊肿大，充满浓稠胆汁，色暗；肾脏肿大，淡红黄色；心内膜外有出血斑。

（五）诊断

可根据病原学检查、临床症状（连续高热，体温40℃以上，贫血、黄疸、血红蛋白尿，呼吸急促等）、病理剖检（主要指血液稀薄、皮下及肌肉组织黄染等病理变化）、流行病学分析（当地是否发生过该病、发病季节、有无巴贝斯虫病传播媒介及病牛体表有无巴贝斯虫的媒介蜱寄生等）进行综合判断，但确诊必须查到病原。可通过血涂片观察是否有典型虫体，结合分子生物学和血清学的方法进行检测鉴别诊断（图5-9）。

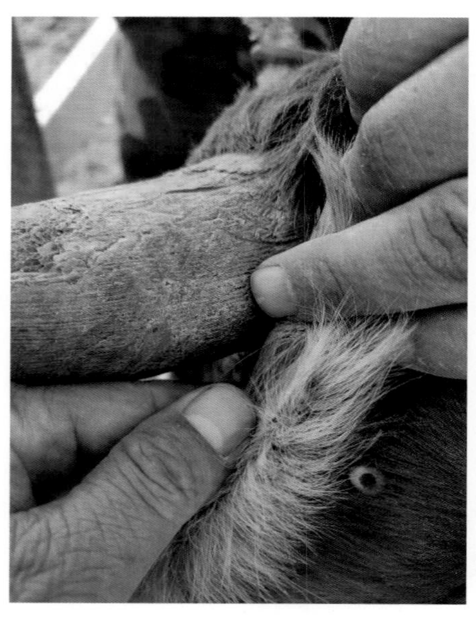
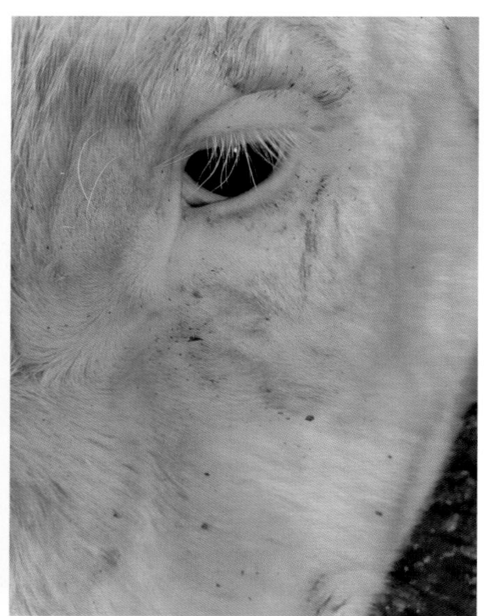

图5-9　焦虫病牛见耳朵边缘、腹股沟处有蜱虫

（六）预防

有效控制媒介蜱叮咬动物，是控制该病的重要环节。目前，主要还是使用化药灭蜱的方法，常用的灭蜱药物主要有除虫菊酯类药物、植物提取物杀虫剂及伊维菌素类杀虫剂等。

药物预防。对在疫区放牧的牛群，在发病季节来临前，每隔15 d用贝尼尔注射一次，剂量为每千克体重2 mg，如用咪唑苯脲预防效果更佳。

（七）治疗

咪唑苯脲。1～3 mg/kg，配成10%溶液，肌内注射，效果很好。该药在体内不进行降解并排泄缓慢，导致长期残留在动物体内，由于这种特性，使该药具有较强的预防效果，但同时也导致了组织内长期药物残留。因此，牛一般用药后28 d内不可屠宰食用。

三氮脒。3.5～3.8 mg/kg，配成5%～7%的溶液，深部肌内注射。黄牛偶见腹痛等副作用，但很快消失。

锥黄素（黄色素）。按照3～4 mg/kg，配成0.5%～1%溶液静脉注射。症状未减轻时，24 h后再注射一次。

青蒿素。青蒿素混悬注射液，每次5 mg/kg，肌内注射，每日2次，连用2～4次。青蒿琥酯片，口服剂量5 mg/kg，首次用药量加倍，每日2次，连服2～4次。

## 四、牛泰勒虫病（Theileriosis of cattle）

牛泰勒虫病旧称泰氏焦虫病，是由泰勒科泰勒属的原虫寄生于牛红细胞、淋巴细胞和巨噬细胞经蜱虫传播而引起的一种血液原虫病，该病流行具有极强的季节性和地方流行性，在我国至少存在3种能感染牛的泰勒虫：其中环形泰勒虫致病性最强，主要感染黄牛、奶牛。

### （一）流行病学

璃眼蜱属是主要的传播者。泰勒虫不经卵传播。该病的发生和流行随蜱的出没，有明显的季节性。通常情况下，潜伏期14～20 d，呈急性过程，6月开始出现，7月达到高峰，8月逐渐平息。在流行地区，1～3岁牛发病较多，患过该病的牛成为带虫者，不再发病，带虫免疫可达2.5～6年。

### （二）生活史

最初由蜱接种到牛体内时进入网状内皮系统的细胞内以裂殖方式生殖形成无性和有性两种多核虫体（石榴体）。无性型多核虫体即大裂殖体，成熟后从破裂的淋巴细胞中外出，并释放的量的大裂殖子。大量的大裂殖子又侵入新的淋巴细胞或内皮细胞，重复其无性繁殖。有性型多核虫体即小裂殖体破裂后释放的量的小裂殖子，小裂殖子进入血流中的红细胞内发育成配子体。配子体被蜱吸食到胃里以后，红细胞被消化后释放，而后形成大小配子，并结合成合子。合子进而变为棒状动合子，动合子进入蜱唾液腺内发育为孢子体，再形成子孢子，当含有子孢子的蜱到牛身上再次吸血时，子孢子进入牛中重复繁殖（图5-10）。

### （三）临床症状

体温升高至40～42℃，高热稽留，4～10 d内维持在41℃左右。患牛精神沉郁，喜卧。脉弱而快，心音亢进，有杂音。咳嗽，流鼻涕，眼结膜充血，流出浆液性眼泪，逐渐贫血黄染，出现绿豆大的出血斑。可视黏膜及尾根、肛门周干而黑的粪便，常带有黏液和血丝。体表淋巴结肿胀为该病的特征，大多数病牛一侧肩前淋巴结或腹股沟浅表淋巴结肿大，初为硬肿，有痛感，后渐渐变软，常不易推动。贫血，但无血红蛋白尿。大部分病牛经3～20 d趋于死亡。耐过后的病牛成为带虫者。

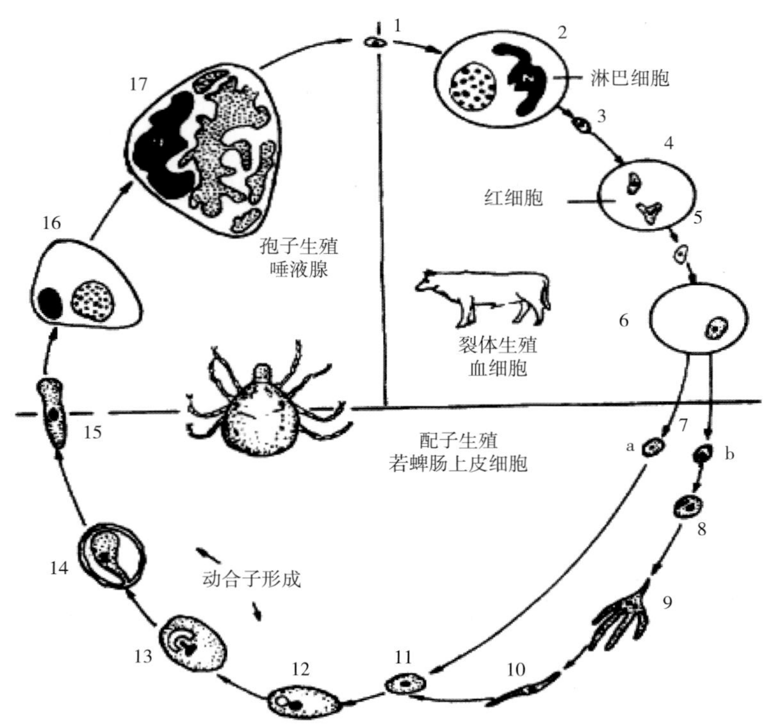


1. 子孢子；2. 在淋巴细胞内进行列殖体增殖；3. 裂殖子；4～5. 红细胞内裂殖子的双芽增殖分裂；6. 红细胞内裂殖子变成球形的配子体；7. 在蜱肠内的大配子（a）和早期小配子（b）；8. 发育着的小配子；9. 成熟的小配子体；10. 小配子；11. 受精；12. 合子；13. 动合子形成开始；14. 动合子形成接近完成；15. 动合子；16～17. 在蜱唾液腺细胞内形成的大的母孢子，内含无数子孢子。

**图5-10　环形泰勒虫生活模式图**

（注：摘自孔繁瑶《家畜寄生虫学》）

## （四）病理变化

尸体消瘦，尸僵明显，全身淋巴结肿大，切面多汁，有暗红色和灰白色大小不一的结节。皱胃黏膜肿胀，充血，有针尖大至黄豆大、暗红色或黄白色结节，结节破溃形成溃疡，中间凹陷，呈暗红色，溃疡边缘不整，周围黏膜充血、出血，构成细窄的暗红色带，皱胃病变明显具有诊断意义。小肠和膀胱黏膜有时也可见结节和溃疡，脾脏肿大，被膜有出血点，脾髓质变软呈紫黑色泥糊状；肾脏肿大，质软、有红圆形或类圆形粟粒大暗红色病灶；肝脏肿大，质软，呈棕黄色或棕红色，有灰白色和暗红色病灶。胆囊扩张，充满黏稠胆汁。

### （五）诊断

根据病牛主要症状、病变和流行特点，并结合病原学（耳静脉采血或者淋巴结穿刺涂片、染色、镜检，如发现石榴体）进行诊断。间接荧光抗体试验（IFAT）是国际贸易指定的病原鉴定试验。

### （六）治疗

针对该病用特效药物杀灭虫体外，应对症治疗，以“健胃、强心、补液”为原则。输血疗法和加强饲养管理可大大降低病死率。常用药物如下。

三氮脒（贝尼尔、血虫净）。肌内注射：一次量，3～5 mg/kg。临用前配成5%～7%溶液。1次/d，连用的3 d（每次间隔24 h）。超量应用可使乳牛产奶量减少。局部肌内注射有刺激性，可引起肿胀，应分点深层肌内注射。牛的休药期是28 d。

磷酸伯氨喹。0.75～1.5 mg/kg，每日口服1次，连用3 d。

青蒿琥酯。每次每千克体重5 mg，首次用药量加倍，以后每间隔12 h用药1次，连服2～4次。

黄花蒿。用药前1 d或当天采集黄花蒿幼嫩枝叶，切碎，冷水浸泡30～60 min，连渣灌服，每天每头牛口服3～5 kg，上、下午各服1/2剂量，直到红细胞染虫率下降至1%以下停药观察，一般为2～6 d。

### （七）预防

1. 预防的关键在于消灭牛蜱

蜱是焦虫病的传播者，夏秋季节用1%敌百虫水溶液喷洒牛体消灭牛舍内和牛体上的璃眼蜱。在蜱大量活动期间每7 d处理1次。还可用泥墙缝、烧牛粪、堆粪发酵、敌百虫喷圈、清除灌木丛和蒿草等方法，处理幼蜱、若蜱和饥饿成蜱的滋生环境。

2. 对在不安全牧场放牧的牛群

于发病季节，每半月用贝尼尔预防注射1次，剂量为2 mg/kg，深部肌内注射。

3. 接种牛环形泰勒虫裂殖体胶冻细胞虫苗

每头牛肌内注射2 mL，注射后21 d产生免疫力，免疫持续期为1年。

## 五、牛肝片吸虫病（Fascioliasis of bovine liver）

肝片吸虫病又称肝蛭病，是由片形科片形属肝片吸虫寄生于牛胆管或胆囊中，引起牛发生慢性或急性肝炎、胆管炎，同时伴随全身性中毒和营养障碍的一种人畜共患寄生虫病。该病在新疆放牧牛群中呈地方性流行性，可使患病牛生产性能下降，对幼龄牛危害极大，可致大批患病幼龄牛死亡，给养殖户造成重大经济损失。

## （一）流行病学

该病主要是牛采食了被肝片吸虫污染的草或饮用含有吸虫卵的水所致，常呈地方性流行，多在夏秋两季感染，6—9月高发，常常不表现出临床症状，而在冬季和初春，气候寒冷，牧草干枯，大多数牛消瘦、体弱，抵抗力低，是肝片吸虫病患牛死亡数量最多的时期。

## （二）生活史

成虫寄生于牛羊的胆管中并在此产卵，虫卵随胆汁进入肠道，同粪便一起排出体外。在有水和适宜温度（15～30℃）下发育为毛蚴，毛蚴钻入中间宿主锥实螺内经胞蚴、雷蚴、尾蚴几个发育阶段，尾蚴离开中间宿主游于水中，变为囊蚴，囊蚴附着于水草上或在水中自由漂浮。当牛羊采食或饮水时，因吞食囊蚴而受到感染。囊蚴的孢囊在消化道中被消化液溶解，童虫脱出并钻入肠壁静脉内，随血液循环经门静脉到达肝脏，再到胆管内，或穿过肠壁进入腹腔，通过肝包膜钻入肝脏，再进入胆管，其次，童虫还可以从十二指肠的胆管口直接进入胆管内。童虫3～4个月发育为成虫（图5-11）。

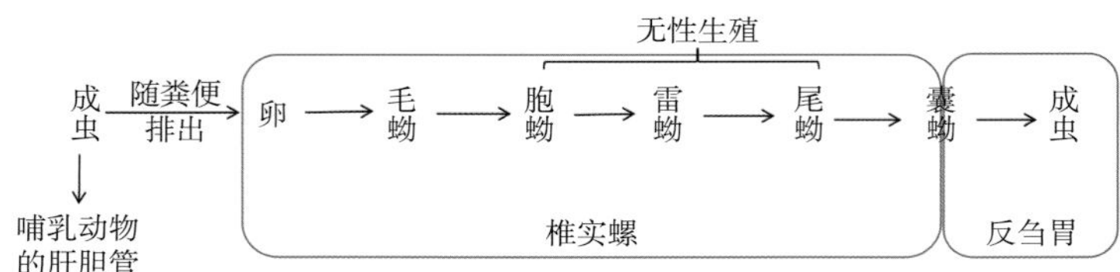


图5-11　肝片吸虫生活史

## （三）临床症状

### 1. 急性型

病初有短时间的发热，慢草，虚弱，容易疲倦，放牧时离群落后。有的出现腹泻、黄疸、腹膜炎。肝区有压痛，肝脏肿大，有的可触及增厚的肝脏边缘，叩诊肝浊音区扩大，压痛明显。有的迅速死亡（图5-12）。

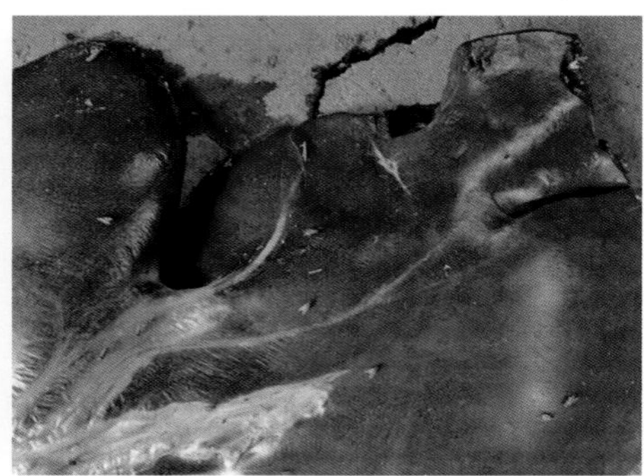

图5-12　牛肝片吸虫病症状

2. 慢性型

慢草，虚弱，容易疲倦，黏膜苍白淡黄，下颌间隙发生水肿，牛呈现渐进性消瘦，被毛粗乱，毛干易断，精神沉郁，食欲不佳，后期可视黏膜极度苍白，黄疸，贫血，肋骨突出，眼睑、颌下、胸腹下部水肿。放牧时有时吃土，便秘与腹泻交替发生，排出黑褐色稀粪，有的带血；患病牛生产性能下降或丧失、衰竭，若不及时治疗，最终可在极度衰竭中死亡，病程通常为2～3个月。

（四）病理变化

主要病变在肝脏与胆管，肝实质褪色，变硬，小叶间结缔组织增生，有2～5 mm长的暗红色虫道，内有大量凝固的血块和少量幼虫，胆管肥厚，扩张呈绳索样突出于肝表面；胆管内膜粗糙，有磷酸盐沉积，刀切时有“沙沙”声，胆管内充满虫体和污浊棕褐色的黏性液体，可见病死牛心包膜有纤维素沉积，胸腹腔及心包内有积液。

（五）诊断

根据临床症状、剖检病变和粪便检查结果，可对该病进行确诊。

（六）治疗

【处方一】可用拜耳9015（硝氯酚），4～6 mg/kg，1次灌服；或别丁（硫氯酚），80～100 mg/kg，1次灌服。对驱除肝片吸虫成虫都有高效。

【处方二】氯氰碘醚柳胺钠，临床验证杀灭成虫、幼虫效果较好，按照每千克体重100 mg，口服治疗。

【处方三】可用肝蛭散，组方：苏木25 g、肉蔻25 g、茯苓25 g、贯众25 g、龙胆草25 g、甘草20 g、木通25 g、厚朴30 g、泽泻25 g、槟榔35 g，共研末，每日1次，连用3～5 d，对治疗牛肝片吸虫有较好的效果。

（七）预防

1. 定期驱虫

应根据本地的地理和气候特征，结合春秋防疫，肌内注射氯氰碘柳胺钠注射液，也可以采用硝氯酚（5 mg/kg）与丙硫苯咪唑（15 mg/kg），按照安全剂量同时灌服，效果佳。驱虫时一定要选择干燥无积水的草场上进行。兽医防疫部门，应定期采集粪样进行肝片吸虫检查，出现病例及时驱治，减少病原的扩散。

2. 对于牛群排出的粪便要集中处理

堆积发酵，杀死虫卵，遏制了疾病的进一步扩散。

3. 加强放牧管理

避免在沼泽地放牧、饮水，对于控制肝片吸虫的感染，具有重要意义。疫病流行区不得饮用池塘、沟渠、沼泽、湖水，最好给牛群设置清洁饮水槽，饮用井水或自来水。

有条件的地区开展轮牧，可减少肉牛感染概率。

4. 合理饲喂

减少牛群喝河水的次数，确保鲜水供应充足，避免牛只饮用含有寄生虫虫卵的污水或污染的水源，减少病虫卵传播的机会。定期对放牧区域内水面消毒，开展轮牧，可减少肉牛感染概率。

## 六、牛球虫病

牛球虫病是由艾美耳科艾美耳属的球虫寄生于牛肠道黏膜上皮细胞内引起的以急性肠炎、血痢等为特征的原虫病。

### （一）流行病学

各种品种的牛对该病均有感染性，但以2岁以内的犊牛患病严重，死亡率一般为20%～40%。常以季节性地方散发或流行的形式发生，该病一般多发生在4—9月。在潮湿多沼泽的草场放牧牛群，很容易发生感染。冬季舍饲期间亦可能发病，主要由于饲料、垫草、母牛的乳房被粪污染，使犊牛易受感染。

### （二）生活史

动物在摄入带有孢子化卵囊的食物或饮用水时受到感染。一旦孢子化卵囊到达肠道，释放子孢子，进入肠道细胞，则开始第一阶段的无性繁殖或分裂生殖。第一代可以产生大裂殖体或裂殖体（其包含数百个裂殖子），这取决于球虫种类。第一代裂殖子一旦释放，就会感染其他肠道细胞，产生第二代裂殖体，此时其体积较小，含有较少裂殖子。

各种生殖形式在胃肠道壁不同区段和深度的数量和定位为各种属所特有。随后进行配子生殖，形成卵囊。但卵囊从粪便中排出，未形成孢子。在外部环境中，卵囊可形成孢子；每个卵囊产生四个孢子囊，每个孢子囊含有两个子孢子。子孢子为具有感染性的形式，至此摄入阶段完成。孢子形成时间取决于湿度和环境温度以及种属。潮湿环境有助于感染性卵囊在环境中的存活（图5-13）。

图5-13　球虫生活史

（注：摘自https://mp.weixin.qq.com/s/6nMfMo1ZhEhe7QVo1OlDnw）

### （三）临床症状

牛球虫病的潜伏期为2周，犊牛一般为急性经过，病程为10～15 d。发病初期，病牛精神沉郁，被毛蓬乱，体温正常或略升高，粪便稀薄并混有血液，个别牛犊发病后1～3 d即死亡。1周后，症状急剧加强，表现精神委顿，食欲废绝、消瘦、喜睡卧。体温升到40～41℃，前胃弛缓，瘤胃蠕动和反刍完全停止，肠蠕动增强，下痢稀便中带血，黏膜和纤维素性伪膜、有恶臭，病牛极度消瘦和衰竭，腹泻、脱水、贫血、体温下降到35～36℃，最后导致死亡（图5-14）。

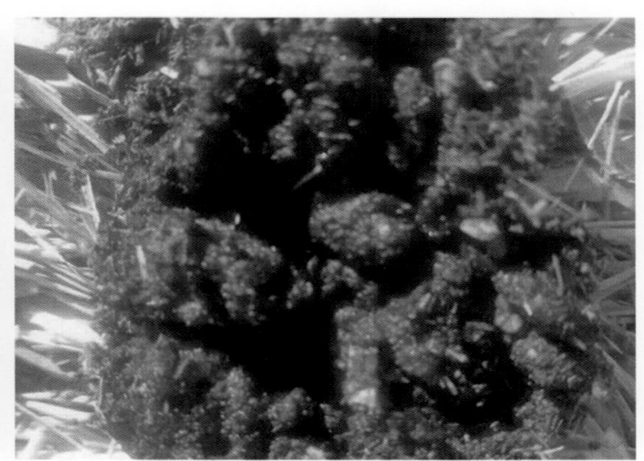

图5-14 犊牛球虫病临床症状

### （四）病理变化

病牛尸体消瘦，可视黏膜苍白，肛门外翻，肛门周围和后肢被含血稀便所污染。盲肠、结肠、直肠发生充血性、坏死性炎症，内容物稀薄，混有血液、黏液和纤维素，肠壁淋巴滤泡肿大，呈灰白色，其上部黏膜常发生溃疡，肠系膜淋巴结肿大。

### （五）诊断

根据病原、临床症状和病理变化。可作出初诊。临床上犊牛出现血痢和粪便恶臭时，可采用饱和盐水漂浮法检查息犊粪便，查出球虫卵囊即可确诊。应注意牛球虫病与大肠杆菌病的鉴别。前者常发生于1个月以上犊牛，后者多发生于生后数日内的犊牛且脾脏肿大。

### （六）治疗

【处方一】预防脱水与止血，5%葡萄糖注射液500 mL；复方盐水1 000 mL；5%碳酸氢钠200～300 mL；分别一次静脉注射，安络血10～20 mL，肌内注射。

【处方二】磺胺二甲嘧啶。每千克体重140 mg，口服，每日2次，连服3 d。

【处方三】氨丙啉。每千克体重20～50 mg，口服，每日一次，连服5～6 d。

【处方四】莫能霉素。每吨饲料中加入16～33 g。

【处方五】支持疗法，5%葡萄糖注射液250 mL加入5 mg地塞咪松磷酸钠5 mL×3支、0.5%维生素C 10 mL×4支、50%葡萄糖注射液20 mL×5支，静脉注射，每日一次，连用3 d。

### （七）预防

为了加强药物的治疗效果，对病牛应加强管理。将病牛隔离饲养，牛舍应干净、清洁、干燥；粪便应及时清扫，圈舍应定期消毒；并给予营养丰富、适口性好、易消化的饲料。

该病的预防措施是加强防疫消毒卫生，消灭球虫卵滋生和发育场所；及时治疗病牛，防止球虫卵的扩散和蔓延两个环节。

1. 加强防疫消毒卫生

（1）牛舍、运动场及时清扫粪便、草应及时清除，堆积发酵处理。牛舍、运动场应保持干净、干燥。

（2）全场定期消毒月应对饲槽、饮水池、牛栏、地面用1%克辽林，或3%～5%火碱水消毒一次。

2. 及时治疗病牛

已有球虫病流行的牛场，应采取隔离、治疗和消毒的综合措施。

（1）临床病牛应及时隔离饲养，搞好隔离场内的环境卫生，加强饲养，促进机体康复。

（2）对病牛污染的场地、褥草以及粪便应严格消毒，集中处理，严防向外传播。

（3）在球虫病存在地区，犊牛饲养时可投服莫能菌素或沙拉里菌素每千克体重1.0 mg，连续使用，可预防该病。

## 七、牛绦虫病

牛绦虫病是由莫尼茨绦虫、曲子宫绦虫、卵黄腺绦虫寄生于牛和其他反刍动物小肠所致。其中莫尼茨绦虫危害最为严重，特别是犊牛感染时，不仅影响生长发育，甚至可引起死亡。

### （一）流行病学

莫尼茨绦虫分布较广泛，我国的主要流行地区为东北、西北和内蒙古的牧区，华北、华东、中南及西南地区也有发病的报道，一般农区不严重，主要危害当年的犊牛。牛的任何阶段都有可能感染此病，但大部分牛绦虫病都出现在秋季和夏季。其中，牛在6个月之下最容易感染发病，同时死亡率也最高；在每年的8月下旬至9月上旬，牛绦虫病的发病率和死亡率达到最高。导致该现象的主要原因是夏季气温偏高，地螨活动较为活跃。牛在进食时，容易将地螨食入口中，并于2个月后出现各种牛绦虫病的症状，甚至导致牛的死亡。

### （二）生活史

莫尼茨绦虫的中间宿主为地螨类，易感的地螨有：肋甲螨和腹翼甲螨。终末宿主将虫卵和孕节随粪便排至体外，虫卵被中间宿主吞食后，六钩蚴穿过消化道壁，进入体腔，发育至具有感染性的似囊尾蚴。动物吃草时吞食了含似囊尾蚴的地螨而受感染。

### （三）临床症状

犊牛可表现为逐渐消瘦，精神不振，离群，初期粪便稀软，后期出现腹泻，粪便中可见有黏液和孕节片。严重者可出现全身衰竭、贫血，有的病例出现盲目运动，步样蹒跚，肌肉震颤等神经症状。

### （四）病理变化

对死亡奶牛进行剖检，可见到小肠内有虫体12条，长的可达3.1 m，最短也在1.2 m，其寄生处有卡他性炎症。肠系膜、肠黏膜、淋巴结和肾脏发生增生性变性。脑内可见出血性浸润和出血，并可见肠黏膜和心内膜出血及心肌变性。

### （五）诊断

对死亡病例通过剖检直接在小肠中见到虫体，经鉴别诊断即可确诊，在临床上还可采取以下两种方法进行鉴别诊断。

1. 直接观察法

直接采集粪便，肉眼可见黄白色孕节片，外观似煮熟的米粒，直接采集后进行显微镜下检查可见大量灰白色、特征性虫卵。

2. 粪便饱和盐水漂浮法

经直接观察未见到虫卵的病例，可采集粪便进行饱和盐水漂浮法，检查到特征性虫卵。

### （六）治疗

【处方一】硫双二氯酚，按每千克体重40 ~ 60 mg，一次内服，内服后4 ~ 5 h多有下痢，一般2 ~ 3 d恢复，有腹泻的牛用药后可能死亡，因此应减量分次内服。

【处方二】丙硫苯咪唑，按每千克体重7 ~ 20 mg，用水稀释成1%的液体，一次内服。

【处方三】氯硝柳胺（灭绦灵），按每千克体重60 ~ 70 mg，用水稀释成10%液体，一次内服。

在绦虫病的驱虫治疗前，应注意牛的体况，对于心脏功能差，体况不好的牛，先要对症治疗，这些情况得到改善后，再实施驱虫则更为安全。

（七）预防

1. 药物预防性驱虫

在牛绦虫病的多发季节，可给牛喂食一些高效驱虫药物，有效预防牛绦虫病的发生。一般来说初春放牧后的4～5周进行第一次驱虫，间隔2～3周进行第二次驱虫，对病牛粪便集中进行无害化处理，然后才能用作肥料。

2. 土地净化

采用翻耕土地、更新牧地等方法消灭地螨。对绦虫污染地放牧地和草原有计划地进行空闲，2年后就可以起到很好的净化作用，能大大降低牛绦虫病的感染概率。

## 第四节 常见普通病防治技术

中兽医学专著《元亨疗马牛驼经全集》记载了牛的脾胃病，如“脾胃虚弱”“宿草不转”“胃扩张”“百叶干”等，都明确了脾胃病是常发病之一，这类疾病都有其固有的病理、病因和转归经过，各胃之间既相互联系，又相互影响，一个胃有病就会波及其他胃，都表现有相似或有些密切相关的临床症状，例如厌食、反刍异常和腹胀等，这些临床特征很常见且难以区分，因此在治疗前胃疾病时是要三胃（网胃、瘤胃、瓣胃）并治。

### 一、前胃弛缓（Flaccid forestomach）

前胃弛缓又称脾胃虚弱，是由各种原因导致的前胃兴奋性降低、收缩力减弱，瘤胃内容物运转缓慢，菌群紊乱，产生大量腐败分解有毒物质，引起消化障碍和全身机能紊乱的一种疾病。特征是病畜食欲减退，前胃蠕动减弱，反刍、嗳气减少或停止等。

（一）病因

1. 饲草料不均衡

长期饲喂含水量大的糟渣，青贮饲料，或麸皮、精料等细碎的饲料，不足以引起前胃的兴奋，此原因主要见于奶牛，饲料中的优质青干草缺乏等。

2. 草料质量低劣

长期饲喂粗硬、劣质、含纤维多、难以消化的饲料，如豆秸、甘薯藤、麦秸、树枝、蒿秆等，强烈地刺激胃壁，尤其是饮水不足时，前胃内容物易结成难以消化的团块，影响瘤胃微生物的消化活动，导致消化机能障碍而发生该病。

3. 饲料变质

受热的青贮饲料，冻结的块根，块茎，变质腐败的酒糟、豆渣、粉渣，豆饼、花生饼、棉籽饼等。

4. 饲料的配合不当

蛋白质饲料过多，可产生过多的氨，使瘤胃的pH值升高，碳水化合物过多，则产生过多的乳酸，可使瘤胃的pH值下降，从而影响瘤胃微生物菌群，矿物质和维生素缺乏，特别是钙的缺乏，如低血钙影响神经体液的调节，成为前胃弛缓发病的主要发病原因之一。

5. 饲养失宜

无一定的饲养标准，饲料的突然改变，饲喂不定时定量，饥饱无常，都易扰乱正常的消化程序，引起瘤胃代谢机能和收缩机能的降低。

### （二）临床症状

1. 急性型

多呈急性消化不良，精神委顿，表现为应激状态。食欲减退或消失，反刍弛缓或停止，全身机能状态无明显异常。瘤胃收缩力减弱，蠕动次数减少或正常。由变质饲料引起的，瘤胃收缩力消失，轻度或中度膨胀，下痢。由应激反应引起的，瘤胃内容物黏硬，而无膨胀现象。一般病例病情轻，容易康复。如果伴发前胃炎或酸中毒时，则病情急剧恶化。

2. 慢性型

多数病例食欲不定，有时正常，有时减退或消失。常常虚嚼、磨牙，发生异嗜，舔砖吃土，或摄食被尿粪污染的褥草、污物。反刍不规则、无力或停止。嗳气减少，嗳出气体带臭味。病情时好时坏，食欲减退，日渐消瘦，皮肤干燥，被毛逆立，无光泽，体质衰弱。病的后期，伴发瓣胃阻塞，精神沉郁，鼻镜皲裂，不愿移动或卧地不起。食欲、反刍停止，瓣胃蠕动音消失，继发瘤胃膨胀。脉搏快速，呼吸困难，眼球下陷，结膜发绀。全身衰竭、病情危重时发生自体中毒和脱水，多数死亡。

### （三）预防

1. 科学设计日粮配方

在养牛过程中，需科学设计，重视精粗饲料的搭配，日粮内精饲料所占比例应<21%。日粮内中性洗涤纤维水平≤25%，其中粗糙且长的饲草含量需≥75%，有效促进动物咀嚼以及反刍，帮助其唾液分泌，营造稳定的瘤胃内环境。

2. 科学使用缓冲剂

缓冲剂主要包括氧化镁、小苏打（碳酸氢钙）。小苏打成本较低，具备显著的饲喂效果，通常小苏打的添加量为饲料干物质总量的1%～2%。

3. 使用微生态制剂

微生态制剂无毒、无副作用，安全环保、无任何残留，可促进有益微生物菌群生长繁殖，以抑制有害微生物，提升饲料转化效率，从而提高牛的机体免疫力。较为常见的微生态制剂主要包括芽孢杆菌类、乳酸菌类以及酵母菌类在选择预防前胃弛缓的菌种时，一般是选择对酸度具备一定耐受性的菌种，以维持瘤胃的稳定环境。

4. 强化饲养管理

在日常养殖中，需重视牛的饲料品质，尽量切短秸秆或者直接将秸秆做成黄贮后饲喂，以提升饲料的适口性，避免前胃弛缓。

### （四）治疗

禁食1～2 d，饲喂适量富有营养、容易消化的优质干草或放牧，增进消化机能，兴奋副交感神经，促进瘤胃蠕动。

【处方一】氨甲酰胆碱1～2 mg，或新斯的明10～20 mg，或毛果芸香碱30～50 mg，皮下注射。病情危急、心脏衰弱或妊娠病牛禁用，以防虚脱和流产。

【处方二】10%氯化钠100 mL，5%氯化钙200 mL，20%安钠咖10 mL，静脉注射，兴奋瘤胃，促进反刍。

【处方三】5%葡萄糖氯化钠注射液600 mL、10%氯化钠注射液600 mL、5%氯化钙注射液300 mL，每天1次，连续使用3～5 d。

【处方四】用液体石蜡1 000 mL一次内服。可促进瘤胃排空，排除瘤胃内有毒物质。

【处方五】强心补液，兴奋胃神经，防止酸中毒选用25%葡萄糖500～1 000 mL，或5%葡萄糖生理盐水1 000～2 000 mL+40%乌洛托品20～40 mL+20%安钠咖注射液10～20 mL，5%碳酸氢钠注射液500 mL，分别静脉注射。

## 二、瘤胃积食（Ruminal indigestion）

又称“宿草不转”或“急性瘤胃扩张”，系反刍动物采食大量不易消化的饲草料停留或积滞过多，引起胃壁过度伸张的一种瘤胃运动功能障碍性疾病。

### （一）病因

原发性瘤胃积食见于有过食病史，以舍饲牛多发，饲草料骤然变更，饮水不足，或采食过量劣质粗饲料，大量草料停积于瘤胃内磨碎缓慢，瘤胃运动机能紊乱，瘤胃蠕动减缓，内容物逐步积聚导致该病。继发性于瓣胃阻塞、真胃炎、难产、疯草中毒等均能引起该病。

### （二）临床症状

患牛左侧腹围胀满，中下部向外突出。触诊瘤胃内容物呈面团样，患牛不安，弓腰努责，呈现排便状。粪便呈黑色、干硬，表面附有黏液或血液，少数病例软粪或腹泻。鼻镜无汗或少汗，后期脱水及酸中毒，呻吟卧地，四肢颤抖，最终衰竭而亡（图5-15）。

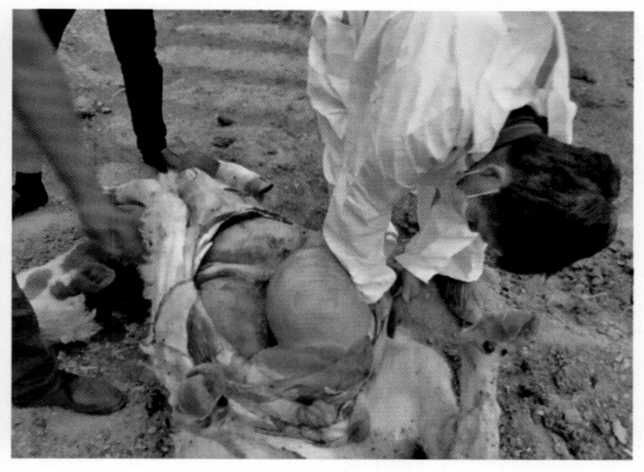

图5-15　牛瘤胃积食临床症状

（三）预防

饲养管理有序、制度化，防止牛跑出围栏误食多量精饲料；切实做好育肥牛的饲料配合、搅拌，不要轻易变更饲料配方；避免外界各种不良因素的刺激和影响，充分饮水，适当运动。

（四）治疗

治疗原则为加强护理，增强瘤胃蠕动机能，排出瘤胃内容物，制止发酵，对抗组胺和酸中毒，对症治疗。

1. 过食精料

过食精料5 kg左右的病例必须在1～2 d实施瘤胃切开术，或反复洗胃除去大量的精料之后，才可以与其他病例采用相同的治疗措施。

2. 绝食

绝食1～2 d，并且除采食了大量易臌胀饲料的病例需要适当限制饮水外，其他病例均需给予充足的清洁饮水。

3. 瘤胃按摩

增强瘤胃蠕动机能，促进反刍，加速瘤胃内容物排出。

方法一：洗胃疗法用清水反复洗胃。

方法二：瘤胃按摩，用拳、手掌、木棒与木板（二人抬）、布带（二人拉）按摩瘤胃，每次20～30 min，每日3～4次，对非过食精料的病例可结合灌服酵母粉250～500 g，滑石粉200 g（加适量温水），并进行适当牵引运动，则效果更好（过食精料的病例禁用）。

方法三：泻下法，参考见前胃弛缓，但需注意的是对过食精料的病例不宜用盐类泻剂，尽量用油类泻剂。兴奋瘤胃参考前胃弛缓。

方法四：手术治疗，对危重病例和洗胃不成功的病例，当认为使用药物治疗效果不佳时，或怀疑为食入塑料薄膜而造成的顽固病例或严重过食病例，且病畜体况尚好时，应及早施行瘤胃切开术，取出瘤胃内容物，填满优质的草，用1%温食盐水冲洗，并接种健畜瘤胃液。

4. 清肠消导

首先缓泻，可用硫酸镁或硫酸钠300～500 g，液体石蜡油或植物油500～1 000 mL，鱼石脂15～20 g，75%酒精50～100 mL，饮水6～10 L，一次性内服。然后兴奋前胃神经，促进瘤胃内容物运转与排除；可用毛果芸香碱0.05～0.2 g或新斯的明0.01～0.02 g，皮下注射，病畜心脏功能不全或妊娠期忌用。

5. 对症治疗

对病程长、伴有脱水和酸中毒者，强心补液，补碳酸氢钠，以解除酸中毒。

（1）促进反刍。在瘤胃内容物泻下后，应兴奋瘤胃蠕动，可用10%氯化钠溶液300～500 mL，静脉注射，或先用1%温食盐水洗涤瘤胃，再用10%氯化钠溶液100 mL、10%氯化钙溶液100 mL、20%安钠咖注射液10～20 mL，静脉注射；或者病牛内服健胃剂，马钱子酊15～20 mL，龙胆酊50～80 mL，配合适量水内服。改善中枢神经系统调节机能，增强心脏活动，促进血液循环和胃肠蠕动，缓解自体中毒。

（2）强心补液。5%葡萄糖生理盐水2～3 L，20%安钠咖注射液10 mL，维生素C 0.5～1 g，静脉注射，每天2次。

（3）预防酸中毒血液碱贮下降，酸碱平衡失调时，静脉注射5%碳酸氢钠溶液300～500 mL，或11.2%乳酸钠溶液200～400 mL；如果反复注射碱性药物，出现碱中毒症状，呼吸急速，全身抽搐时，宜用稀盐酸15～300 mL，内服。

## 三、瘤胃臌气（Rumen distention）

瘤胃臌气是指肉牛动物采食了大量易发酵的饲料，在瘤胃内发酵，产生大量气体，以致造成瘤胃和网胃迅速扩张的疾病。临床上以呼吸极度困难，腹围急剧膨胀为特征。此病约占前胃疾病的10%。

### （一）病因

过量采食易发酵产气的草料如新鲜开花期前的苜蓿、二茬青苗、露水草、带霜的青绿饲料，霉变青贮饲料，误食毒草或不易消化的豆类等引起。饲养方式骤然改变，如由吃黄草改为吃青草之际，也常致病。也见于食道阻塞、创伤性网胃炎、前胃弛缓也会出现瘤胃臌气。继发性瘤胃臌气见于炭疽、出血性败血症、破伤风等疾病。

### （二）临床症状

原发性瘤胃臌气，患畜左腹围急剧膨大，站立不安，回头顾腹，后肢踢腹，触压腹壁紧张而有弹性。初期频频嗳气，以后嗳气完全停止，排粪次数较频，量少而稀，味酸臭。后期病畜张口呼吸，步态不稳或卧地不起，全身出冷汗，很快窒息死亡。继发性瘤胃臌气常常反复发作，病情发展缓慢。

（三）病理变化

死后立即剖检的病例，可见瘤胃壁过度扩张，充满大量气体及含有泡沫的内容物。死后数小时剖检，瘤胃内容物无泡沫，间或有瘤胃或膈肌破裂。瘤胃腹囊黏膜有出血斑，甚至黏膜下淤血，角化上皮脱落。肺脏充血，肝脏和脾脏被压迫呈贫血状态。浆膜下出血等。

（四）诊断

急性瘤胃臌气病情急剧，腹部臌胀，左肷部凸出，叩诊鼓音，呼吸极度困难，确诊不难。慢性臌胀，反复产出气体，随原发病而异，通过病因分析也能确诊。

（五）预防

加强饲养管理，避免过量采食开花前的豆科植物，避免采食堆积发酵或被雨露浸湿的青草、幼嫩牧草和霉败变质饲料，加喂精料应适当限制，不宜突然多喂，饲喂后不能立即饮水。

（六）治疗

以排气、止酵、强心补液、健胃消导为主。

（1）轻症病牛可把它牵到斜坡上，使病牛前高后低站立，将涂有松馏油或大酱的小木棒横衔口中并用绳固定于角上，使其张口不断咀嚼，加速嗳气。

（2）重症病牛要尽快插入胃管排气，或用套管针在左肌窝部进行瘤胃穿刺放气急救。放气应缓慢进行，否则会发生脑贫血而昏迷。放气后，可从套管内注入15 ~ 20 mL来苏儿或10 ~ 15 mL消气灵（福尔马林）并加适量水，以抑制发酵产气的继续。

（3）原发性瘤胃臌气，可用300 ~ 350 mL 5%水合氯醛酒精1次静脉注射，有良好效果。

（4）泡沫性瘤胃臌气，可1次服用棉籽油、豆油、葵花籽油、花生油等中的任一种油，或液体石蜡250 ~ 500 mL，也可1次内服2%二甲基硅煤油液100 ~ 150 mL；或1次内服二甲基硅油10 ~ 15 g并灌饮温水适量；或1次内服碳酸钠60 ~ 90 g（用水化开）、植物油250 ~ 500 mL，都有很好疗效。

## 四、牛创伤性网胃心包炎（Bovine traumatic reticulum pericarditis）

由于金属异物（针、钉、碎铁丝）混杂在饲料内，被采食吞咽落入网胃，导致急性或慢性前胃弛缓，瘤胃反复臌气，消化不良。并因异物穿透网胃刺伤膈或腹膜，引起腹膜炎，或继发创伤性心包炎。

## （一）临床症状

病初前胃弛缓、食欲减退，异嗜，不断嗳气，常呈间歇性瘤胃臌气。肠蠕动音减弱，有时发生顽固性便秘，后期下痢，粪恶臭。由于网胃疼痛，病牛有时突然骚扰不安。体温、呼吸、脉搏一般无明显变化，但网胃穿孔后，最初几天体温可升高至40℃以上。病情逐渐增剧，久治不愈，并因腹膜或胸膜受损，呈现各种异常临床症状。

（1）姿态异常站立时，常取前高后低的姿势，头颈伸展，两眼半闭，肘关节外展，拱背，不愿移动。卧地、起立时，因感疼痛，极谨慎，肘部肌肉颤动，甚至呻吟和磨牙。牵行时，忌上下坡、跨沟或急转弯。

（2）颈静脉怒张呈结索状，颌下及胸前水肿。

（3）敏感检查用力压迫胸椎脊突和剑状软骨，或于鬐甲与网胃垂直线上，双手将鬐甲皮肤捏成皱襞，病牛表现出敏感不安，并引起背部下沉现象，称鬐甲反射阳性。叩诊网胃区，即剑状软骨左后部腹壁，呈鼓音，病牛感疼痛，表现不安、呻吟、躲避或抵抗。

## （二）预防

### 1. 要加强饲料保管，防止饲料中混杂金属异物

不在村前屋后、铁工厂、作坊、仓库、垃圾堆等地放牧。不要把饲料乱堆乱放，更不能将草料堆放在铁丝、杂物的附近。

### 2. 饲料加工要安全

饲料加工中，在加工饲料的铡草机上，应增设清除金属异物的电磁铁装置，除去饲料、饲草中的异物。要建立和完善清除异物的设备，防止金属异物混入，通常用有电磁筛、磁性板，将饲料经筛、板处理后再喂（图5-16）。

图5-16　牛创伤性网胃心包炎、设备安装强磁铁

### 3. 其他预防措施

瘤胃投放强力磁棒，定期吸出瘤胃中的铁质异物。

### （三）治疗

1. 手术疗法

创伤性网胃腹膜炎，在早期如无并发症，可施行瘤胃切开术，从网胃壁上摘除金属异物，同时加强护理。

2. 保守疗法

将病牛保持前高后低的姿势，减轻腹腔脏器对网胃的压力，促使异物退出网胃壁。同时按0.07 g/kg内服磺胺类药物或肌内注射青霉素600万IU，链霉素6 g，2次/d，连用3 d；或肌内注射庆大霉素2 mg/kg，林可霉素10 mg/kg，2次/d，连用3 d。

## 五、子宫内膜炎（Endometritis）

子宫内膜炎是各种原因引起的子宫内膜结构发生炎性改变，细菌可沿阴道、宫颈上行或沿输卵管下行以及经淋巴系统到达子宫内膜。

### （一）病因

1. 传染病性病因

继发性疾病（如结核病、布鲁氏菌病、牛传染性鼻气管炎、牛黏膜病、胎儿弧菌病、滴虫病、沙门氏菌病等）发生时常引发子宫内膜炎。

2. 条件致病菌感染

配种时没有严格执行操作规定如输精器、外阴部、手臂消毒不严；输精时器械的损伤；过度地增加输精次数等。助产、难产手术、分娩、难产、产褥期过程中消毒不严或操作粗暴造成损伤或抵抗力下降使一些条件致病菌，如大肠杆菌、棒状杆菌、链球菌、葡萄球菌、绿脓杆菌、变形杆菌病原菌大量增殖，引起子宫内膜炎症。

3. 饲养管理不当

营养不良特别是奶牛蛋白质缺乏或过肥、运动不足、应激因素等使奶牛全身抵抗力降低，造成产后恶露不净、胎衣不下、死胎、子宫弛缓、子宫脱垂子宫内膜感染。日粮中维生素、微量元素及矿物质缺乏、矿物质比例失调时，特别是土壤中钴、镁、锰和其他微量元素缺乏的地方，大多数奶牛易发生胎衣不下和子宫内膜炎。

### （二）临床症状

根据临床表现可分为急性子宫内膜炎、慢性子宫内膜炎和隐性子宫内膜炎。

1. 急性子宫内膜炎

多发生于产后几天内或流产后，从阴道排出大量污红色、棕黄色腥臭的炎性分泌物，阴道充血，子宫颈开张，子宫角变粗下沉。直肠检查，可触及一个或两个子宫角变大，子宫壁变厚，收缩反应微弱。有时触摸子宫，奶牛有痛感，有分泌物积聚时，可感到有明显波动。同时还出现体温升高（39～41℃），脉搏、呼吸增数，精神不振，食欲不佳，反刍无力，塌腰拱背，努责排尿等全身症状。

2. 慢性子宫内膜炎

经常由阴门排出混有絮状物的黏液、稀薄的污白色黏液或黏稠的脓性分泌物，特别是在发情时排出较多，阴道和子宫颈黏膜充血，性周期不规律，发情不规律或不发情。

3. 隐性子宫内膜炎

母牛无明显症状，性周期、发情和排卵均正常，但屡配不孕或配种受孕后发生流产，发情时从阴道中流出较多的混浊或含有絮状物的黏液。

### （三）病理变化

子宫浆膜无明显变化，但切开子宫后，可见子宫腔内有大量混浊、黏稠的灰白色渗出物，当混有血液时，渗出物呈褐红色。子宫内膜充血、水肿，表面有散在出血点和出血斑。黏膜面粗糙，并有坏死组织碎片覆盖，碎片可脱落而游离于子宫腔内。

### （四）治疗

1. 子宫灌注法

常采用子宫内灌注广谱抗生素，用子宫冲洗器向子宫内灌注药物，方法为：采用10%浓盐水500 mL，加入水溶性土霉素粉50 g；一般每天灌注三次或隔天一次，通过直肠按压子宫体，使炎性产物排出，子宫逐渐收缩体积变小，炎性物质变样为蛋清样、无异臭，这时就可停止用药。

2. 中药疗法

中兽医学认为该病因分娩时助产不慎损伤产道，消毒不严，邪毒秽蛀内侵与气相搏而致发热。邪毒盛弱，传入营血所致。

对于恶露不行子宫迟缓者，灌服益母生化散，方剂为：益母草50 g、当归120 g、川弓45 g、桃仁45 g、干姜（炮）10 g、艾草10 g开水冲调，候温灌服每日一次，连用5 d。依照病情可增减灌药次数。

3. 全身治疗

根据全身状况，可补液、补糖、补盐、补碱，常采用：静脉注射10%浓盐水300～500 mL；5%碳酸氢钠液500～1 000 mL；10%葡萄糖100 mL，葡萄糖氯化钠1 000～2 000 mL，安钠咖10～30 mL，维生素C 50 mL；右旋糖酐500～1 000 mL；0.9%生理盐水1 000 mL，氨苄青霉素12 g，地塞米松2 mL×5支（根据病情逐渐减少用量）；促反刍液500 mL；分别静脉注射，一日1～2次，连用数日，根据病情酌情加减，直至体温恢复正常。

### （五）综合预防措施

1. 加强奶牛饲养管理和围产期的卫生

加强饲养管理，合理添加矿物质、维生素等营养因子，注意青贮饲料、干草、块茎块根饲料、精料的合理搭配；奶牛在产前要加强运动，增强抗病能力；奶牛产前15 d进入临产圈，临产前对奶牛后躯消毒，产后立即对牛阴门周围用5%的碘酊消毒，注射催产素80 ~ 100 IU。产后1 h内口服或灌服红糖麸皮水（红糖300 g、麸皮300 g、35℃温水15 kg）1 ~ 2次，产后6 h口服宫炎净250 g可有效预防子宫内膜炎的发生。对于产后发病、体弱、消瘦的奶牛提前清宫治疗，有缺钙先兆的奶牛要进行预防性补钙。

2. 认真做好奶牛的防病检疫（结核病、布鲁氏菌病）、乳房炎检测工作

做好牛舍、产房及运动场的消毒，保持良好的卫生条件，夏季加强通风，增加饮水量，注意补充电解多维素，精料中添加一定比例的食盐和小苏打，降低奶牛热应激；冬季注意保暖，定期修蹄，保持运动场、圈舍干燥。

3. 定期做好奶牛产后监控

奶牛在产犊后1 ~ 14 d注意监测体温变化，观察恶露颜色、气味、内容物变化，奶牛产后15 d、45 d、60 d和120 d的各阶段进行观察和直肠检查，检查的内容为：子宫分泌物的洁净程度，子宫复旧，卵巢活性，是否患有子宫炎，对患有子宫内膜炎奶牛必须坚持早发现、早治疗的原则，避免延误有效的治疗时机。凡60 d不发情的必须检查，形成定期的专业化的检查制度，及早发现问题及早处理，突出“治未病”。

4. 人工授精必须严格遵守操作规程

根据调查显示人工授精员在人工授精操作不卫生表现突出，对细管输精枪、颗粒输精枪未做严格消毒或不消毒，在操作过程中不注意外阴唇消毒卫生，给正常发情牛造成人为的“子宫内膜炎”，而致屡配不孕。此类问题时常发生，易被人工授精员和养牛户忽视，因此每年开展人工授精前加强对配种员的培训和职业教育，严格按照无菌化、程序化进行操作。

## 六、胎衣不下（Retained placenta）

牛胎衣不下是牛产后的常见病，一般是指母牛产后12 h内胎衣未全部排出。

### （一）病因

（1）牛胎盘特殊结构是易发该病的原因之一，牛的胎盘组织多属上皮绒毛膜和结缔组织绒毛膜混合型，胎儿胎盘和母体胎盘联系紧密，当产后子宫收缩无力时，二者不能分离，就导致胎衣不下。

（2）日粮中钙和磷的含量过多导致体内钙、磷代谢失调影响吸收，造成产后低血钙导致胎衣不下。日粮中蛋白水平低或过高都会导致胎衣不下。日粮中维生素或微量元

素缺乏，气血不足，气虚导致子宫无力。遗传因素如血液激素比例不正常，产后催产素释放不足影响子宫收缩。

（3）产后子宫收缩无力，妊娠母牛运动不足、过度肥胖，胎儿过多或过大引起子宫过度扩张，以及由难产导致的子宫肌疲劳等。

（4）流产后孕酮含量高、雌激素分泌不足且胎盘组织联系仍紧密，也易引起此病。此外，胎盘受到感染，胎儿胎盘和母体胎盘发生愈合，也是胎衣不下的原因。

### （二）临床症状

牛胎衣脱出的部分常为尿膜绒毛膜，呈土红色，表面有许多大小不等的子叶。经过1～2 d胎衣便会在子宫内腐败分解，从阴门排出污红色恶臭气体，母牛卧下时排出量较多，在感染病菌和腐败胎衣的刺激性下，母牛容易发生急性子宫内膜炎。随着腐败分解产物被吸收后，母牛则可能出现全身感染甚至败血症，表现为体温升高，脉搏，呼吸加快，精神沉郁，食欲减退，拱背努责、瘤胃弛缓、瘤胃臌气、腹泻，产奶量下降。

### （三）预防

（1）妊娠后期注重营养供给，合理调配，不能缺乏矿物质，特别是钙、磷的比例要适当。产前不能多喂精饲料，要增加光照和运动。

（2）产后要让母牛吃到羊水和益母草、红糖等。饲喂含钙及维生素丰富的饲料。加强运。

（3）产后饮服益母草煎剂。分娩8～10 h不见胎衣排出，则可肌内注射催产素100 IU, 静脉注射10%～15%的葡萄糖酸钙500 mL。

### （四）治疗

（1）先用雌激素20～30 mg，6 h后用催产素100 IU，肌内注射；益母生化散350 g，一次灌服，连用3～5 d。

（2）在子宫内灌入5%～10%氯化钠盐水2 000～3 000 mL；10%葡萄糖酸钙注射液500 mL，25%的葡萄糖注射液500 mL，1次静脉注射，2次/d，连用2 d。

（3）红糖500 g（后下），当归、川芎、益母草各30 g，水煎服。

（4）车前子250～300 g，酒（市售白酒，或75%酒精）适量，以拌湿车前子为度，药酒掺拌均匀后点火烧，边烧边搅拌，酒燃完为止，在车前子凉后研成药面，加温水成稀汤样，一次内服。

（5）手术法剥离术，首先把阴道外部洗净，左手握住外露胎衣，右手沿胎衣与子宫黏膜之间，触摸到胎盘，食指与中指夹住胎儿胎盘基部的绒毛膜，用拇指剥离子叶周缘，扭转绒毛膜，使绒毛从肉阜中拔出，逐个剥离，然后向子宫内投放土霉素或环丙沙星等抗菌药物。手术剥离一般在胎衣不下72 h为宜，这样胎衣已老化，出血少，易脱落，损伤小。

## 七、乳房炎（Mastitis）

乳房炎是指奶牛乳腺叶间结缔组织和乳腺体发生炎症，伴有乳汁产量和理化性质的改变，特别是乳汁中的白细胞数增加、乳汁颜色异常和乳汁中出现乳凝块。

### （一）病因

饲养管理不当，如挤奶技术不熟练，造成乳头管黏膜损伤，挤奶前未清洗乳房或挤奶人员手不清洁以及其他污物污染乳头等。病原微生物的感染，如大肠杆菌、葡萄球菌、链球菌、结核分枝杆菌等通过乳头管侵入乳房而引起的感染。机械性损伤，如乳房受到打击、冲撞、挤压或刺划伤、冻伤等均可诱发该病。该病常继发于子宫内膜炎及生殖器官的炎症等病程中。继发于某些传染病，如布鲁氏菌病、结核病、口蹄疫等。

### （二）临床症状

临床型乳房炎。泌乳减少或停止，肉眼可明显地观察到患病乳区乳红、肿、热、痛，乳房上淋巴结肿大，乳汁排出不畅，乳量减少或停止，乳汁的性状异常，有的乳汁稀薄内含凝乳块或絮状物，有的混有絮状物、乳凝块或血液，有的混有血液或脓。重症患牛可出现全身性的系统症状，如体温升高、精神食欲差、反刍停止，因乳房疼痛而产生的跛行等。

隐性型乳房炎。临床症状不明显，乳汁没有肉眼可见的异常变化，在实验室检查时才能被发现，此时检查乳汁，可见乳汁中的白细胞和病原菌的数量增加，乳汁检验呈阳性反应（图5-17）。

图5-17　牛乳房炎症状

### （三）诊断

乳汁的检验在乳房炎的早期诊断和病性确定上具有重要的意义。目前采用的检测方法有4%苛性钠法、CMT法、HMT法、LMT法等。判定标准分为阴性（-）、可疑（±）、弱阳性（+）、阳性（++）、强阳性（+++）等几个等级。

### （四）预防

1. 预防

在日粮中，多补充新鲜青绿饲料或胡萝卜，围产期奶牛补加高剂量维生素E（产前14 d与泌乳期一天分别补加4 000 IU与2 000 IU），增强免疫细胞的吞噬能力，改善应激状态，阻止外源病原微生物入侵，可有效防止乳房炎的发生。

2. 适宜的微量元素供给

特别是微量元素硒、锌和铜，能够减少产犊和泌乳早期临床乳房炎的发病率，从而得到较好的收益。

### （五）治疗

乳房内注药。先将患病乳房内的乳汁及分泌物挤净，用消毒液消毒乳头，将乳导管插入乳房，灌注0.1%雷佛奴尔溶液或0.1%高锰酸钾溶液100～200 mL。过2 h后轻轻挤出。一天用药2次，直至脓絮消失为止。也可以通过注射器将抗生素溶液注入，注完后用双手从乳头基部向上顺序按摩，使药液逐渐扩散，所用药物、用法、用量及休药期详见说明书。

乳房封闭疗法。静脉封闭，静脉注射用生理盐水配制的0.5%的普鲁卡因溶液200～300 mL。会阴神经封闭，在坐骨弓上方正中的凹陷处，消毒后，右手持封闭针头向患侧刺入2 cm，然后注入0.25%的盐酸普鲁卡因溶液20 mL，其中可加入80万IU青霉素钠，若两侧乳房均患病，可向两侧注射。乳房基部封闭，在乳房前叶或后叶基部的上方，紧贴腹壁刺入8～10 cm，每个乳区的基部可注入0.5%的普鲁卡因100 mL，且在其中加入80万IU的青霉素钠，以提高疗效。

在炎症的初期处于浆液性渗出的阶段时，可采用冷敷，以制止渗出。当炎症2～3 d后，渗出停止时，再改用热敷或紫外线照射疗法，以促进吸收。当出现明显的全身症状时，可用青霉素、链霉素混合肌内注射，或磺胺类药物及其他抗生素药物进行静脉注射等。

可应用中药公英散250～300 g，内服。每日1次，连用3次。

栝蒌牛蒡汤：栝蒌60 g，牛蒡子、花粉连翘、金银花各30 g，黄芩、陈皮、生栀子、皂角刺、柴胡各25 g，生甘草、青皮各15 g，共研末，开水冲服。

注意保持畜舍、用具及牛体卫生，定期消毒；按正确方法进行挤乳，避免损伤乳头；挤乳前用温水清洗乳房，挤净乳汁；干乳期向乳房内注入抗生素1～2次；保护乳房，避免机械性损伤。

## 八、犊牛肺炎（Calf pneumonia）

犊牛肺炎是指肺组织发生卡他性炎症或是卡他性-格鲁布性炎症病变，是犊牛比较常见和多发的呼吸系统疾病。

### （一）病因

1. 西兽医

舍饲牛长期饲草料单一，精料补饲不足，钙磷比例失调，缺乏维生素A、维生素C、维生素D等，放牧牛营养缺乏，造成犊牛先天禀赋不足，机体抵抗力弱；或者不能及时吃初乳，给呼吸道内外源性微生物创造繁殖增生的条件，从而引起肺部炎性病变，造成氧不足与淤血，出现高热、喘息综合征。

2. 中兽医

多因暑天炎热，风热之邪侵袭皮毛，内合于肺，热盛气壅，热灼伤津，炼液为痰，痰热壅滞，肺气上逆；或因风寒侵袭于肺，肺气壅遏郁而化热，肺失清肃所致。

3. 传染性因素

根据病原体种类可分为细菌性肺炎、病毒性肺炎等。肺炎链球菌、结核分枝杆菌、巴氏杆菌等是引起犊牛肺炎常见的细菌；病毒包括牛腺病毒、副流感病毒、牛呼吸道病毒等；丝状支原体也是引起犊牛肺炎的主要原因。

### （二）临床症状

发病初期表现为急性支气管炎的症状。随着病情加重，体温升高至39.0～41.1℃，呈弛张热型，呼吸促迫，鼻咋喘粗，严重者张口喘气或呈腹肋扇动，呼出气热，精神委顿，食欲减退或废绝，有时有黏稠的脓性鼻液流出，眼结膜中期潮红后期发绀，心跳加快，心音亢进，心跳次数115～130次/min，肺部听诊有湿性啰音及明显肺泡呼吸音，身热，粪干，尿赤短，口色赤红，少津。后期体温下降，卧地起立困难，心力衰竭而死（图5-18）。

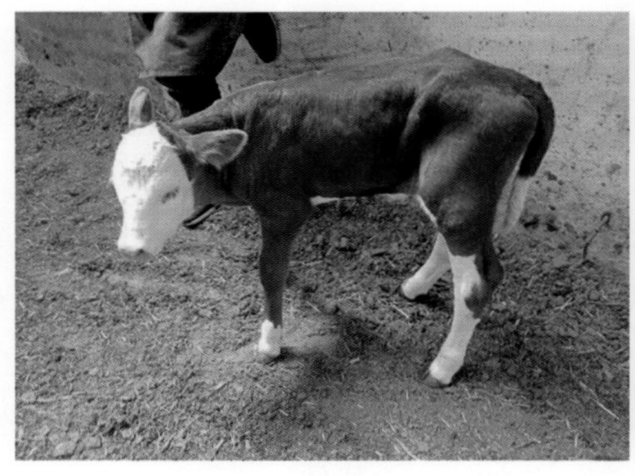

图5-18 犊牛肺炎临床症状

### （三）预防

（1）早喂初乳，初乳是唯一能够获得母源抗体的途径。犊牛出生2 h内哺喂初乳1.5～2 kg，建立被动免疫。犊牛不食，可用胃导管导入初乳2 kg，间隔6～8 h，再哺喂1次，3次/d。牛场一般由保育员采用洗净的食指、中指蘸些奶，让犊牛吮吸，学会奶瓶饲喂，逐步过渡到奶桶饲喂，减少犊牛发病率。

（2）该病多发于初产牛所产的犊牛，所以，舍饲牛场母牛要保持中等以上体况，由于初产母牛仍处在生长过程中，要确保自身生长和胎儿生长发育营养需求。怀孕后期按照奶牛营养标准进行饲养，每日以优质粗饲料为主，并增加精料2～3 kg，粗蛋白质维持在13%～15%；肉牛怀孕后期补饲全价精料1～1.5 kg，使胎儿发育良好，有效保证初乳的质量，有利于犊牛健康成长。

（3）犊牛最适宜的温度为10～20℃，当气温超过27℃时，犊牛就会出现热应激反应，犊牛个体小，身体发育不健全，体温调节功能弱，导致免疫力降低，发生中暑，高热，激发喘症。因此，6—10月，在哈密市一带，产房做好防暑降温工作；也可以调整奶牛配种计划，避开高温季节产犊。

### （四）治疗

#### 1. 抗菌消炎

以氟苯尼考和替米考星联合应用，对病情治疗的效果相对较好。氟苯尼考15～20 mg/kg，替米考星10～30 mg/kg，肌内注射，2次/d，连用3～5 d；全身感染可选。

【处方一】10%磺胺嘧啶钠溶液30～50 mL，加入250 mL葡萄糖盐水中，静脉注射，2次/d，连用3～5 d。

【处方二】头孢噻呋钠1 g+地塞米松磷酸钠5 mg+0.9%生理盐水250～500 mL静脉注射，2次/d，连用3～5 d。

【处方三】出现支原体肺炎采用阿奇霉素1 g+生理盐水250 mL，静脉注射，有良效。

#### 2. 止咳化痰

犊牛出现剧烈咳嗽时，可口服麻杏石甘散，伴有呼吸困难，肌内注射氨茶碱。

### （五）典型病例介绍

病例1。2016年6月24日，哈密市伊州区沁城乡城西村，一头母牛产西杂犊牛，出生第3天，发现犊牛出现咋鼻气喘，起卧不安，采用安乃近5 mL+头孢1 g，肌内注射，效果不明显。检查：体温早晨39.5℃，中午40.5℃，弛张热型；呼吸90次/min，心跳120次/min，胃肠活动减弱，眼结膜潮红，口腔发红、发热、有黏液，嘴角有白色泡沫，张口喘气，呼吸困难，有肺泡呼吸音，粪干，尿液黄，很少见吮乳。采用麻杏石甘汤加味：麻黄12 g、石膏10 g、杏仁15 g、金银花10 g、黄芩10 g、葶苈子10 g、贝母

10 g、炙甘草8 g。水煎灌服，2次/d，连用3 d，症状明显好转，犊牛食欲增加，服用1剂，治愈。

病例2。2018年7月16日，哈密市伊州区陶家宫镇沙枣园村，一头荷斯坦母牛产母犊牛，出生第4天，发现犊牛出现鼻子呼呼喘气，食欲减退，采用0.9%生理盐水5 mL+阿莫西林2 g，肌内注射，连用2 d未见好转。检查：体温早晨39.5℃，中午41.1℃，弛张热型；呼吸96次/min，心跳122次/min，精神不振，眼结膜潮红，口腔嘴角有白色泡沫，张口喘气，腹式呼吸，听诊有肺泡呼吸音，粪干，尿液黄，食欲废绝。采用麻杏石甘汤加味：麻黄12 g、石膏10 g、杏仁15 g、金银花10 g、知母8 g、黄芩10 g、葶苈子10 g、贝母10 g、炙甘草8 g。水煎灌服，2次/d，连用3 d。同时第1天：5%葡萄糖250 mL+维生素C 20 mL；0.9%生理盐水250 mL+盐酸林可霉素5 mL，分别静脉一次注射。第2～第3天：50%葡萄糖100 mL+5%葡萄糖250 mL+维生素C 20 mL；0.9%生理盐水250 mL+盐酸林可霉素5 mL，分别1次注射，每日1次，喘息严重时，口服氨茶碱3～4片。第3天后，症状明显好转，犊牛食欲增加，再采用50%葡萄糖100 mL+5%葡萄糖250 mL+维生素C 20 mL；0.9%生理盐水250 mL+盐酸林可霉素5 mL，分别静脉注射。

## 九、难产（Dystocia）

牛常见难产类型：胎儿与骨盆大小不适应，胎儿姿势异常，子宫阵缩和努责异常，子宫扭转、子宫捻转，子宫弛缓，子宫颈开张不足等较为常见。

### （一）病因

母牛难产的发病率与牛的年龄、品种、饲养管理水平、疾病等因素有关，一般胎儿性难产发生率较高，约占难产总数的80%，母体因素引起的难产较少发生，约占20%。初产母牛的难产率高于经产母牛。

1. 饲养性因素

包括母牛长期营养不足或者患有慢性消耗性疾病、寄生虫病等造成机体生长迟缓、发育不全或骨盆狭小，出现产道性或产力性无力，无法分娩出胎儿而继发难产；母牛配种过早、骨盆相对窄小容易引发难产；妊娠中后期营养水平过高，胎儿生长过快，造成胎儿过大也易引起难产。

2. 外伤性因素

如妊娠后期耻骨前腱破裂、外伤引起的腹壁疝等，由于腹壁收缩力弱，造成腹压下降，分娩无力导致难产。

3. 管理性因素

舍饲条件下，母牛长期拴系或运动场地过小，运动不足，会造成母牛生产肌肉收缩力不强、产程时间过久、产力不足而难产，增加母牛和胎儿的死亡风险。

4. 传染性因素

传染性疾病（如布鲁氏菌病、支原体病、弓形虫病等）引起妊娠牛子宫收缩迟缓、流产、胎儿死亡；子宫炎等造成子宫内膜感染，子宫收缩能力及张力受到损伤；子宫颈开张不全引起难产。若产弱胎或胎儿死亡，则多发生胎势异常而导致难产。

5. 胎儿性难产

胎儿与母体骨盆腔大小不相适应（胎儿过大、胎儿畸形、双胎缠绕）、胎儿头颈腿姿势异常（头向下弯、头颈侧弯、头颈扭转；前腿腕部前置、肩关节前置，前腿置于颈上，肘关节屈曲，倒生；跗部前置、坐骨前置）、胎位不正（正生侧位、正生下位、倒生侧位、倒生下位）、胎向异常（横向：背部前置、腹部前置。竖向：背部前置、腹部前置）等均可引起难产。

## （二）临床症状

母牛临产时会表现出烦躁不安，时而卧倒，时而站立，伴发叫声；阴唇湿润且松弛，从阴道流出羊水、黏液以及污血，出现阵缩或者努责，经常回头顾腹；有些母牛生产时先露出胎儿的头部或者蹄部。随着生产时间的延长和胎水的流出，产生明显疼痛，精神沉郁，鼻镜干燥，呼吸急促，心率加快，持续呻吟，阵缩微弱。若母牛阵缩超过4 h不见羊膜囊破裂，阴门外露出牛腿或胎儿头0.5 h以上不见胎儿娩出，均属难产，应对孕牛及时检查，矫正胎位进行救治。

## （三）诊断

结合临床症状、产程变化易于确诊。难产救治的目的是要确保母体健康和以后的生育能力，而且最大限度挽救胎儿的生命。难产发生时母牛和犊牛的生存取决于适宜的助产，要判断难产症结所在，需要实践经验丰富的助产操作者采用适当的设施、器械（如助产器、产科器械）才能实现。难产时助产时机的延误可能会引发犊牛和母牛损伤甚至死亡。助产前要精准确定胎儿的位置，并纠正任何不正常的胎产式方可奏效，不能强拉硬拽造成母犊受伤。

1. 救治措施

（1）保定与消毒。将生产母牛拴系保定，置于头部较高、臀部较低的姿势，无法站立的可采用侧卧保定。助手先用0.1%高锰酸钾或0.1%新洁尔灭清洗母牛外阴，然后用2%碘酒对母牛阴门及周围消毒，并用75%酒精脱碘。术者手臂、所有助产手术器械均应严格消毒。

（2）胎儿死活判断。手术助产前，术者先用手触摸胎儿，胎儿正生时可拉拽前肢的反应，将手指伸入口腔，看是否有吮吸感，如果这两方面都出现生理反应为活犊；胎儿倒生时，术者可用手指伸入犊牛肛门看有无收缩反应，或者拉拽后肢，均出现生理反应则判断为活犊。如果这两方面都没反应，则为死胎。活犊根据部位不同采用矫正术；

死胎缺乏柔韧性，易造成产道损伤，应采用截胎术，具体方法随后在典型病例中介绍。

2. 手术助产

（1）胎儿过大。根据胎水的流失情况，酌情用导管向产道及子宫内灌注石蜡油或肥皂水等2 000～3 000 mL，便于矫正胎儿。用一根产科绳套在悬蹄上方，另一根套在蹄的上方，保持在腿的正上方（顺产）或正下方（倒产）。拉胎儿的二肢时，宜先拉一肢，使二肢能错开，再同时用力拉二肢，这样胎儿通过产道时肩部和臀部的截面积变小，易于拉出。牵拉头部可用头绳从两耳下方套住胎儿头部，压在舌头的上方勒住嘴。采用一只手或双手，以及前臂沿头部（顺产）或尾根部（倒产）周围扩张母牛阴门，通过拉拽促使头部通过。牵引胎儿，用其口鼻（顺产）或尾根（倒产）促使阴门开张，根据母牛努责的节奏进行牵引，直至头部（顺产）或尾部（倒产）通过阴门。

（2）头颈侧弯。胎儿头颈侧弯难产的助产，在头颈弯曲程度不大时可直接将胎头扳正即可；弯曲程度较大时先尽力推动胎儿，在母牛骨盆入口的前方腾出空间，然后用手握住胎儿唇部把胎儿扳正，胎儿的下颌骨用打活结的产科绳套住并拴紧，接着术者用手将胎儿的鼻孔部或眼眶部掐住，使其向对侧压迫，并让助手拉绳来扳正胎头，然后缓慢拉出。如果胎儿已经死亡，可用线锯将颈部截断，然后将截下的头颈往前推，把躯干拉出来，最后用钩子钩住颈部断端，把头颈拉出来。

（3）腕部前置。腕部前置难产的助产，如果是一侧腕关节前置，术者先用手把胎儿推进子宫，同时用手握住屈曲肢的掌部，一面向上抬，钩住胎儿蹄尖，使胎儿蹄子伸入母牛骨盆腔；如果是双侧腕部前置，用同样的方法矫正另一条腿，拉出胎儿即可。

（4）肩部前置。在将胎儿推回子宫的同时，用手握住屈曲肢的掌部向骨盆拉，使之成为腕部前置，然后按照腕部前置整复法整复。

（5）坐骨前置。术者手抓跗关节向后拉成跗部前置，然后再握住蹄子将后肢拉入产道。胎儿已经死亡而无法矫正时，采用线锯锯断耻骨联合、髂骨、股骨头，分离股骨周围的肌肉，逐步取出胎儿躯干及其他部分。

（6）术后护理。做好监护，术后3 h内观察母牛产道有无损伤术后护理做好监护，术后3 h内观察母牛产道有无损伤性水肿、产道出血，发现损伤或出血及时处理。6 h内观察母牛努责情况，若母牛努责强烈，可在后海穴注射利多卡因5～10 mL，预防子宫脱出。12 h内观察胎衣排出情况，若发生胎衣不下，可立即灌服钙镁磷液500～1 000 mL、益母生化散 1 包，连用3 d。24 h内观察母牛恶露排出量，每个阶段要根据母牛生理状态及时予以处理。

### （四）剖宫产

生产母牛出现骨盆腔狭窄、子宫颈狭窄、子宫扭转而出现无法矫正的胎位、胎向、胎势异常等状况时，应果断采取剖宫产。

1. 母牛保定与消毒

所有助产手术器械严格消毒，将母牛采取左侧卧保定，肌内注射静松灵4～6 mL，在髋结节上角与脐部之间的假想线上，术部用0.1%新洁尔灭清洗，涂5%碘酊，然后用75%酒精脱碘，剪毛，备皮，术部覆盖创巾，用创巾钳固定。

2. 手术通路

一刀切开腹壁，切口长约25 cm。用常温灭菌生理盐水浸湿的大块纱布堵住腹壁切口，以防肠管、网膜脱出。一手先伸入腹腔，向前推移盖在子宫大弯上的网膜，两手伸于子宫之下。隔着子宫壁握住胎儿的一部分，小心地将子宫大弯拉出腹壁切口。避开胎盘，在孕角子宫大弯上纵切子宫壁，切口长度以拉出胎儿为宜。通过子宫壁切口，撕破胎膜，然后握住两后肢或前肢，慢慢拉出胎儿。剥离胎衣，子宫内放入水溶性土霉素粉20 g。缝合子宫，先进行全层连续缝合，再进行内翻缝合，子宫缝合部涂普鲁卡因青霉素300万IU，以防与腹腔器官粘连。将子宫还纳腹腔，用纱布擦去腹腔内的凝血块，吸去血水后腹腔内倒入抗生素溶液300 mL。连续缝合法缝合腹膜，再结节缝合肌肉和皮肤，局部涂碘酊，术毕。

3. 术后护理

为防止感染可用10%葡萄糖500～1 000 mL+维生素C 50 mL+0.9%氯化钠500 mL+头孢噻呋钠8 g，复方盐水1 000 mL，分别一次静脉注射，连用3～5 d，肌内注射止血敏30～50 mL、缩宫素80 IU，连用3 d。术后母牛安排专人精心看护，圈舍内环境严格消毒，给予优质青干草自由采食，自由饮水，饲喂全价精饲料1～2 kg。

### （五）难产的预防

1. 加强饲养管理和营养供给

根据母牛膘情和牧草品质供给充足的含有蛋白质、矿物质和维生素的青绿饲料，通常补饲精料量0.5～1.5 kg/d，确保营养均衡全面，使妊娠母牛保持中等偏上膘情。母牛在妊娠期最后阶段要限制摄入过量营养物质，禁止补充过多精饲料，不然会导致胎儿过大，容易发生难产。管理方面及时淘汰“老、弱、病、残”牛及难产率高的母牛。在母牛孕后期应加强监测，注意到临产表现，要及时进行干预。

2. 根据牛体选择合适的父本

配种管理上，严格按年龄或体重配种，避免母牛过早配种，由于青年母牛仍在发育，分娩时常因骨盆狭窄导致难产，初产母牛应在18～20月龄，杂交牛体重应在300 kg以上，本地黄牛体重250 kg为宜，初配母牛一般选用新疆褐牛或安格斯牛冻精，经产母牛选用西门塔尔牛或比利时蓝牛冻精。

3. 适度运动

舍饲养殖条件下，妊娠母牛要适当运动，可以提高其对营养物质的利用，锻炼了母牛肌肉活力，有利于胎儿在子宫内位置的调整，对降低难产、产后子宫复旧不全、胎衣不下等情况的发生都有积极的意义。

#### （六）典型病例介绍

2011年10月14日，新疆伊州区沁城乡朱某家1头4岁中国荷斯坦牛难产，请兽医就诊。生产牛精神沉郁，呼吸正常，腹围增大，阴门有污红色液体，粘有粪草，卧地不起，此次为第2胎。兽医手部消毒，戴上手套，手臂深入产道检查，阴门外露出犊牛蹄，胎位倒置，用手伸入胎儿肛门，肛门无收缩反应，说明已经死亡，遂采用人工助产牵引术。

选左侧卧保定，用温水洗净母牛阴部，接着用绳缠住后肢，用温肥皂水润滑产道，手握隐刃刀插入肛门，放出腹腔气体，掏取腹腔部分脏器，借助拉力，顺着牛的努责节律往外拽，经1.5 h救助，终将胎儿拉出。胎儿产出后清除淤血和胎衣，用10%浓盐水清洗子宫，洗净后撒入土霉素粉。由于产程较长，母牛产后衰弱，需抗菌消炎，采用10%葡萄糖500 mL+止血敏50 mL，10%葡萄糖酸钙500 mL，生理盐水500 mL+头孢噻呋钠8 g+地塞米松磷酸钠20 mg，分别一次静脉注射，每天1次，连用3 d；灌服益母生化散350 g/包，连用5 d；肌内注射缩宫素6 mL，连用2 d，一周后随访，已愈。

该病例是由于倒生，胎儿过大，产程过长，造成胎儿窒息死亡引起气肿性难产。

## 第五节 常见营养代谢病防治技术

牛的机体利用外部水、饲草等物质合成自身所需的蛋白质、碳水化合物、脂肪、维生素、矿物质和水才能进行生命活动所必需的生理生化反应，任何一种物质的不足或过量都会对牛体产生不利的影响，从而引起营养代谢病。本节就肉牛常见营养代谢病作一介绍。

### 一、牛酮病（Bovine ketosis）

该病是因动物体内碳水化合物及挥发性脂肪酸代谢紊乱，导致酮血症、酮尿症、酮乳症和低血糖症。主要原因是饲喂含蛋白质和脂肪类饲料过多，而碳水化合物类饲料相对或绝对不足。

#### （一）临床症状

多在产后几天至几周出现，以消化紊乱和神经症状为主。患畜精神沉郁，凝视，步态不稳，有轻瘫症状，体重显著下降，产奶量也降低。乳汁、呼出的气体及排出的尿有相同的酮味（烂苹果味）。尿显淡黄色，易形成泡沫。临床实验室检查，以低血糖症、酮血症、酮尿症和酮乳症为特征。

### （二）防治

1. 预防

为防止酮病，在妊娠后期增加能量供给，但又不要使母牛过肥。在催乳期间，或产前28～35 d应逐步增加能量供给，并维持到产犊和泌乳高峰期，这期间不能轻易更换饲料配方。随乳产量增加，应逐渐供给生产性日粮，并保持粗粮与精料正常比例。

2. 治疗

治疗原则是解除酸中毒，补充葡萄糖，提高酮体利用率，调整瘤胃机能。继发性酮病以根治原发病为主。

补糖：静脉注射50%葡萄糖。口服丙酸钠，每天250～500 g，分2次给予，连用10 d。饲料中拌以丙二醇或甘油，2次/d，每次225 g，连用2 d，随后日用量降为110 g，1次/d，连用2 d。口服或拌饲前静脉注射葡萄糖疗效更佳。

对于体质较好的病牛，肌内注射促肾上腺皮质激素200～600 U，刺激糖异生，抑制泌乳，改善体内糖平衡。

解除酸中毒：5%碳酸氢钠300～500 mL，静脉注射，2次/d。

调整瘤胃机能：内服健康牛新鲜胃液3 000～5 000 mL，2次/d，或促反刍散250 g。

## 二、产后瘫痪

产后瘫痪又叫生产瘫痪，中医学上叫“乳热症”“产后风”，属于母畜分娩前后突然发生的一种严重的代谢紊乱疾病。

### （一）病因

母牛怀孕后期胎儿骨骼迅速发育及分娩后血钙大量进入初乳而引发的母畜低钙血症，同时表现为低血糖、低血磷、肾上腺皮质功能低下和大脑皮层抑制。

### （二）临床症状

1. 典型症状

病初食欲下降，反刍排便停止。皮温低，呼吸慢，脉正常。精神沉郁，神情不安。站立不稳，后肢交替负重，四肢肌肉震颤。体温下降至35～36℃。最后肌颤，挣扎不能站立，肛门反射消失，喉舌麻痹，头弯向一侧，昏睡，抽搐，瘤胃臌气。

2. 非典型（轻型）症状

精神极度沉郁，食欲废绝，体温不低于37℃，站立不稳，行动困难，步态摇摆，症状较典型病例轻。

## （三）治疗

### 1. 钙剂疗法

主要以补充电解质为主，对病牛施用钙、钾、镁、磷及糖制剂，以使血液中各类物质达到正常范围内的稳态平衡。

【处方一】10%葡萄糖1 000 mL，10%氯化钾10 mL+5%糖盐水1 000 mL，10%葡萄糖酸钙400 mL，分别静脉注射。出现痉挛可注射25%硫酸镁100～200 mL。

【处方二】10%葡萄糖酸钙800～1 400 mL+15%磷酸二氢钠250～300 mL+50%葡萄糖3 000 mL，静脉注射。

【处方三】复方氯化钠溶液500 mL；葡萄糖酸钙850～1 000 mL+10%安钠咖25 mL混合，分别静脉注射。

【处方四】10%葡萄糖酸钙1 000 mL；25%葡萄糖1 000～1 500 mL；5%磷酸二氢钠200～500 mL；5%碳酸氢钠500 mL，分别静脉注射，连用3 d。

【处方五】10%葡萄糖酸钙800～1 000 mL，10%葡萄糖500～1 000 mL，复方盐水500～1 000 mL，5%糖盐水1 000 mL，安钠咖10～20 mL，维生素C注射液30～50 mL，一次静脉滴注，连续3～5 d。

### 2. 乳房送风法

该治疗方法是利用乳房送风器向四个乳房内注入空气。如果发现母牛正患有乳腺炎，禁止采用此方法。将患病母牛乳房内乳汁彻底挤干净，用酒精棉球消毒乳头和乳头管口，先注入青霉素注射液80万IU，注入每个乳瓣中。消毒过针头乳导管涂抹上凡士林，将导管端插入到乳头孔内，一人固定住进气针头，一人负责打气，以避免空气溢出。充气的顺序是先充下部乳区，后充上部乳区，然后用绷带轻轻扎住乳头，打气时，仔细观察乳房皮肤的紧张程度，若乳腺基部的边缘较清楚，且增厚，指头触压时有坚实感，或屈指轻叩乳房时出现敲鼓音，便可停止打气。最后用已消毒的纱布条绑住乳头中间部，以确保空气不逸出，且不碰伤乳头，经2 h后取下绷带。若送风的同时静脉注射钙剂效果更佳（图5-19）。

图5-19　牛产后瘫痪乳房送风技术

3. 中兽药疗法

遵循气血双补、活血化瘀、祛风止痛、理气健脾开胃的原则。

【处方一】羌活、防风、川芎、炒白芍、桂枝、独活、党参、白芷、钩藤、姜半夏、茯神、远志、菖蒲各30 g，当归60 g，细辛15 g，甘草15 g，姜枣为引，煎水灌服煎服。

【处方二】细辛15 g、红藤20 g、姜黄 20 g、麻黄20 g、煨附子 20 g、甘草 25 g、赤芍25 g、桂皮30 g、桂枝30 g、钩藤30 g、防己30 g、赤芍30 g、秦艽45 g，将上述中草药研磨成粉末状后加入适量开水冲调温后灌服，每天1 次，连续服用3 ~ 5 d。

【处方三】牛膝20 g、川芎22 g、党参22 g、丹皮22 g、白术22 g、红花23 g、桃红45 g、没药45 g、赤芍47 g、延胡索47 g，将上述中草药加入适量水煎熬药液去渣温服，每天1次，连续服用7 d。

（四）预防与护理

1. 药物预防

产前2周开始补充低钙高磷饲料，钙磷比为1.5：1。分娩前2 ~ 8 d一次性肌内注射维生素$D_2$ 1 000万U，可收到较好的效果。产后及时补钙可防止该病的发生。可静脉注射葡萄糖酸钙，也可口服金蟾速补钙。

2. 加强饲养管理

为降低母牛产后瘫痪的发生概率，日常饲养时应加强管理，保证日粮营养均衡，配比合理，日粮中钙磷比例以2：1为宜，满足机体营养需求。产前2周，应喂食高磷低钙饲料，增加精饲料补充量，减少豆饼、豆科植物喂食量，避免对钙磷吸收造成影响。产前1周，应适当增加含钙日粮补充量，补充磷酸氢钙等，将钙磷比例控制在2.5：1最佳。除此之外，在母牛产前2 ~ 3周，每天可将30 g氧化镁添加到饲料中，为母牛提供维生素及微量元素。

3. 助产管理

助产操作不当，导致子宫受损，细菌入侵后会诱发子宫内膜炎等疾病，进而导致产后瘫痪。因此要高度重视助产工作，产前1周将母牛转入产房，将消毒药、接产用具等准备妥当，助产人员需剪短指甲并消毒，临产时对母牛外阴、臀部使用0.2%高锰酸钾溶液消毒，当胎膜露出体外时，将消毒后的手臂伸入产道检查胎儿位置及姿势，胎位正常时由其自然分娩即可，产出延迟时则需要助产者用手按压阴门上下联合，另一个人拉住胎儿两前肢和胎头，配合母牛努责，缓慢将胎儿拉出，助产时切记不可用力过猛，避免阴道受损感染细菌引发瘫痪。

4. 合理挤奶

挤奶时，应确保操作合理。母牛分娩后可饮用红糖盐水，在最初3 d应避免将初乳挤净，避免乳房内部压力下降，一般情况下，每次挤奶挤出40%～50%为宜。挤奶时，应遵循从少到多的原则和流程，循序渐进，逐渐适应。产后第1天可挤出1/3，第2天可挤出1/2，第3天可挤出2/3，后期可逐渐挤净。

5. 保持卫生环境

母牛妊娠后期、产后，均要做好环境管理工作，为其营造健康、舒适、卫生、安静的环境。要保证圈舍有良好的光照和通风，保持适宜的温度和湿度，及时清理粪便和污水，避免细菌滋生。有条件的设置运动场，保证每天有适量运动，提高抵抗力。产房应铺垫草，并定期更换。做好防寒保暖避暑工作，减少冷热应激。要密切留意母牛健康状况，如发现母牛产后有瘫痪症状，应及早治疗。

6. 护理

保持地面干燥，勤换垫草，防止着凉。每隔2～3 h应给病牛翻身。饲喂优质干草，根据病牛采食状况慢慢增加精饲料，日粮中应添加适当比例的钙片。按摩母牛荐部与两后肢，加速局部血液循环，同时多铺垫干稻草保温。每天翻动卧床母牛2次以上，防止久卧引发褥疮。

## 三、佝偻病（Rickets）

牛佝偻病是犊牛的多发病，主要是犊牛在生长发育期因维生素D缺乏和饲料中的钙、磷不足或比例不当引起的代谢障碍所致的营养不良，属于骨骼变形的一种慢性疾病。

### （一）病因

此病常见于母乳不足、体质欠佳的犊牛，尤其是冬春出生的舍饲牛。

### （二）临床症状

犊牛消化紊乱，异嗜，跛行喜卧地，体温正常，稍运动则呼吸困难，站立时两前肢腕关节向外侧凸出，前肢呈内弧圈状弯曲。两后肢跗关节后侧方内收，肋骨和胸骨端肿大如串珠状，脊柱变形，多数呈上凸的拱背姿势。四肢关节肿大，走路困难（图5-20）。

图5-20　犊牛佝偻病临床症状

（三）预防

1. 加强母牛饲养管理，提高饲草料营养，钙磷比例合理

对妊娠和分娩母牛，多喂一些含营养物质（如矿物质、维生素、钙、磷等）的饲料，增加饲料中维生素D的含量。调整分娩前2周的母牛日粮，钙磷之比控制在1∶1以下。减少降钙素的分泌，以提高钙的利用。每天要牵行少时，适当增加运动和光照，要保证足够的青草和充足的阳光照射。

2. 做好犊牛饲养管理

早吃初乳，做好犊牛饲草料补饲。扩大犊牛的活动范围，并让其经常晒太阳。犊牛断乳后要多喂青干草和多汁鲜嫩的青草，补充饲料中要有豆科及禾本科种子，并添加钙、含硒生长素、多种维生素。

（四）治疗

给每头病牛肌内注射骨化酚2.5万～10万U，每天1次，连用10 d；也可选用维生素D胶性钙或维丁胶性钙，剂量为5～10 mL，每天肌内注射一次或隔天肌内注射一次，3～5 d为一个疗程。同时可在饲料中添加鱼肝油15～20 mL，连用6 d。

## 四、异食癖（Pica）

异食癖是指由于营养、环境和疾病等多种因素引起的以舔食、啃咬通常认为无营养价值而不应该采食的异物为特征的一种复杂的多种疾病的综合征。各种家畜都可发生，且多发生在冬季和早春舍饲的动物。

（一）病因

1. 营养性因素

营养性因素是引起异食癖的主要原因。矿物质、维生素缺乏，钙磷比例失调都可引起牛的异食癖。现代畜牧业养殖大部分为密集型养殖，饲养过程中经常用大量的精料与少量粗纤维饲料进行搭配以达到短期育肥的目的，该方法极易导致牛体内营养代谢失调，诱发异食癖。

2. 疾病性因素

一般疾病本身不会引起异食癖，但可产生应激或诱导作用。最易感该病的是犊牛，如患有软骨病、营养不良、产后缺钙等，容易导致牛异食癖的发生；体内外遭受寄生虫感染，包括螨虫、牛虱、球虫等均可引起各种严重的继发或并发感染，最终诱发异食癖。

3. 饲养管理因素

管理不当，环境不良，牛群饲养密度过大，个体之间互相接触和顶撞，争夺饲料、水和休息位置，互相攻击争斗，易诱发恶癖。高温高湿、风不畅、采光不良、过度拥

挤、闷热和蚊蝇肆虐等，再加上牛舍内有害气体的刺激易使牛烦躁不安而引起异食现象。

4. 其他因素

某些长期被虐待的牛、流产的孕牛及不良成长环境中的犊牛，因心理创伤而引发异食癖。

## （二）临床症状

病牛舔食、啃咬、吞咽被粪便污染的饲草或垫草，舔食墙壁、食槽，啃吃土块、砖瓦、煤渣、破布等物（图5-21）。病牛神经敏感性增高以后则迟钝。病牛皮肤干燥而无弹性，被毛无光泽。弓腰，磨牙，畏寒，瘦、贫血，口干舌燥，病初便秘，继而下痢或两者交替发生，渐进性消瘦，食欲、反刍停止泌乳极少。重症治疗不及时可导致心脏衰竭而死亡。

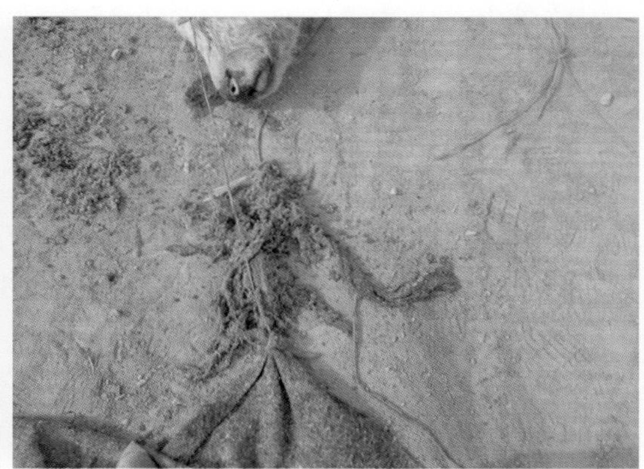

图5-21 左图是胃里有塑料，右图是胃里有铁丝

## （三）病理变化

解剖时腹膜发黄，腹腔充水，小肠充血严重，大肠充气，皱胃外观无异常。可见胃内和幽门处有牛毛或牛毛球，坚硬如石，形成堵塞成年牛或犊牛食毛，常可使整群牛被毛脱落，全身或局部缺失被毛。

## （四）诊断

根据病因和临床症状可以作出初步诊断。剖检尸体可见胃内和幽门处有毛球即可确诊。

## （五）预防

1. 调节营养供应

现代规模化肉牛养殖必须善于应用最佳饲草料调制配方，各种营养物质搭配要符合牛当前生长阶段的基本需求，矿物质微量元素、维生素、粗蛋白质、氨基酸、粗纤维和水等重要营养物质要全价而且均衡，尽量减少营养缺乏性异食症；多补充优质牧草、青绿饲料、适量的运动及自然光照，可促进维生素、矿物质的合成利用，有助于增进牛的消化能力和免疫力，从而降低该病发病率。

2. 强化日常管理

根据当地实际，按照牛的来源、体质、性情和采食习惯等方面的信息合理组群，疏散密度，防止拥挤，做好防暑降温、防寒保暖、防雨防潮等工作。消除各种不良因素和应激刺激，勿鞭打重击牛的头部，及时清除环境垃圾。结合寄生虫病流行情况，对牛群进行驱虫，防止寄生虫病诱发的异食癖。有时要对有异食癖的牛进行重点观察，做到针对性驱虫。

### （六）治疗

1. 药物治疗

【处方一】芒硝150 g、草木灰35 g、灶心土100 g，研末，开水冲调加鸡蛋7个，大牛一次内服。

【处方二】小苏打50 g、食盐25 g、酒曲150 g、黑豆500 g，共研末，混入饲料中一次喂服，连服15 d。治异食不化，瘦弱，鼻镜多汗。

【处方三】酵母片100片、生长素20 g、胃蛋白酶15片、龙胆末50 g、麦芽粉100 g、石膏粉40 g、滑石粉40 g、多糖钙片40片、复合维生素B 20片、人工盐100 g，混合一次内服。每日一剂，连用5 d。

【处方四】枳壳25 g、菖蒲25 g、炙半夏20 g、当归25 g、泽泻25 g、肉桂25 g、炒白术25 g、升麻25 g、甘草15 g、赤石脂25 g、生姜30 g，共研为末，开水冲调，候温灌服。

【处方五】神曲60 g、麦芽45 g、山楂45 g、厚朴30 g、枳壳30 g、陈皮30 g、青皮20 g、苍术30 g、干草15 g，混合研末，开水冲调，候温灌服。

2. 手术治疗

药物治疗无效，异物大量存留在牛体内，阻塞消化管道，无法排出，在牛机体状态允许的情况下，应及时施行手术切开相应的消化管道，取出异物。术后要加强护理，隔离喂养。

## 第六节 常见中毒病防治技术

中毒病是指由毒物（某种物质）进入动物机体后，侵害机体的组织和器官，并能在组织和器官内发生化学或物理的作用，破坏了机体的正常生理功能，引起机体发生机能性或器官性的病理过程引起的疾病。由于毒物进入机体的量和速度不同，中毒的发生有急性与慢性之分。毒物短时间内大量进入机体后突然发病者，为急性中毒。毒物长期少量地进入机体，则有可能引起慢性中毒。一般根据中毒病的病因分为饲料中毒、真菌霉素中毒、有毒植物中毒、农药与化肥中毒、药物中毒、金属毒物及微量元素中毒以及动物毒中毒等几类。对于中毒病的预防和治疗，畜牧兽医师应根据不同的中毒原因进行治疗。例如对于草料中毒或毒素中毒，可以通过筛选优质草料、加强草料管理、提高环境卫生等行为来减少中毒病的产生。而对于化学药物中毒，应加强肉牛饲养管理，正确使用化学药剂、掌握正确使用方法和剂量等。同时，对于肉牛出现中毒的症状，应立即停止中毒物的输入，在动物药品指导下及时进行药物治疗和急救。

## 一、瘤胃酸中毒（Rumen acidosis）

瘤胃酸中毒是由于突然超量采食谷物等富含可溶性糖类的饲料，导致瘤胃内产生大量乳酸而引起的急性代谢性酸中毒。临床特征表现为消化紊乱，瘤胃积滞酸臭稀软内容物，重度脱水，高乳酸血症，发病急，病程短，病死率高。

### （一）病因

一次性大量或超量采食粉碎精料及面糊引起的急性中毒；长期大量饲喂青贮饲料或过食籽粒饲料，而造成的瘤胃pH值过低，破坏瘤胃微生态环境，引起瘤胃内环境改变形成的慢性中毒；因环境及饲料的突然改变导致胃肠机能紊乱而形成的应激性中毒。

### （二）临床症状

1. 最急性瘤胃酸中毒（ARA）

发病快，病畜蹒跚而行，反应迟钝，视觉障碍，碰撞物体，结膜暗红，眼反射减弱或消失，瞳孔对光反射迟钝。卧地，头回视腹部，对任何刺激的反应都明显下降。心跳100次/min以上。有的病畜兴奋不安，向前狂奔或转圈运动，以角抵墙，无法控制。随病情发展，后肢麻痹、瘫痪、卧地不起。最后角弓反张，昏迷而死。食欲不振，瘤胃蠕动音消失，冲击式触诊有震荡音，粪便酸臭稀软或停止排粪，尿少或无尿，病程后期眼窝下陷，个别伴有滑膜炎等关节炎症，卧地不起、后躯瘫痪、角弓反张、头颈后仰，休克昏迷，终衰竭而亡（图5-22）。

2. 亚急性瘤胃酸中毒（SARA）

病畜采食量下降，饮水量明显增加，脉搏加快（72～84次/min），卧多立少，站立四肢抖动，常继发或伴发蹄叶炎，奶牛产奶量减少，乳脂率下降。

3. 慢性瘤胃酸中毒（CRA）

病畜表现神情恐惧，患牛轻度流涎，采食量下降，反刍减少，瘤胃蠕动减弱，瘤胃胀满。呈轻度腹痛（间或后肢踢腹），生产性能降低。粪便松软或腹泻。一般不需治疗，3～4 d能自己恢复。

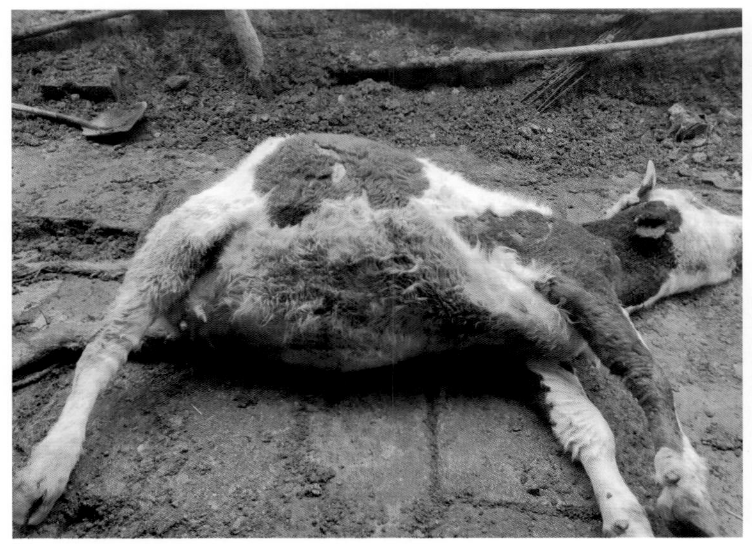

图5-22　肉牛场育肥牛酸中毒

## （三）诊断

根据病因、临床症状，结合实验室验证，瘤胃液pH<5.0，无存活纤毛虫判断为瘤胃酸中毒；5.0≤pH≤5.5，纤毛虫数量在5万个/mL以下，判断为SARA，若为产奶牛，乳脂/乳蛋白<1.10。瘤胃pH值下降是判断瘤胃酸中毒关键生理指标。

## （四）防治

1. 预防

（1）增加精料应逐步过渡，避免突然大幅度加量。防止家畜偷食精料。精料使用量大时，可加入缓冲剂和制酸剂，在以玉米为基础的育肥牛日粮中添加不同比例的氧化镁混合物，可有效控制育肥牛瘤胃pH值，减少亚急性酸中毒引起的炎症和慢性应激，使瘤胃内容物pH值保持在5.5以上。

（2）育肥肉牛养殖场使用离子载体抗生素莫能菌素（MON）、四环素和大环内酯类抗生素，预防消化系统疾病和肝脓肿，但抗生素抑制瘤胃纤维降解菌，不利于粗纤维的利用，替代抗生素的添加剂可减少瘤胃酸中毒的发生。

（3）采用维生素、益生菌、酵母培养物、瘤胃缓冲剂组成的营养功能包按照150 g/（头・d）饲喂患有亚急性瘤胃酸中毒牛效果理想。

2. 治疗

纠正瘤胃pH值，瘤胃冲洗，用胶管经口插入瘤胃，排除液状内容物，然后用碳酸氢钠水或稀石灰水反复冲洗，直至瘤胃内容物无酸臭味，呈中性或弱碱性，对重症病畜立效。灌服制酸药，氢氧化镁或氧化镁或碳酸氢钠250～750 g，纯净水5～10 L，一次灌服，对轻症病畜有效。瘤胃切开，彻底冲洗或清除胃内容物，然后加入少量碎干草，对瘤胃内容物pH值在4.5以下的危重病畜效果较好。纠正脱水和酸中毒：补液补碱，5%碳酸氢钠1 000～2 000 mL，5%葡萄糖氯化钠或复方氯化钠3 000～4 000 mL，静脉注射。恢复瘤胃蠕动可按说明选用新斯的明、促反刍注射液、复合维生素B等。

## 二、牛醉马草中毒（Intoxication of cow and horse grass）

醉马草，别名药草，是禾本科芨芨草属多年生、丛生草本植物，高60～100 cm；节下贴生微毛。叶片较硬，卷折。圆锥花序紧缩近穗状；小穗灰绿色，成熟后变为褐铜色或带紫色；芒长约1 cm，中部以下稍扭转。颖果圆柱形。花期夏秋季。地理分布：在我国分布于内蒙古、宁夏、甘肃、青海、新疆、四川等省（区）。该草全草有毒。新疆哈密主要分布于东天山山脉附近的沿天山一带乡（镇）的草场上。

### （一）牛醉马草中毒致病机理

牛对该草有较强的抵抗力，一般在大量采食醉马草2～6 h即可出现中毒症状。许多学者对醉马草的有毒成分进行了分析，但直到现在还不十分清楚，有人认为醉马草中毒与氰苷、强心苷有关。张有杰等从醉马草中分离到麦角新碱和异麦角新碱，但许多学者认为不是引起中毒的主要原因。党晓鹏等对醉马草的化学成分进行了系统预试，认为醉马草含有生物碱、蛋白质、多肽、氨基酸、糖类、酚类、内酯类、香豆精及有机酸，不含皂苷、鞣质、蒽醌类、植物甾醇、萜类、挥发油、氰苷和强心苷。据此对醉马草中的生物碱进行提取与分离，从中分离出一种白色无定形粉末的生物碱单体，并起名为醉马草毒素，化学名称为二氯化六甲基乙二铵。

### （二）临床症状

患牛口内流涎，精神沉郁，食欲减退，头耳下垂，行走摇晃，呈现酒醉状，头颈部紧张，显僵硬，知觉过敏，有时呈阵发性狂躁，起卧不安，有时倒地不能站立，肌肉震颤，呈昏睡状。呼吸急促，结膜潮红，发绀，不断伸颈，摇头，全身出汗，频排粪尿。

视诊：黏膜潮红，有时呈蓝紫色。听诊：心跳90次/min，呼吸60次/min。中毒后期，多伴发心律不齐和心杂音，最好衰竭死亡。测量体温38.5～39.2℃，中毒较轻在5～6 h自愈。中毒严重可见鼻出血、尿血、急性胃肠炎症状。若芒刺刺入皮肤和口腔黏膜可发生红肿、血斑、硬结或小溃疡，刺伤角膜可致失明。

### （三）病理变化

病死牛的瘤胃黏膜有出血点，肠道黏膜轻度出血，小肠前段轻度水肿，腹内充满淡黄色的黏液，心内膜有散在的出血点，肝脏表面有散在出血点，肾脏表面有针尖大小的出血点，血液呈现褐红色，胆囊充满胆汁，膀胱积尿。

（四）诊断

临床症状以神经机能紊乱为主要特征，结合采食毒草史即可确诊。

（五）治疗

1. 西药疗法

病情较轻的病牛：食醋300～500 mL，加水灌服；复合维生素B 20～30 mL，肌内注射，连用3 d。病情严重的牛可选用：5%葡萄糖1 000 mL+安钠咖2～4 g+维生素C 3～5 g+复合维生素B 20～30 mL混合静脉注射；右旋糖酐500 mL，10%葡萄糖1 000 mL+地塞米松20 mg；促反刍液500 mL；0.9%氯化钠液500 mL+氨苄西林钠10 g静脉注射，连用3～5 d。

2. 中药疗法

绿豆银花解毒汤：绿豆100 g、金银花20 g、甘草20 g、明矾20 g，上药共研末，加食盐30 g、食醋200 mL或酸奶500 mL，加水适量一次灌服，1剂/d，连服2～3剂。效果显著。若无此药可取甘草500 g+水1 000 g，煎水后加食醋500～1 000 g，灌服也有良效。

（六）预防

1. 清除醉马草

在每年初夏、醉马草开花结籽前，对半荒漠草场里成片而密集生长的醉马草进行清理，连根系一起拔除，也可利用特殊除草剂配比适当浓度喷洒杀灭醉马草。将清理的醉马草集中固定地方晾晒后进行焚烧处理。

2. 围栏防误食

对半荒漠草场中涉及面积大、醉马草生长零星的区域，在冬春季节进行围栏，防止牲畜因饥饿误食中毒，对已经枯萎的醉马草的茎叶实施小范围焚烧清除。

3. 种草改良草原

在面积大而零星生长醉马草的区域，经逐年对醉马草进行清除后，可撒播繁殖力、生长力强的草种，然后采取阶段性引水喷灌，促进其快速生长，以减少或杜绝醉马草的蔓延生长。

## 三、霉变麦芽根中毒（Malt root poisoning）

（一）病因

又称啤酒糟中毒。麦芽根是大麦酿造啤酒工艺过程的副产品，常因保存不当而感染棒曲霉菌，可产生展青霉毒素。展青霉毒素可损害各种实质器官，特别是心脏。它可直接损伤心肌，使心肌的兴奋、传导、收缩等机能发生改变，造成心肌受损严重。

## （二）临床症状

病牛体温不高，食欲、反刍减退，以中枢神经系统紊乱为主。病初对外界刺激敏感性强，惊动时即发生恐惧闪避，肌肉震颤，特别是肘后肌群明显。随后全身肌肉痉挛。眼球突出，目光凝视，姿势改变，如头颈伸直，腰背拱起，行走无力，站立不稳，膝关节麻痹弯曲易于跌倒。倒地后站立困难，严重者不能起立，有的横卧，四肢呈游泳状，头颈弯向背腹部，难回原位，心跳加快，心音亢进，听诊区扩大，一般为90～130次/min，最后心音混浊，节律不齐，终致麻痹、口流白沫而死亡（图5-23）。

图5-23　水培霉变饲料中毒

## （三）病理变化

剖检见肺脏淤血性肿胀，切面酱色有泡沫，肝脏肿大，局部黄染，心外膜有出血点，肠道黏膜有出血性炎症病变。

## （四）诊断

病牛有采食霉变麦芽根史，临床症状和尸体病变等初步确定为霉变麦芽根中毒。

## （五）防治

1. 立即停喂

立即停喂此病变麦芽根，将麦芽根全部销毁。

2. 对病牛以强心利尿、高渗脱毒、增强抗病力，防止并发症为治则

（1）50%葡萄糖150～300 mL、10%葡萄糖500 mL、5%氯化钙100～250 mL，10%葡萄糖500 mL+10%维生素C 30～50 mL混合静脉注射，每天一次，连续5 d。第6天后，上述方剂减50%葡萄糖，加10%安钠咖20 mL和含糖盐水1 000 mL，继续静脉注射3～5 d。

（2）重症牛外加青霉素、链霉素各200万IU肌内注射，一天2次，连用5 d。

（3）过敏、头颈僵直、全身痉挛病牛，加用2.5%硫酸镁注射液20 mL，肌内注射3～5 d。

3. 加强对病牛的护理

病牛集中在通风宽敞处治疗，尽量避免各种刺激，投给鲜嫩青绿饲料。

## 四、棉酚中毒（Gossypol poisoning）

棉籽饼粕是反刍家畜植物性蛋白饲料，其来源广泛，营养丰富，价格较低，已成为养殖业重要的蛋白饲料来源。但是棉籽饼粕、棉叶、棉桃和棉壳中含有不同量的棉酚毒素，如果未经脱毒饲喂畜禽，则很易引起中毒。

### （一）临床症状

中毒的初期以前胃弛缓和胃肠炎为主。多数牛先便秘后腹泻，排黑褐色粪便，并混有黏液或血液，患牛常有尿血现象；眼睑、胸前、腹下或四肢水肿；精神沉郁，鼻镜干燥，口流黏液；奶牛产奶量下降，消瘦，常继发呼吸道炎症；妊娠牛流产；犊牛呈佝偻病症状，出现视力障碍或失明。

### （二）病理变化

死亡牛下颌、胸前、腹下以及四肢皮下胶样水肿，淋巴结肿大。胸腔、腹腔内均有淡红色较透明积液，血液凝固不良。食道黏膜充血伴有少量出血点；真胃黏膜、十二指肠黏膜充血、溃烂，直肠有出血点。气管黏膜充血、出血；肺淤血、水肿或有气肿，切开后断面流出有红色泡沫性液体；肝淤血肿大，颜色紫黄不均，质坚易碎，胆囊肿大，充满胆汁，囊壁水肿；肾肿大，被膜易剥离，表面呈黄色并有出血点；心脏扩张，心肌松软，心腔有凝血块。

### （三）诊断

根据反刍动物长期大量饲喂棉籽饼粕、棉籽壳或长时间在棉茬地放牧的生活史，并测定饲料中游离棉酚含量（0.04%～0.22%），结合临床症状和病理解剖变化等特征可确诊。

### （四）预防

凡是作为饲料的棉籽饼必须预先进行测定，游离棉酚含量超过0.04%不得饲喂反刍动物；棉酚超标的棉籽饼粕必须脱毒后饲喂，脱毒的方法有加碱、加热、加硫酸亚铁等，平均脱毒率可达85%。

反刍动物要控制棉籽饼粕的饲喂量。犊牛和妊娠后期的母牛需限制投喂，成年牛饲喂量应不超过20%。采取限喂、限停的停喂结合措施，并在日粮配合上供给丰富的维生素和矿物质，特别是维生素A和钙的供应。此外，不能过久地在棉茬地放牧，注意轮牧。

### （五）治疗

对发生中毒的牛，目前尚无特效治疗方法。对蓄积中毒的牛，以对症治疗为主，辅以解毒、保肝、强心、利尿并制止渗出为治则。可选用磺胺脒40 g，鞣酸蛋白30 g，一次内服。

全身疗法可选25%葡萄糖液2 500 mL、10%安钠咖100 mL、5%氯化钙70 mL、一次静脉注射。为缓解肌肉紧张度，降低局部病变对中枢神经的不良刺激，应肌内注射25%硫酸镁25 mL。还应采取对症治疗，如健胃散健胃、肌内注射维生素A和维生素D做辅助治疗等。

## 五、黄曲霉中毒（Aflatoxin poisoning）

牛因长期或大量摄食经黄曲霉、寄生曲霉污染的饲料所致的中毒性疾病称黄曲霉毒素中毒；其临床特征是消化机能紊乱、神经症状和流产；剖检见肝变性、坏死和纤维化硬变。

### （一）病因

该病发生原因多半是牛采食或饲喂了被黄曲霉真菌污染的玉米、花生及花生饼、豆类、麦类及其加工副产品，如酒糟、油粕、棉渣等。

### （二）临床症状

成年牛发生黄曲霉毒素中毒的较少，偶有发生的也多呈现慢慢经过。犊牛发病后生长发育缓慢，营养不良，被毛粗乱、逆立多无光泽，鼻镜干裂。病初食欲不振，后期废绝，反刍停止。耳尖颤搐，磨牙，呻吟，有腹痛表现，无目的地徘徊、不安、角膜混浊，出现一侧或双侧眼睛失明。伴发中度间歇性腹泻，排泄混有血液凝块的黏液样软便，里急后重，严重的常导致脱肛，最终昏迷而死亡。成年泌乳牛除泌乳性能降低或停止，妊娠母牛间或发生早产或流产，个别病牛还出现神经症状，如惊恐、转圈运动等。当肉牛（6～8月龄）日粮中黄曲霉毒素$B_1$含量超过0.7 mg/kg时，则较快地出现生长发育迟缓，饲料报酬明显降低。

1. 急性中毒

食欲废绝，精神沉郁，拱背，惊厥，磨牙，转圈运动，站立不稳，易摔倒。黏膜黄染，结膜炎甚至失明，对光过敏反应；颌下水肿；腹泻呈里急后重，脱肛，虚脱；于48 h内死亡。

2. 慢性中毒

犊牛表现为食欲不振，生长发育缓慢，惊恐、转圈或无目的徘徊，腹泻，消瘦。成年牛表现前胃弛缓，精神沉郁，采食量减少，奶产量下降，黄疸；妊娠牛流产，排足月的死胎，或早产。因奶中含有黄曲霉毒素，故可引起哺乳犊牛中毒。由于毒素抑制淋巴细胞活性，损伤免疫系统，故机体抵抗力降低，易引起继发症的发生。

### （三）病理变化

急性中毒剖检见黄疸；皮下、骨骼肌、淋巴结、心内外膜、食道、胃肠浆膜出血；肝棕黄色，质坚实，似如橡胶样。镜检，肝细胞，特别是肝门附近的肝细胞肿胀，核增大约5倍；有的肝细胞有空泡，肝索崩解；有的肝细胞含胆汁，肝小叶周围及中央静脉周围有胆管增生。胰腺周围有化脓灶。

慢性中毒除肝黄染、硬变外，无其他明显异常变化。镜检：静脉阻塞，肝细胞颗粒变性和脂肪变性，结缔组织和胆管增生。血管周围水肿，纤维母细胞浸润，淋巴管扩张。

### （四）诊断

黄曲霉毒素中毒后，首先做饲料调查。观察饲料种类、贮存及饲喂量，并应结合病史、发病情况、症状及病理变化，可初步得出诊断。而确切诊断应测毒素（包括饲料、胃内容物、血、尿和粪便），进行饲料中黄曲霉的分离、培养和鉴定等。

### （五）预防

1. 防霉变

在谷物收割和脱粒过程中，勿遭雨淋，并防止在场上发热发霉，做到充分通风，晾晒，使之迅速干燥（达到谷粒13%、玉米12.5%、花生仁8%以下的安全水分含量），便可防止发霉并产毒。为了防止谷类饲料在贮藏过程中霉变，可试用化学熏蒸法、熏蒸剂可应用福尔马林、环氧乙烷、过氧乙酸、二氯乙烷等多种。若饲料已被黄曲霉等轻度污染，宜用福尔马林熏蒸（每立方米用福尔马林25 mL、高锰酸钾25 g加水12.5 L混合），或用过氧乙酸喷雾法（用5%过氧乙酸液2.5 mL/m$^3$喷雾），均有抑制霉菌生长发育作用。

2. 有毒饲料的去毒

目前对有毒饲料的去毒方法较多，其中首选的为碱炼法，如用0.1%漂白粉水溶液浸泡，使其毒素结构中的内酯环被破坏，形成香豆素钠盐，可溶于水，再用水冲洗除掉。使用白陶土或活性炭吸附剂效果较好，简单易行、成本低、费时少、去毒力高的方法还是连续水洗法，具体做法是将玉米、豆类、麦类等经加工粉碎后置于缸内，加水5～8倍搅拌使其沉淀，再换清水多次，至浸泡水呈无色时便可供饲用。为了安全，应与未污染的饲料搭配利用，其日粮饲喂量也要加以限制为宜。目前用氨处理黄曲霉毒素污染的饲料，在2.76 Pa气压、72～80℃条件下，可使去毒效果达98%以上，并使饲料中含氮量增多，不破坏赖氨酸，饲喂日粮安全又增加营养。据资料表明，成年牛日粮中黄曲霉毒素B含量不超过100 μg/kg，就不致发生黄曲霉毒素中毒。

### （六）治疗

当已怀疑为黄曲霉毒素中毒时，应立即停喂所怀疑的饲料，改换其他饲料。对牛群应加强检查，及时发现病牛，尽早治疗。可用土霉素，剂量为每千克体重10 mg，每日1或2次，肌内注射，连续5 d，其治疗作用不是在于它的抗菌作用，而是因为它对酶的诱导作用，也可能是它干扰了黄曲霉毒素的毒性机制所致。

口服碱性活性炭，用pH值为7的磷酸盐缓冲液稀释，大量灌服。再配合类脂醇化合物，剂量为每千克体重2 mg，一次肌内注射，连续注射5 d。也可配合土霉素肌内注射，都有疗效。

用半胱氨酸或蛋氨酸，剂量为每千克体重200 mg，1次腹腔注射；或硫代硫酸钠每千克体重50 mg，1次腹腔注射。5%葡萄糖生理盐水配合使用蛋氨酸、硫代硫酸钠，静脉注射，也有治疗效果。

## 六、尿素中毒（Urea poisoning）

尿素是一种非蛋白质含氮饲料，可以用作反刍动物尤其是奶牛的蛋白质饲料来源，可代替饲料中的一部分蛋白质，提高低蛋白质饲料中粗纤维的消化率，提高增重和增加氮的保留量。由于各种原因，尿素中毒所造成的事故不断发生。

### （一）病因

（1）将尿素堆放在饲料的近旁，导致发生误用（如误认为食盐）或被动物偷吃。

（2）尿素饲料使用不当。如将尿素溶解成水溶液喂给时，易发生中毒。饲喂尿素的动物，若不经过逐渐增加用量，初次就按定量喂给，也易发生中毒。此外，不严格控制定量饲喂，或对添加的尿素没有均匀搅拌等，都能造成中毒。尿素的饲用量应控制在全部饲料总干物质量的1%以下，或精饲料的3%以下，成年牛200～300 g/d，羊20～30 g/d为宜。

（3）个别情况下，可发生牛因偷吃大量人尿而发生急性中毒的病例。人尿中含有尿素在3%左右，故可能与尿素的毒性作用有一定的关系。尿素饲喂量过多，或喂法不当。动物大量误食或偷食尿素。

### （二）临床症状

询问病史，结合病畜初期表现不安，呻吟，流涎，肌肉震颤，身躯摇晃，步态不稳，继而反复痉挛，呼吸困难，脉搏增数，从鼻腔和口腔流出泡沫样液体，新鲜胃内容物有氨气味；末期全身痉挛抽搐，全身肌肉抽搐、排尿频繁、肚腹胀满、后肢踢腹、可视黏膜重度发绀、口吐白沫、呼吸急促、瞳孔轻度增大、排稀便，眼球震颤，肛门松弛，几小时内死亡。

### （三）病理变化

在消化道，如口鼻部皮肤上黏附白色泡沫、肛门松弛而有鲜血色的黏膜外翻、瘤胃内容物具有浓烈的氨臭味，四个胃的胃黏膜都颜色发暗发黑、真胃胃黏膜充血、出血；血液浓稠、全身静脉扩张；有的胸腔、心包积液，肺水肿，左心室增大、心脏内膜外膜上可见出血点；有的肾淤血。

### （四）诊断

根据病史、临床症状、病理变化作出了初步诊断。

### （五）预防

1. 用尿素作饲料添加剂时，要控制尿素的用量及同其他饲料的配合比例

一般成牛的正常量为200～300 g/d，或以不超过日粮干物质总量的1%～3%作为适宜量。如果饲喂量不能严格限制在正常量的范围内。只要稍微超出有可能引起大批中毒，甚至死亡。因此，一定要严格控制饲喂量，如日粮蛋白质已足够，不宜再加喂尿素。犊牛也不宜使用尿素。

2. 饲喂方法应正确

采取喂量渐加的方法，开始喂尿素时，喂量要由少到多，循序渐进，须将尿素的日喂量平均分配在全天24 h的日粮中，切不可一顿喂了全日量，一般经10～15 d预饲后逐步增加到规定量，而且要连续饲喂，中途不得中断。如果因故中途停喂后，要恢复时，也必须从头开始进行适应训练，同样应按照上述渐进的过程。否则易引起牛中毒。

3. 切忌单喂尿素

由于尿素吸湿性大，不可单独喂饲，应与饲料充分混合喂饲，但不要与豆类饲料或小麦粉混合。也不应在饥饿和空腹时补饲尿素。正确的饲喂方法是把尿素配成30%～40%的溶液。喷洒到饲料中。拌匀后分2～3次喂给，或制成尿素舔砖舔喂。

4. 其他措施

尿素不能配成水溶液，也不能混入含水量大的稀薄饲料中，同时还应严禁家畜摄入尿素1 h内饮水，以免因尿素在瘤胃中停留时间短，进入血液而引起中毒。

### （六）治疗

（1）早期可灌服大量的食醋或稀醋酸等弱酸类，以抑制瘤胃中脲酶的活力，并中和尿素的分解产物氨。成年牛灌服食醋1 000 mL、糖1000 g、加水2 000 mL。一次性灌服。

（2）10%葡萄糖酸钙液200～400 mL，或10%硫代硫酸钠液100～200 mL，静脉注射。调整电解质和体液平衡可用葡萄糖酸钙溶液200～300 mL、25%葡萄糖溶液1 000～1 500 mL、复方氯化钠注射液1 000～2 500 mL静脉注射。

（3）抑制瘤胃内容物发酵，发生瘤胃臌气灌服3%福尔马林溶液15～20 mL、3%来苏儿溶液15～25 mL或灌服鱼石脂15～30 g，加上75%酒精100 mL，纯净水1 000 mL等。1次/d，连用2 d。

（4）中兽药疗法。大黄50 g、枳壳40 g、厚朴30 g、山楂50 g、麦芽50 g、神曲50 g、火麻仁40 g、郁李仁40 g、苍术30 g、白术30 g、木香20 g、青皮30 g、陈皮30 g、甘草20 g，煎水去渣后内服，每日一剂，连用3 d。

## 七、草料中毒后如何治疗

中毒的一般急救措施和预防原则：发现牛中毒时应立即报告，积极组织抢救，调查原因，更换可疑草料和放牧地，停用可疑水源，以防止中毒继续发生和加重。

中毒救治的原则是：尽快促进毒物排除，针对毒物性质应用解毒药物，实施必要的全身治疗和对症治疗以及手术排除毒物。

### （一）促进毒物排除，减少毒物吸收

#### 1. 洗胃或催吐

食后4～6 h，毒物仍在胃内，应洗胃或催吐，可用温水、生理盐水或温水加吸附剂（木炭粉100～200 g），毒物明确时可加解毒剂，紧急时可行瘤胃切开术。

#### 2. 缓泻与灌肠

中毒发生时间长，大部分毒物已经进入肠道，用盐类泻剂加木炭末或灌淀粉浆，以减少吸收，牛肠道较长，以泻下为主，灌肠为辅。但应注意，盐类泻剂浓度掌握在5%以下，升汞和盐类中毒不能用盐类泻剂，磷化锌和有机氯中毒不能用油类泻剂，重度脱水时不用盐类泻剂。

#### 3. 泻血与利尿

毒物吸收入血时，根据牛的体质，可泻血1 000～3 000 mL，用利尿药、乌洛托品，以促进毒物排除。

### （二）应用解毒剂

毒物性质不明之前，用通用解毒剂，毒物种类已经了解时，则采用一般解毒剂和特效解毒剂。

#### 1. 通用解毒剂

活性炭或木炭末100 g、氧化镁50 g、鞣酸50 g，混匀后加水500～1 000 mL一次灌服，木炭能吸附大量生物碱、汞、砷等，氧化镁能中和酸性物质，鞣酸能中和碱性物

质、生物碱、重金属等。

2. 一般解毒剂

毒物在胃内尚未吸收时，包括中和解毒、沉淀解毒和氧化解毒。中和解毒酸性毒物类中毒用碱性药物解毒，如碳酸氢钠、石灰水等；碱类毒物中毒时用酸性药物，如稀盐酸、食醋等。沉淀解毒，生物碱以及铅、铜、锌、汞、砷等重金属及金属盐类中毒，可灌服鞣酸20 g或10%蛋白水或牛乳1 000～2 000 mL，使其生成不溶的化合物沉淀而不被吸收。氧化解毒，亚硝酸盐、氢氰酸和一些生物碱中毒时，可用0.1%高锰酸钾液体2 000～4 000 mL洗胃、灌肠或内服。

3. 特效解毒剂

如有机磷中毒用解磷定，砷中毒用二巯基丙醇，亚硝酸盐中毒用亚甲蓝液等。全身治疗及对症治疗，大量静脉注射复方氯化钠（但食盐中毒时则要少用）和高渗葡萄糖液体，可稀释和促进毒物排除，增强肝肾解毒功能；静脉注射高渗葡萄糖1 000～1 500 mL后，用复方氯化钠缓慢静脉注射2 000～4 000 mL，每日3～4次，直到解除危险为止，为提高机体解毒机能，可用20%硫代硫酸钠液100～300 mL，每日2次。心衰时用安钠咖等；肺水肿时静脉注射氯化钙液；呼吸衰竭时用尼可刹米；体温低时应注意保温。

### （三）中毒的预防原则

（1）特别是农药、肥药物处理的种子及有毒有害物品的保管。

（2）注意饲草料质量和加工调制方法不喂发霉变质草料；榨油及酿造的副产品不过多饲喂，含毒饼（粕）应脱毒后利用；需蒸煮的草料，要快速煮开煮透，迅速冷却后使用。

（3）肉牛饲草饲料在收割、运输、存储和使用过程中，因雨淋、潮湿等原因，很容易导致饲料的霉变，霉变饲料当中包含大量的毒害成分，肉牛误食后，不但肝肾、肠胃、免疫器官遭受损害，甚至还有可能直接致死。尤其在规模化牛场，肉牛数量多、日进食量大，一般会存储一定数量的精、粗饲料，若是存放处潮湿、封闭不严实或草堆淋雨、受潮，出现霉变问题的概率很高，紧抓饲料的贮存及肉牛中毒后的诊疗是提高肉牛养殖效益的关键所在。

### （四）临床症状

根据病牛发病的轻缓程度，可以将其细化为急性型和慢性型两种，急性型病例的表现如下：时起时卧、口吐白沫、肌肉震颤、呼吸困难、异常兴奋等，尤其腹部出现明显的起伏现象，还有少数的肉牛会有共济失调的症状，食量大减，消化不畅，同时还会出现腹泻问题，粪便中夹杂血丝，体温变化不大或者略微升高至37～40℃，少部分病牛出现高烧，部分病牛消化问题明显，占比为五至六成，有不同程度的腹胀表现；听诊可发现病牛心音略高，九成病牛心率过速，在80～120次/min范围内，第二心音分裂、反复骤停等现象，反刍中断，瘤胃蠕动变弱甚至中断，肌肉震颤，有比较轻微的流涎表现。慢性病例精神消沉、走路摇晃、食欲下降、视力减弱等现象。在发病初期7～14 d内通常未出现较明显的病症表现，15 d之后进食量明显变少，有比较轻微的腹泻问题，如果不给予诊治，病程通常会持续1～2个月，最长可达6个月，主要受个体差异影响，病牛状态尚可，排泄物稀薄，难以成形；步入发病后期后，食欲减退问题愈发明显，腹泻症状较轻，粪便难以成形，反刍不定，或有或无，瘤胃蠕动速度变缓甚至直接废绝，体温相对正常，部分病牛在35～39℃。听诊可发现病牛心率过速，为100～140次/min，心跳变缓，心率失衡，可听到明显的杂音，第二心音分裂，少数病牛还有贫血问题，牛体消瘦，皮毛凌乱无光泽，还有少数病牛喜欢站立，睡眠量大减，最长可站立25 d。

### （五）治疗要点

#### 1. 急性病例

多是由于食入大量霉变的青贮饲料所致，如果可以及早诊断、及早给药，一般能尽快恢复，慢性病例由于病症不显，很容易被养殖人员忽略，继而耽误诊治，错失治疗良机，致死率相对更高。治疗时重点在于保护肝肾器官，祛除体内毒素，基于病牛的具体症状拟定针对性、适用性较好的施治方案，参照肉牛平均体重300 kg来计算具体的用药剂量。可以按以下方案给药：10%樟脑磺酸钠20 mL+5%葡萄糖注射液500 mL或5%维生素C注射液50 mL+5%葡萄糖注射液500 mL或复合维生素B注射液20 mL+5%葡萄糖注射液500 mL或氨苄西林钠4 g+0.9%氯化钠注射液500 mL，皆以静脉注射方式给药。若是病牛腹泻症状较为突出，可以同时使用复方氯化钠注射液，若是有出血症状，可以施加12.5%酚磺乙胺注射液20 mL，发病后期需要结合病牛的病况特征适时调整用药方案。一般可以采用地塞米松磷酸钠20 mg+0.9%氯化钠注射液500 mL，或40%乌洛托品注射液20 mL+0.9%氯化钠注射液250 mL，连续静脉输入2 d，即可获得较好的效果。

#### 2. 慢性病例

用药方案如下：10%樟脑磺酸钠注射液20 mL+5%葡萄糖注射液500 mL或5%维生素C注射液50 mL+5%葡萄糖注射液500 mL或复合维生素B注射液20 mL+5%葡萄糖注射液500 mL或给病牛灌服酵母菌活菌，每头病牛用量为5～10 g/d，连用7 d。另外，考虑到肉牛长期食用青贮饲料，体内酸性数值较高，可以服用适量碳酸氢钠或者饲喂青干草。

#### 3. 全群治疗

发现病牛后需立即停止继续投喂霉变饲料的行为，将饲槽内剩余的残料以及地面等处的残料逐一清理好，将牛舍充分清扫、消杀，不能忽略每一处角落，方能从根源上将可能潜在的病菌消灭掉。一般可采用50 g硫酸镁加水500 g+干酵母片（每片0.3 g）200片+碳酸氢钠（每片0.5 g）100片+磺胺脒（每片0.5 g）50片，一次内服。与此同时，还应搭配施用中药方剂，目的在于清除内热、祛除毒素、凉血止痢，用药细则如下：取白头翁50 g，黄连、黄柏、秦皮、黄芩、枳壳、芍药、猪苓、甘草各25 g，将备好的药材以水煎煮，去掉药渣后静置，等到药汤温度适宜之后给病牛灌服，连续服用5 d，一般3 d后病牛可见明显好转，5 d后牛群可以回到正常状态。

在用药治疗期间，尽量为病牛营造一个安全卫生、安静舒适的养病环境，除了注意药物的合理选择、配搭外，还需强化对用药过程中的监管，关注病牛的恢复进度，耐心观察用药后的具体表现，判断病症有没有及时缓解。若是病牛病症未有明显缓解，则需及时调整用药方案，留意病牛的进食、饮水情况，供给养分充裕的食物和足量的饮水，创设温度适宜、空气清新、洁净卫生的养病环境。

### （六）草料中毒预防

#### 1. 防范饲料的霉变

在气温高、湿度高的环境中，霉菌繁衍速度极快，这也是夏季饲料霉变问题突出的缘由所在，霉菌中含有诸多毒害代谢物质，且会汲取饲料当中的养分，不仅降低饲料的适口性，还会危害到肉牛的生命安全。食用霉变饲料对肉牛的危害是显而易见的，一方面，致使肉牛进食量大减，有些肉牛甚至直接停止进食，继而导致牛体免疫机能降低，体重骤减；另一方面，还会危及免疫器官，诸如胸腺、脾脏等处，致使这些器官出现不同程度的萎缩，继而无法产生正常的免疫应答，给牛体带来严重危害。因而，必须借助于各种有效措施致力于饲料防霉成效的提高，牛场方面可以多多借鉴、应用前沿防霉技术，比如说可以使用防霉袋包裹饲料，往饲料中添加无害防腐剂，以化学药剂加以消杀，进行辐射灭菌等。以防霉袋为例，其主要原料为聚烯烃树脂，还含有0.01%～0.5%香草，蒸发后渗透至饲料中，除了有显著的防霉效果，其散发出的芳香还有助于增加饲料的适口性，有较好的推广价值。

#### 2. 饲料与饲养管理

对于饲料的购置，尽量挑选那些口碑好、资质佳的厂家，购置前最好做好必要的调研，确保引进的饲料养分齐全、适口性强，没有霉变问题，不含有毒害成分，尤其不可含有有关部门禁止的各类添加成分。购置的饲料需放置于有一定地势高度、空气流通性好、环境干燥卫生的地方存储，切记不能存放于低洼处，步入夏季，特别是多雨时节，还需注意时常检查，确保投喂的饲料质量良好。做好日常清扫是基本，清扫要充分到位，各处的污染物定期清扫铲除，防潮、防湿处理也不能落下，调控好储存环境的相对湿度，比如说可以将适量干草、生石灰等均匀铺设于地面，并注意定期更换，确保存储环境的洁净性、清爽性等。

3. 合理使用原料脱霉技术

在饲料存储期间，对其进行定期检查的过程中，若发现有轻微的霉变饲料，为了不浪费饲料资源，还可对其进行科学的脱霉处理，使其达到可食用的质量标准。一般情况下，对霉菌毒素的脱毒处理可通过灭活法或除去法进行。其中除去法主要包括将霉变饲料挑选出来，对其水洗或浸泡等加工去毒，或者使用活性炭、沸石、甘露寡糖、硅藻土、膨润土等吸附剂进行吸附。灭活法则主要通过加热处理，在高温条件下，霉菌毒素会由于不稳定出现分解。或使用碱炼法，将霉菌毒素中的内酯环破坏，使其失去毒性。此外，还可使用盐类或石灰溶液去毒法，使用纯碱水、石灰乳水、草木灰水等对霉变饲料浸泡一定时间后，再将其用清水冲洗，饲料达到中性后，将其烘干，也能达到一定的去毒效果。在脱霉处理后，对饲料加以检测，确保其符合使用标准后才能使用。

4. 养殖场定期检测草料中毒素含量，防患于未然

购进及使用玉米原料时仔细检查有无霉变现象，应剖开胚芽部进行深入检查，确保玉米粒完全达标，轻微霉变的应作脱霉处理，但不推荐给种畜使用脱霉处理的饲料原料，以防造成繁殖障碍性疾病，育肥肉牛也应慎用。

5. 兽医要确定中毒种类

不同种类的中毒有不同的治疗方法。如果是铜中毒，应在兽医师指导进行输液治疗。如果是燃烧炭中毒，应该立即将肉牛放置在通风处，减少中毒颗粒的吸入，洗浴肉牛来降低毒素吸收，及时注射解毒剂等以抢救肉牛。

6. 快速处置

给予抗氧化剂，草料中毒后的肉牛身体处于亚氧状态，而抗氧化物可以清除自由基，有着较好的修复作用。应用保肝剂：草料中毒后，肝脏功能可能会减弱，此时可以选择一些保肝剂进行治疗。

7. 保持肉牛营养均衡

草料中毒后，精神状态会下降，胃内微生物的数量和种类也会发生变化，所以快速治疗也需要帮助肉牛摆脱营养不良状态。

# 第六章 肉牛生殖基础与繁殖关键技术

在养牛生产中，牛的繁殖和繁殖管理占据着重要地位。现代繁殖技术在奶牛或牛生产中的应用，不仅可以提高牛的生产性能、挖掘牛的繁殖潜力，而且对于提高牛产业的经济效益和社会效益意义重大。通过提高授精配种人员技能水平、充分发挥母牛良好繁殖性能，可有效提高养殖企业（场、户）的繁殖效率。作为一个规模化肉牛场，如何建立科学的繁殖管理制度，如何选育高品质种牛，如何根据肉牛品种的遗传特点和生长发育特点，选用适合的繁殖技术，保证受孕率，这是一个全新的课题。

## 第一节 牛的生殖机理

### 一、母牛的生殖器官构造及功能

母牛生殖器官由性腺（卵巢）、生殖道（输卵管、子宫颈和阴道）和外生殖器官（尿生殖前庭、阴唇、阴蒂）组成（图6-1）。

#### （一）性腺（卵巢）

卵巢是产生卵子和分泌性激素的器官，母牛卵巢平均长2.0 ~ 3.0 cm，宽1.5 ~ 2.0 cm，厚1.0 ~ 1.5 cm。卵巢的主要功能是发育卵泡、排卵、分泌雌激素和孕酮，由被膜、皮质和髓质构成，皮质内有不同发育时期的卵泡。在发情周期卵泡逐渐增大，发情前几天，卵泡显著增大，分泌雌激素增多，发情时卵泡破裂，释放卵子，卵子掉落到输卵管的漏斗部。排卵后，血液进入卵泡腔，随后血液被吸收，成为黄体。黄体细胞可以分泌孕激素，以促进子宫腺发育，抑制卵泡发育，为胚胎的发育提供一个良好的内环境。母牛的排卵时间是在发情开始后28～32 h或发情结束后10～12 h。

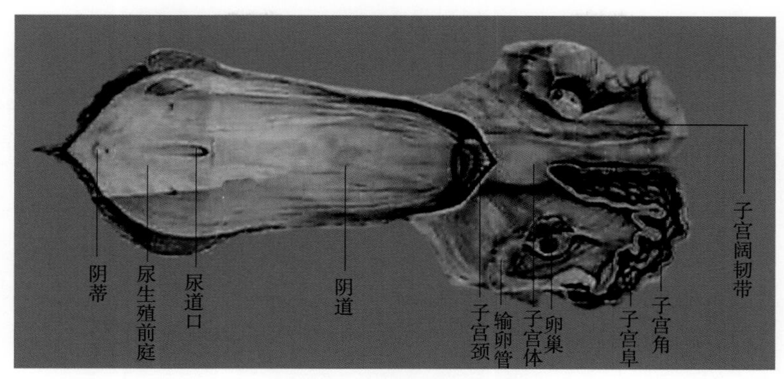


图6-1　母牛的生殖器官

（注：摘自《现代科学养殖技术应用指南》）

### （二）输卵管

输卵管是卵子受精及受精卵进入子宫的管道，运送精子、精子获能、受精以及卵裂均在输卵管内进行。输卵管及其分泌物的生理生化状况是精子卵子正常运行、合子正常发育及运行的必要条件。从卵巢排出的卵子先到伞部，借纤毛的活动将其运输到漏斗和壶腹部。通过输卵管分节蠕动及逆蠕动、黏膜及输卵管系膜的收缩，以及纤毛活动引起的液流活动，卵子通过壶腹的黏膜被运送到壶峡连接部。卵子受精发生在输卵管的壶腹部，已受精的卵子继续留在输卵管内3～4 d，输卵管另一端与子宫角的结合点充当阀门作用，通常只在发情时才让精子通过，并只允许受精后3～4 d的受精卵进入子宫。

### （三）子宫

母牛的子宫分为子宫角、子宫颈、子宫体3部分。子宫壁的组织学构造为3层，外层为浆膜层，中为肌肉层，内为黏膜层，黏膜层具有分泌作用。在子宫黏膜上有突出于表面的子宫肉阜（约100个），在没怀孕时很小，怀孕后便增大，称子叶。

发情时，子宫借其肌纤维的有节律的强有力的收缩作用而运送精液，使精子有可能超越其本身的运行速率而通过输卵管的子宫口进入输卵管。子宫内膜的分泌物和渗出物，以及内膜进行糖、脂肪、蛋白质的代谢物，可为精子获能提供环境，又可供孕体（囊胚到附植）的营养需要。

1. 子宫角

子宫角长20～40 cm，角基部粗1.5～3.0 cm。经产牛的子宫角比未产牛的明显较长和较粗。子宫角存在两个弯曲，即大弯和小弯。两个子宫角汇合的部位，有一个明显的纵沟状的缝隙，称角间沟。子宫角基部之间有一纵隔，将两角分开，称为对分子宫，子宫颈前端以子宫内口和子宫体相通，后端突入阴道内，称为子宫颈阴道部，其开口为子宫外口。

2. 子宫颈

子宫颈是子宫与阴道之间的部分，子宫颈阴道部突出于阴道内约2 cm，黏膜上有放射状皱褶，称子宫颈外口。子宫颈是子宫的门户，在平时子宫颈处于关闭状态，以防异物侵入子宫腔，发情时稍开张，利于精子进入，同时宫颈大量分泌黏液，是交配的润滑剂。妊娠时，子宫颈柱状细胞分泌黏液，防止感染物侵入，临近分娩时刻，颈管扩张，便于胎儿排出。

（四）阴道

阴道为母畜的交配器官，又是产道。阴道把子宫颈和阴门连接起来，是自然交配时精液注入的地点。阴道腔为扁平的缝隙。前端有子宫颈阴道部突入其中。子宫颈阴道部周围的阴道腔称为阴道穹窿。后端以阴瓣与尿生殖前庭分开，牛的阴道长度一般为22～28 cm。

## 二、母牛繁殖特性

### （一）母牛的发情周期

1. 初情期

母牛第一次出现发情和排卵的时期。这时母牛的生殖器官功能尚不完全，发情表现和发情周期不明显，还不能进行配种。育成母牛一般6～12月龄出现初情期。

2. 性成熟

当母牛达到性成熟时，生殖器官的大小和重量均在急骤地增长。母牛表现出发情征象，直至卵泡成熟，排出卵子。母牛生殖器官已经发育完全，具有了产生繁殖力的生殖细胞。母牛一般8～14月龄达到性成熟，性成熟的年龄受品种、个体、饲养管理条件、气候等因素的影响。早熟品种、气候温暖的地区及饲养条件优越均能使性成熟提早。

3. 繁殖适龄期

母牛的繁殖适龄期是指母牛达到性成熟，又能达到体成熟，可以进行正常配种繁殖的时期。体成熟是指母牛身体已发育完全并具有雌性成年动物固有的特征与外貌。母牛一般在20月龄左右（1.5～2岁）体成熟，开始配种时的体重一般应达到成年母牛体重的70%以上。初配时，不仅看年龄，而且也要根据母牛的身体发育及健康状况进行调整。

### （二）排卵

母牛卵泡成熟后便自发性排卵，继而生成黄体。排卵时间是在发情开始后28～32 h或发情结束后10～12 h。右侧卵巢排卵数比左侧多；夜间，尤其是黎明前排卵数较白天多。

## 三、公牛的生殖器官构造及功能

公牛生殖器官由生殖腺（睾丸）、输精管道（附睾、输精管、尿生殖道）、副性腺、交配器官（阴茎和包皮）和阴囊组成（图6-2）。

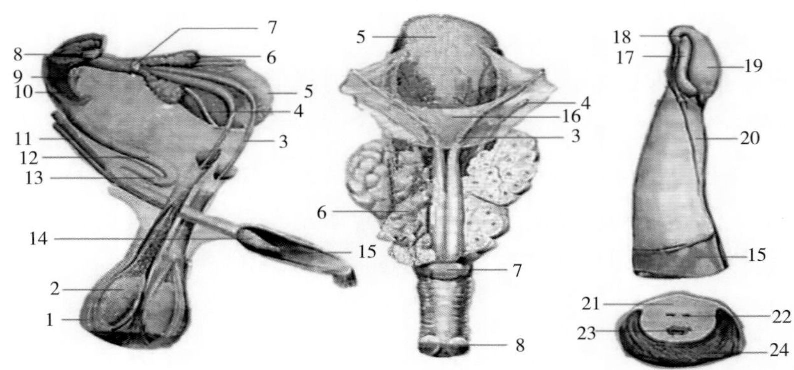

1.阴囊；2.睾丸；3.输精管；4.输尿管；5.膀胱；6.精囊腺；7.前列腺；8.尿道球腺；9.坐骨海绵体肌；10.球海绵体肌；11.阴茎缩肌；12.阴茎；13.乙状弯曲；14.阴茎头；15.包皮；16尿生殖褶；17.尿道突；18.尿道外口；19.阴茎帽；20.龟头缝；21.阴茎海绵体；22.阴茎海绵体血管；23.尿生殖道；24.尿道海绵体。

图6-2　公牛生殖器官

（注：摘自《现代科学养殖技术应用指南》）

### （一）睾丸

睾丸位于阴囊中，左、右各1个，中间由阴囊中隔隔开。睾丸可产生精子，分泌雄性激素。睾丸呈左、右稍压扁的椭圆形，表面有浆膜被覆，称为固有鞘膜。牛的睾丸呈长椭圆形，长轴方向与地面垂直。牛精子的发生期需60 d。公牛每克睾丸组织平均每天可产生精子1 300万～1 500万个。

睾丸的主要功能是产生精子，精子在睾丸内形成的全过程称为精子的发生。雄性动物出生时精细管内还没有管腔，在精细胞内只有性原细胞和未分化细胞（即支持细胞）到一定年龄后，精细管逐渐形成管腔，性原细胞开始变成精原细胞，精子发生以精原细胞为起点，包括精细管上皮的生精细胞分裂、增殖、演变和向管腔释放等过程。精细胞分裂不同于体细胞，即自精原细胞起到最后变成精子，需经过复杂的分裂和形成过程，在此过程中染色体数目减半，细胞质和细胞核也发生明显变化。精细管的生精细胞是直接形成精子的细胞，它经多次分裂后最后形成精子。

睾丸的另一个功能是分泌雄激素。间质细胞分泌雄激素，能够激发公畜的性欲及性兴奋，刺激第二性征，刺激阴茎及副性腺发育，维持精子的存活。

### （二）输精管道

1. 附睾

附睾是精子浓缩、成熟、贮藏和转运的部位，由睾丸输出管和附睾管构成，是精子最后成熟的地方。在附睾内，精子的形态和代谢都发生变化，变得成熟，并获得了运动和受精能力。精子通过附睾管时，附睾管分泌的磷脂质及蛋白质，裹在精子的表面，形成脂蛋白膜，将精子包被起来，它能在一定程度上防止精子膨胀，也能抵御外界不良环境。附睾是精子的贮存所，精子贮存过久，则活力降低，畸形和死亡精子增加，所以长期不配种的公畜，第一次采得的精液，会有较多衰弱，畸形的精子。相反如果配种过于频繁，则会出现发育不成熟的精子，故需很好的掌握射精频率。附睾具有运输的作用，精子在附睾中缺乏主动运动，从附睾头运送到附睾尾是靠纤毛上皮的活动，以及附睾管壁平滑肌的收缩作用，一般牛精子通过附睾管时间为10 d。

2. 输精管

输精管是输送精子的管道。起始于附睾尾，经腹股沟称为输精管壶管进入腹腔，再向后进入盆腔，在膀胱背侧形成输精管膨大部，称为输精管壶腹，末端开口于尿道起始部背侧壁精阜上。

3. 尿生殖道

雄性尿生殖道是尿和精液共同的排出管道，可分为骨盆部、阴茎部两部分。骨盆部由膀胱颈直达坐骨弓，位于骨盆底壁，为一长的圆柱形管，外面包有尿道肌。阴茎部位于阴茎海绵体腹面的尿道沟内，外面包有尿道海绵体和球海绵体肌。在坐骨弓处，尿道阴茎部在左右阴茎脚之间稍膨大形成尿道球。

射精时，从壶腹聚集来的精子，在尿道骨盆部与副性腺的分泌物相混合。膀胱颈部的后方，有一个小的隆起，即精阜，在其上方有壶腹和精囊腺导管的共同开口。精阜主要由海绵组织构成，它在射精时可以关闭膀胱颈，从而阻止精液流入膀胱。

### （三）副性腺

精囊腺、前列腺及尿道球腺统称为副性腺。副性腺分泌物参与形成精液、稀释精子、营养精子、改善阴道内环境。副性腺的功能受雄激素调节。射精时，它们的分泌物加上输精管壶腹的分泌物混合在一起称为精清，并将来自输精管和附睾高密度的精子稀释，形成精液。

副性腺具有冲洗尿道的作用。交配前阴茎勃起时，所排出的少量液体，主要是尿道球腺所分泌，其可以冲洗尿生殖道中残余的尿液，使通过尿生殖道的精子不受到尿液危害。

副性腺是精子的天然稀释液，活化精子，改变休眠状态。帮助推动和运送精液到体外。缓冲不良环境对精子的危害。延长精子存活时间，维持精子的受精能力。

### （四）阴茎

阴茎为雄性的交配器官，主要由勃起组织及尿生殖道阴茎部组成，阴茎是排尿、射精和交配器官，分为阴茎头、阴茎体和阴茎根3部分。阴茎根以两个阴茎脚起于坐骨结节腹面，进而合并为阴茎体；阴茎体是阴茎的主要部分；阴茎头位于阴茎的游离端。自坐骨弓沿中线先向下，再向前延伸，达于脐部。牛的阴茎较细，在阴囊之后折成“S”字形弯曲。

### （五）包皮

包皮是由游离皮肤凹陷而发育成的阴茎套。在未勃起时，阴茎头位于包皮腔内。牛包皮较长，包皮口周围有一丛长而硬的包皮毛，包皮腔长35～40 cm。包皮的黏膜形成许多褶，并含有许多弯曲的管状腺，分泌油脂性物质。这种分泌物与脱落的上皮细胞及细菌混合后形成带有异味的包皮垢。

## 四、公牛的生殖生理

### （一）初情期

指公牛睾丸逐渐具有内分泌功能和生精功能的时期。公牛一般10月龄达到初情期。

### （二）性成熟

幼龄家畜繁育发育到一定阶段，开始表现性行为，具有第二性征，特别是以能产生成熟的生殖细胞为特征，公牛的睾丸能产生成熟的精子，并有了正常的性行为，一般在24～36月龄。

### （三）体成熟

公畜的骨骼，肌肉和内脏各器官已基本发育完成，而且具备了成熟时应有的形态和结构。体成熟晚于性成熟，公牛一般在24～36月龄达到体成熟。

### （四）最适繁殖期

作为种公畜的公牛，可供繁殖期一般为10年。

# 第二节 牛的繁育关键技术要点

肉牛繁殖方法是一种配种制度，包括纯种繁殖和杂交繁育两类。主要包括冷冻精液技术、人工授精技术、激素控制技术、超数排卵技术等。其中，人工授精、冷冻精液保存技术已在生产中得到广泛应用。

建立科学的繁殖管理制度，对母牛进行精准计划和检测，保证牛妊娠率和分娩率稳定；选育高品质种牛，种牛的品质和遗传特征直接影响新一代的品质，应重点选育具有高肉质比和肉质优秀的种牛；根据肉牛品种的遗传特点和生长发育特点，选用合适的繁殖技术，保证受孕率。

## 一、母牛的繁殖

### （一）母牛的发情机理

牛为全年多次周期发情动物，发情周期一般为18～24 d（平均21 d）。温暖季节，发情周期正常，发情表现明显。在天气寒冷、营养较差情况下，将不表现发情。壮龄牛、营养体况较好的牛，发情周期较为一致，而老龄牛以及营养体况较差的牛发情周期较长。

发情周期的出现是卵巢周期性变化的结果。卵巢周期变化受丘脑下部、垂体、卵巢和子宫等所分泌激素相互作用的调控，如图6-3所示。在母牛的一个发情周期中，卵巢上的卵泡是以卵泡发育波的形式连续出现的。卵泡发育波是指一组卵泡同步发育。在1个卵泡发育波中，只有1个卵泡发育最快，成为该卵泡发育波中最大的卵泡，称为优势卵泡。其余的次要卵泡发育较慢、较小，一般迟于优势卵泡1～2 d出现，且只能维持1 d即退化。牛的一个发情周期中出现2个卵泡发育波较为常见，个别牛有3个卵泡发育波。在多个卵泡波中，只在最后一个卵泡波中的优势卵泡能发育成熟并排卵，其余的卵泡均发生闭锁。卵泡的生长速度并不受同侧卵巢是否有黄体的影响，所以，黄体可以连续2次在同侧卵巢上出现。

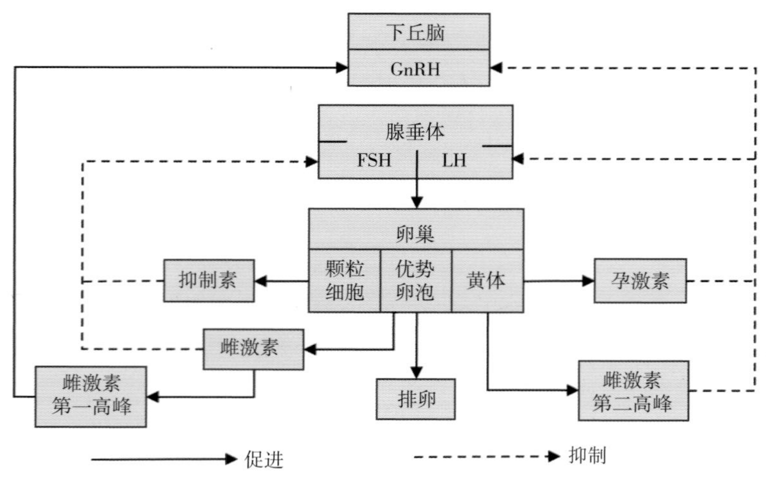


图6-3　母牛发情机理

卵泡的这种周期性活动一直持续到黄体退化为止。在黄体溶解时存在的那个优势卵泡就成为该发情周期的排卵卵泡，它在黄体溶解后继续生长发育，直至排卵。有2次卵泡发育波的，排卵的优势卵泡在发情的第10天出现，经11 d发育后排卵，发情周期为21 d。有3个卵泡发育波的，排卵的优势卵泡在发情周期的第16天出现，但只经7 d发育即排卵，发情周期为23 d。

一般根据卵巢上卵泡发育、成熟和排卵及黄体形成和退化两个阶段，将发情周期分为卵泡期和黄体期。卵泡期是指卵泡开始发育至排卵的时间，黄体期指卵泡破裂排卵后形成黄体，直到黄体开始退化的时间。

### （二）母牛的发情鉴定

对母牛发情的鉴定，目的是找出发情的母牛，确定最适宜的配种时间，提高受胎率，饲养户对牛是否发情，主要是靠对牛的外部观察。

1. 试情法

一种是将结扎输精管的公牛放入母牛群中，日间放在牛群中试情，夜间公母分开，根据公牛追逐爬跨情况以及母牛接受爬跨的程度来判断母牛的发情情况；另一种是将试情公牛接近母牛，如母牛喜靠公牛，并作弯腰拱背姿势，表示可能发情。

2. 外部观察法

多数母牛在夜间发情，因此在天黑时和天刚亮时要进行细致观察，判断的准确率更高。根据母牛的精神状态，外部的变化和阴户流出的黏性状等判断。根据母牛的外部表现和精神状态等行为学特征来判断母牛是否发情。母牛发情初期表现为兴奋不安，对外界环境的变化反应敏感，食欲减退，左顾右盼，开始爬跨其他母牛，但不接受其他母牛爬跨；阴户充血，流出少量蛋清状稀薄、透明黏液（图6-4）。发情中期表现为食欲不振、哞叫、接受其他母牛爬跨或互相爬跨；阴户充血、肿胀，阴门流出黏液多而薄，呈半透明牵丝状（图6-5），这是母牛发情最佳配种时间。发情末期表现为逃避爬跨；阴户肿胀减退、稍有皱纹，阴门流出物少而厚、透明、牵丝差减退（图6-6）。

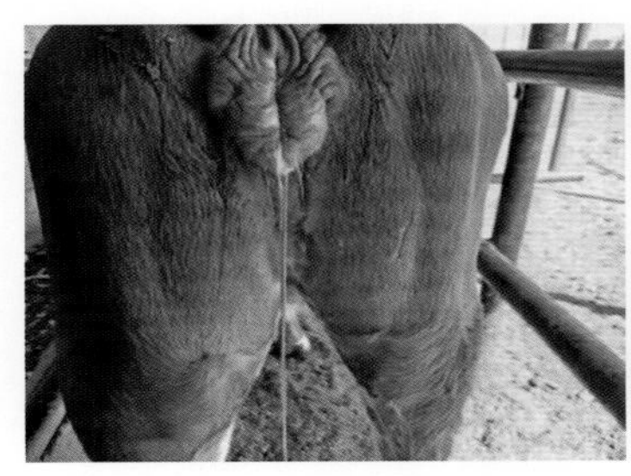

图6-4　发情早期

图6-5　发情中期

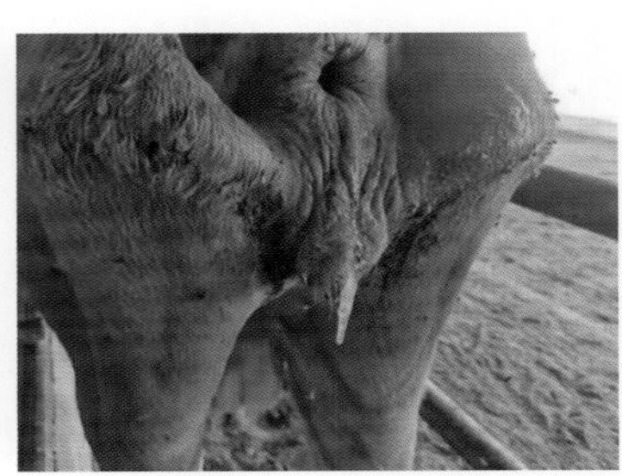

图6-6　发情后期

3. 阴道检查法

用开膣器打开阴道，检查阴道黏膜，子宫颈口的变化情况，判定母牛是否发情及发情程度（图6-7、图6-8）。在阴道检查前，将母牛用保定架固定好，用1%～2%来苏儿溶液消毒外阴部，再用温开水冲洗干净，之后用灭菌布巾擦干。开膣器先用1%～2%来苏儿溶液浸泡几分钟，用时再以温开水将药液冲洗干净。也可以用75%的酒精棉彻底擦拭或用酒精火焰消毒。消毒后，涂以灭菌的润滑剂，即可使用。检查人员洗手消毒后，以右手操作开膣器，左手拇指与食指轻轻拨开阴唇，然后将开膣器慢慢插入，至适当深度之后，将开膣器向下旋转打开阴道，用手电筒光线照射观察阴道变化。不发情的母牛阴道黏膜苍白、比较干燥，子宫颈口紧闭。发情母牛的阴道黏膜充血潮红，表面光滑潮湿，子宫颈外口充血，松弛，柔软开张，同时见到较多量黏液附在子宫颈口及其边缘。在阴道检查时，要严格遵守技术操作规程，防止操作不当给母牛带来病患。

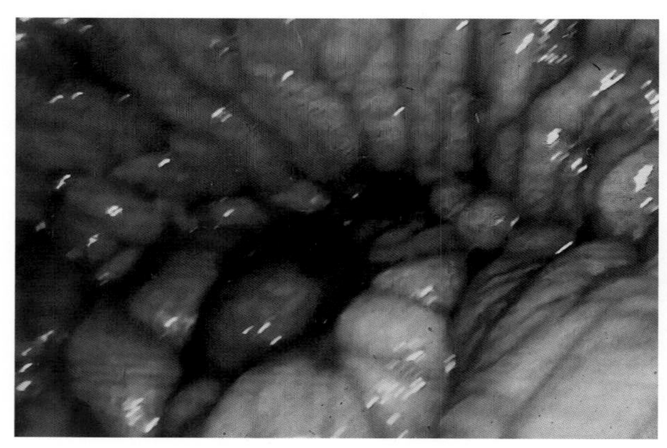

图6-7　发情母牛阴道变化

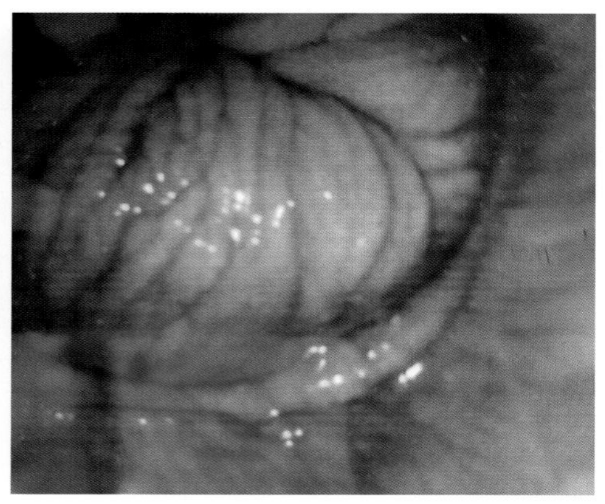

图6-8　未发情母牛阴道变化

4. 直肠检查法

将母牛保定在配种架内，尾巴用绳子拴向一侧，外阴部清洗、消毒。检查者首先将指甲剪短磨光，戴上长臂手套，手套上涂润滑剂。然后用手抚摸母牛肛门，将手指并拢成锥形，以缓慢旋转动作伸入肛门，掏出粪便。再将手伸入肛门，手掌展开，掌心向下，按压抚摸；在骨盆底部可摸到一个前后长而圆且质地较硬的棒状物，即为子宫颈。沿子宫颈向前触摸，在正前方摸到一浅沟即为角间沟，沟的两旁为向前、向下弯曲的两侧子宫角，母牛发情时可以摸到子宫颈变软、增粗，由于子宫黏膜水肿子宫角体积增大，收缩反应明显，质地变软。沿着子宫角大弯向下稍向外侧可摸到卵巢。这时可用食指和中指把卵巢固定，用拇指肚触摸卵巢大小、质地、形状和卵泡发育情况。发情时卵巢上有发育的卵泡，卵泡体积不再增大，卵泡壁变薄，波动明显，有一触即破的感觉时即为最佳输精时间。操作要仔细，动作要轻柔。

阴道检查和直肠检查，也是鉴定母牛是否发情的两种常用方法，但这两种方法需要一定的器械并要严格消毒，没有鉴定的经验，也难以得到正确的结果，如果需要对牛进行这方面的检查，最好请配种员或畜牧技术员帮助进行检查。

总之，繁殖母牛应建立配种记录和预报制度。根据记录和母牛发情天数，预测下一次发情日期。对预期要发情的牛观察要仔细，耐心，每天观察2～3次，使牛的发情不至于漏过。

### （三）母牛的妊娠鉴定

妊娠是母牛的特殊生理状态。妊娠期的长短，依品种、年龄、季节、饲养管理、胎儿性别等因素不同而有所差异。一般早熟品种的妊娠期短，奶牛比肉牛短，怀母犊比怀公犊短1～2 d，青年母牛比成年母牛短1～3 d，怀双胎比怀单胎短3～7 d，冬春分娩母牛比夏秋季分娩长2～3 d，饲养管理条件差的母牛妊娠期长。

妊娠诊断是判断母牛是否妊娠的一项技术。及早地判断母牛的妊娠，以防止母牛空怀，提高繁殖率。经过妊娠诊断，对未妊娠母牛找出未孕原因，采取相应技术措施，密切注意下次发情时间搞好配种；对已受胎的母牛，须加强饲养管理，做好保胎工作。

#### 1. 外部观察法

母牛配种以后，于下一个发情期到来前后，要注意观察是否再发情。母牛妊娠以后，周期性发情停止，性情变得安静、温顺，行动迟缓、避免角斗和追逐。放牧或驱赶运动时常落在牛群之后。食欲和饮水增加，被毛发亮，膘情变好。妊娠初期外阴部比较干燥，阴唇紧缩，皱纹明显；妊娠后期腹围变大，妊娠6～7个月，饮水后可以在右侧腹壁见到胎动。青年母牛妊娠4～5个月乳房开始明显发育，体积增大；经产母牛在妊娠最后的半个月乳房明显胀大，乳头变粗，个别牛乳房底部出现水肿。这种观察方法虽然简单，容易掌握，但不能进行早期确诊，只能作为参考（图6-9、图6-10）。

图6-9　外部观察怀孕牛

图6-10　外部观察未怀孕牛

2. 直肠检查法

直肠检查法是妊娠诊断普遍采用的比较准确的方法。具体操作方法同发情鉴定的直肠检查法，但要更加仔细、严防粗暴，检查时动作要轻、快、准确。

将被检母牛进行保定，将尾巴拉向一侧，并用温开水将肛门及附近擦洗干净。检查人员站在被检母牛的后方，戴上乳胶或塑料薄膜长筒手套，涂上润滑剂，然后手指并拢成锥状，缓缓地以旋转动作插入肛门，掏出宿粪，手向直肠深部慢慢伸进，当手臂伸到一定深度时达骨盆腔中部，这时可触摸直肠下壁，先摸到子宫颈，然后沿着子宫颈触摸子宫角、卵巢，然后是子宫中动脉。

妊娠30 d后，两侧子宫角已不对称，孕角较空角稍增大变粗，且较松软，有液体波动的感觉，孕角最膨大处子宫壁显著较薄，空角较硬而有弹性，弯曲明显。用手指轻握孕角从一端向另一端轻轻滑动，可感到胎膜囊由指间滑过。或用拇指及食指轻轻捏起子宫角，然后稍为放松，可以感到子宫壁内先有一层薄膜滑开，这就是尚未附植的胚囊壁，技术熟练者此时在角间韧带前方可以摸到豆形的羊膜囊，据测定妊娠28 d羊膜囊直径为2 cm，35 d为3 cm，40 d以前羊膜囊为球形。

妊娠40 d后，通过直肠触摸检查子宫，可查出两侧子宫角不对称，孕侧子宫角较另侧略大，较长且柔软，且有液体波动。

妊娠60 d后，直肠触摸可查出妊娠子宫增大、胎儿和胎膜。直肠触摸同侧卵巢较另侧略大，并有妊娠黄体，黄体质柔软、丰满，顶端能触感突起物（图6-11）。

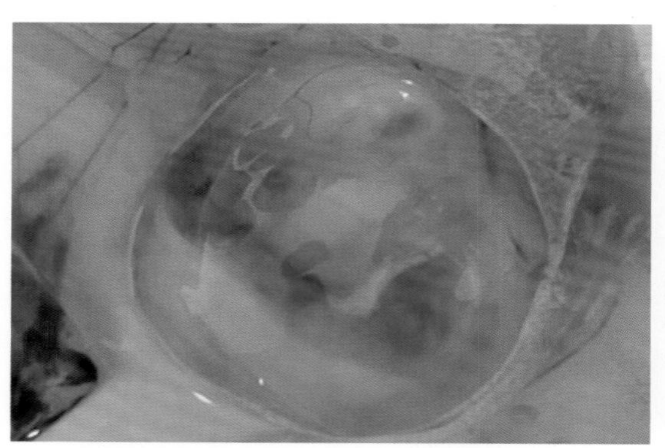

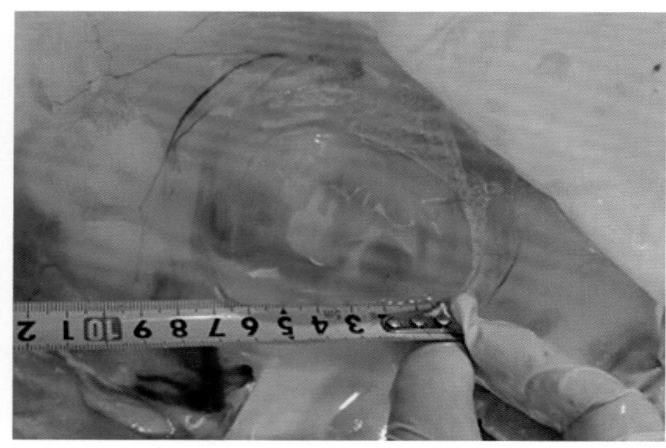

图6-11　2月龄左右胚泡

怀孕90 d，孕角大如婴儿头，有的大如排球，可以明显感到波动，空角比平时增大一倍，子宫开始沉入腹腔，初产牛子宫下沉时间较晚（图6-12）。偶尔可以摸到胎儿，孕角子宫动脉根部开始可以感到微弱的怀孕脉搏，角间沟已摸不清。

怀孕120 d，子宫已全部沉入腹腔，子宫颈已越过耻骨前缘，一般只能摸到子宫的背侧及该处的子叶，形如蚕豆或小黄豆。可以摸到胎儿。子宫动脉的怀孕脉搏由根部向下延伸，明显可感。

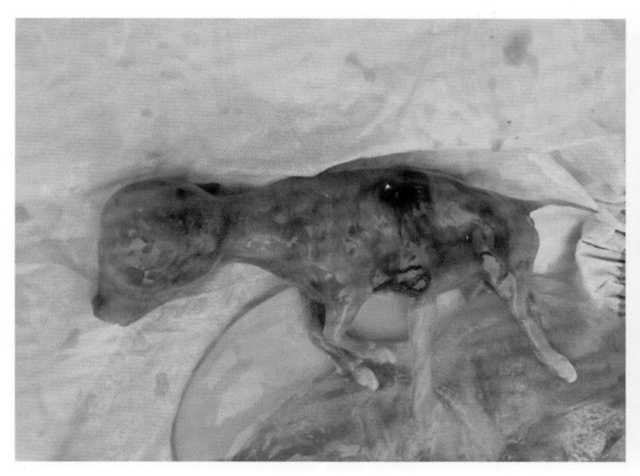
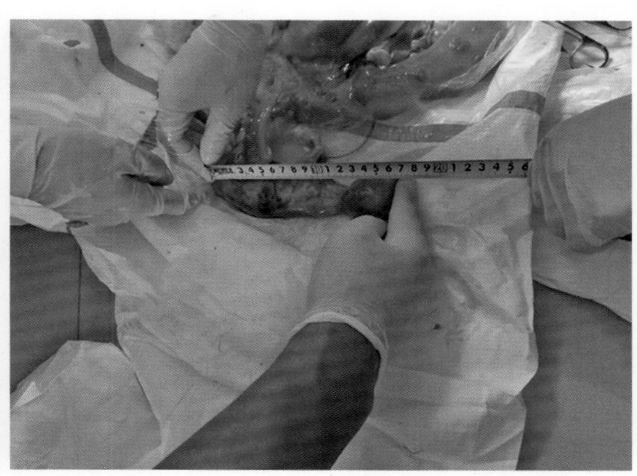

图6–12　3月龄左右胎儿

再往以后直到分娩，子宫越见膨大，沉入腹腔甚至抵达胸骨区；子叶逐渐长大，大如胡桃、鸡蛋；子宫动脉越发变粗，粗如拇指；空侧子宫动脉也变粗并显示怀孕脉搏。寻找子宫动脉的方法是，手伸入直肠后，手心向上贴着椎体向前移动，在岬部的前方可以摸到腹主动脉的最后一个分支，即为髂内动脉，在左右髂内动脉的根部各分出一支子宫动脉，沿游离的子宫阔韧带下行至子宫角的小弯。触摸此动脉的粗细及脉搏变化。

随着怀孕的推进，胎儿逐渐长大，可以摸及其头部、嘴、眼、眉弓、颅顶、臀部、尾巴以及四肢的一部分。

输精40 d后，通过直肠触摸检查子宫，可查出两侧子宫角不对称，孕侧子宫角较另侧略大，较长且柔软，且有液体波动。60 d后直肠触摸可查出妊娠子宫增大、胎儿和胎膜。直肠触摸同侧卵巢较另侧略大，并有妊娠黄体，黄体质柔软、丰满，顶端能触感突起物。120 d后子宫下沉腹腔，可触摸到子宫背侧面处突出的子叶，形如蚕豆，可感知子宫动脉的妊娠脉搏。

3. 超声波诊断法

B型超声波（简称B超）是最常用的诊断方法，它是将超声回声信号以光点明暗显示出来，回声的强弱与光点的亮度一致。由于机体各种组织的声阻值不同，从而表现超声波反射的强度差异，当探测到液体或致密组织时，则分别显示无回声波的黑色或强回声波的白色。B超可配线阵扫描探头或扇形扫描探头，也有一些B超线阵扫描探头和扇形扫描探头可匹配使用。线阵扫描的图像为长方形，而扇形扫描的图像为扇形。

4. 生殖激素检测法

应用激素测定技术（放射免疫测定法、酶联免疫测定法等），通过对雌性动物体液（血浆、血清、乳汁、尿液等）中生殖激素（促卵泡素等）水平的测定，依据发情周期中生殖激素的变化规律，来判断动物的发情程度。该法可精确测定出激素的含量，如免疫测定母牛血清中孕酮的含量为0.2～0.48 ng/mL，输精后期受胎率可达51%，但这种方法需要的仪器和药品试剂较贵，目前尚难普及。除上述妊娠检查方法外，免疫学诊断法和妊娠辅助糖蛋白测定法等，但一般在生产中应用较少。

5. 不同孕检方法的比较

直肠检查法，相对简单，但需具有一定经验的人方能检出。B超诊断法需要专门的仪器设备。孕酮检测价格高。各肉牛养殖场可根据实际情况选择合理的妊娠诊断方法。详见表6-1。

表6-1　肉牛不同妊娠诊断方法的比较

| 项目 | 直肠触诊 | B超诊断 | 孕酮检测 | PAGs检测 |
|---|---|---|---|---|
| 妊娠检查适宜时间 | 配种后<br>45 ~ 60 d | 配种后<br>27 ~ 30 d | 配种后<br>18 ~ 24 d | 配种后<br>28 ~ 32 d |
| 结果确认时间 | 当时 | 当时 | 1 ~ 2 d | 当天 |
| 项目 | 直肠触诊 | B超诊断 | 孕酮检测 | PAGs检测 |
| 准确率 | 98%以上 | 几乎100% | 95%以上 | 98%以上 |
| 胎儿周龄 | 可知（不准确） | 可知（准确） | 不可知 | 不可知 |
| 胎儿死活 | 不可知 | 可知（准确） | 不可知 | 不可知 |
| 胎儿性别 | 不可知 | 可知 | 不可知 | 不可知 |

（四）牛预产期推算与观察

1. 预产期的推算

肉牛的妊娠期大致范围为276 ~ 285 d（平均为282 d），也可计为9个月零10 d。母牛妊娠期的长短，因品种、年龄、胎次、营养、健康状况、生殖道状态、双胎与单胎和胎儿性别等因素有差异。如本地黄牛、肉用型牛较乳用型牛的妊娠期长2 d左右，年龄小的母牛较年龄大的母牛妊娠期平均短1 d，怀公犊较怀母犊妊娠期长1 ~ 2 d；双胎较单胎妊娠期减少3 ~ 6 d；饲养管理条件较差的牛妊娠期较长。

在推算预产期时，妊娠期以280 d计算，配种时的月份数减3，日期数加6，即可得到预计分娩日期。例如某牛10月1日配种，则预产期为10-3 = 7（月）；1+6 = 7（日）。即该牛的预产期是下一年的7月7日。如按282 ~ 283 d计算，可用月份加9，日数加9的方法来推算。

2. 分娩预兆

随着胎儿的逐步发育成熟和产期的临近，母牛身体会发生一系列先兆变化，为保证安全接产，必须安排有经验的饲养人员昼夜值班，注意观察母牛的临产征兆。

（1）乳房变化。产前约半个月，孕牛乳房开始膨大，乳头肿胀，乳房皮肤平展，皱褶消失，有的经产牛还见乳头向外排乳。

（2）阴门分泌物。妊娠后期，孕牛外阴部肿大、松弛，阴唇肿胀，如发现阴门内流出透明索状黏稠液体，则1～2 d内将分娩。

（3）骨盆韧带变化。妊娠末期，骨盆韧带软化，臀部有塌陷现象，在分娩前12～36 h，韧带充分软化，尾部两侧肌肉明显塌陷，俗称“塌沿”，这是临产的主要前兆。“塌沿”现象在黄牛、水牛表现较明显，在肉用牛，由于肌肉附着丰满，这种现象不明显。

### （五）分娩

#### 1. 母牛分娩生理特点

母牛在分娩过程中产道、胎儿及胎盘的特点表现出的特征划分为2个产程。第一产程长，容易发生难产。这是因为牛的骨盆中横径较小，髂骨体倾斜度较小，造成骨盆顶部能活动部分即骼关节及荐椎靠后，当胎儿通过骨盆时，其顶部不易向上打张。骨盆侧壁的坐骨上棘很高，而且向骨盆内倾斜，也缩小了骨盆腔的横径。附着于骨盆侧壁及顶部的荐坐骨韧带窄短，使骨盆腔不易扩大。牛的骨盆轴呈S状弯曲，胎儿在移动产出过程中需随这一曲线改变方向，而延长了产程。骨盆的出口由于坐骨粗大，且向上斜，妨碍了胎儿的产出。胎儿较大，胎儿的头部、肩胛围及骨盆围较其他家畜大，特别是头部额宽，是胎儿最难产出的部分。一般肉用初产母牛难产率较高，产公犊的难产率比产母犊的高；母牛分娩时的阵缩及努责较弱。

第二产程胎膜排出期长，易发生滞留。牛的胎盘属于上皮绒毛膜与结缔组织绒毛膜混合型，绒毛和子宫阜的腺窝结缔组织粘连，胎儿、胎盘包被着母体胎盘，子宫阜上缺少肌纤维的收缩。另外，母体胎盘呈蒂状突出于子宫黏膜，子宫肌的收缩不能从母体胎盘上脱落下来，所以胎膜的排出时间短者需要3～5 h，长者则需10 h以上。长时间胎膜不能排出，属于胎膜滞留。由于牛的胎盘结构紧密，分娩过程中，有相当多的胎盘尚未剥离，所以，胎儿娩出前一直可以得到氧气供应，即使产程长一点也不致造成胎儿窒息死亡。

#### 2. 分娩预兆

随着胎儿的逐步发育成熟和产期的临近，母牛身体会发生一系列先兆变化，为保证安全接产，必须安排有经验的饲养人员昼夜值班，注意观察母牛临产征兆。

#### 3. 分娩过程

开口期。从子宫开始阵缩到子宫颈口充分开张为止的一段时间，一般为2～8 h（0.5～24 h）。这时只有阵缩而不出现努责。初产牛表现不安，时起时卧，徘徊运动，尾根抬起，常作排尿姿势，食欲减退。经产牛一般比较安静，有时看不出明显表现。

胎儿娩出期。从子宫颈充分开张至产出胎儿的一段时间，一般持续0.5～2 h（0.5～6 h）。初产牛通常持续时间较长。若是双胎，则两胎儿排出间隔时间一般20～120 min。这个时期的特点是阵缩和努责同时作用。进入这个时期，母牛常侧卧，四肢伸直，强烈努责，羊膜绒毛膜形成第一胎囊突出阴门外，该囊破裂后，排出淡白或微带黄色半透明的浓稠羊水。胎儿产出后，尿膜才开始破裂，流出黄褐色尿水。有时尿膜绒毛膜囊形成第一胎囊先破裂，然后羊膜绒毛膜囊才突出阴门破裂。在羊膜破裂后，胎儿前肢和唇部逐渐露出并通过阴门，这时母牛稍事休息后，继续把胎儿排出。这一阶段的子宫肌收缩期延长，松弛期缩短，胎儿的头和肩胛骨宽度大，娩出最费力，努责和阵缩最强烈。

胎衣排出期。从胎儿产出后到胎衣完全排出为止，一般需2～8 h（0.5～12 h）。当胎儿产出后，母牛即安静下来，子宫继续阵缩（有时还配合轻度努责）使胎衣排出。若超过12 h，胎衣仍未排出，即视为胎衣不下，须及时采取处理措施去除胎衣，特别是夏季。处理方法有人工剥离或用药灌注，两者结合使用效果更好。

### （六）助产

#### 1. 助产前的准备

助产前要选择清洁、安静、宽敞、通风良好的房舍作为专用产房。产房在使用前要进行清扫消毒，并铺上干燥、清洁、柔软的垫草。

产房内要准备好脸盆、肥皂、毛巾、刷子、细绳、消毒药品（来苏儿、酒精、5%碘酊等）、脱脂棉以及镊子、剪刀、产科绳等。这些用品都应保持清洁，并放在固定的地方，以便随时取用。另外要准备好热水和照明设备。

助产人员要固定，产房内昼夜均应有人值班。

#### 2. 助产方法

当母牛表现不安等临产症状时，应使产房内保持安静，确定专人注意观察。助产工作应在严格遵守消毒的原则下，按照以下步骤进行。

清洗外阴及消毒将母牛外阴部、肛门尾根及后臀部用温水、肥皂洗净擦干，再用1%来苏儿溶液消毒母牛肛门、外阴部、尾根周用。助产人员手臂也应消毒。

母牛最好是左侧卧保定，以减少瘤胃对胎儿的压迫。当母牛开始努责时，如果胎膜已经露出而不能及时产出，应注意检查胎儿的方向、位置和姿势是否正常。只要胎儿胎向、胎位和姿势正常，可以让其自然分娩，若有反常应及时矫正。

当胎儿蹄、嘴、头大部分已经露出阴门但仍未破水时，可用手指轻轻撕破羊膜绒毛膜；或自行破水后，应及时将其鼻腔和口内的黏液擦去，以便呼吸。

胎儿头部通过阴门时，要注意保护阴门和会阴部，尤其当阴门和会阴部过分紧张时，应有一人用两手护住阴唇，以防止阴门上角或会阴撑破。

如果母牛努责无力，可用手或产科绳缚住胎儿的两前肢蹄踵部，同时用手握住胎儿下颌，随着母牛努责，左右交替使用力量，顺着骨盆产道的方向慢慢拉出胎儿。倒生胎儿应在两后肢伸出后及时拉出，因为当胎儿腹部进入骨盆腔时，脐带可能被压在骨盆底上，如果排出缓慢，胎儿容易窒息死亡。手拉胎儿时，在胎儿的骨盆部通过阴门后，要放慢拉出速度，以免引起子宫脱出。胎儿产出后发生窒息现象时，应及时清除鼻腔和口腔中的黏液，并立即进行人工急救。

在胎儿全部产出后，首先用毛巾或软草把鼻腔内的黏液擦净，然后将犊牛身上的黏液擦干。多数犊牛生下来脐带可自然扯断。如果没有扯断，可在距胎儿腹部10～12 cm处涂擦碘酊，然后用消毒的剪刀剪断，在断端上再涂上碘酊。

处理犊牛脐带后，要称初生重、编号，填写犊牛出生卡片，放入犊牛保育栏内。犊牛产出后，要注意观察胎衣排出和恶露性质与颜色变化。如果犊牛产后超过12 h仍未排出胎衣，应及时请兽医处理。如果牛分娩后20 d以上仍然恶露不尽，或恶露颜色、气味不正常，或有恶臭物质，或产后10 d内仍未见恶露流出，均表明母牛可能感染了子宫内膜炎，应针对病因进行治疗。

### （七）提高母牛繁殖率关键技术要点

#### 1. 保证牛的正常繁殖机能

（1）加强种牛的选育繁殖力受遗传因素影响很大，选择好种公牛是提高家畜繁殖率的前提。母牛的排卵率和胚胎存活力与品种有关。

（2）为了保证能繁殖健康的优良后代及时淘汰有遗传缺陷的种牛，及时调整牛群，淘汰老弱病牛一般在体成熟时进行配种最为适宜，即在牛15月龄左右进行初配。对于长期不孕，经治疗无效的牛，年龄偏大、卵巢机能下降、屡配不孕的牛，长期患有慢性子宫内膜炎、乳腺炎或乳房坏疽牛。每年要做好牛群整顿，对老、弱、病、残和某些屡配不孕的、习惯流产、早期胚胎死亡及初生犊牛活力降低等生殖疾病经过检查确认已失去繁殖能力的母牛，及时淘汰，可以减少不孕牛的饲养数，提高牛群的繁殖率。

#### 2. 科学的饲养管理

（1）牛给予营养均衡的饲料。营养均衡的是牛体健康的基础，也是牛正常发情、排卵和受孕的保证。首先保证日粮供应，防止因能量负平衡造成的繁殖力低下。营养缺乏会使牛瘦弱，内分泌活动受到影响，性机能减退，生殖机能紊乱，出现不发情、安静发情、发情不排卵或卵泡交替发育等。因此，在饲料配比上必须满足牛均衡的营养需要，特别是对蛋白质、维生素、矿物质的需要，维持母牛中上等膘情，适当的运动，才是保证母牛良好的繁殖性能的基础。一般母牛产后1～3个情期发情排卵比较正常，容易受胎，提倡产后第1个情期进行配种。产后3个情期内配不上种或失配，应直肠检查，查找原因，及时调整对症治疗。

（2）防止饲草料有毒有害物质中毒。例如长期饲喂棉籽秆、二次发酵青贮饲料影响公牛的性欲和精液品质，干扰母牛的发情周期，引起流产。发霉玉米产生诸如黄曲霉毒素类的生物毒性物质对精子生成、卵子和胚胎发育均有影响。因此，在饲喂过程中应尽量避免。

（3）创造理想环境条件，环境因子如季节、温度、湿度和日照，都会影响繁殖。为了达到最大的繁殖效率，必须具备最理想的环境条件，如凉爽的气候、低的湿度、长的日照等。

产奶过多或过度挤乳，促进了催乳激素的分泌，而催乳激素会抑制促黄体素释放激素的分泌，造成促黄体素分泌减少，使卵泡不能发育成熟。特别是规模化养殖小区奶牛，有的表现为周期性发情但触摸卵泡不发育，由于产奶过多造成某些营养物质也随乳排出，母牛长期不发情。直肠检查可发现卵巢上有持久黄体存在，造成高产奶牛难受孕。对于长期哺乳的母牛应适时断奶，同时补充含丰富营养的饲料，进行“短期优饲”。对于高产奶牛应分析饲料，规范化饲养管理，冬季应给予牛充足的营养，做好防寒保暖工作；在夏季做好防暑降温工作，供应优质、适口性好的饲料，并补充碳酸氢钠等增加食欲，恢复其生殖机能，保证正常奶牛发情排卵。

3. 建立科学的繁殖管理制度，做好发情鉴定和适时配种

（1）牛场要制订科学的繁育计划，形成各项管理制度并逐一实施。在人工输精过程中一定要遵守操作规程，从发情鉴定、清洗消毒器械、采精、精液处理、冷冻保存及输精，一整套严密的操作，各个环节紧密联系，任何一个环节掌握不好，都会影响受胎率。

（2）进行早期妊娠诊断，防止失配空怀，通过早期妊娠诊断，能够及早确定母牛是否妊娠，做到区别对待。对已确定妊娠的母牛，应加强保胎，使胎儿正常发育，可防止孕后发情造成误配。对未孕的母牛，及时找出原因，采取相应措施，不失时机地补配，减少空怀期。

（3）预防和治疗屡配不孕。引起牛屡配不孕的因素很多，其中最主要的因素是子宫内膜炎和异常排卵。而胎盘滞留是引起子宫内膜炎的主要原因。因此从动物分娩开始，重视产科疾病和生殖道疾病的预防，对于提高发情期受胎率具有重要意义。

4. 降低胚胎死亡率

牛的胚胎死亡率是相当高的，最高可达40%～60%，一般可达10%～30%。胚胎在附植前容易发生死亡，附植后也可发生死亡，但比例较低。

（1）营养及管理失调。一般营养缺乏及某些微量元素不足，缺少维生素，特别是维生素A不足表现得明显，母牛缺乏运动，也会使胚胎死亡数增多，另外，饲料中毒、农药中毒以及妊娠牛患病，都可造成胚胎死亡。

（2）生殖细胞老化。精子和卵子任何一方在衰老时结合都容易造成胚胎死亡。老龄公母牛交配、近亲繁殖会使胚胎生活力下降，也会导致胚胎死亡率增加。

（3）在妊娠过程中，子宫感染疾病也是造成胚胎死亡的重要原因，如子宫感染大肠杆菌、链球菌、结核杆菌、溶血性葡萄球菌等都会引起子宫内膜炎，从而引起胚胎死亡。

5. 繁殖疾病预防和治疗

母牛的繁殖疾病主要有卵巢疾病、生殖道疾病、产科疾病三大类。控制母牛的繁殖疾病对提高繁殖力十分有益。搞好卫生、定期消毒及预防注射，搞好圈舍清洁卫生，减少感染病原微生物的机会。制订科学的防疫程序、消毒制度，牛舍经常打扫，定期消毒。同时要注意粪便清理工作，并采取无害化处理。做好产房的卫生消毒工作是防止牛体感染患病的重要工作。在阴道检查、输精和助产等操作中，要严格消毒，慎重操作，防止生殖道人为感染和损伤。对产后母牛应加强护理，在规模化养殖场，对产后奶牛要及时饮服红糖500 g+温麸皮水5～8 kg，灌服益母生化散250 g/头。体质瘦弱的母牛静脉输入10%葡萄糖酸钙500～1 000 mL，有利于母牛的胎衣和恶露排出，促进其体质和生殖器官的恢复。如果母牛分娩后15 d仍有恶露排出，应查找原因并及时治疗，使子宫尽快恢复。

6. 加强牛疫病检疫

如牛阴道滴虫病、结核病、布鲁氏菌病等，会引起不育、不孕、胚胎早期死亡、胎儿干尸化、流产、死胎、出生前后死亡等。传染病可导致整群的、持续性的繁殖障碍，在一定的条件下造成传播、流行。因此，在生产中必须抓紧治疗牛群中患生殖器官疾病的个体，定期接种口蹄疫疫苗，控制传染病的发生与传播，使牛群正常进行繁殖。

7. 掌握牛发情鉴定、冻精解冻、输精、孕检技术，做好繁殖记录

（1）做好发情鉴定。掌握母牛的发情、排卵特点，适时配种，提高母牛的受配率和受胎率。为了提高受胎率，必须准确掌握排卵时间，以便适时配种。在有些地方，尤其是新的养牛场，由于不能适时配种造成的不孕比由于繁殖疾病引起的不孕还多。技术人员和饲养员要相互配合，加强对母牛的发情观察，掌握好母牛的发情鉴定技术。应根据“老配早、少配晚、不老不少配中间”的经验，俗话有“一爬一跑配尚早，一爬不跑隔日配，一爬掉腚配恰好”。发情母牛外在初期表现为不安、爬跨其他牛、外阴红肿、有黏液。排卵时间的确定须从外阴部肿胀程度、阴道黏膜的变化、黏液量和质的变化、子宫开张的程度、是否接受爬跨、直肠检查卵巢卵泡的变化等方面综合分析，才能找出最适宜的输精时间。一般在出现牛由神态不安转向安定，发情表现开始减弱或外阴部肿胀开始消失，子宫颈稍有收缩，黏膜由潮红变为粉红或带有紫褐色或黏液量减少，呈混浊状或透明有絮状白块或触摸卵泡体积不再增大，皮变薄，有弹力，泡液波动感明显，有上述情况之一就可进行输精。平时注意观察灵活掌握输精时间。对发情异常或不发情的个体要找出原因，及时采取改善饲养管理、药物治疗、激素催情等措施，从而提高奶牛的受配率。

（2）严格执行人工授精的精液解冻操作规程，保证精液品质。使用优质冻精，严格执行人工授精的操作规程。使用的冻精活力必须达到国家标准，活力在0.35以上，有效精子数在800万个以上。一次输入母牛生殖道内的有效精子数不应少于规定的最低标准。在使用过程中要按操作规程做，做到液氮罐不缺液氮，冻精安全储存有保证；解冻过程做到“快开、快取、快投、快溶、快输”，解冻细管的水温在38～40℃，保证冻精解冻后的活力。

（3）适时配种，提高受胎率。输精员在实施人工输精时要切实做好消毒卫生工作。输精员要保持良好的卫生习惯，及时修剪指甲，实施人工输精前做好自身和器械消毒工作，同时对母牛的阴部清洗消毒要使用流动的水进行。采用直肠把握子宫颈输精法在操作过程中要掌握技术要领，配种员一手入直肠把握子宫颈，一手持输精器。伸入阴门后，先斜入避开尿道口后再水平插入。此时直肠内的手可感觉到输精器的位置，两手配合把输精器插入子宫颈开口内。插入深度如前述的输精部位，稍把输精器往后拉一下，再推入精液，不要让输精器前头顶在子宫的某一部位而堵塞出精口，使精液推不出去造成倒流。做到“适深、慢插、轻注、缓出，防止精液倒流”。人工输精的部位要准确，一般以子宫颈深部到子宫体为宜。在输精时可进行阴蒂按摩，在操作过程中要细心、认真，动作柔和，母牛努责少，精液逆流减少，子宫吸引增加，有助于提高受胎率。严防粗暴，损伤母牛生殖道。

（4）做好早期妊娠诊断，提高复配效率做好早期妊娠诊断，抓好未孕母牛的复配是提高奶牛受胎率的一项重要措施。在初产母牛配种后30～45 d，经产母牛60 d之内就能检查母牛是否怀孕。经妊娠诊断，确认已怀孕的母牛应加强饲养管理，预防流产；对未孕牛要注意再次发情时的配种和对未孕原因的剖析对症治疗。在妊娠诊断中还可能发生某些生殖器官的疾病，及时进行治疗；对屡配不孕牛及时淘汰，减少经济损失。

（5）跟踪随访，做好繁殖记录。为了提高繁殖率，对每头奶牛做好繁殖记录。根据奶牛品种改良记录表认真填写，主要包括发情时间、配种时间、孕检时间、妊娠诊断结果、产犊情况等记录，通过对记录进行统计分析，为奶牛场科学制订繁育计划提供了依据。同时可以掌握牛群不孕牛只疾病发生、发展、治疗和康复情况，避免在治疗过程中重复用药，对牛群的繁殖情况也一目了然，能及时发现问题，采取必要的措施，保持合适的产犊间距。

## 二、种公牛的选育与繁育技术

### （一）种公牛选择

#### 1. 外貌鉴定

6～8个月大时就可以选留优质的种公牛，外貌特征符合该品种特征。

（1）看体型。选种公牛时应选择块头大、前胸宽阔、腰背平滑顺直结实、臀部广阔平直的小公牛。优先选择后档有恰当的间隙、善于行走、爬跨时敏捷稳当、两只睾丸的发育比较匀称、没有隐睾、生殖系统没有缺陷。

（2）看体质。选择体质健壮的种公牛是交配成功、生育出结实健壮、免疫力强、生长发育快的小牛的前提基础。

（3）看外貌。头大颈粗、眼大耳大。

（4）看精神。精神旺盛的小公牛才会更快长大长壮长膘，性欲比较旺盛。

2. 体重、体尺

（1）初选。选择12月龄的体型外貌、体尺体重、线性评定均为一级以上，综合评定一级以上个体，同时还要依据育种值进行排序（即体重和体尺成绩出来以后，采用动物模型BLUP方法估计测试牛的相对育种值，然后将育种值进行排序，对后备种牛做出选留）进行预留。

（2）定选。选择15月龄体型外貌、体尺体重、线性评定及综合评定等级均为特级的个体进行选留，同时依据个体相对育种值，排序选留（表6-2）。每个家系选留4～6头后备公牛。

**表6-2　牛体尺、体重**

| 性别 | 体高/cm | 体斜长/cm | 胸围/cm | 管围/cm | 睾围/cm | 体重/kg |
|---|---|---|---|---|---|---|
| 公牛 | | | | | | |
| 母牛 | | | | | | |

3. 肉用性能

胴体肉质好，符合该品种特征。

4. 繁殖性能

性成熟早，母牛乳房发育良好，哺乳性能好，母性好。

5. 种公牛等级鉴定及评定

（1）种公牛。用于生产冷冻精液的种公牛需三代系谱完整、来源清楚，其系谱指数、体重、体型外貌必须达到特级、一级标准。

（2）种母牛。系谱指数、体重、体型外貌必须达到二级以上，生产性能优良，乳房发育正常，哺乳性能好，母性强。

（3）后备牛。双亲各项指标均达到一级以上，品种特征明显，系谱清楚。生长发育正常，体重达到每个生长发育阶段的要求（表6-3）。

表6-3　后备牛体重

单位：kg

| 性别 | 初生重 | 6月龄 | 12月龄 | 18月龄 |
|---|---|---|---|---|
| 公牛 | | | | |
| 母牛 | | | | |

（4）等级评定。成年牛在3岁，母牛在一胎产后2～4月龄时按系谱指数（表6-4）、体重、体型外貌、生产性能及遗传评定等项进行综合评定。后备牛在6月龄、12月龄、18月龄时进行评定。

定选后，未经后代品质评定的，按照优秀个体体型外貌、体尺体重、线性评定进行综合评定，达到特级的种公牛，试采的冻精经第三方检测，检测合格后进行正常生产，冻精检测不合格的种公牛进行淘汰。同时还要考虑种公牛所生产冻精的精液量、精子密度、活力、冷冻解冻的复苏率等涉及精液品质问题，不符合要求的也要及时淘汰。

表6-4　系谱指数等级评定

| 相对系谱指数 | 公牛 | | | |
|---|---|---|---|---|
| | 母牛 | | | |
| 等级 | | 特级 | 一级 | 二级 |

（5）后裔测定。定选特级种公牛冻精经检测合格，开始进行后代品质评定。等级在一级以下（不含一级）的种公牛进行淘汰。在后代品质评定的同时，要考虑生产冻精的精液量、精子密度、活力、冷冻解冻的复苏率和准胎率、难产率。主要是给农民提供准确测定的公牛，也有利于核心群育种方案限制近交的风险。尽管现代育种方案能缩短世代间隔　但青年公牛仍需后裔测定，因为农民宁愿用经过准确测定的公牛。所以，公牛的后裔测定在不久的将来还会延续。后裔测定虽然能增加获得高生产性能青年母牛的概率，但这可能是理想而不符合实际，因为公牛的准确选择对后代的表型方差的影响很有限。

## （二）种公牛饲养

### 1.犊牛（0～6月龄）日粮要求

哺乳期1～7 d喂初乳，7 d以后喂常乳并开始训练采食精、粗饲料，粗饲料选用优质干草。30 d后，精料逐步加到1 kg/d左右，到6月龄时，精料的供给量增至2.5～3 kg/d，哺乳期120 d以上。日粮营养水平：日粮干物质占体重的2.2%～2.5%，每千克饲料干物质含2.0个NND（奶牛能量单位），含粗蛋白质18%、粗纤维13%、钙0.7%、磷0.35%。

6月龄体重应达到成年公牛体重的20%以上。

2. 后备牛（7～24月龄）日粮要求

干草6 kg/d，精料3～3.5 kg/d。日粮营养水平：日粮干物质占体重的1.5%～1.8%，每千克饲料干物质含1.7个NND，含粗蛋白质16%、粗纤维15%、钙0.45%、磷0.3%。期末体重应达到成年公牛体重的60%以上。

3. 青年期（18～24月龄）

日粮要求：干草10 kg/d，精料2.5～3.0 kg/d。日粮营养水平：日粮干物质占体重的1.5%～1.7%，每千克饲料干物质含1.6个NND，含粗蛋白质16%、粗纤维15%、钙0.45%、磷0.3%。期末体重应达到成年公牛体重的70%以上。

4. 成年牛（大于24月龄）日粮要求

干草12 kg/d，精料3～4.5 kg/d。日粮营养水平：日粮干物质占体重的1.4%～1.7%，每千克饲料干物质含1.5～1.6个NND，含粗蛋白质15%、粗纤维15%、钙0.45%、磷0%～3%。

### （三）种公牛的管理

肉用种公牛日常管理上应定时称重、定期刷拭、修蹄、专人管理、防止角斗行为。

1. 适当运动

能使牛身体健康，举动灵活，爬跨轻松，性情温顺，性欲旺盛，精液量大质优，还可防止肢蹄变形和身体变肥。

2. 定时称重

种公牛应保持中等膘情，不能过肥。应每3个月称重1次，以便根据体重变化情况及时调整日粮配方和给量。

3. 定期刷拭

种公牛应护理好皮肤，因而每天应刷拭2次。刷拭要细致，牛体各部位的尘土、污垢都要清除干净。特别是头部和颈部，在夏季可给牛洗澡，以确保皮肤清洁。刷拭避开饲喂时间，防止牛毛、尘土、污垢落入饲槽。

4. 修蹄

种公牛应护理好蹄子，经常检查蹄子，因而每年应修蹄2～4次，每日应清除掉蹄壁和蹄叉内的粪土。

5. 专人管理

种公牛应专人管理，以便建立人畜感情。应严禁打骂，以防顶人。应严禁逗弄，以免形成恶习。应避免饲养人员和采精人员参加兽医防治工作，以免牛只报复。应戴笼头和鼻环，以便牵引或拴系，经常检查笼头、鼻环和缰绳，以防逃脱而相互角斗。应按时采精，以免性情暴躁。应适度采精，以免导致阳痿。

6. 防止角斗行为

饲喂公牛、牵引公牛或采精时必须注意其表现，应防止出事，对于顶人的公牛必须采取措施。

## （四）公牛的采精与人工授精技术

1. 精液采集

采精是人工授精（AI）的重要环节。认真做好采精前的准备，正确掌握采精技术，合理安排采精时间，是保证采到量多质优精液的重要条件。

（1）公牛的准备。公牛的准备主要是指初次采精公牛的调教和公牛采精前的准备。

公牛的性成熟期为8～14月龄，人工采精的公牛，12～14月龄可开始进行采精训练。新公牛开始采精训练时，为了促使其性欲，可用健康的非种用母牛作台牛，诱使公牛接近台牛，并刺激其爬跨。待公牛适应了采精后，也可将母牛换成假台牛。但要注意，对肉用牛、水牛和一些性欲不很强的乳用公牛，往往用假台牛不易激发公牛的性欲，故不宜进行更换。采精训练时，必须坚持耐心细致的原则，充分掌握公牛个体习性，做到诱导采精。不能强行从事，或粗暴对待采精不顺利的公牛，以防公牛产生对抗情绪。采精人员应保持固定，避免由于更换人员造成的公牛惊慌和不适。同时，采精的场所应保持安静、卫生、温度适宜。特别在夏季，要避免高温影响公牛的生精机能、精液性状以及公牛的性欲，最好在公牛舍内安装淋浴设备或采取其他必要的降温方法。

平时要经常护理采精牛的蹄趾和修剪阴毛，公牛采精前还应清洗牛体，特别是牛腹部和包皮部，以避免污垢污染精液。活台牛或假台牛经一头公牛爬跨后，凡公牛接触部位均应清洁消毒，然后方可继续用来采精。

公牛在采精前1～2 h，不应大量采食饲料。在夏季，不要让公牛在采精前后立即饮用凉水。采精前还应避免牛的激烈运动。

（2）采精前的准备。采精前，相关人员要做好采精场地、台牛、采精器械以及实验室的各种准备工作。采精场应安保护设施，保持整洁、防尘，防滑和地面平坦，并设有采精垫和安全栏，台牛的选择要尽量满足公牛的要求，可利用活台牛或假台牛，为保持公牛的旺盛性欲，可以定期更换台牛；采精前，应保定台牛，对其后躯特别是尾根、外阴、肛门等部位进行清洗，擦干，保持清洁；假阴道及集精杯等器材，在采精前必须充分洗涤，玻璃器材应高温干燥消毒。采精时要调节假阴道内壁的温度至39℃左右，并维持适当的压力。阴道内壁还要涂抹适量医用凡士林以增加润滑度。润滑剂涂抹深度不得超过1/2。集精杯应保持34～35℃，防止射精时温度变化对精子的危害。同时，实验室应当做好精液处理、检查和保存的各项准备工作，及时对采集的精液进行处理。

（3）公牛采精要点。假阴道内壁不要沾上水；在冬季，宜将采精杯置于保温瓶或利用保温杯直接采精，以防温度剧变造成精子冷休克；应让公牛空爬跨1～2次，以提高其性欲；采精员立于台牛右后侧；公牛爬跨时，右手持假阴道，左手托包皮，将公牛的阴茎导入假阴道内；不要将假阴道套在公牛的阴茎上；公牛射精后，将假阴道集精杯向下倾斜，以便精液完全流入集精杯内；采精后，应立即取下集精杯，盖上集精杯盖，以防精液受污染；成年公牛采精一般每周不得超过2次，每次不得超过2回。

2. 精液检查

为了确切了解采出的精液质量。保证配种后的受胎率，人工制作或冷冻精液时，必须对精液品质进行检查。主要检查的项目有精液的色泽、精液量、活力、密度、pH值、畸形率、顶体完整率等。

（1）新鲜精液稀释及保存。精液稀释是向精液中加入适量宜于精子存活，为保持其受精能力而配制的溶液。精液稀释的目的是扩大精液量，以增加配种母牛的数量，提高优良公牛的配种效率，延长精子体外存活时间，有利于精液的保存和运输。

现用稀释液：以简单的等溶糖类或奶类（如牛奶）配制而成，也可用生理盐水做简单稀释，此类稀释液适用于采集的新鲜精液，以扩大精液量，增加配种头数为目的。采精后立即稀释精液并进行配种。

低温保存稀释液：此类稀释液适用于精液低温保存，具有含卵黄和奶类为主。

冷冻保存稀释液：稀释液成分较为复杂，具有糖类、卵黄，还有甘油或二甲基亚砜（DMSO）等抗冻物质。

（2）冷冻精液的制作。商品化的冷冻精液为细管冻精，制作细管冷冻精液成本较高，但其不易被污染，便于标记，使用简单，成为牛人工授精用精液的主要剂型。采购的精液应为经国家有关部门核发经营许可证的种公牛站所生产的符合国家牛冷冻精液质量标准的精液。种公牛系谱至少三代清楚，并经后裔测定或其他方法证明为良种者。牛新鲜精液呈乳白色或乳黄色，每次射精量为4～8 mL，精子活力大于0.6，精子密度大于8亿个/mL，精子畸形率小于18%，精子顶体异常率小于10%。细管冷冻精液剂量为0.25 mL，颗粒冷冻精液剂量为0.1～0.2 mL精子的活力大于0.35，每个输精剂量有效精子数为800万个以上，精子畸形率小于18%，非病原细菌数每利量小于800个。

3. 牛的人工授精技术

牛的人工授精就是指借助于专门的器械，用人工方法采取公牛精液，再经过体外检查与处理后，输入发情母牛的生殖道内，使其受胎的一种繁殖技术。常用的仪器设备有液氮罐、输精枪、输精硬软外套、长臂手套、恒温加热台、恒温水浴锅（解冻杯）、显微镜、牛精液细管剪、取冻精镊子等（图6-13至图6-22）。

图6-13　液氮罐

图6-14　恒温水浴锅

图6-15　有显示屏带加热台显微镜

图6-16　显微镜

图6-17　恒温台

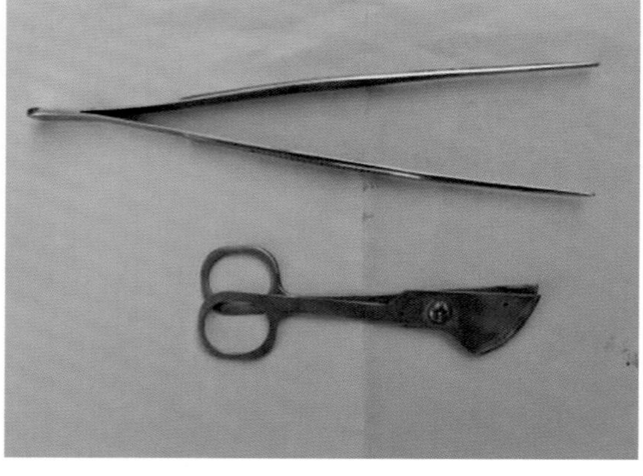

图6-18　牛冻精细管剪与镊子

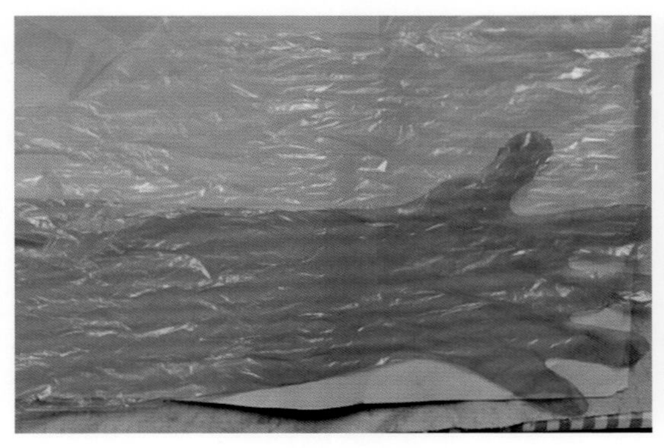

图6-19　长臂手套

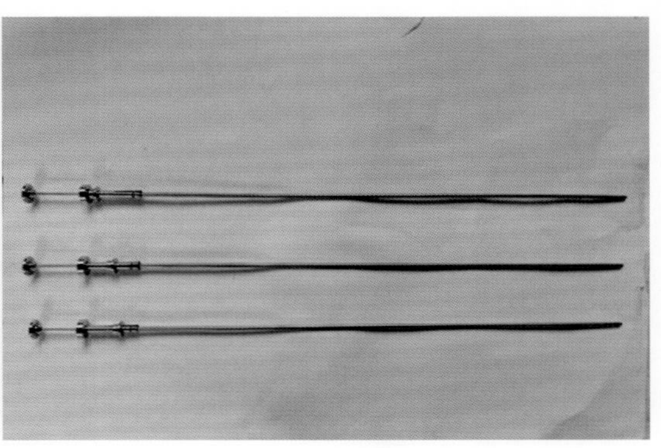

图6-20　输精枪

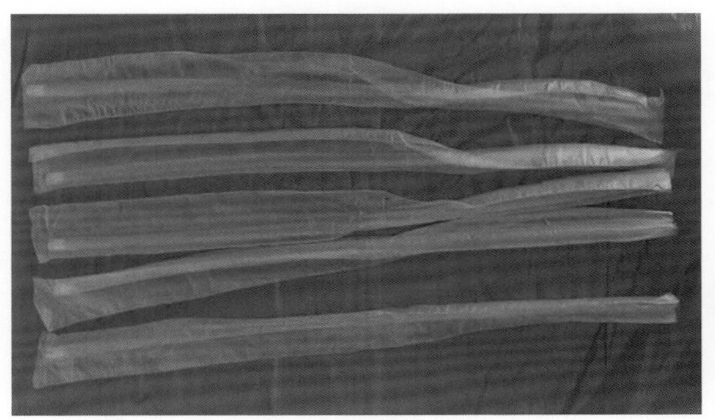

图6-21　输精外套（软、硬）

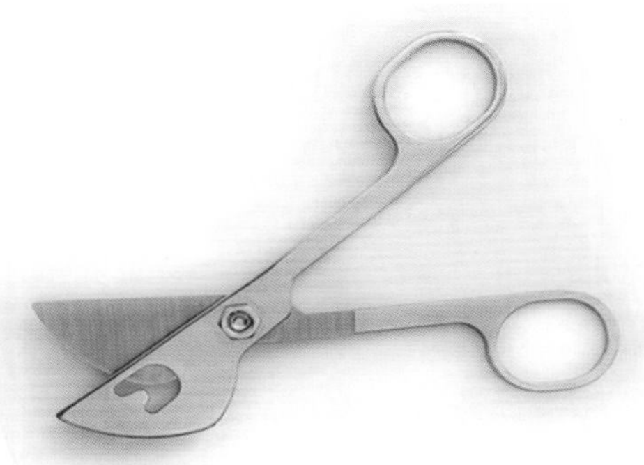

图6-22　牛冻精细管剪（近图）

（1）冻后活力检测。迅速从液氮中提取冻精放入38℃水浴锅30 s解冻。推针推入小试管摇匀后，取1小滴于38℃载玻片上，加盖玻片。自然展开置于400倍相差显微镜下，观察视野中呈直线前进运动精子占总精子数的百分率，观察4个视野以上，进行综合评定，≥0.35的视为冻精活力合格。

（2）精液解冻。冻后合格的精液装入液氮生物容器，待质检部检测。其解冻方法直接影响到解冻后精子的存活率，这是一个不可忽视的技术环节。解冻的方法有自然解冻、手搓解冻、温水解冻。目前通常采用温水解冻。一般牛细管管冻精置于37℃±1℃水浴解冻10～15 s即可取出。据王凤改等试验综合分析结果显示，用39.5℃温水解冻30 s精子活力最高，冷冻精液解冻后精子活力达0.53。用40.0℃温水解冻10 s、39.0℃温水解冻30 s精子活力也较高，冷冻精液解冻后精子活力达0.34、0.47，其他温度和时间解冻后精子活力较低（表6-5）。

表6-5　不同解冻温度和解冻时间下的精子活力

| 解冻温度 | 解冻时间 | | |
|---|---|---|---|
| | 10 s | 20 s | 30 s |
| 38.0℃ | 0.21 | 0.23 | 0.37 |
| 38.5℃ | 0.24 | 0.32 | 0.37 |
| 39.0℃ | 0.33 | 0.35 | 0.47 |
| 39.5℃ | 0.30 | 0.33 | 0.53 |
| 40.0℃ | 0.34 | 0.31 | 0.36 |

注：取冻精时，冻精离开液氮的时间不要太长，不超过10 s，且冻精不要超过瓶口；水温要控制好，输精解冻时水温稍低，检查时水温可稍高；解冻时间不要太长，10～15 s，并要轻轻摇晃细管冻精；解冻后要擦干细管上的水，并检查细管有无断裂和破损。

（3）配种时间选择。适宜的输精时间是在排卵前的6～12 h进行。在实际工作中输精在发情母牛安静接受其他牛爬跨后12～18 h进行，清晨或上午发现发情，下午或晚上输1次精，下午或晚上发情的，第2天清晨或上午输1次精，只要正确掌握母牛的发情和排卵时间，输1次精即可，效果并不比2次输精差，但有时受个体、年龄、季节、气候的影响，发情持续时间较长或直肠检查确诊排卵延迟时需进行第2次输精，第2次输精应在第1次输精后8～10 h进行。

实践中还有很多判断输精配种时机的方法。如在发情末期，母牛拒绝爬跨时适宜输精。此外，还可取黏液少许夹于拇指和食指之间，张开两指，距离10 cm，有丝出现，反复张闭7次，不断者为配种适宜期；张闭8次以上仍不断者，尚早；3～5次丝断者则适配时间已过。直肠检查，卵泡在1.5 cm以上，泡壁薄且波动明显时适宜输精。

（4）直肠把握子宫颈深部输精法。简称“直把输精”，是牛的常用输精方法之一。繁育员输精时一手伸入直肠，隔着肠壁握住子宫颈，另一手持输精管插入阴道，两手协同操作将输精管插入子宫内并注入精液。此法受胎率较高，但要有一定的操作技术（图6-23、图6-24）。

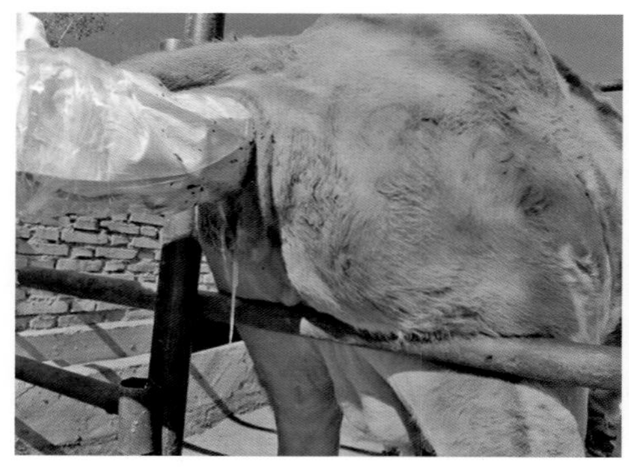

图6-23　牛直肠把握输精

图6–24　牛直肠把握输精技术操作

输精前的准备：输精人员应该穿上工作衣帽和胶鞋，将手洗净后用75%酒精消毒，所用输精枪必须清洗、干燥、消毒；对配种母牛外阴部用温水清洗，用消毒布或卫生纸擦干。

输精时，准备人工授精靠近牛时，轻轻拍打牛的臀部或温和地呼唤牛将有助于避免牛受到惊吓。先将输精手套套在左手，并用润滑液润滑，然后用右手举起牛尾，左手缓缓按摩肛门。将牛尾放于左手外侧，避免在输精过程中影响你的操作。并拢左手手指形成锥形，缓缓进入直肠，直至手腕位置。先掏取直肠内粪便，检查成熟卵泡的位置，感知输精最佳时间。

用纸巾擦去阴门外的粪便。在擦的过程中不要太用力，以免将粪便带入生殖道。左手握拳，在阴门上方垂直向下压。这样可将阴门打开，输精枪头在进入阴道时不与阴门壁接触，避免污染。斜向上30°角插入输精枪，避免枪头进入位于阴道下方的输尿管口和膀胱内。当输精枪进入阴道15～20 cm，将枪的后端适当抬起，然后向前推至子宫颈外口。当枪头到达子宫颈时，能感觉到一种截然不同的软组织顶住输精枪，除去套管外的保护套。

当输精枪到达子宫颈口时，往往枪头会戳到阴道穹窿。你可以用拇指和食指从上下握住子宫颈口，这样将穹窿闭合。此时你可以改用手掌或中指、无名指感觉枪头的位置，然后将枪头引入到子宫颈内。这时轻轻推动输精枪，就能感觉到输精枪向前进入了子宫颈直到第二道环。轻轻顶住输精枪，将大拇指和食指向前滑到枪头的位置，再次握紧子宫颈。由于子宫颈是由厚的结缔组织和肌肉层构成，所以要想很清楚地感觉枪头的位置有点困难。但可以通过活动子宫颈判断大概的位置。摆动手腕，活动子宫颈，直到感觉到第二道环套在输精枪上。再重复上述操作，直到所有环都穿过输精枪。有些时候，可能需要将子宫颈弯成90°才能通过。左右手配合，将输精枪插入子宫体或子宫角分叉处，慢慢注入精液，注毕，缓慢取出输精枪，按压。

（5）直把输精的注意事项。繁育员要手法轻柔，循序渐进，防止因动作粗暴损伤生殖道黏膜，造成后患。工作人员必须严格消毒，遵守无菌操作。必须与母牛的努责相配合，且不可强硬插入输精器。做到“慢插、适深、轻注、缓出、防倒流”。

## 第三节 同期发情技术

牛同期发情技术是根据发情周期中生殖激素对卵泡发育的调节机制，利用外源性激素直接作用于牛的卵巢，人为地调控适龄母牛发情周期进程，延长或缩短牛群中部分母牛的间情期，使母牛集中在相对较短的时间内同步发情的技术。

### 一、同期发情的意义

#### （一）有利于推广人工授精

人工授精往往由于牛群过于分散（农区）或交通不便（牧区）而受到限制。采用同情发情期技术就可以根据预定的日程巡回进行定期配种。

#### （二）便于组织生产

控制母牛同期发情，可使母牛配种妊娠、分娩及犊牛的培育在时间上相对集中，便于肉牛的成批生产，从而有效地进行饲养管理，节约劳动力和费用，对于工厂化养牛有很高的实用价值。

#### （三）可提高繁殖率

用同期发情技术处理乏情状态的母牛，能使之出现性周期活动，可提高牛群繁殖率。

#### （四）有利于胚胎移植

在进行胚胎移植时同期发情是必不可少的，同期发情使胚胎的供体和受体处于同一生理状态，使移植后的胚胎仍处于相似的母体环境。

### 二、同期发情机理

母牛的发情周期，从卵巢的机能和形态变化方面可分为卵泡和黄体期两个阶段。卵泡期是在周期性黄体退化继而血液中孕酮水平显著下降后，卵巢中卵泡迅速生长发育，最后成熟并导致排卵的时期，这一时期一般是周期第18～21天。卵泡期之后，卵泡破裂并发育成黄体，随即进入黄体期，这一时期一般从周期第1～17天。黄体期内，在黄体分泌的孕激素的作用下，卵泡发育成熟受到抑制，母畜不表现发情，在未受精的情况下，黄体维持15～17 d即行退化，随后进入另一个卵泡期。

相对高的孕激素水平可抑制卵泡发育和发情，由此可见黄体期的结束是卵泡期到来的前提条件。因此，同期发情的关键就是控制黄体寿命，并同时终止黄体期。现行的同期发情技术有两种：一种方法是向母牛群同时施用孕激素，抑制卵泡的发育和母牛发情，经过一定时期同时停药，随之引起同期发情。这种方法，当在施药期内，如黄体发生退化，外源孕激素代替了内源孕激素（黄体分泌的孕激素），造成了人为黄体期，推迟了发情期的到来。另一种方法是利用前列腺素$F_{2a}$使黄体溶解，中断黄体期，从而提前进入卵泡期，使发情提前到来。

## 三、控制牛发情进程的途径

### （一）延长黄体期

推迟卵泡期给一群待处理的牛同时施用孕激素，抑制卵泡的发育和发情，经过一定时期同时停药，随之引起同期发情。在施药期内，如黄体发生退化，外源孕激素代替了内源孕激素（黄体分泌的孕激素），造成了人为黄体期，推迟了发情期的到来。

### （二）缩短黄体期

使卵泡期提前施用前列腺素使黄体溶解，中断黄体期，从而促进垂体促性腺激素的释放，提前进入卵泡期，使发情提前，实际上缩短了发情周期。

## 四、母牛同期发情处理方法

### （一）孕激素埋植法

将一定量的孕激素制剂装入管壁有小孔的塑料细管中，利用套管针或者专门埋植器将药管埋入耳背皮下，经一定天数，在埋植处作切口将药管同时挤出，同时，注射孕马血清促性腺激素（PMSG）500～800 IU。也可将药装入硅橡胶管中埋植，硅橡胶有微孔，药物可渗出。

### （二）孕激素阴道栓塞法

栓塞物可用泡沫塑料块或硅橡胶环，后者为一螺旋状钢片，表面敷以硅橡胶。它们包含一定量的孕激素制剂（图6-25）。将栓塞物放在子宫颈外口处，其中激素即渗出。处理结束时，将其取出即可，或同时注射孕马血清促性腺激素。孕激素的处理有短期（9～12 d）和长期（16～18 d）2种。长期处理后，发情同期率较高，但受胎率较低；短期处理后，发情同期率较低，而受胎率接近或相当于正

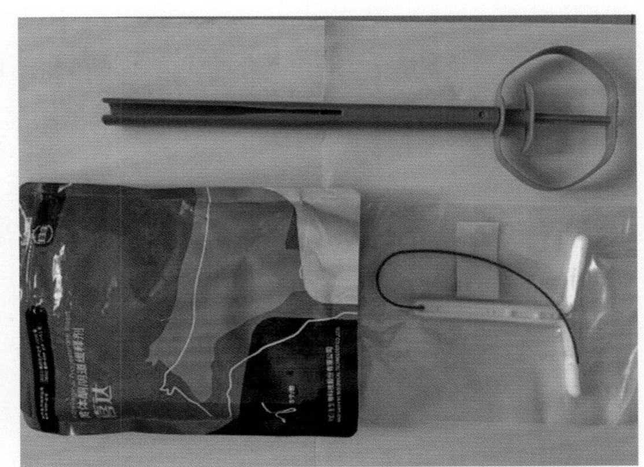

图6-25　硅胶牛阴道栓及置入器

常水平。如在短期处理开始时，即注3～5 mg雌二醇（可使黄体提前消退和抑制新黄体形成）及50～250 mg的孕角（阻止即将发生的排卵），可提高发情同期化的程度。但由于使用了雌二醇，故投药后数日内母牛出现发情表现，但并非真正发情，不能授精。使用硅橡胶环时，环内附有一胶囊，内装上述量的雌二醇和孕酮，以代替注射。孕激素处理结束后，在第2、第3、第4天内大多数母牛有卵泡发育并排卵。

### （三）前列腺素法

前列腺素的投药方法有子宫注入（用输精管）和肌内注射2种，见图6-26。实际工作中常采用前列腺素处理法主要有以下2种。

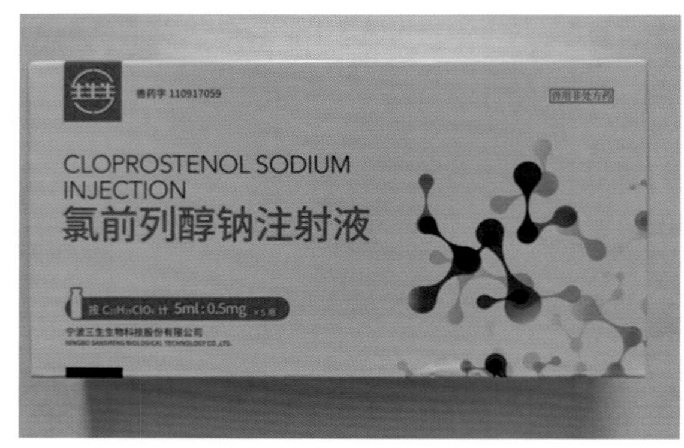


图6-26　氯前列醇钠（PG）

1. 二次前列腺素处理法

即PG（$PGF_{2α}$）+PG（$PGF_{2α}$）法处理方法，即两次PG法，在母牛发情周期的任意一天，注射$PGF_{2α}$ 2 mL，记为第0天，在第11天再注射$PGF_{2α}$ 2 mL，之后开始观察发情时间并记录。“草原放牧+补饲”发情率55.2%（246/446），两者受胎率均为87.5%，取得了较好效果。于振江等在农区对母牛采用两次PG处理，结果显示，母牛同期发情率85.10%，妊娠率70.25%。该方法对于适龄母牛处于卵巢活动期或黄体期较为实用，应用“两次PG法”在夏秋季（5—10月）和冬春季（11月至翌年4月）共处理秦川牛供体84头次，发情率分别为82.5%、75.0%，差异不显著。岳成广等针对安格斯牛发情周期的任意一天（记作第0天）上午肌内注射PG 0.4 mg，在第11天第2次肌内注射PG 0.4 mg，并在尾部用蜡笔涂上标记，第13天观察发情状况，处理母牛33头，母牛发情26头，同期发情率达76.70%。使用$PGF_{2α}$药物同期发情处理方法具有成本低，易于操作，但是注射后的一段时间内需要每天观察发情，处理母牛发情时间较为分散。

2. CIDR+PG处理方法

孕酮阴道栓（CIDR）+PG（$PGF_{2α}$）法，即在母牛发情周期的任意一天，阴道埋栓CIDR，记为第0天，在第11天去栓，再注射$PGF_{2α}$ 2 mL，之后开始仔细观察发情情况，观察发情时间并记录。

依斯拉穆·麦麦提吐尔逊等针对新疆阿合奇县高寒牧区母牛在转入高山放牧前实现妊娠，采用同期发情，集中配种提高繁殖率，试验采用CIDR+PG同期发情处理，同期发情率73.3%，受胎率63.6%，实现了高寒牧区阶段性发情并妊娠。刘建明等对伊犁地区新疆褐牛采用两次前列腺素处理法、孕酮（CIDR）+PG（$PGF_{2\alpha}$）法同期发情的处理方法，短期内实现了总发情率86.7%、93.3%，受胎率分别为69.2%、71.4%，收效显著。同样的李金辉等对秦川牛同期发情处理，同期发情率达到了75.0%。张勇等采用直肠把握技术确定牛卵巢状态，有功能性黄体母牛使用一次PG法，无功能性黄体的母牛使用CIDR+PG法，两者的同期发情分别为88.9%、91.7%，情期受胎率50%、54.5%。陈龙等采用孕酮栓（CIDR/CUE-MATE+PG）同期方案，牛发情率分别为90.3%、90.0%，两者差异不显著（$P>0.05$）。CIDR+$PGF_{2\alpha}$同期发情方法处理母牛发情时间相对集中，但是药物成本高。牛场管理者应根据不同母牛的实际情况，合理选择适合的处理程序。

## 五、同期排卵（Orsynch）——定时输精常用技术方案

同步方案通常应用于牛以实现同时排卵，允许适龄母牛在预先设定的时间授精，即定时人工授精。使用黄体酮（$P_4$）、前列腺素$F_{2\alpha}$（$PGF_{2\alpha}$）和促性腺激素释放激素（GnRH）（图6-27）的不同药物组合来控制发情周期和排卵。定时输精技术是国内外规模化养牛场的繁殖技术程序之一，该技术操作程序与应用效果简述如下。

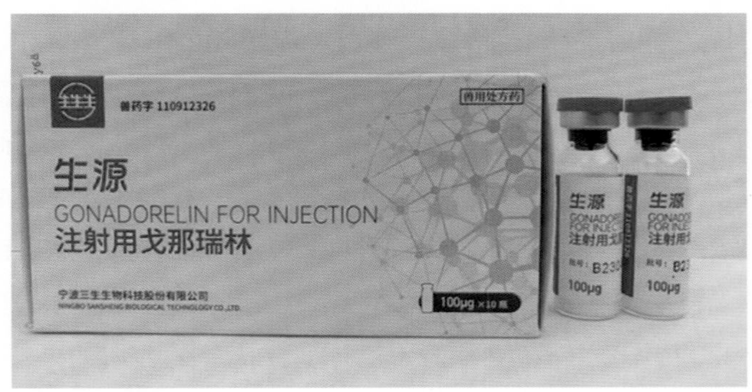


图6-27　促性腺激素释放激素示例

### （一）Ovsynch程序

Pursley等首次报道了使用GnRH或其激动剂和前列腺素$F_{2\alpha}$或其激动剂（$PGF_{2\alpha}$）处理母牛达到同期排卵的目的，提出了该程序，称为Ovsynch方案。即在任意一天（第0天）给母牛注射GnRh，诱导促黄体生成素（LH）的释放，在第7天注射$PGF_{2\alpha}$，48 h后（第9天）再次注射GnRh，在16～24 h对所有处理母牛进行人工授精。该程序在非繁

殖季节的母牛和乏情母牛上的应用效果有限，不能显著提高母牛的妊娠率，如图6-28所示。

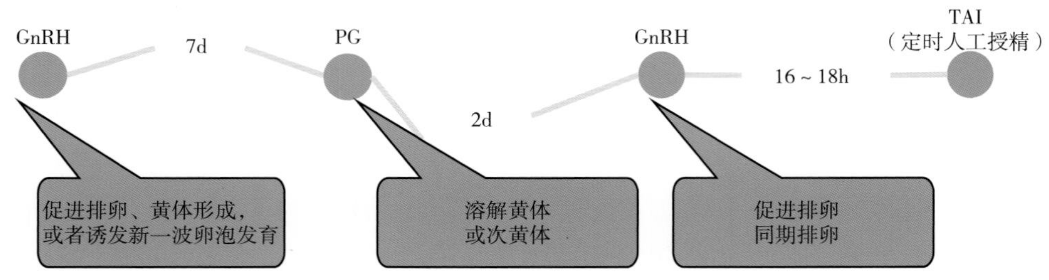


图6-28　Ovsynch处理程序及其原理

国外多位学者在该程序的基础上提出了新的思路，Vasconcelos等（1997）提出了cosynch-48，DeJarnette等于2003提出了Cosynch-72程序（PG注射72 h后第2次GnRH注射并进行AI），Brusveen等（2008）提出了Ovsynch-56程序，但Ovsynch程序推广较为普遍且受胎率相对较高。从试验研究结果可见，第一阶段使用GnRH，促进母牛促黄体生成素和促卵泡素（FSH）的释放，旨在同步卵泡波，第二阶段7 d后注射$PGF_{2\alpha}$，诱导黄体溶解，达到缩短黄体周期的目的；在$PGF_{2\alpha}$给药后，36 ~ 48 h给药进入第三阶段注射GnRH，能维持卵巢中滤泡的数量，在预定时间诱导排卵，又能促进了黄体的发育，进而提高了情期受胎率。人工授精在第2次GnRH给药后16 ~ 24 h时进行。

Taponen在芬兰针对90头夏洛来奶牛和小母牛采用肉牛Ovsynch方案同期发情定时输精，试验结果为妊娠率为51.5%（67/130），通过研究数据显示，从产犊到进入程序间隔50 ~ 70 d的妊娠率显著高于长间隔（>70 d）（$P<0.01$）。该程序在肉牛群节省劳力方面的效果是显著的。Vasconcelos等在应用Ovsynch程序开展奶牛不同发情周期同步排卵的比率、卵泡大小和妊娠率的研究中发现，第1次注射GnRH后156头母牛中排卵比率达64%；注射$PGF_{2\alpha}$后93%的奶牛出现孕酮浓度下降；第2次注射GnRH后87%的牛排卵，可见此前已经有6%的奶牛提前结束发情排卵。另外第2次注射GnRH 48 h后有7%的奶牛检测不到排卵情况；虽然该研究中同期发情的比率在85%以上，但第2次注射GnRH 48 h后输精的妊娠率仅为32%，远远低于中期注射$PGF_{2\alpha}$后42%的妊娠率。胡雄贵等以不发情奶牛的任意一天为第0天，肌内注射100 μg GnRH。第7天肌内注射0.4 mg PG，第9天肌内注射100 μg GnRH，注射GnRH后18 ~ 20 h内按牛人工授精规程进行输精，受胎率为60%。牙韩温等在广西山区农村黄牛采用Ovsynch程序并进行TAI，发情总的有效率为95.33%，受胎率为54.93%。利用不同方法诱导黄牛同期发情效果研究中发现，应用Ovsynch程序处理的云南本地黄牛发情率87.50%、受胎率达88.57%。刘建明等在新疆褐牛同期排卵-定时输精宜采用促黄体素释放激素$A_3$（LHRH-$A_3$）（图6-29）代替GnRH即LHRH-$A_3$+PG（$PGF_{2\alpha}$）+LHRH-$A_3$+AI方法，发情率90%，排卵率55%，妊娠

率50%。同样的，岳成广等在安格斯牛分组试验中，采用不同剂量的GnRH进行处理，即在试验牛发情周期的任意一天（记作第0天）上午肌内注射GnRH 200 μg，7 d后肌内注射PG 0.4 mg，48 h后再次肌内注射GnRH 200 μg，并在尾部用蜡笔涂抹标记，当天观察发情并记录，处理母牛33头，发情30头，同期发情率90.56%。顾文源等采用布舍瑞林（主要成分为促性腺激素释放激素改造的多肽）GnRH对照试验，20 μg布舍瑞林组和GnRH组的无排卵率无显著差异；20 μg布舍瑞林组受胎率显著高于10 μg布舍瑞林组，布舍瑞林以20 μg剂量可安全有效地应用于奶牛同期发情-定时输精程序。付静涛等针对半舍饲条件下，选用选择适繁西杂牛42头开展定时输精试验，结果显示，药物处理同期发情率76.27%，平均情期受胎率为56.21%。刘汉玉等以哈尔滨市某牛场难孕母牛20头为试验对象，采用Ovsynch程序，实现难孕牛受胎率达40%，效益显著。陈付英针对郏县红牛100头与夏南牛198头同期发情定时输精试验，结果显示，郏县红牛平均受胎率为76.4%，夏南牛后备母牛的受胎率为100%。史佳斌等将121头母牛，分3组采用不同的同期发情处理方案：CIDR+$PGF_{2\alpha}$+GnRH（Ⅰ组）；CIDR+GnRH+$PGF_{2\alpha}$+GnRH（Ⅱ组）；GnRH+$PGF_{2\alpha}$+GnRH（Ⅲ组），同期发情率分别为73.37%、78.13%、66.13%，差异不显著（$P>0.05$），但方案Ⅲ处理成本低。说明Ovsynch程序具有处理时间短和操作简单的特点，成本低，且受胎率较高，能使母畜群体短时间内集中发情，不再进行传统的发情鉴定，直接在相应时间点实施人工授精，适宜在牧区集中人工授精区域推广，也适合于规模化牛场推广应用，该技术可以调节母牛配种时间，实现集中或错峰产犊，解决患有生殖生理疾病或繁殖障碍的牛群发挥其潜在的繁殖效力具有开拓性意义。

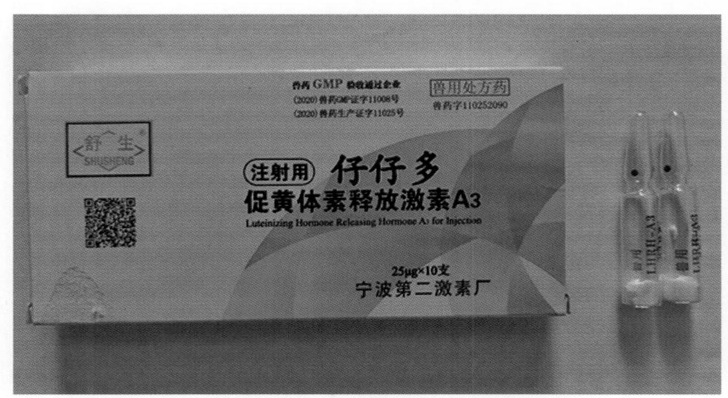


图6-29　促黄体素释放激素$A_3$示例

### （二）Double-Ovsynch程序

Souza等在研究Ovsynch程序的基础上建立了Double-Ovsynch程序，即两次Ovsynch的时间间隔设置为7 d，结果显示，Double-Ovsynch程序使得母牛的受胎率比单次Ovsynch程序提高了20%。由于价格较为昂贵，且时间较长，国内报道较少。

（三）Presynch-Ovsynch程序

Martinez等于2002年在Ovsynch程序基础上研究提出了Presynch-Ovsynch程序，该程序是在第0天和第14天对母牛分别进行$PGF_{2\alpha}$注射，目的是使发情周期能更加一致；第26天GnRH再次注射，使母牛达到同期发情；第33天再次注射$PGF_{2\alpha}$使黄体溶解，此时处理母牛体内已经产生大量的优势卵泡；第35天再次注射GnRH，确保处理母牛在24～32 h内排卵，从而实现母牛排卵的同步和集中输精。国外学者研究显示，在牛定时输精时，使用Presynch-Ovsynch程序比单独使用Ovsynch程序母牛妊娠率分别极显著增加12%和11%，但其成本较高。郑鹏等针对1 832头奶牛采用自然发情输精和同期发情-定时输精两种方法分组进行，结果显示，两者年繁殖率分别为93.8%、84.6%，空怀天数分别为91.6 d、131.7 d，结果表明，在奶牛生产中，使用同期发情定时输精技术，能显著提高牛群的繁殖力，缩短空怀时间。

（四）PRID/CIDR-Ovsynch程序

CIDR-Synch就是利用GnRH、孕酮和前列腺素联合处理，使母牛同期发情、同期排卵并定时输精的方法，即任意一天给一群母牛注射GnRH并埋植阴道栓（计为第0天），第7天注射$PGF_{2a}$并撤出阴道栓，第9天第二次注射GnRH，16～18 h（第10天）对所有处理母牛进行人工授精。该方法适用于处理长期不发情或发情不明显，久配不孕的牛。但成本稍高。如图6-30所示。

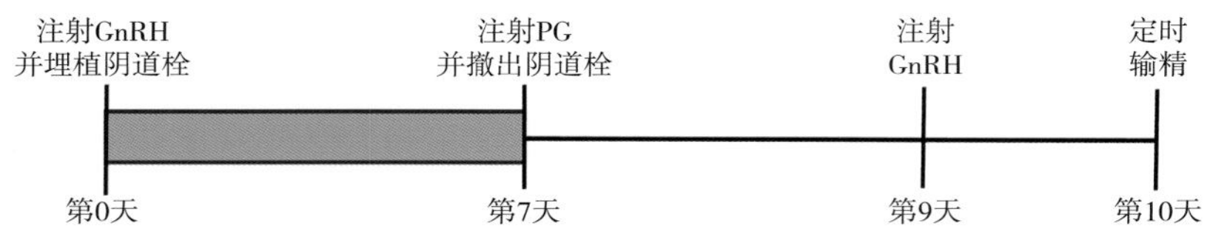


图6-30　CIDR-Synch同期排卵程序

Lucy等研究发现，在传统的Ovsynch的定时输精程序中第1次注射GnRH的同时，在母牛阴道中埋植PRID或CIDR，待7 d后撤出阴道栓，同时注射1次$PGF_{2\alpha}$，48 h过后大多数处理母牛均表现出发情症状，此时再注射GnRH促进母牛排卵，24 h完成输精。该研究结果显示，在实施奶牛PRID/CIDR-Ovsynch程序时，埋植孕酮海绵栓可诱导经产母牛和育成母牛体内的促黄体生成素呈现周期脉冲性释放，促进黄体溶解，实现母牛发情。刘建明等采用本技术应用于新疆褐牛（CIDR）+GnRH（LHRH-$A_3$）+PG（$PGF_{2\alpha}$）+GnRH（LHRH-$A_3$）+AI，放栓当天记为第0天，同时肌内注射维生素A和维生素D 10 mL，第9天肌内注射律胎素5 mL/头或氯前列烯醇钠0.6 mg/头，第12天撤栓，随后3 d观察发情，对发情牛适时输精，发情率100%，排卵率60%，妊娠率50%。研究者一致认为针对乏情牛可以选择使用PRID/CIDR-Ovsynch程序。

### （五）定时再受精（TRI-synch）程序

定时再受精程序为奶牛建立了一个可靠的再同步化程序，在此研究中，妊娠诊断在第23天进行，大约80%的未怀孕动物在第24天接受了再受精，无论是否有发情迹象，再受精的妊娠率为36%。总体妊娠率从单独初次受精的50%增加到初次和再受精相结合的64%。TRI-synch计划有望成为快速提高畜群累积妊娠率和缩短杂交间隔的实用工具。

当前，随着养殖场标准化和规模化程度的不断提升，同期发情与定时输精在繁殖育种上的应用将越来越普及，定时输精技术有利于集约化管理，有效地缓解因产后不发情、发情不明显、某些繁殖障碍疾病等所引起的产间距延长，帮助繁殖管理者避开发情鉴定的难关，特别是大型牛场繁殖管理中具有实际应用价值，有助于提高规模化牛场和放牧条件下母牛的繁殖效率。鉴于定时输精技术省时省力、节本增效，能够更好地服务于规模化、标准化的生产模式，有利于提高优良母畜的利用率，对品种选育和养殖场高质量发展起到了积极的推动作用。未来将成为家畜高效生产的重要技术手段和研究热点，并将进一步加强研究者对家畜生殖生理相关学科理论的深入研究和探索。

## 第四节 肉牛的胚胎移植技术

胚胎移植是指将良种母畜配种后的早期胚胎取出，移植到同种的生理状态相同的母畜体内，使之继续发育成新个体，所以也称为借腹怀胎。提供胚胎的个体为供体，接受胚胎的个体为受体。胚胎移植主要包括供、受体母畜的选择，供、受体同期发情，供体的超数排卵，供体的配种，胚胎采集，胚胎的检查和鉴定，胚胎的移植技术等环节。

### 一、基本原理

#### （一）胚胎移植的生理学基础

（1）无论受精与否，在相同的发情周期时期（发情周期第13天前），供体和受体母牛的生理状态一致，生殖器官（子宫）的变化相同。

（2）早期胚胎处于游离状态，可以被冲出或移入子宫。

（3）移植后不存在免疫排斥，胚胎可以在受体子宫内存活并正常发育至分娩。

（4）移植胚胎的遗传特性不受受体牛的影响。

#### （二）胚胎移植的基本原则

1. 生理和解剖环境相同原则

胚胎在移植前后所处的环境应基本相同，这就要求供体牛和受体牛在分类学上属性相同、发情时间一致、生理状态相同，移植部位也应与所取胚胎的解剖部位一致。

2. 时间一致性原则

牛非手术胚胎采集和移植都必须保证胚胎处于游离状态、周期黄体开始退化前、胚胎适合冷冻保存等条件，因此牛非手术移植时间通常在发情后的6～7 d。

3. 无伤害原则

胚胎在体内、外操作过程中不应受到不良环境因素的影响和损伤，包括化学损伤、有毒有害物质损伤、机械损伤、温度损伤和射线损伤等。

### （三）胚胎移植的分类

根据胚胎生产方式或来源不同，胚胎移植可分为体内胚胎生产与移植和体外胚胎生产与移植两类。

### （四）胚胎移植技术的优势

胚胎移植技术在养牛生产中得到广泛应用，与人工授精技术相比，其技术优势体现在以下方面：提高母牛繁殖潜力；加快优秀高产母牛的遗传扩繁；保存牛遗传资源；引进种质资源，与活畜和冷冻精液（冻精）引种相比，具有较大的优势。

## 二、牛胚胎生产移植

牛体内胚胎生产与移植是指利用外源激素超数排卵处理供体母牛，使母牛比自然状态下排出更多的卵子，人工授精后一定时间非手术从子宫采集胚胎，然后将胚胎（新鲜胚胎或者冷冻胚胎）移植给受体母牛的过程。

体内胚胎生产与移植过程包括供体和受体母牛选择、供体和受体母牛同期发情、供体母牛超数排卵、供体母牛人工授精、胚胎采集、胚胎冷冻保存和胚胎移植等过程。

### （一）供、受体母畜的选择

1. 供体的选择

（1）具备遗传优势，在育种上有价值，选择生产性能高，经济价值大的母畜作为供体。

（2）具有良好的繁殖能力。既往繁殖史正常，易配易孕，没有遗传缺陷，分娩顺利正常，无难产。

（3）营养状态良好，体质健壮，健康无病，特别是无繁殖疾病和传染性疾病。

2. 受体的选择

受体母畜可选用非优良品种的个体，但应具有良好的繁殖性能和健康体况，可选择与供体发情同期的母畜为受体，其一般二者发情同步差不超过 ± 24 h。

供体和受体的发情同期化，只有当供、受体的生殖器官处于相同的生理状态，移植的胚胎才能正常发育，胚胎处于不同生理环境，受体母畜不能产生促黄体作用，不能分泌足量的孕酮，胚胎就不能附植。一般供、受体同期发情时间间隔不得超过一天，同期化越近，成功率越高。

### （二）牛超数排卵方法

超数排卵药品主要有促卵泡激素、氯前列烯醇钠或CIDR等，如图6-31、图6-32所示。

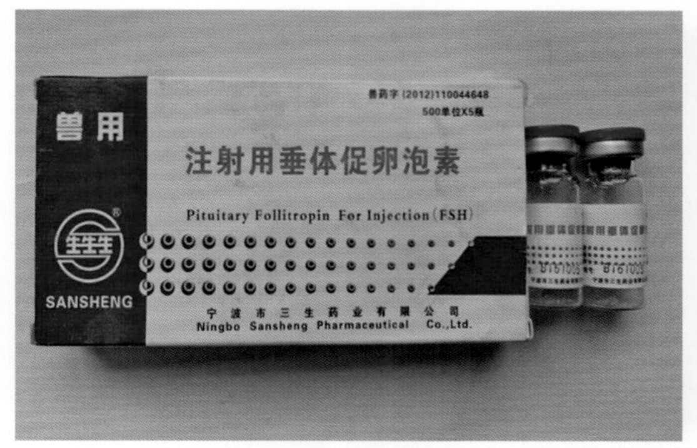


图6-31 垂体促卵泡素示例

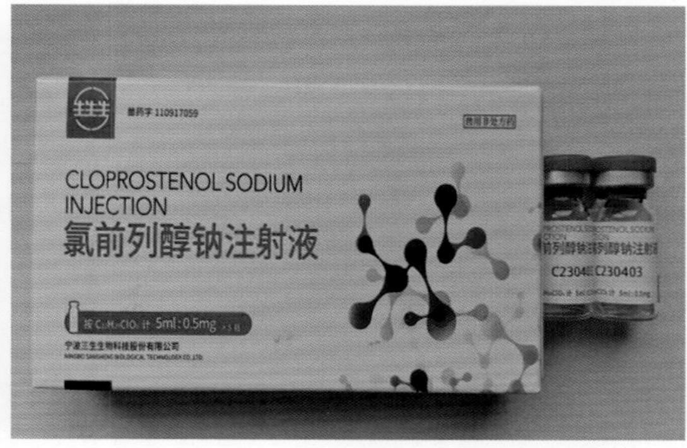


图6-32 氯前列醇钠示例

超数排卵过程中供体母牛在发情后的第9～第13天，连续4 d早晚间隔12 h肌内注射FSH，在注射FSH的第3天用PG处理，如图6-33所示。在实际应用时，一般是同时处理多头供体和受体母牛，为达到同期化，常采用以下两种方法。

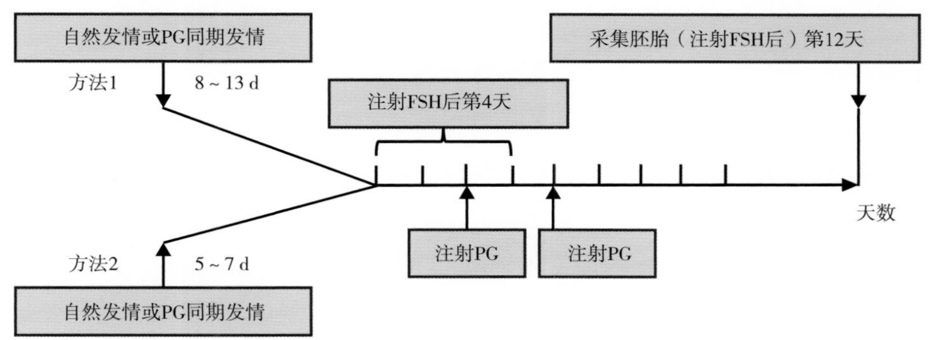


图6-33 供体注射FSH超数排卵程序示意图

#### 1. 两次PG+FSH法

以国产PG和FSH为例，供体母牛在第1次肌内注射4 mL PG后，间隔10 d再次注射4 mL PG。在第2次肌内注射PG后的第14天开始进行超数排卵处理，FSH采用递减法连续4 d早晚间隔12 h进行注射，4 d注射量分别70 IU/70 IU、60 IU/60 IU、50 IU/50 IU、40 IU/40 IU，总量为440 IU。在注射FSH的第3天，同时注射PG。注射PG后第2天（当天为0天），早晚各输精1次，第3天视母牛的发情状况，再输精1次。

2. CIDR+FSH法

（1）以进口药物为例，供体母牛在第1天植入CIDR，在第11天开始注射FSH。采用的是递减法，连续4 d早晚间隔12 h注射4 d注射量分别为4 mL/4 mL、3 mL/3 mL、2 mL/2 mL、1 mL/1 mL。在第3天注射FSH的同时，上午和下午各注射1.5 mL PG，在第4天上午注射FSH时取出CIDR，注射PC后的第2天（注射当天为0天）上午和下午各输精1次。再次输精与否视母牛的发情状况而定。

（2）以国产药物为例。为了维持供体牛血液中FSH的浓度，需要间隔12 h左右注射一定剂量的FSH。目前，牛超数排卵过程中最常用的FSH注射方法是“连续4 d递减注射法”，即每天间隔12 h左右注射FSH，连续注射4 d。表6-6以促卵泡素（FSH）和氯前列腺素（PG），列出了成年供体牛在埋植孕酮阴道栓（CIDR）超数排卵过程，相同时间注射FSH和PG剂量与注射方法。

表6-6　牛超数排卵注射FSH和PG剂量（每头）示例

| 时间 | 第0天 | 第5天 | 第6天 | 第7天 | 第8天 | 第9天 | 第10天 | 第16天 |
|---|---|---|---|---|---|---|---|---|
| 上午<br>08：00 | 埋置CIDR | FSH：<br>70 mg | FSH：<br>60 mg | FSH：40 mg<br>PG：0.6 mg | FSH：<br>20 mg | 观察<br>发情 | 第二次AI | 冲胚 |
| 下午<br>20：00 | — | FSH：<br>70 mg | FSH：<br>60 mg | FSH：40 mg<br>PG：0.4 mg<br>撤栓 | FSH：<br>20 mg | 第一次AI | — | — |

（三）胚胎采集

采胚是指借助工具利用冲胚液将胚胎由生殖道（输卵管或子宫角）中冲出，并收集在器皿中。胚胎采集有手术法和非手术法两种方法。

1. 手术法

按外科剖腹术的要求进行术前准备。手术部位位于右肋部或腹下乳房至脐部之间的腹白线处切开。伸进食指找到输卵管和子宫角，引出切口外。如果在输精后3～4 d采卵，受精卵还未移到子宫角，可采用输卵管冲卵的方法：将一直径2 mm，长约10 cm的聚乙烯管从输卵管腹腔口插入2～3 cm，另用注射器吸取5～10 mL、30℃左右冲卵液，连接7号针头，在子宫角前端刺入，再送入输卵管峡部，注入冲卵液。穿刺针头应磨钝，以免损伤子宫内膜；冲洗速度应缓慢，使冲洗液连续地流出。如果在输精后5 d收胚，还必须做子宫角冲胚。即用10～15 mL冲液由宫管接合部子宫角上部向子宫角分叉部冲洗。为了使冲卵液不致由输卵管流出，可用止血钳夹住宫管接合部附近的输卵管，在子宫角分叉部插入回收针，并用肠钳夹住子宫与回收针后部，固定回收针，并使冲卵液不致流入子宫内。

2. 非手术法

非手术采卵一般在输精后5～7 d进行。可采用二路导管的冲卵器。二路式冲卵器是由带气囊的导管与单路管组成。导管中一路为气囊充气用，另一路为注入和回收冲卵液用。

导管中插1根金属通杆以增加硬度，使之易于通过子宫颈。一般用直肠把握法将导管经子宫颈导入子宫角。为防止子宫颈紧缩及母牛努责不安，采卵时可在腰荐或尾椎间隙用2%的普鲁卡因或利多卡因5～10 mL进行硬膜外腔麻醉。操作前洗净外阴部并用酒精消毒。为防止导管在阴道内被污染，可用外套膜套在导管外，当导管进入子宫颈后，扯去套膜。将导管插入一侧子宫角后，从充气管向气囊充气，使气囊胀起并触及子宫角内壁，以防止冲卵液倒流然后抽出通杆，经单路管向子宫角注入冲卵液，每次15～50 mL，冲洗5～6次，并将冲卵液收集在漏斗形容器中。为更多地回收冲卵液，可在直肠内轻轻按摩子宫角。用同样方法冲洗对侧子宫角。

冲卵液为组织培养液，如林格液、杜氏磷酸盐缓冲液（D-PBS）、布林斯特液（BMOC-3）和TCM-199等。常用为杜氏磷酸盐缓冲液，加入0.4%的牛血清白蛋白或1%～10%犊牛血清。

冲卵液温度应为35～37℃，每毫升要加入青霉素1 000 IU，链霉素500～1 000 μg，以防止生殖道感染。

### （四）胚胎检查

1. 检卵

将收集的冲液于37℃温箱内静置10～15 min。胚胎沉底后，移去上层液。取底部少量液体移至平皿内，静置后，在实体显微镜下先在低倍（10～20倍）下检查胚胎数量，然后在较大倍数（50～100倍）下观察胚胎质量。

2. 吸卵

吸卵是为了移取、清洗、处理胚胎，要求目标准确速度快，带液量少，无丢失。可用1 mL的注射器装上特别的吸头进行吸卵，也可使用自制的吸卵管。

3. 胚胎质量鉴定

正常发育的胚胎，其中细胞（卵裂球）外形整齐，大小一致，分布均匀，外膜完整。无卵裂现象（未受精）和异常卵（外膜破裂、卵裂球破裂等）都不能用于移植。

### （五）胚胎冷冻

胚胎冷冻保存是指采用一定的方法，将牛胚胎在冷冻保护液中降温到一定温度后投入液氮，解冻后胚胎质量（活力）不受显著影响，从而达到长期保存胚胎的目的。目前，胚胎冷保存方法有常规冷冻方法和玻璃化冷冻方法。常规冷冻方法，又称慢速冷冻法或程序降温冷冻法，指采用一定的冷冻仪器，将胚胎在冷冻保存液中缓慢降低到一定温度（−36～−32℃）后投入液氮冷冻保存的方法。本部分重点介绍牛胚胎生产中常用的慢速冷冻保存方法的操作过程。

1. 胚胎冷冻保存

常用的冷冻仪器设备可使牛胚胎慢速冷冻，胚胎冷冻仪主要是能够控制降温的速率，根据制冷源的不同，可将目前常用的胚胎冷冻仪分为液氮制冷和无水酒精制冷两种类型。

2. 常规胚胎冷冻方法

常规胚胎冷冻方法为慢速冷冻法，常用的冷冻保护液（抗冻液）为10%（*V*/*V*）甘油+20%（*V*/*V*）血清D-PBS液，或者10%乙二醇（*V*/*V*）+0.25 mol/L蔗糖+20%（*V*/*V*）血清DPBS液。

#### （六）胚胎移植

1. 手术移植

先将受体母牛作好术前准备。已配种母牛，在右肋部切口，找到非排卵侧子宫角，再把吸有胚胎的注射器或移卵管刺入子宫角前端，注入胚胎，未配母牛在每侧子宫角各注入一个胚胎；然后将子宫复位，缝合切口。

2. 非手术移植

非手术移植一般在发情后第6～第9天（即胚泡阶段）进行。在非手术移植中采用胚胎移植枪和0.25 mL细管移植的效果较好。将细管截去适量，吸入少许保存液，吸一个气泡，然后吸入含胚胎的少许保存液，吸入一个气泡，最后再吸取少许保存液。将装有胚胎的吸管装入移植枪内，通过子宫颈插入子宫角深部，注入胚胎。非手术移植要严格遵守无菌操作规程，以防生殖道感染。

#### （七）供体和受体的术后观察

胚胎移植后要注意观察供体和受体的健康状况和在预定的时间内是否发情。对于供体牛，在下一次发情即可配种，如仍要做供体则一般要经过2～3个月才可再次超数排卵。

### 三、冻胚移植技术

#### （一）受体牛选择

对移植地养牛户饲养的牛只保定，掏出直肠内积粪，用0.1%的高锰酸钾液清洗肛门和外阴，然后进行直肠检查，筛选出生长发育良好、空怀、发情周期正常、无生殖系统疾病的牛作为受体牛。

#### （二）同期发情处理

对筛选的受体牛埋植孕酮栓处理。将受体牛保定，操作人员穿好防护服和手套，在清水中清洗放栓枪，然后放入新洁尔灭消毒液中浸泡1 min。将孕酮栓放入枪中并用液体石蜡涂抹在枪表面。再用75%酒精棉消毒外阴部。将放栓枪正面向上（开口向上）轻轻用力推入阴道前部，推送孕酮栓并缓慢旋转取出放栓枪。

### （三）注射药物与撤栓

埋栓第9天注射PG，第11天后提起牛尾，外阴部拉住塑料线轻轻扯出孕酮栓。观察发情并记录。

### （四）直肠检查

对发情后第7天的受体牛进行直肠检查，确定黄体发育情况。用直肠检查法依次检查子宫颈、左右两侧子宫角、卵巢的发育情况，对符合条件的受体牛同时要检查卵巢的黄体，根据黄体大小、发育程度、质地软硬、卵巢基础和有无排卵点分为A、B、C三级。A级为正常，卵巢基础好，黄体直径在1.5 cm以上，质地软硬适中，触摸感觉如猪肝，与卵巢衔接好，有排卵点；B级为黄体直径在1～1.5 cm，质地稍软或稍硬，与卵巢连接痕迹隐性黄体与排卵点不明显，卵巢基础薄弱；C级为黄体过小，与卵巢连接痕迹明显，有小卵泡或卵巢基础过差。C级不能作为黄体移植，视为废弃，A、B级分别进行胚胎移植。

### （五）胚胎移植

第一步：将胚胎装入输胚枪。将细管在36℃的温水中浸10 s解冻胚胎，剪去细管封口端，装入输胚枪。第二步：将受体牛保定好，掏出直肠积粪，用0.1%高锰酸钾溶液冲洗并用毛巾将牛外阴部擦拭干净，再用75%酒精棉消毒外阴部。第三步：移植前进行硬膜外腔麻醉。在受体牛尾根部1～2尾椎间用酒精棉进行擦拭消毒，针头呈45°斜向下刺入1～2尾椎间3 cm左右，注入3 mL 2%盐酸利多卡因注射液，便于胚移进行。第四步：输胚时用左手扒开外阴，右手持输胚枪插入阴道。通过直肠把握法将胚胎植入有黄体一侧的子宫角的大弯处（上1/3～1/2处），在5 min内完成移植操作。移植时要做到轻、稳、快，防止用力不当损伤子宫造成感染，尤其在穿过子宫颈时必须顺着子宫颈螺旋方向前进。

## 四、影响牛胚胎移植成功率的主要因素

### （一）胚胎移植成功的首要条件是要有优质胚胎

冷冻胚胎质量的判断比较困难。胚胎冷冻前质量好则解冻后也好，移植受胎率也较高。试验中A级胚胎比B级胚胎受胎率高20%。因此，冻胚解冻后必须进行质量鉴定，凡透明带破裂、细胞团分离、颜色发黑的胚胎应弃掉。我们在实际中应用此类胚胎移植9枚，只有1例妊娠。胚胎所处的发育阶段也影响移植成功率。由于移植所用胚胎是通过

超数排卵获得的，所以不同胚胎所处的发育阶段存在一定差异，有的处于桑葚胚期，有的处于囊胚期。在移植时选择的受体都处于发情后第7天，致使部分胚胎存在差异。

### （二）移植过程中的操作技术

正确的操作是保证胚胎能继续发育的必要条件，其中关键性操作环节有：一是冻胚解冻温度要严格控制在35℃左右；二是严格按操作程序进行保护液脱洗，保存在细管的冻胚处于高浓度保护液中呈高渗萎缩状态，必须按一定梯度进行脱甘油，至少应进行3个以上梯度操作，每个梯度液中停留5 min以上，否则急剧的渗透压变化会导致胚胎中细胞死亡；三是解冻后的胚胎应保持恒温，在移入受体牛之前不能受冷热及强光刺激，要封闭保存；四是胚胎移植到生殖道的位置，因此在移植时，应根据每个胚胎的状态确定输胚位置。

### （三）受体牛的状况

被移植的胚胎能否存活并继续发育，还取决于受体牛的体质及生殖状况。据我们的移植结果，受体牛状况好受胎率较高，育成母牛作受体时受胎率较高影响胚胎生存的另一个因素是受体牛的子宫内环境。所以在移植时必须对受体牛进行严格选择。

### （四）气候因素

气候对胚胎移植的影响主要表现在对受体的影响。根据移植结果，在炎热夏季进行移植受胎率比秋季移植低30%～50%，秋冬两季是进行胚胎移植的最佳季节。

# 第七章 肉牛品种的选择与杂交繁育技术

畜牧业是关系国计民生的重要产业，是农业农村经济的支柱产业，是保障食物安全和居民生活的战略产业，是农业现代化的标志性产业。深入实施肉牛遗传改良计划，培育专门化肉用新品种。肉牛业是我国畜牧业的重要组成部分，我国是肉牛生产大国，但不是肉牛育种强国，肉牛种业长期依赖进口。为此，我国成立了国家肉牛遗传评估中心，进一步完善肉牛良种繁育体系，加强肉牛联合育种机制创新，提高肉牛自主制种供种能力，切实提升肉牛生产水平和经济效益。

## 第一节 国外优质肉牛品种介绍

牛是世界上分布最广、养殖历史最为悠久的反刍家畜之一。牛的饲养由最初以役用为主，随着社会经济的发展，受农业机械化水平及市场消费需求等多种因素影响，普通牛经过不断选育和改良，从役用不断向专门化发展。现已逐渐形成以获得肉和奶为目的的专业化产业。因此，肉牛产业是一个悠久而又新兴的产业，国际市场对牛肉需求量持续增长，世界肉牛产业蓬勃发展。

### 一、专用肉牛品种

世界各国养牛历史悠久，幅员辽阔，不同的地域、气候，各国农业生产的显著差异，为牛品种的形成提供了不同的条件和要求。经过劳动人民的长期选择和培育，形成了各国优良的牛种类型。国外优质肉牛在长期的人工选择下，逐渐形成经济评价指标突出、价格高等特点。

## （一）夏洛来牛

夏洛来牛原产于法国的中西部到东南部的夏洛来及毗邻地区，是举世闻名的大型肉牛品种。

1. 品种形成

夏洛来牛是著名的大型肉牛品种之一，最早为役用品种，后经引入外血和提纯选育，成为专门的肉用品种，以体型大、增重快、饲料报酬高、能产生大量含脂肪少的优质肉而著称。从18世纪开始系统地选育肉牛，选育工作很有成效。1986年法国的夏洛来牛已超过300万头。世界上很多国家都引入夏洛来牛，作为肉牛生产的种牛。我国分别于1964年和1974年大批引入，1988年又有小批量的进口。

2. 外貌特征

夏洛来牛毛色为乳白色或白色，体形大，体质结实，骨骼粗壮，体躯呈圆筒形，全身肌肉发达，皮肤及黏膜为浅红色。头部大小适中而稍短，额部和鼻镜宽广。角圆而较长，向两侧向前方伸展，并呈蜡黄色。体格大，颈短多肉，体躯长，胸宽深，背直、腰宽、臀部大，大腿长而宽。背、腰、臀部肌肉块明显，肌肉块之间沟痕清晰，常有“双肌”现象出现，四肢长短适中，不表现过细，站立良好。成年公牛活重为1 100～1 200 kg，体高142 cm；成年母牛活重为700～800 kg，体高为132 cm。公犊牛和母犊牛的初生重分别为45 kg和42 kg（图7-1）。

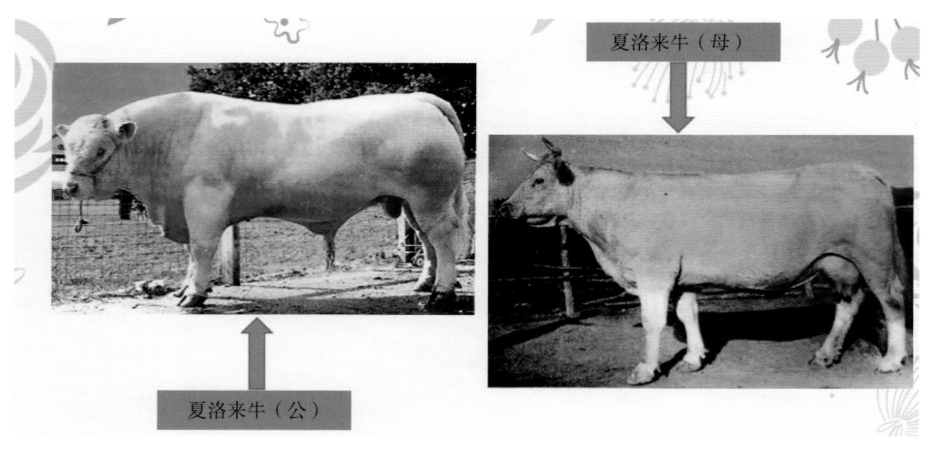


图7-1　夏洛来牛

（注：图片摘自《中国畜禽遗传资源志》）

3. 生产性能

夏洛来牛属于大型肉用牛，肉用性能良好，具有皮薄、肉嫩、胴体瘦肉多，肉质佳、味美等优良特征。增重快，尤其是早期生长阶段，在良好的饲养条件下，6月龄公牛可以达到250 kg，母牛为210 kg，日增重为1 400 g。平均屠宰率为65%～68%，净肉率达54%以上。肉质好，脂肪少而瘦肉多。母牛一个泌乳期产奶2 000 kg，从而保证了犊牛生长发育的需要。

4. 品种评价

夏洛来牛适应性强，耐粗饲、耐寒，饲料报酬高。初生重大，增重速度快，能生产含脂少的优质牛肉，可以在较短期内以最低成本生产出最大限度的肉量。缺点为母牛的生殖系统发育不好，犊牛多出现大群不易饲养管理，骨骼发育不良，骨细且易骨折；母牛骨盆狭窄，容易发生难产；受胎率较低。被皮和肝脏重量轻，消化系统不发达，对热敏感，抵抗力差。

### （二）利木赞牛

利木赞牛原产于法国中部的利木赞高原，并因此得名。利木赞牛属大型肉用牛品种，以体型高大、生长快、肌肉丰满、产肉率高，肉质好而著称。

1. 品种形成

利木赞牛分布在上维埃纳、克勒兹和科留兹等地，相传其祖先是德国和奥地利黄牛。原来为役肉兼用牛，从1850年开始培育，1900年后向瘦肉较多的肉用方向转化。我国于1974年和1976年分批输入，近年又继续引入。

2. 外貌特征

利木赞牛毛色为黄红色或红黄色，口鼻周围、眼圈周围、四肢内侧及尾帚毛色较浅。头较短小，额宽，公牛角稍短且向两侧伸展，母牛角细且向前弯曲。体格比夏洛来牛小，胸宽而深，体躯长，四肢较细，全身肌肉丰满，前肢肌肉发达，但不如典型肉牛品种那样方正。成年公牛体高为140 cm，母牛为130 cm。成牛公牛体重为950～1 200 kg，母牛为600～800 kg。在欧洲大陆型肉牛品种中是中等体型的牛种（图7-2）。

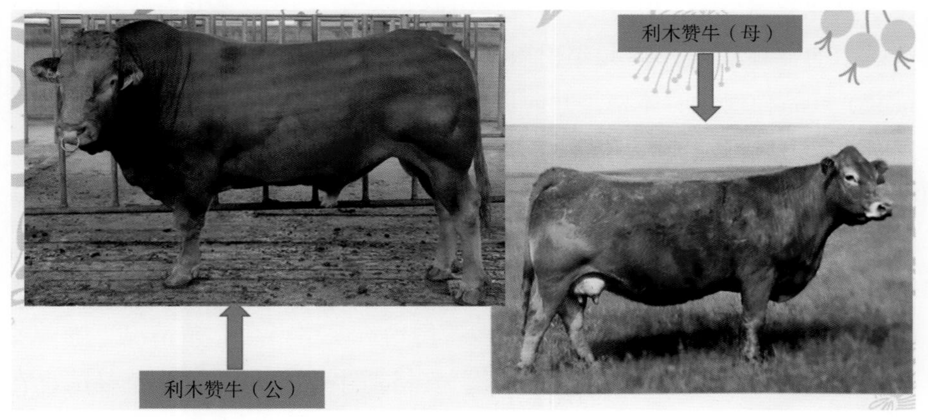


图7-2　利木赞牛

（注：图片摘自《中国畜禽遗传资源志》）

3. 生产性能

利木赞牛初生犊体重较小，公犊为36 kg，母犊为35 kg；犊牛体重与母牛体重的比值较相近体重的其他牛种低0.3～0.7个百分点，难产率较低。该品种牛生长强度大，周岁体重可达450 kg比较早熟，如果早期的生长不能得到足够的营养，后期的补偿生长能力较差。它还具有良好的牛肉品质，瘦肉多脂肪少，肌肉纤维细和肌间脂肪分布均匀，嫩度高、肉味道好，在幼龄时就能形成一等牛肉，因而长期被欧洲消费者所青睐，其价格要比其他牛类高10%。屠宰率达63%以上，净肉率为52%，肉骨比为（12～14）：1，适合东西方两种风格的牛肉生产。母牛泌乳期产奶量为1 200 kg，乳脂率为5%，产奶量不高。母牛初情期1岁左右，初配年龄为18～20月龄，繁殖母牛空怀时间短，两胎间隔平均为375 d。公牛利用年限为5～7年，最长达13年。适应性强，对牧草选择性不严格，耐粗饲，食欲旺盛，喜在舍外采食和运动。

4. 品种评价

利木赞牛具有体格大、体躯长、结构好、较早熟、瘦肉多、性情温顺、生长补偿能力强等特点。同其他大型肉牛品种相比，利木赞牛的竞争优势在于犊牛的初生体格较小，难产率极低，生长速度快。利木赞牛引入我国，用于改良地方良种黄牛，所生杂种牛毛色好，生长快，体形外貌好，产肉量大，肉质优良，深受改良区群众的喜欢，具有推广价值。

### （三）安格斯牛

安格斯牛是英国古老的小型牛种，外貌特征是黑色无角，体躯矮而结实，具有肉质好，出肉率高等优势，但是存在体脂含量较高，母牛稍具神经质等缺点。

1. 品种形成

起源于英国苏格兰，属于古老的小型早熟肉牛品种。从18世纪末开始育种，肉用性状重点在早熟性、屠宰率、肉质、饲料利用率和犊牛成活率等方面选择。1862年英国开始安格斯牛的良种登记，1892年出版良种登记簿。19世纪初很多育种家对其进行了改良，固定了该品种现在的体型，并向世界各地输出，目前世界上多数国家都有该品种牛，作为优种肉牛进行饲养。

20世纪80年代，我国初次引进安格斯牛并进行初步的养殖应用，但是受众多原因影响，该品种牛并未引起足够的重视。随着肉牛养殖产业技术体系的不断完善，相关研究工作也在不断推荐，安格斯牛活体引进的总量也在不断增加，内蒙古、新疆、广西、陕西、山东、东北3省、贵州及宁夏等众多省份均有安格斯牛养殖情况。随着安格斯牛群引进规模的不断扩大及数量的不断提升，安格斯牛在各地区的养殖范围也在不断推广，繁育母牛在安格斯牛引进中所占的比例较大，在各个地区的分布也较广泛。

2. 外貌特征

该牛属于中小型早熟肉用牛品种，体躯低矮、结实，无角，头小而方正，额宽且额顶突起，颈中等长，体躯宽深呈圆筒形，四肢较短、体型较小，体质紧凑结实，全身肌肉丰满，属于低矮类型牛。全身毛色纯黑或全红，部分牛的下部腹部颜色为浅色或者白色，初生重25～32 kg，周岁400 kg，成年公牛700～900 kg，母牛500～600 kg（图7-3）。

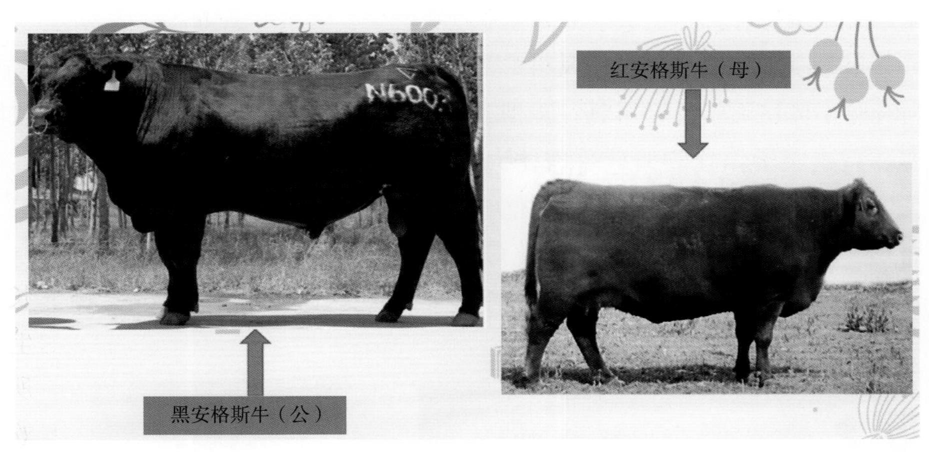


图7-3　安格斯牛

（注：图片摘自《中国畜禽遗传资源志》）

3. 生产性能

该牛性早熟，易配，12月性成熟，常在18～20月龄初配，但较大型安格斯牛可在13～14月龄初配。发情周期20 d，妊娠期280 d。产犊间隔短，一般在12个月左右，连产性好，极少难产，犊牛成活率高。肉用性能佳，表现早熟易肥，饲料转化率高，被认为世界上各种专门化肉用品种中肉质最优秀的品种。14.5月龄育肥日增重1.3 kg，胴体重341.3 kg，料重比5.7。产奶性能良好，泌乳力达800 kg，是肉牛生产中的理想母系。

4. 品种评价

安格斯牛是肉牛养殖中非常重要的品种类型，该牛适应性强，耐寒抗病，肉用性能良好，早熟，生长发育快，易肥育，分娩难产率低，易配种，饲料转化率高，胴体品质好、净肉率高、大理石花纹明显，推广前景良好。性情温和，无角，便于放牧管理，被认为是最好的母系，对环境的适应性强，遗传性能稳定，改良肉质效果显著，广泛用于肉牛杂交配套系中。黑色安格斯母牛对于各个养殖地区环境的适应能力更为优良，尤其是北部高寒地区，对于该地区饲养条件的适应性较好，产业发展前景更为广阔。

（四）比利时蓝牛

比利时蓝牛是经过专门化家系和先进的遗传繁育技术严格选育出来的比利时第一个

牛种，可适应各种环境、气候和土壤，是具有早熟、性格温顺、肌肉发达且有重褶，呈“双肌”状，肉质细嫩、含脂率低、出肉率高等特点的优秀肉牛品种。

1. 品种形成

比利时蓝牛原产于比利时，是从1960年开始通过短角型兰花牛与弗里生牛混血，经过长期对肉用性能的选择，反复精选繁育而成，现已分布到美国、加拿大等20多个国家。该品种适应性强，肌肉系统极为发达，体型大，前期生长发育快，适合生产小牛肉，饲料增重比例高，性情温顺，难产率低。

2. 外貌特征

比利时蓝牛体格大、外型丰满、皮薄、呈轻型，背部平直，尻部倾斜，皮肤细腻，蹄肢结实、行走灵活。比利时蓝牛肉体大、圆形，全身肌肉发达，骨骼结实，臀部向外倾斜，髋部隐伏，尾部朝外，线条优美，表现在肩、背、腰和大腿肉块重褶，是典型的双肌牛，其性情温顺，生长发育潜力大，育肥效果好。毛色以白色、蓝白色和黑色为主。犊牛初生重42～46 kg。成年公牛体重1 200 kg，体高148 cm；母牛平均体重725 kg，体高134 cm（图7-4）。

图7-4　比利时蓝牛

3. 生产性能

比利时蓝牛饲料转化效率高，易于早期育肥，日增重1.4 kg。具有优越的肉质，低脂肪，高精肉，肌肉纤维细嫩，蛋白质含量高，产肉性能高，屠宰率高达68%～70%，胴体组成：肌肉70%，脂肪13.5%，骨16.5%。

4. 品种评价

适应性强，其特点是早熟、温驯，肌肉发达且呈重褶，肉嫩、蛋白含量高，脂肪含量少，肉质优良。缺点在于对饲草料要求较高，适宜于农区养殖。

（五）日本和牛

和牛原产地日本，以肉质优良闻名于世。其最大的优点是肌间脂肪含量高，肌肉大理石纹评分高，有良好的胴体品质，成为世界知名的肉牛良种，是世界上生产高档牛肉的三大品种之一。

1. 品种形成

日本和牛原产于日本，1948年成立日本和牛登记协会，1957年宣布育成肉用日本和牛。日本和牛是当今世界公认的品质最优秀的良种肉牛，其肉大理石花纹明显，又称“雪花肉”。由于日本和牛的肉多汁细嫩、肌肉脂肪中饱和脂肪酸含量很低，风味独特，肉用价值极高，在日本被视为“国宝”，在西欧市场也极其昂贵。为了改良我国当地品种，我国开始引进纯种和牛冻精，与现有牛品种进行杂交。

2. 外貌特征

日本和牛毛色多为黑色或褐色，少见条纹及花斑等杂色，商品代和牛则为腹下有少许白斑的黑毛和牛。体躯紧凑，腿细，前躯发育良好，后躯稍差。体型小，公牛成年体重约950 kg，母牛约620 kg（图7-5）。

图7-5 日本和牛

3. 生产性能

经过1年或1年多的育肥，屠宰率可达60%以上，有10%可用作高级涮牛肉，胴体品质良好，母牛产乳量低。

4. 品种评价

和牛以生长发育快、性成熟早、肉品质优良、适口性强、营养全面等优点被世界公认为优良的肉用品种，是目前最贵的牛肉之一。肉用价值极好，饲料报酬高。

## 二、兼用肉牛品种

### （一）西门塔尔牛

西门塔尔牛是世界上分布最广、数量最多的牛品种，是乳、肉、役兼具的优良品种，根据培育方向不同，西门塔尔牛形成了肉用、乳用、乳肉兼用等类型。在北美主要是肉用，在中国和欧洲主要为兼用。

1. 品种形成

原产地瑞士阿尔卑斯山区，主要产地为西门塔尔平原和萨能平原。在法国、德国、奥地利等国毗邻地区也有分布。西门塔尔牛是世界上著名的乳肉兼用品种，畜牧界将其誉为“全能牛”，有产奶量高、乳质好、生长发育快、肉用性能好、适应性强和遗传性能稳定等特点，是世界各国的主要引种对象，在全世界广泛分布，也是世界上最著名的大型肉牛专用品种之一，“白头星”是该品种的特有标志。

2. 外貌特征

西门塔尔牛属大型宽额牛种，额部较宽，公牛角平出，母牛角多数向外上方伸曲。体躯颀长，胸部宽深，肌肉丰满，体型粗壮。后躯较前躯发达，中躯呈圆筒形，额与颈上有卷曲毛，四肢强壮，蹄圆厚，乳房发育中等，乳头粗大，乳静脉发育良好。毛色多为红白花或黄白花，头、胸、腹下、四肢、尾帚多为白色。成年母牛体高134～142 cm，公牛142～150 cm；犊牛初生重30～45 kg，成年公牛体重可达1 000～1 300 kg，母牛600～800 kg（图7-6）。

图7-6　西门塔尔牛

（注：图片摘自《中国畜禽遗传资源志》）

3. 生产性能

西门塔尔牛具有产肉性能好、生长速度快、适应性强，耐粗放管理等特点，是乳、肉、役兼用的大型优良品种。产肉性能良好，日增重0.9～1.0 kg，屠宰率高，1.5岁公牛440～480 kg，育肥屠宰率60%～63%，胴体肉多，脂肪少且分布均匀，肉质优良；产奶量高，泌乳期305 d，年产乳6 500 kg，乳脂率3.9%；繁殖性能，常年发情，发情持续期20～36 h，一般情期受胎率在69%以上，妊娠期280 d。

4. 品种评价

实践证明，西门塔尔牛是所有引进我国的外国肉牛品种中表现最佳的，其种质好、适应性强、耐粗饲、产乳产肉性能好、改良效果佳、理想的生长速度，突出的牛肉品质，生产的优质高档牛肉达到国际先进水平，养殖经济效益高。在北方寒冷带条件下都能表现良好的生产性能，尤其适应于我国牧区、半农半牧区的饲养管理条件下，值得推广的理想品种。

### （二）短角牛

短角牛原产于英国的英格兰北部。因该品种牛是由当地土种长角牛改良而来，角较短小，故称为短角牛。随着世界奶牛业的发展，短角牛中一部分又向乳用方向选育，于是逐渐形成了近代短角牛的两种类型：肉用短角牛和乳肉兼用型短角牛。

1. 品种形成

短角牛原产于英国英格兰北部。该地区气候温和，土壤肥沃，牧草茂盛，是良好的放牧地区。短角牛的育种历史始于18世纪初期，最初是通过一头理想的公牛“古巴克”，利用近亲繁殖和严格淘汰，使其向肉用方向改良。1950年以后，短角牛中一部分又向乳用方向选育。现代短角牛有不同的类型：肉用型、乳用型和兼用型，其肉用型短角牛已分布到世界各地，以美国、澳大利亚、新西兰、日本和欧洲各地饲养较多。我国从1949年以前就开始多次引入兼用型短角牛，饲养在内蒙古、河北、吉林、辽宁等地。

2. 外貌特征

短角牛分为有角和无角两种。有角者角细短，呈蜡黄色，角尖黑。头短宽，颈短而粗，鬐甲宽平，胸宽且深，肋骨开张良好，背腰宽直，腹部呈圆桶形。尻部方正丰满，四肢短，肢间距离宽。乳房大小适中。毛色多为深红色或酱红色，红白花其次，沙毛较少，个别全白。鼻镜为肉色。成年体重，公牛为900～1 000 kg，母牛为600～700 kg，初生犊牛重为32～40 kg（图7-7）。

3. 生产性能

短角牛肉质优良，脂肪沉积于肌肉纤维之间，呈大理石纹状结构，肉质细嫩，味香可口。乳肉兼用型短角牛，产奶量一般为2 800～3 500 kg，乳脂率为3.5%～4.2%。肉用性能好，肉用型短角牛180日龄体重为220 kg，400日龄可以达410 kg。一般200～400

日龄间日增重为1.01 kg。据内蒙古地区测定，短角牛的屠宰率为65%～68%。体躯易于沉积脂肪，种牛如果饲养不当，容易过肥而影响繁殖和泌乳力。

图7-7　短角牛

（注：图片摘自《中国畜禽遗传资源志》）

4. 品种评价

短角牛是世界上著名的古老品种之一。短角牛性情温顺，对不同生态、气候较易适应，性成熟早，发育快，易于育肥，增重快，肌肉肥厚，肉质较好。短角牛杂交效果好，抗病力强，繁殖率高，母牛产奶性能好，在我国多数地区都可饲养。用短角牛对我国黄牛进行杂交改良，生长、产乳、产肉性能都得到显著提高。

### （三）皮埃蒙特牛

皮埃蒙特牛是在役用牛基础上选育而成的专门化肉用品种。该品种牛具有双肌肉基因，是国际公认的终端父本，已被世界多个国家引进，用于杂交改良。并且在我国也大量推广使用。

1. 品种形成

原产于意大利北部皮埃蒙特地区，包括都灵、米兰等地。20世纪初引入夏洛来牛杂交而含“双肌”基因，是目前国际上公认的终端父本。在1986年，该品种以冻精和胚胎方式引入中国。在南阳市移植少数胚胎，生育了最初几头纯种皮埃蒙特牛后，开始在全国推广，杂种一代牛被证明平均能提高10%以上的屠宰率，而且肉质明显改进。

2. 体型外貌

皮埃蒙特牛体型大，肌肉发育良好，体躯呈圆筒状，肌肉发达。毛色有浅灰色或乳白色，公牛在性成熟时颈部、眼圈和四肢下部为黑色。母牛为全白色，有的个别眼圈、耳朵四周为黑色。犊牛幼龄时毛色为乳黄色，鼻镜为黑色。成年公牛体高150 cm，体重1 000 kg以上；成年母牛体高136 cm，体重500～600 kg（图7-8）。

图7-8 皮埃蒙特牛

（注：图片摘自《中国畜禽遗传资源志》）

3. 生产性能

皮埃蒙特牛为乳肉兼用品种。生长快，肥育期平均日增重1.5 kg。肉用性能好，屠宰率一般为65%～70%，肉质细嫩，瘦肉含量高，胴体瘦肉率达84.13%。皮极坚实而柔软。育成公牛15～18月适合屠宰体重为550～600 kg。屠宰率为67%～70%，净肉率为60%，瘦肉率为82.4%，属高瘦肉率肉牛。胴体中骨骼比例少，肉骨比为（16～18）：1，脂肪含量低，优于其他肉用品种。肉质优良，嫩度好，眼肌面积大，用于生产高档牛排的价值很高。泌乳期平均产奶量为3 500 kg，乳脂率为4.17%。虽然低于西门塔尔牛的产奶量，但高于夏洛来牛、利木赞牛的产奶量。有利于哺乳期犊牛的生长发育。

4. 品种评价

皮埃蒙特牛作为肉用牛种有较高的泌乳能力，改良黄牛其母性后代的泌乳能力有所提高。在组织三元杂交的改良体系时，以皮埃蒙特牛改良母牛作母本，对下一轮的肉用杂交十分有利。皮埃蒙特牛能够适应多种环境，可在海拔1 500～2 000 m的山坡牧场放牧，也可以在夏季较炎热的地区舍饲喂养。其性情温顺，具有双肌基因，是目前肉牛杂交的理想终端父本。

## 第二节 国内肉牛品种介绍

肉牛产业是我国现代畜牧业的重要组成部分，是改善和升级我国城乡居民膳食结构的重要产业，也是我国农业供给侧结构性改革中发展的重点产业。随着社会经济的发展，人民生活水平的提高，对优质肉牛产品需求的增长，我国肉牛生产得到迅速发展，肉牛产业体系也日臻完善。

## 一、国内培育肉用品种

### （一）夏南牛

1. 品种形成

夏南牛是以法国夏洛来牛为父本、我国地方良种南阳牛为母本，经导入杂交、横交固定和自群繁育3个阶段的开放式育种培育而成的肉用牛品种，含夏洛来牛血37.5%、南阳牛血统62.5%。夏南牛的培育历时21年，于2007年通过国家新品种审定。夏南牛中心产区为河南省泌阳县，主要分布于河南省驻马店市西部、南阳盆地东隅。

2. 外貌特征

夏南牛毛色纯正，以浅黄、米黄色居多。公牛头方正，额平直，母牛头清秀，额平稍长；公牛角呈锥状，向两水平侧延伸，母牛角细圆，致密光滑，向前倾；耳中等大小；鼻镜为色。颈粗壮，平直。成年牛结构匀称，体躯呈长方形，胸深而宽，肋圆，背腰平直，肌肉丰满，尻部宽长，大腿肌肉发达。四肢粗壮，蹄质坚实。尾细长。母牛乳房发育良好。成年公牛体高142.5 cm ± 8.5 cm，体重850 kg左右；成年母牛体高135.5 cm ± 9.2 cm，体重600 kg左右（图7-9）。

图7-9　夏南牛

（注：图片摘自《中国畜禽遗传资源志》）

3. 生产性能

夏南牛繁殖性能良好，母牛初情期432 d左右，发情周期20 d左右，初配时间平均490 d左右，妊娠期285 d左右，难产（助产）率1.07%。初生重：公犊牛38.52 kg ± 6.12 kg，母犊牛37.90 kg ± 6.4 kg。夏南牛生长发育快。1周岁公、母牛体重分别为299.01 kg ± 14.31 kg和292.40 kg ± 26.46 kg，平均日增重分别为0.56 kg和0.53 kg。

4. 品种评价

夏南牛体质健壮，性情温顺，行动较慢；适应性好，耐粗饲，采食速度快，易肥育；抗逆力强，耐寒冷，耐热性能稍差；遗传性能稳定。

### （二）延黄牛

1. 品种形成

延黄牛是吉林省延边朝鲜族自治州培育的一个肉用牛新品种。延黄牛是以利木赞牛为父本、延边黄牛为母体，从1979年开始，经过杂交、正反回交和横交固定3个阶段，形成的含75%延边黄牛血统、25%利木赞牛血统的稳定群体。延黄牛于2008年通过国家新品种审定。延黄牛分布在延边朝鲜族自治州的龙井市、珲春市、和龙市、图们市、安图县、汪清县和延吉市等图们江的边境县市。

2. 外貌特征

延黄牛体质结实，整体结构匀称，体躯较长，背腰平直，胸部宽深，后躯宽长而平，四肢端正，肌肉丰满。全身被毛为黄色或浅红色，长而密；皮厚而有弹力。公牛头短，额宽而平，角粗壮，多向后方伸展，呈“一”字形或倒“八”字形；母牛头清秀、适中，角细而长，多为龙门角。母牛乳房发育良好（图7-10）。

图7-10 延黄牛

（注：图片摘自《中国畜禽遗传资源志》）

3. 生产性能

母牛的初情期为8 ~ 9月龄。母牛性成熟期平均为13月龄，公牛性成熟期平均为14月龄。犊牛初生重，公牛为30.8 kg ± 4.4 kg，母牛为28.6 kg ± 4.7 kg。成年公、母牛体重分别为1 056.6 kg ± 58.0 kg和625.5 kg ± 26.5 kg；体高分别为156.2 cm ± 9.3 cm

和136.3 cm ± 6.6 cm。在放牧饲养条件下，未经育肥的18月龄延黄牛公牛，屠宰率为58.6%，净肉率为48.5%；集中舍饲短期育肥的18月龄延黄牛公牛，屠宰率为59.5%，净肉率为48.3%。

4. 品种评价

延黄牛有耐寒、耐粗饲、抗病力强的特性，具有性情温顺、适应性强、生长速度快等特点，遗传性稳定。

### （三）辽育白牛

1. 品种形成

辽育白牛是我国自行培育的肉用牛品种，以夏洛来牛为父本、辽宁本地黄牛为母本级进杂交后，在第4代的杂交群中选择优秀个体进行横交和有计划选育，采用开放式育种体系，坚持档案组群，形成了含夏洛来牛血统93.75%、本地黄牛血统6.25%遗传组成的稳定群体，该群体抗逆性强，适应当地饲养条件。辽育白牛于2009年通过国家新品种审定。该品种牛主要分布在辽宁省东部、北部和中西部地区的昌图县、黑山县、宽甸满族自治县、凤城市、开原市等地。

2. 外貌特征

辽育白牛毛色一致，体质健壮，全身被毛呈白色或草白色，鼻镜肉色，蹄角多为蜡黄色。体型大，体质结实，肌肉丰满，体躯呈长方形。头宽且稍短；额阔；唇宽；耳中等偏大；大多有角，少数无角。颈粗短，母牛颈平直，公牛颈部隆起。无肩峰，母牛颈部和胸部多有垂皮，公牛垂皮发达。胸深宽，肋圆，背腰宽厚、平直，尻部宽长，臀端宽齐，后腿肌肉丰满。四肢粗壮、长短适中，蹄质结实。尾中等长度。母牛乳房发育良好（图7-11）。

图7-11　辽育白牛

（注：图片摘自《中国畜禽遗传资源志》）

3. 生产性能

辽育白牛增重快、易育肥，6月龄断奶后，持续育肥至16或18月龄，平均日增重可达1 100 g以上；300 kg以上的架子牛经3～5个月的短期育肥，平均日增重可达1 300 g以上。18月龄育肥公牛宰前重达580 kg，屠宰率为58%，净肉率为48%，眼肌面积为80 $cm^2$。肉质较细嫩，肌间脂肪含量适中，优质肉和高档肉切块率高。辽育白牛母牛初情期为10～12月龄，初配年龄为14～18月龄，发情周期为18～22 d，产后发情时间为45～60 d，人工授精情期受胎率为70%，适繁母牛的繁殖成活率达84.1%以上，极少发生难产。

4. 品种评价

辽育白牛适应性广，耐粗饲，抗逆性强，抗寒能力尤其突出，可抵抗-30℃左右的低温环境，易饲养。

（四）云岭牛

1. 品种形成

云岭牛育成于云南，由婆罗门牛、莫累灰牛和云南黄牛3个品种杂交选育而成。育种过程中，先用莫累灰公牛与云南黄母牛杂交，产生莫云杂，再以婆罗门牛为终端父本，形成含1/2婆罗门牛、1/4莫累灰牛和1/4云南黄牛血统的云岭牛新种群。云岭牛培育从1984年开始，于2014年通过国家新品种审定。云岭牛是我国利用三元杂交培育的第一个瘤牛型肉牛新品种。云岭牛主要分布在云南的民明、楚雄、大理、德宏、普洱、保山和曲靖等地。

2. 外貌特征

云岭牛以黄色、黑色为主，被毛短而细密；体型中等，各部结合良好，细致紧凑，肌肉丰厚；头稍小；眼明有神；多数无角；耳稍大，横向舒张；颈中等长。公牛肩峰明显，颈垂、胸垂和腹垂较发达，体躯宽深，背腰平直，后躯和臀部发育丰满；母牛肩峰稍隆起，胸垂明显，四肢较长，蹄质结实。尾细长。成年公牛体高148.92 cm ± 4.25 cm，体斜长162.15 m ± 7.67 cm，体重813.08 kg ± 112.30 kg；成年母牛体高129.57 cm ± 4.8 cm，体斜长149.07 cm ± 6.51 cm，体重517.40 kg ± 60.81 kg（图7-12）。

3. 生产性能

云岭牛成年母牛体重450～700 kg，公牛700～1 000 kg。12～24月龄日增重，公牛1.1 kg，母牛0.9 kg；24月龄屠率，公牛63%，母牛59%；24月龄净肉率，公牛54%，母牛51%；24月龄眼肌面积，公牛85 $cm^2$，母牛70 $cm^2$，肉质细嫩、多汁，大理石纹明显。母牛初情期为8～10月龄，适配年龄为12月龄或体重在250 kg以上，发情周期为21 d（17～23 d），发情持续时间为12～27 h，妊娠期为278～289 d，产后发情时间为

60～90 d，难产率低于1%，繁殖成活率高于80%。

图7-12　云岭牛

［注：图片摘自《养牛学》（第4版）］

## 二、兼用型肉牛品种

各种类型的西门塔尔牛、荷斯坦牛在我国经过长期驯化、选育，特别是与各地黄牛进行杂交，逐渐形成了现在的中国西门塔尔牛、中国荷斯坦牛。新疆褐牛通过多次引进瑞士褐牛血统，级进杂交稳定了优良性能，1983年新疆褐牛被新疆畜牧厅批准为乳用兼用型品种。

### （一）中国西门塔尔牛

中国西门塔尔牛是著名的乳肉兼用牛，因其体型大、生长迅速、肌肉发达、适应性强和乳品质好等优点而备受消费者的喜爱。肉用西门塔尔牛适应性好，抗病力强，耐粗饲，分布范围广，在我国多种生态条件下均能表现出良好的生产性能。

1. 品种形成

西门塔尔牛早在20世纪初就开始引入我国。由于西门塔尔牛的优良种质及在我国良好的适应性，使其在中国农区、牧区和半农半牧区养牛业发展上发挥主导作用。1981年由农业部组织成立了中国西门塔尔牛育种委员会，并在1986年农业部发布的全国牛的品种区域规划中，确定了西门塔尔牛为改良农区、半农半牧区黄牛主要品种。随后，由于选育计划与育种措施的实施，2002年中国西门塔尔牛育种委员会成功培育了“中国西门塔尔牛”。

2. 外貌特征

中国西门塔尔牛体躯深宽、高大，结构匀称，体质结实，肌肉发达，行动灵活。被毛光亮，毛色为红（黄）白花，花片分布整齐，头部白色或带眼圈，尾梢、四肢和腹部为白色，角、蹄蜡黄色，鼻镜肉色。乳房发育良好，结构均匀紧凑。成年公牛平均体重850 kg，体高145 cm；成年母牛平均体重550 kg，体高183 cm。公犊初生重42 kg，母犊初生重37 kg（图7-13）。

图7-13　中国西门塔尔牛

（注：图片摘自《中国畜禽遗传资源志》）

3. 生产性能

中国西门塔尔牛育肥期平均日增重1 106 g ± 211.3 g；18 ~ 22月龄宰前活重573.6 kg ± 69.9 kg，屠宰率60.4% ± 4.9%，净肉率50.01% ± 5.6%。中国西门塔尔牛母牛常年发情。在中等饲养水平条件下，母牛初情期为13 ~ 15月龄，体重230 ~ 330 kg，发情周期19.5 d+2.3 d，发情持续期34.5 h+3.2 h，妊娠期285 d ± 5.69 d，平均产犊间隔381 d ± 18.2 d。公牛一般14月龄开始调试采精，利用年限6 ~ 8年。一次射精量6.2 mL ± 1.3 mL，精子密度9亿个/mL，鲜精活力0.82 ± 0.10。

4. 品种评价

该牛对全国黄牛杂交改良工作具有积极推动作用，改良效果非常明显，杂交一代的生产性能一般都能提高30%以上。

（二）新疆褐牛

新疆褐牛是以新疆当地哈萨克牛为母本，引入瑞士褐牛、阿拉托乌牛及少量大科斯特罗姆牛与之杂交改良，经过长期选育形成，属于乳肉兼用培育品种，是新疆的地方品种，新疆褐牛耐粗饲、抗寒、抗逆性强，适应能力强，适宜山地草原放牧。

1. 品种形成

新疆褐牛属乳肉兼用型培育品种，主要分布于新疆北疆地区，以塔城、伊犁地区数量最多、品质最好，是以当地哈萨克牛为母本，引入瑞士褐牛、阿拉托乌牛以及少量科斯特罗姆牛杂交改良，经过长期杂交改良选育而成的乳肉兼用型牛，具有抗严寒、耐粗饲，适应性强、适应草场放牧的特点。1979年新疆养牛工作会议上，统一定名为新疆褐牛。1983年育成的乳肉兼用品种，主产区为新疆伊犁河谷和塔额盆地，2007—2009年哈密市从伊犁地区大量引入。

2. 外貌特征

体型外貌与瑞士褐牛相似，体质健壮，结构匀称，骨骼结实，肌肉丰满。头部清秀，角中等大小，向侧前上方弯曲，呈半椭圆形。唇嘴方正，颈长短适中，颈肩结合良好。胸部宽深，背腰平直，腰部丰满，尻方正，四肢开张宽大，蹄质结实，乳房发育良好。毛色多为褐色，深浅不一，额顶、角基、口轮周围和背部呈灰白色或黄白色，眼睑、鼻镜、尾尖、蹄呈褐色。成年公牛700 ~ 970 kg，母牛430 ~ 512 kg（图7-14）。

图7-14　新疆褐牛

（注：图片摘自《中国畜禽遗传资源志》）

3. 生产性能

新疆褐牛适应性很好，在草场放牧可耐受严寒和酷暑环境，抗病力强。1.5岁公牛强度育肥，日增重0.85 ~ 1.25 kg，屠宰率47.5%。在放牧条件下平均泌乳期约为150 d，产奶量为1 675.8 kg；舍饲条件下平均泌乳期约为280 d，产奶量为2 897.6 kg，乳脂率3.54%，乳蛋白率为3.23%。该牛产肉性能良好，育肥条件下，1.5岁阉牛屠宰率为47.55%，精肉率为36.64%。最佳繁殖季节为5—9月，初配18月龄，妊娠期285 d。

4. 品种评价

泌乳和产肉性能都较好，适应性强，耐粗饲，放牧、舍饲饲养均可，耐严寒和高温，抗病力强。具有耐粗饲，抗逆性好，适用于山地草原放牧、适应性强等特点，深受农牧民喜爱，新疆褐牛及其杂交牛在全新疆牛总数中占到40%。

### （三）中国荷斯坦牛

中国荷斯坦牛又称中国黑白花奶牛，该品种是利用引进国外各种类型的荷斯坦牛与我国的黄牛杂交，并经过了长期的选育而形成的一个品种。荷斯坦公牛及淘汰奶牛育肥，也存在很大的市场前景。

1. 品种形成

我国早在19世纪中期已引进荷斯坦牛，最早由荷兰、德国等国引入，引进头数较多的有上海、北京、天津、杭州、福州等地，以后逐渐扩展到其他地方。1955年我国曾引进荷兰的弗里生牛，所以有些地方（如北京、山西、黑龙江）的部分奶牛含有小荷兰牛的血统。1970年后，我国又多次引进日本、加拿大、美国的荷斯坦牛的种牛或冷冻精液，这对提高我国奶牛的产奶性能起了很好的作用。

各种类型的荷斯坦牛在我国经过长期驯化、选育，特别是与各地黄牛进行杂交，逐渐形成了现在的中国荷斯坦牛。但因为各地引进的荷斯坦公牛以及本地母牛类型不同，以及饲养环境条件的差异，使我国荷斯坦牛的体格大小不够一致，一般北方地区的荷斯坦牛体型偏大，而南方地区的则偏小。中国荷斯坦牛原名中国黑白花奶牛，1987年通过国家品种鉴定验收，1992年更名为中国荷斯坦牛（Chinese Holstein）。

2. 外貌特征

中国荷斯坦牛的外貌特征与世界各国的荷斯坦牛相似，多具有明显的乳用特征（有少数个体稍偏兼用型）。毛色多呈黑白花，花片分明，也有少量个体呈红白花色。额部有白星，腹底部、四肢腕和肘关节（飞节）以下、尾端呈白色。体质细致结实，体躯结构匀称。有角，多数由两侧向前、向内弯曲，角体淡黄或灰白色，角尖黑色。乳房附着良好，质地柔软，乳静脉明显，乳头大小、分布适中（图7-15）。

图7-15　中国荷斯坦牛

3. 生产性能

中国荷斯坦牛性成熟早，具有良好的繁殖性能，繁殖无季节性。中国荷斯坦牛305 d泌乳量为7 965 kg ± 1 398 kg，乳脂率为3.81% ± 0.57%，乳蛋白率为3.15% ± 0.39%。在饲养条件较好、育种水平较高的规模奶牛场，全群平均产奶量已超过8 000 kg，部分已经超过10 000 kg。母牛初情期11～12月龄，一般13～15月龄、体重380 kg以上开始配种；发情周期18～21 d，发情持续期10～24 h；年平均受胎率为88.8%，情期受胎率为48.9%；妊娠期282～285 d；产犊间隔13.0～13.5个月。公牛10～12月龄性成熟，18月龄后适宜采精配种。

4. 品种评价

中国荷斯坦牛性成熟早，具有良好的繁殖性能。性情温顺，易于管理，适应性强，耐寒不耐热。荷斯坦公牛同我国本地黄牛杂交，杂交效果良好，其后代乳用体型得到改善，体格增大，产奶性能大幅度提高。

## 三、中国黄牛

中国黄牛是我国的固有家牛，是我国数量最多、分布最广的牛种，也是驯化最早的畜种之一，迄今至少已有五六千年的历史。中国黄牛经过数千年的地理隔离、自然选择与人工选择，形成几十个不同的品种，各个品种间也存在不同程度的差异。

### （一）秦川牛

秦川牛属役肉兼用型黄牛地方品种，是我国五大肉牛品种之一，产地位于陕西省关中地区，历史悠久，在陕西省被誉为“国之瑰宝”。

1. 品种形成

秦川牛有着悠久的饲养历史，因产于陕西省渭河流域关中平原地区的“八百里秦川”而得名，经过多处种牛繁育场，推广青贮饲料、人工授精，实行科学养牛，使秦川牛质量得到巩固和提高，相继推广至东起潼关、蒲城，西至宝鸡间的15个县、市为主产区。东西长近400 km，平均海拔500 m，以蒲城、渭南、富平、咸阳、乾县、礼泉等市、县所产的牛最著名，秦川牛是陕西省重要的种畜资源。

2. 外貌特征

秦川牛体质结实，骨骼粗壮，体格高大，结构匀称，肌肉丰满，毛色以棕红色占多数，少数为黄色。鼻镜为肉红色。公牛头大额宽，母牛头清秀。口方面平；角短而钝，向后或向外下方伸展。公牛颈短而粗，垂皮发达，鬐甲较高而宽，有明显的肩峰，母牛鬐甲低而薄。胸部宽厚，肋骨开张良好，背腰平直、结合良好。四肢结实，两前肢相距较宽，蹄圆大、多呈红色，蹄叉紧。缺点是牛群中常见有斜尻的个体（图7-16）。

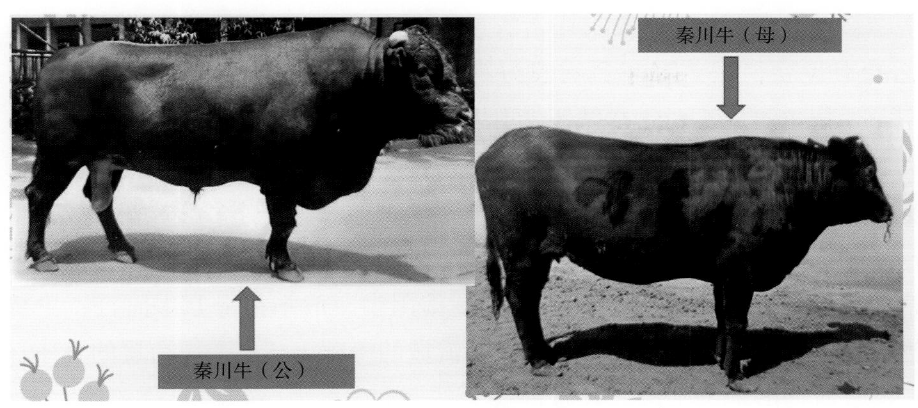


图7–16　秦川牛

（注：图片摘自《中国畜禽遗传资源志》）

3. 生产性能

秦川牛具有肥育快、瘦肉率高、肉质细、大理石纹明显等特点。在中等饲养水平条件下，18月龄公牛、母牛和阉牛的宰前活重依次为436.9 kg、365.6 kg和409.8 kg；平均日增重相应为0.7 kg、0.55 kg和0.59 kg。公牛、母牛和阉牛的平均屠宰率为58.28%，净肉率为50.5%，胴体产肉率为86.65%，骨肉比为1∶6.13，眼肌面积为97.02 $cm^2$。泌乳期平均为7个月，产奶量为715.79 kg，平均日产奶量为3.22 kg。乳中含干物质为16.05%，其中乳脂肪为4.7%，蛋白质为4%，乳糖为6.55%，灰分为0.8%。秦川母牛的初情期为9月龄，发情周期为21 d，发情持续期为39 h（范围25 ~ 63 h），妊娠期为285 d，产后第一次发情为53 d。公牛12月龄性成熟。公牛初配年龄2岁。母牛可繁殖到14 ~ 15岁。

4. 品种评价

秦川牛是中国黄牛中体格较大的役肉兼用型品种之一，在国际普通牛系列中属中型品种，而兼具大型和小型牛品种的良好生物经济学（如小型牛低难产率和大型牛生长较快等）特性。多年来的生产实践证明，以秦川牛作父本改良杂交山地小型牛或用作母本与国外引进的大型品种牛杂交，效果普遍良好，适应性好，除热带及亚热带地区外，均可正常生长。性情温顺，耐粗饲，产肉性能好。秦川牛该品种群体中有一定比例的个体（包括公牛）肉用体型良好，肉用指数（成年母牛BPI≥3.9）达到了国际专门化肉用型牛品种的范围。这是秦川牛由役肉兼用型转化为肉用型的内在遗传基础。今后，秦川牛应向肉用型方向选育，改善饲养条件，加强种牛场和农村选育区的种牛培育和相关标准的推广执行，有望经该品种选育而不导入外血，实现将秦川牛培育成为具有中国本土特色的专门化肉用型牛品种目标。

## （二）南阳牛

南阳牛属役肉兼用型黄牛地方品种，是我国五大黄牛品种之一，是河南省著名的畜禽品种资源，在河南省畜牧业发展中占有重要地位。

1. 品种形成

南阳盆地位于河南、湖北交界处，土质坚硬、位置偏僻，历史上交通不便，牛是从事耕作和运输的重要役畜。当地群众对牛的饲养比较精细，注重多种饲草饲料的搭配。在选种上，要求牛的体格高大、结构匀称、毛色纯正，对种公牛的选择比较严格，同时注意公母牛的选配，经过产地群众长期选育形成了著名的南阳牛。南阳牛产于河南省的西南部南阳地区，分平原牛和山地牛两种，南阳牛一般系指平原牛而言，主要产于唐河、白河流域的广大平原地区。其中以白河流域的南阳市郊、南阳市属的莫庄、瓦店、新店、源河、青河等地的牛最为著名。

2. 外貌特征

南阳牛体格高大，结构匀称，体质结实，肌肉丰满。胸部深，背腰平直，肢势端正，蹄圆大。公牛头方正，颈短粗，前躯发达，肩峰高耸。母牛头清秀，颈单薄、呈水平状，一般中后躯发育良好，乳房发育差。毛色以黄色居多（占93%），其余为红色、草白色等。鼻镜多为肉色带黑点，黏膜多为淡红色。角形较杂，颜色有蜡黄色、青色和白色。公牛肩峰较大，隆起8～9 cm；母牛肩峰小。颈侧多皱纹，颈垂、胸垂较大，无脐垂。尻较斜，尾细短，尾帚中等。蹄圆大，呈木碗状，蹄壳蜡黄色、琥珀色、黑色、褐色等，有的带黑筋条纹。良种场公犊牛初生重为29.9 kg，母犊牛为26.4 kg（图7-17）。

图7-17　南阳牛

（注：图片摘自《中国畜禽遗传资源志》）

3. 生产性能

南阳牛18月龄公牛平均屠宰率为55.6%，净肉率为46.6%；3～5岁阉牛在强度肥育后，屠宰率为64.5%，净肉率为56.8%。眼肌面积为95.3 $cm^2$。南阳牛肉质细嫩，大理石状纹明显。泌乳期为180～240 d，产奶量为600～800 kg，乳脂率为4.5%～7.5%，最高日产奶量为9.15 kg。性成熟期为8～11月龄。据南阳地区黄牛研究所统计483头母牛，发情周期为21 d（范围17～25 d），发情持续期为1～1.5 d。产后第一次发情平均为77 d（范围20～219 d），妊娠期平均为291.6 d。怀母犊期较短，平均为289.2 d；怀公犊比怀母犊长4.4 d，2岁初配，利用年限5～9年。

4. 品种评价

南阳牛是我国著名的地方优良品种之一，具有适应性良好、耐粗饲、肉用性能好等特点，多年来已向全国多省份输送种牛改良当地黄牛，效果良好。随着农业机械化水平的提高，南阳牛的役用经济价值已很低，今后应通过该品种选育，重点改进其胸部不够宽深、体躯长度不足、后躯发育较差等特点，向肉用方向选育。

### （三）鲁西牛

鲁西牛属役肉兼用型黄牛地方品种，是我国五大地方黄牛良种之一，它具有耐粗饲，育肥性能好、肉质细嫩、大理石花纹明显等优点。

1. 品种形成

鲁西黄牛原产于山东省西部、黄河以南、运河以西一带。菏泽、济宁两地区是鲁西黄牛的中心产区。其中以郸城、野城、菏泽、巨野、梁山、金乡、济宁、汶上等地数量最多，品质最好。

2. 外貌特征

鲁西牛体格高大而稍短，骨骼细，肌肉发育好。侧望近似长方形，具有肉用型外貌。公牛头短而宽，角较粗，颈短而粗，前躯发育好，垂皮发达。母牛头稍窄而长，颈细长，垂皮小，髻甲平，后躯宽阔。一般牛背、腰和尻部平直，四肢较细，蹄多椭圆、棕色。角为灰白色，角尖为蜡黄色或红色。皮肤有弹性，被毛密而细，光泽好。毛色以黄色为最多，个别牛毛色略浅。约70%的牛具有完全或不完全的“三粉”特征（即眼圈、嘴圈和腹下至股内侧呈粉色或毛色较浅）。一些个体后躯欠丰满（图7-18）。

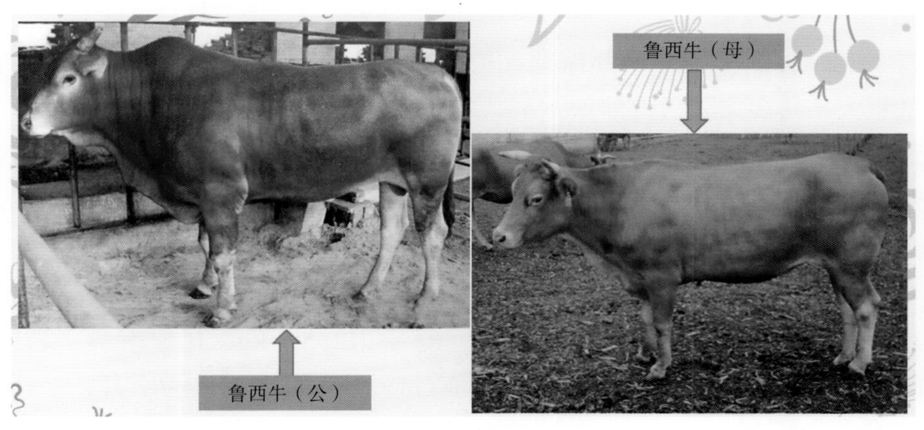


图7-18　鲁西牛

（注：图片摘自《中国畜禽遗传资源志》）

3. 生产性能

鲁西牛产肉性能较高，鲁西黄牛对粗饲料的利用能力强，肥育性能好，肌纤维间脂肪沉积良好，呈大理石状，素以肉质优良著称于世。以青草和少量麦秸为粗料，每天补喂混合精料2 kg，1～1.5岁牛平均日增重0.61 kg，屠宰率53%～55%，净肉率为47%。肉质细，大理石花纹明显。母牛成熟较早，一般10～12月龄开始发情，发情周期平均为22 d，发情持续期为2～3 d，妊娠期为285 d，产后第一次发情平均为35 d。1.5～2岁初配，终生可产犊7～8头。鲁西牛耐粗饲，性情温顺，易管理，适应性好。

4. 品种评价

鲁西牛具有役肉兼用特点和良好的适应能力。以体大力强，外貌一致，肉质良好而著称。性情温顺，耐粗饲，易于管理，适宜役用，且易肥育，屠宰率高；缺点是胸部欠宽，背腰发育不平衡，尚有凹背、草腹、卷腹、尖尻及斜尻，管骨细等现象，有的肢势不正。耐寒力较弱，但有抗结核病及抗梨形虫病的特征。

### （四）延边牛

延边牛是我国五大地方黄牛良种之一，属寒、温带山区的役肉兼用品种。

1. 品种形成

延边牛主要产于吉林省延边朝鲜族自治州的延吉、和龙、汪清、珲春及毗邻各县。分布于黑龙江省的牡丹江、松花江、合江三个地区的宁安、海林、东宁、林口、桦南、桦川、依兰、勃利、五常、尚志、延寿、通河等县，以及辽宁省宽甸县沿鸭绿江一带朝鲜族聚居的水田地区。延边牛是延边各族人民历经150多年精心选择培育的品种。随着朝鲜移民的迁入，将朝鲜牛输入我国东北地区，经与本地黄牛杂交、改良培育出适合延边地区自然条件的延边牛。同时，在形成过程中，也导入了一些蒙古牛和乳用品种的血液。

2. 外貌特征

体质结实，骨骼坚实，胸部深宽，被毛长而密，皮厚而有弹力。公牛头方、额宽。角基粗大，角多向外后方伸展，呈“一”字形或倒“八”字形。颈厚而隆起，肌肉发达。母牛头大小适中，角细而长，多为龙门角。乳房发育较好。毛色多呈深浅不同的黄色。成年公、母牛体重分别为450 kg和350 kg；体高分别为130.6 cm和121.8 cm（图7-19）。

3. 生产性能

经180 d育肥而于18月龄屠宰的公牛，胴体重为265.8 kg，屠宰率57.7%，净肉率47.2%，平均日增重813 g/d，眼肌面积75.8 cm。母牛泌乳期6～7个月，平均乳产量500～700 kg，乳脂率5.8%～6.6%。母牛20～24月龄初配，利用年限10～13岁。

图7-19 延边牛

（注：图片摘自《中国畜禽遗传资源志》）

4. 品种评价

延边牛比较适应当地的自然生态条件，耐寒、耐粗饲、抗病能力强，遗传性能稳定，役用性能强，肉质好，独特的肉质风味可与韩国的韩牛和日本的和牛相媲美，是培育我国专门化肉牛品种的良好资源，有较高的经济价值和开发潜质，市场开发前景广阔。

（五）晋南牛

晋南牛为中国五大地方黄牛良种之一，体型大，胸围大，胸、背和腰宽，前躯比后躯发育得好，身体形态良好，适于服务。它属于服务和肉类两大类。具有良好的役用性能和良好的产肉性能。

1. 品种形成

晋南牛原产于山西省南部河下游的晋南盆地。作为主要役畜，当地群众对牛只非常重视，经过当地群众长期的生产实践选育，形成了晋南牛体大力强、繁殖性能好的特点，成为我国中原地区著名的地方品种，分布较广，主产区在运城及临汾市。

2. 外貌特征

晋南牛体格大，骨骼结实，健壮。母牛头较清秀，面平，角多为扁形，呈蜡黄色，角尖为枣红色，角形较杂。公牛额短稍凸，角粗而圆，颈粗而微弓，肌肉发育好。鬐甲宽而略高于背线胸宽深，前躯发达，背平直，腰短。尻较窄略斜。四肢结实，蹄大而圆。鼻镜、蹄壳为粉红色，毛色多为枣红色。成年公牛体高139.7 cm，体重650.2 kg；母牛体高124.7 cm，体重382.3 kg。犊牛初生重，公犊牛为25.3 kg，母牛为241 kg（图7-20）。

图7–20　晋南牛

（注：图片摘自《中国畜禽遗传资源志》）

3. 生产性能

晋南牛肌肉丰满、肉质细嫩，成年牛在一般育肥条件下日增重可达851 g/d。在营养丰富的条件下，12～24月龄公牛日增重1.0 kg/d，母牛日增重0.8 kg/d。24月龄公牛屠宰率为55%～60%，净肉率为45%～50%。24月龄眼肌面积，公牛83 $cm^2$，母牛68 $cm^2$。性成熟期为9～10月龄，母牛初次配种年龄为2岁。繁殖年限，公牛8～10岁，母牛12～13岁发情周期为19～24 d，平均21 d。妊娠期285 d。

4. 品种评价

晋南牛体躯高大结实，肌肉发达，适应性能良好，抗病力强，且有着不错的繁殖能力，耐苦耐劳，具有较好的役用体型及肉用发展潜力。性情温顺，易于管理，耐粗饲，产肉性能高。但后躯一般发育较差，产奶量低。

### （六）哈萨克牛

哈萨克牛属役肉乳兼用黄牛地方品种，以役、乳、肉多种用途为目的进行选育形成的一个品种，哈萨克牛能耐严寒酷暑和粗放饲养，放牧性能好、抗病能力强、体质强壮结实、遗传性稳定等优良特性，适于粗放的饲养管理，育肥条件下可生产优质雪花牛肉，是培育新品种和开展杂交优势利用的原始品种。

1. 品种形成

哈萨克牛是新疆古老的黄牛品种，主要分布于新疆北疆地区，原产于新疆北部的阿勒泰地区青河县，中心产区为哈巴河县、布尔津县，在阿勒泰地区其他各县，哈密市的巴里坤、伊吾县，昌吉回族自治州的木垒县、奇台县也有分布。哈萨克牛是牧区各族人民长期以来以肉、乳、役多种用途为目的进行选育而形成的乳、肉、役兼用的经济类型品种，具有抗严寒、耐粗饲、放牧性能好以及抗病力强的特点。由于新疆自然条件复杂，饲养管理条件相当粗放，因此哈萨克牛在牧区得以广泛饲养。

2. 外貌特征

被毛为贴身短毛，毛色杂，以黄色和黑色为主，有鬣毛和无季节性黑斑点。头中等偏小，额部稍凹陷，角呈半椭圆形。颈细、中等长，肉垂不发达，鬐甲低平。背腰平直，后躯较窄，多呈尖斜尻，尾根较低，母牛乳房小，呈碗状。成年体高：公牛115.5 cm，母牛119.9 cm。成牛公牛体重为369.2 kg，母牛305.3 kg（图7-21）。

图7-21　哈萨克牛

（注：图片摘自《中国畜禽遗传资源志》）

3. 生产性能

产肉性能：公牛宰前147.5 kg、胴体62.9 kg、屠宰率42.6%。周岁母牛宰前143.1 kg、胴体60.6 kg、屠宰率42.3%。产奶性能：泌乳期257 d，年产乳1 259.3 kg。繁殖性能：初配年龄23月龄，妊娠期271 d。

4. 品种评价

哈萨克牛是经过长期自然选择和人工选择形成的古老地方品种，对恶劣的气候和粗放的饲养条件具有较强的适应能力，能耐严寒酷暑和粗放饲养，放牧性能好、抗病能力强。肢蹄健壮、坚实，能在海拔2 500 m高山、坡度为25°的山地放牧，可在-40℃、雪深20～30 cm的草场上来拱雪采食牧草。夏秋季节，生长增膘快；冬季枯草季节，也能较好地保膘。役力较强，持久耐劳；粗放饲养条件下，繁殖性能稳定，极少有遗传缺陷，遗传性能稳定；具有肉、乳、役等多种用途，是培育品种和杂交改良的良好原始品种。缺点是体躯结构不够良好、毛色较杂、体格偏小、生产性能不高。

# 第三节 肉牛杂交繁育技术

杂交育种是以杂交为基础，从杂交产生的后代中，发现新的有益变异或新的基因组合，通过育种措施把这些有益变异和有益组合固定下来，从而培育出新的牛品种。许多著名的牛品种都是通过这种方法育成的。

## 一、肉牛的选种和经济杂交

### 肉牛的选种方法

肉牛选择的一般原则是："选优去劣，优中选优"。种公牛和种子母牛的选择，是从品质优良的个体中精选出最优个体，即是"优中选优"。而对种母牛大面积地普查鉴定、评定等级，同时及时淘汰劣等，则又是"选优去劣"的过程。在肉牛公母牛选择中，种公牛的选择对牛群的改良起着关键作用。

种公牛的选择，首先是审查系谱，其次是审查该公牛外貌表现及发育情况，最后还要根据种公牛的后裔测定成绩，以断定其遗传性是否稳定。对种母牛的选择则主要根据其本身的生产性能或与生产性能相关的一些性状，此外还要参考其系谱、后裔及旁系的表现情况。故选择肉牛的途径主要包括系谱、个体、后裔和旁系选择四项。

1. 系谱选择

通过系谱记录资料是比较牛优劣的重要途径。肉牛业中，对小牛的选择，并考察其父母、祖父母及外祖父母的性能成绩，对提高选种的准确性有重要作用。据资料表明，种公牛后裔测定的成绩与其父亲后裔测定成绩的相关系数为0.43，与其外祖父后裔测定成绩的相关系数为0.24，而与其母亲1～5个泌乳期产奶量之间的相关系数只有0.21、0.16、0.16、0.28、0.08。由此可见，估计种公牛育种值时，对来自父亲的遗传信息和来自母亲的遗传信息不能等量齐观。

2. 个体选择

当小牛长到1岁以上，就可以直接测量其某些经济性状，如1岁活重、肉牛肥育期增重效率等。而对于胴体性状，则只能借助特殊设备（如超声波测定仪等）进行辅助测量，然后对不同个体作出比较。对遗传力高的性状，适宜采用这种选择途径。本身选择就是根据种牛个体本身和一种或若干种性状的表型值判断其种用价值，从而确定个体是否选留，该方法又称性能测定和成绩测验。具体做法：可以在环境一致并有准确记录的条件下，与所有牛群的其他个体进行比较，或与所在牛群的平均水平比较。有时也可以与鉴定标准比较。

肉用种公牛的体型外貌主要看其体型大小，全身结构是否匀称，外型和毛色是否符合品种要求，雄性特征是否明显，有无明显的外貌缺陷。如公牛母相，四肢不够强壮结实，肢势不正，背线不平，颈线薄，胸狭腹垂，尖斜尻等。生殖器官发育良好，睾丸大小正常，有弹性。凡是体型外貌有明显缺陷的，或生殖器官畸形的，睾丸大小不等均不合乎种用。肉用种公牛的外貌评分不得低于一级，其种用公牛要求特级。

除外貌外，还要测量种公牛的体尺和体重，按照品种标准分别评出等级。另外，还需要检查其精液质量。

3. 后裔测定（成绩或性能试验）

后裔测定是根据后裔各方面的表现情况来评定种公牛好坏的一种鉴定方法，这是多种选择途径中最为可靠的选择途径。具体方法是将选出的种公牛令其与一定数量的母牛配种，对犊牛成绩加以测定，从而评价使（试）用种牛品质优劣的程序。

## 二、肉牛的经济杂交方法

该方法多用于生产性牛场，特别是用于黄牛改良、肉牛改良和奶牛的肉用生产。目的是利用杂交优势，获得具有高度经济利用价值的杂交后代，以增加商品肉牛的数量和降低生产成本，获得较好的效益。生产中，简便实用的杂交方式主要有二元杂交、三元杂交。

### （一）二元杂交

二元杂交又称两品种固定杂交或简单杂交，即利用两个不同品种（品系）的公母牛进行固定不变的杂交，利用一代杂种的杂种优势生产商品牛。这种杂交方法简单易行，杂交一代都是杂交种，具有杂种优势的后代比例高，杂种优势率最高。这种杂交方式的最大缺点是不能充分利用繁殖性能方面的杂种优势。通常以地方品种或培育品种为母本，只需引进一个外来品种作父本，数量不用太多，即可进行杂交。如利用西门塔尔牛或安格斯牛杂交本地哈萨克牛。其杂交模式如图3-1所示。

西门塔尔牛或安格斯牛（♂）×本地黄牛（♀）

↓

二元杂交牛（公牛育肥；母牛繁殖）

**图7-22　二元杂交模式**

### （二）三元杂交

三元杂交又称三品种固定杂交。它是从两品种杂交到的杂种一代母牛中选留优良的个体，再与另一品种的公牛进行杂交，所生后代全部作为商品肉牛肥育。第一次杂交所用的公牛品种称为第一父本，第二次杂交利用的公牛称为第二父本或终端父本。这种杂交方式由于母牛是一代杂种，具有一定的杂种优势，再杂交可望得到更高的杂种优势，所以三品种杂交的总杂种优势要超过两品种。其杂交模式如图7-23所示。

西门塔尔牛（♂）×本地哈萨克牛

↓

比利时蓝牛（♂）×西门塔尔牛与本地哈萨克牛杂交母牛（♀）（杂交公牛育肥）

↓

三元杂交牛（杂交后代全部育肥）

**图7-23　三元杂交模式**

### （三）品种间的轮回杂交

用2个或3个以上品种的公母牛进行交替杂交，使逐代都能保持一定的杂种优势。如用本地黄牛与西门塔尔牛杂交一代母牛再与夏洛来牛杂交，杂交二代牛再与西门塔尔牛杂交。轮回杂交模式见图7-24。

西门塔尔牛（♂）×本地哈萨克牛（♀）

↓

安格斯牛（♂）×一代杂交母牛（公牛育肥）

↓

西门塔尔牛（♂）×二代杂交母牛（公牛育肥）

↓

安格斯牛（♂）×一代杂交母牛（公牛育肥）

**图7-24　二元轮回杂交模式**

## 三、国内外杂交肉牛应用

利用国内与国际两个市场，提升国产牛肉品质，培育高端牛肉品牌，进而提高市场竞争力将是我国实现肉牛产业高质量发展的必由之路。

1. 国外杂交肉牛应用

肉牛育种已有100多年的历史。近50年以来，世界各国肉牛育种工作者经过不断探究，形成了一套完善且有效的肉牛育种体系。在肉牛业发达的国家，高度重视肉种牛的繁育改良工作，形成具有自己特色的肉牛品种。由于各国肉牛主要品种有一定差异，而不同品种在生产性能方面各有部分差异，如法国、美国和澳大利亚存栏较多的中大型肉牛品种夏洛来、利木赞和西门塔尔牛在生长速度上更加突出，美国和澳大利亚存栏较多的中小型肉牛品种安格斯及日本的和牛在肉质性状上更加突出，美国和印度存栏较多的瘤牛品种婆罗门牛和巴西的内洛尔牛在耐热能力和屠宰率上优势更突出。而日本利用短角牛对当地牛进行改良育成独具特色的和牛，肉质极佳，大理石花纹丰富，在国际上享有盛誉。

不同品种牛间的杂交在国外肉牛生产上有广泛的应用。利用杂交进行高效的肉牛生产已在世界范围内达成共识，通过杂交组合原有品种的优势性状，解决了很多极端气候区域肉牛养殖的问题。例如婆罗门牛的育成，在其强大的适应性基础上，利用婆罗门牛与其他牛进行杂交组合形成了很多的新品种，对热带和亚热带国家及地区的肉牛业发展起到了很大的促进作用。

2. 国内杂交肉牛应用

我国肉牛产业受成本上升、饲养效率低下等因素的制约，发展较为缓慢，市场有效供给不足的问题持续凸显，由此导致进口牛肉量大幅增长，给我国肉牛产业的发展带来严重威胁。杂交肉牛较传统的肉牛品种具有个头大、肉质好、生长速度快、经济效益高等特点，因此，杂交肉牛培育工作在养殖行业中受到高度的重视。

杂交改良和级进杂交成为提高中国黄牛生产效率的主要方法和发展方向。我国应用杂交方法，先后培育了乳用品种中国荷斯坦牛和兼用品种中国西门塔尔牛、三河牛、新疆褐牛、中国草原红牛等，以及肉用品种夏南牛、延黄牛和辽育白牛等。利用野生牦牛基因，杂交培育了具有良好肉用、乳用和毛用特性的大通牦牛新品种。利用引进品种与本地品种杂交进行杂交生产主要体现在肉牛生产上。然而由于现有的饲养管理条件限制而出现的改良牛断奶后生产性能下降、高代杂种个体生产性能不如低代杂交个体等现象，阻碍了中国现代肉牛业的高效、健康发展，需要正确理解杂交改良和级进杂交的优势和局限性，要坚定生产目标，种公牛和繁殖母牛要根据性能进行选择和淘汰。

## 四、杂交繁育优势

杂交指不同品种或不同种群间进行交配繁殖，由杂交产生的后代称杂种。杂种优势因杂交后代具有生产性能、生活力和抗逆性等均高于双亲的特点，被广泛地运用在畜禽杂交育种中。在数值上，杂种优势指杂种后代与亲本均值相比时的相差值，是以杂种后代和双亲本的群体均值为比较基础的。杂种优势产生的原因，是由于杂种的遗传物质产生了杂合性。从基因水平上对杂种优势的解释有基因显性、超显性和上位学说。杂种优势利用成为提高我国地方黄牛生产性能的重要途径之一，杂种优势利用率越高，种畜的价值就越高，其后代的养殖利润就越大，而杂种优势利用率的评估则依赖于对种畜杂种优势大小的预测。传统经典遗传学认为，亲本间的遗传差异是杂种优势产生的基础，亲本间遗传距离越远、品系纯度越高，后代表现出来的杂种优势就会越明显。

我国黄牛分布广，数量多，但长期以来，一直以役用为主，肉用性能表现较差，饲养经济效益不高。为适应肉牛饲养业的发展，必须对现有黄牛进行杂交改良，以求改善黄牛的体型外貌，提高以增重速度和肉品质为主的肉用性能。肉用牛杂交改良的目的就是为了提高牛的生产能力和提高养殖肉牛的经济效益。我国人多地少，粮食较紧张，因此，合理利用我国现有的肉用牛、肉役兼用牛、乳肉兼用牛和本地黄牛，用杂交改良的方法，育成能饲喂少精料、多粗料的优质杂交牛，从而提高饲料转化效率，降低养殖成本。杂种肉牛的优势有4点。

1. 体型大

不少地区的黄牛体型偏小，并且后躯发育较差，不利于产肉。本地黄牛经过改良，杂种牛的体型一般比本地黄牛增大30%左右，体躯增长，胸部宽深，后躯较丰满，尻部宽平，后躯尖斜的缺点能基本得到改进。

2. 生长快

本地黄牛最明显的不足之处在于，生长速度慢，成年体重小。本地黄牛经过杂交改良，其杂种后代作为肉用牛饲养，在20个月左右的时间可以长到350 ~ 400 kg。

3. 出肉率高

经过育肥的杂交牛，屠宰率一般能达到55%，一些牛甚至接近60%。

4. 经济效益好

杂种牛生长快，出栏上市早，同样条件下杂种牛的出栏时间比本地牛几乎缩短了一半。杂种牛成年体重大，能达到外贸出口标准；杂种牛还能生产出供出口和高级饭店用的高档牛肉，从而卖出高于本地牛数倍的好价钱。杂种牛的饲养周期短，从而使饲料转化效率提高。

## 五、杂交原则

1. 明确改良目标，制订科学方案

应因地制宜，切实了解引种牛、本土牛特点，准确把握消费者需求，制订科学合理的育种改良计划。如抗寒、抗病能力强、耐粗饲的安格斯肉牛可与我国北方或高寒地区的本地牛进行杂交。耐热、耐湿和抗蜱能力较强的婆罗门牛可与南方牛杂交以更好地适应南方气候。在制订杂交改良方案时，要根据实际情况考虑引种牛对本土环境的适应性。

2. 做好选育工作，筛选优势后代

肉牛杂交改良时，选种、选配和配合力测定十分关键。当仅考虑经济与生产商品化肉牛时，应加强父本的选择。在育种工作中，主要进行同质选配。配合力为不同种群杂交后所得杂交优势程度，是衡量杂交育种工作成败的关键，加强配合力测定，筛选出最佳的杂交牛组合，有的放矢地指导育种工作。

3. 加强种牛选育，提高利用年限

在育种工作中往往会重“杂”轻“育”，忽视种牛选育问题，造成种牛利用年限短，多次杂交后代生产性能不理想等问题。应做好指标测定、统计和选种、留种工作，防止品种老化、近交过度等问题。

4. 保护本地种源，切勿盲目引种

中国本土黄牛环境适应性强、生殖性能高，本地母本资源是肉牛杂交改良过程中的重要依赖。做好本土肉牛品种优势保护，防止优良基因缺失，促进地方种质资源的可持续发展。

## 六、杂交改良方案

无论品种间杂交还是改良性杂交，其后代均表现出良好的杂交优势。肉牛杂交优势要达到预期效果，必须要有周全的计划，在肉牛生产上涉及杂交优势利用和互补效应。研究表明，肉牛品种间杂交，其后代的生长速度、饲料转化率、屠宰率和胴体产肉率等明显增加，较原纯种牛多产肉10%～15%，甚至高达20%。用国外肉牛品种改良中国黄牛，其后代的肉用生产性能较当地牛可提高5%～15%。总之，牛的品种和类型，年龄和性别，饲养水平和营养状况以及杂交等对肉牛的生产性能均有很大影响。由于一代杂种表现有杂种优势，对其进行选种很难有明显的效果，但对用于杂交的纯种牛进行选种很重要。我国黄牛一般都属于小型或偏小体系，往往被视作改良对象，可以很好地利用杂交优势。因此，在肉牛生产中，必须重视良种选育。根据肉牛生长发育的特点，配合良好的饲养管理，利用杂交优势，选择适宜的屠宰时间等，则会极大地提高肉牛生产性能，增加经济效益。

### （一）安格斯牛♂与西门塔尔牛♀杂交

安格斯牛起源于苏格兰东北部，也被称为亚伯丁安格斯牛。安格斯肉牛的体貌特征为黑色无角，体躯矮而结实，肉质好，出肉率高，是世界上较为优秀的肉牛品种。国内对安格斯牛杂交利用方面的报道比较多，其中以安格斯公牛与西门塔尔母牛杂交组合的效果最好。安西杂交牛的出栏体重、日增重等主要生长指标总体上要高于西门塔尔牛，增重效果较好，饲料利用率高，肉料比低，经济效益好。

1. 杂交优势显著

与单一育肥西门塔尔牛相比，以黑安格斯牛为父本杂交西门塔尔牛所产生的安西杂交$F_1$代牛（安西杂牛）体型变化较小，增重效果好，饲料利用率和经济效益高，屠宰性能及胴体产肉性能好，优质和高档牛肉产率高；其牛肉的肉色好，pH值和熟肉率较高，失水率和剪切力值低，并且牛肉中饱和脂肪酸含量低、不饱和脂肪酸和功能性脂肪酸含量高、多不饱和脂肪酸丰富，牛肉品质和营养价值明显提高和改善。

2. 屠宰性能好，产肉性能高

安西杂牛屠宰性能较好、胴体重、胴体肉重、净肉率和屠宰率均高于西门塔尔牛，与西门塔尔牛相比，安西杂牛的净肉重、净肉率、屠宰率和背膘厚分别提高9.31%、2.99%、3.02%和10.53%，脂肪重降低26.24%。安西杂牛胴体分割肉块重大于西门塔尔牛，高档牛肉重及高档牛肉产率比西门塔尔牛分别提高13.71%、0.67%。因此，安西杂交$F_1$代牛屠宰性能及胴体产肉性能较好。

3. 肉质性能评价

从育肥牛高档肉块分割来看，安西杂牛高档肉块重和高档肉块产率均高于西门塔尔牛，其中里脊、外脊、眼肉和上脑均高于西门塔尔牛，且眼肉和上脑重与西门塔尔牛存在明显差异；从优质肉块来看，优质肉块重和优质牛肉产率在安西杂牛中较高，其中黄瓜条、膝圆、臀肉、腱子肉和米龙重均高于西门塔尔牛，说明安西杂交$F_1$代牛提高其胴体中优质高档肉块的绝对重量。

### （二）安格斯牛♂与本地黄牛♀

近年来，从各地肉牛杂交繁育来看，安格斯牛改良地方黄牛品种表现出明显的杂交优势，显著提升了本地牛的品质。今后要充分利用安格斯牛的生产优势和产肉性能杂交，注重本地优良遗传资源的保护，结合当地自然禀赋特点，以提高肉牛生长性能指标，利用杂交技术，定向改良，培育新品种、新品系。

1. 杂交优势显著

安本$F_1$牛的外貌特征与本地黄牛有较为明显的生理差异，基本呈现父本特征。安本$F_1$牛从颜色上看多呈现黑色。在同管理环境中，初生牛犊安本$F_1$牛的各项数据远高于本地黄牛，安本杂$F_1$牛犊与本地黄牛犊相比，呈现出了较好的生长速度。安本$F_1$杂交牛的生长速度和发育时间要远远快于本地黄牛，且安本$F_1$杂交牛与本地黄牛相比体格更加健壮，抗病性更强且肉质更好，所以在实际养殖过程中创造的经济效益远高于本地黄牛，从体尺、体重、皮张大小方面看，安本$F_1$杂交牛与本地黄牛相比带来的经济效益也更高，充分表现出了安格斯肉牛与本地黄牛的杂交优势。

2. 屠宰性能优势明显

安本$F_1$牛生理特点为生长发育较快、抗病性强、肌肉较为丰满。许多研究者通过安格斯与本地黄牛杂交试验，发现安杂$F_1$牛宰前活重、胴体重、屠宰率、净肉重、净肉率均比本地黄牛有不同程度的提高。由此可看出，安杂$F_1$产肉性能较地方黄牛明显提高，胴体重和净肉重增加明显，通过杂交繁育增加了肉牛养殖经济效益。

3. 肉质性能评价

研究者通过对比安大杂交牛与大别山牛肉发现，在剪切力上大别山牛肉的嫩度优于安大杂交牛，肉的剪切力值表征的是肉嫩度的大小，剪切力值与肉的嫩度呈负相关，剪切力值越大肉的嫩度越低。两种牛肉在色度值方面没有显著差异，但无论在亮度值（$L*$）方面，还是在红度值（$a*$）和黄度值（$b*$）方面，大别山牛肉均比安大杂交牛肉更高，说明大别山牛肉比安大杂交牛肉更加鲜亮。

### （三）比利时蓝牛♂与西门塔尔杂交牛♀

比利时蓝牛在许多国家已广泛用于与奶牛及肉牛的杂交，其杂交一代具有提高肉质的显著特点。杂交时选取纯种比利时蓝牛父本与西门塔尔牛的能繁母牛进行人工授精，得到具有50%比利时蓝牛基因的杂交品种，杂交比利时蓝牛继承高产肉形状的同时降低了母牛的难产率，为广泛推广养殖提供可行性。在杂交育种中比利时蓝牛的特点使得犊牛表现出最好的体型，其体格大和发育良好的双肌可用于高度发育的犊牛生产。一代杂交可有效控制比利时蓝牛基因的显性性状，确保一代比利时蓝牛的产肉性能。采用比利时蓝牛冻精与新疆本地西哈杂交$F_1$牛杂交，所产犊牛躯体强健，体格粗大，发育匀称，胸深肋圆，全身布满圆厚肌肉，背腰平直，蹄质坚实四肢粗壮，被毛多为灰白色，适应能力强。

1. 改良效果显著

通过比利时蓝牛与西门塔尔杂交，所产改良牛在生长发育及产肉性能等方面都有显著的改良效果，体格粗大，躯体强健，全身布满圆厚肌肉，发育匀称，背腰平直，胸深肋圆，四肢粗壮，蹄质坚实，被毛多为灰白，适应性强、耐粗饲，杂交优势明显，生长发育快产肉性能高，繁殖性能好。在商品牛生产中，用比利时蓝牛作终端父本开展多元杂交改良，可大幅度提高生长速度和产品质量，可获得较好的经济效益。

2. 三元杂交优势显著

比利时蓝牛冻精配种西本$F_1$母牛所产的牛体格粗大，躯体强健，全身布满圆厚肌肉，发育匀称，背腰平直，胸深肋圆，四肢粗壮，蹄质坚实。被毛多为灰白，适应性强。比西本三元杂交牛比西本二元杂交牛在生产性能方面有很大提高。另外，比西本牛对当地自然条件和饲养条件均有较强的适应性，经济效益显著，是理想的三元杂交组合。

3. 肉质性能评价

比利时蓝牛因肌肉生长抑制素（Myostatin，MSTN）基因突变，携带双肌基因，具有肌肉发达、肉质嫩、脂肪含量少和屠宰率高等优点。因其肌肉发达，犊牛发育过大，母牛极易发生难产，但作为终端父本与其他品种的牛杂交，不仅可以降低母牛的难产率，还可提高杂交牛的产肉性能，改善牛肉品质，在肉牛养殖生产实践中具有较高的经济效益。

4. 典型案例介绍

2020年哈密市科技局项目《哈密市肉牛新品种引进及综合配套技术示范与推广》，哈密市畜牧工作站从河北秦皇岛种牛场引进了比利时蓝牛冻精，在哈密市区域开展比利时蓝牛杂交改良本地牛试验。2021年4月以后结果显示，一是选择350 kg以上母牛产犊不引起难产；二是生产性能测定在巴里坤县大河镇农区散养状态下，杂交公牛犊初生重平均47 kg，日增重1.2 kg/d；杂交母牛犊初生重平均42 kg，日增重1.1 kg/d。在伊州区陶家宫镇全舍饲状态下，杂交公牛犊初生重平均50 kg，日增重1.5 kg/d；杂交母牛犊初生重平均46 kg，日增重1.2 kg/d。杂交牛20月龄体重900 kg，胴体重571 kg，屠宰率63.4%，产肉476 kg，净肉率52.9%，骨肉比1∶5，收到良好效果（图7-25、图7-26）。

图7-25　比利时蓝杂交牛

图7-26　比利时蓝杂交牛的肉

### （四）西门塔尔牛♂与本地黄牛♀杂交

西门塔尔牛是大型的乳、肉、役三用品种，被畜牧界誉为“全能牛”。西门塔尔牛引进我国后，对我国各地的黄牛改良效果非常明显，是至今用于改良本地牛范围最广，数量最大，杂交最成功的牛种。中国西门塔尔牛是由国外引进的西门塔尔牛与我国本地黄牛杂交，选育高产改良牛的优秀个体培育而成的大型乳用兼用新品种，普遍反映杂种后代体格明显增大，体型改善明显，肉用性能显著提高，自增重加快，而且适应性强，病少，易管理，耐粗放。西门塔尔牛对我国黄牛的体尺、产奶量、净肉量、胴体中优质切块比例改良效果显著，对眼肌面积、屠宰率亦有所改进。

1. 改良优势明显

西杂牛已成为我国出口肉牛的重要品种，在相同饲养条件下，表现出比其他肉用品种的杂种一代牛的改良成绩更为显著。在新疆肉牛产业的发展与利用中，西杂牛表现出明显的杂种优势，具有适应性强、耐粗饲、采食广、抗病力强等优良特性，生长发育快，生产性能大幅提高，经济效益好。在品种改良中，良种是关键，良草良法是生产潜力的保障。在新疆的农区、半农半牧区基础条件较好的区域，广泛引进西门塔尔牛改良本地牛，改善饲养条件，科学管理，建立专业肉牛养殖区，提高肉牛生产力，形成种草、养殖、屠宰、加工、销售等产业链，以此创造知名品牌。

2. 体型增大，生长发育快

西杂牛的体形比地方黄牛有了明显的改善。初生重提高了39.15%；18月龄前两者的差异主要表现在体躯的长度和体重的增加方面，体长提高了15.43%，体重增加43.05%；成年时的差异主要表现为体躯高度的增加，西杂牛比地方黄牛提高11.26%，并且管围也增大14.4%。西杂一代的生产性能一般都能提高30%以上，西门塔尔牛与哈萨克牛杂交后代个体大，体型外貌比较一致，被毛呈黄白花色，深浅不一，体躯结构协调；肌肉丰满，背腰平直，产肉性能好，抗病力强。经测定，杂交牛的体尺、体重平均值都显著超过哈萨克牛。西杂一代公牛的初生重及6月龄、12月龄、18月龄、2岁龄、3岁龄体重比哈萨克公牛提高36.78%、22.52%、36.05%、25.75%、34.94%及22.45%。

3. 产肉性能好

胴体重、屠宰率、净肉重、净肉率和眼肌面积等都有了提高，分别比地方黄牛提高了39.13%、2.37%、40.58%、14.57%和26.61%，肉品中粗蛋白质含量提高4.95%，粗灰分提高7.40%，粗脂肪降低3.08%。经肥育的西杂牛，其高档肉块总量占肉产量的21%，优质肉块总量为净肉重的34%，其肉的品质达到了美国农业部部颁肉牛标准“优等”等级。

4. 良好的适应性

在我国南方、北方，无论是山区还是平原，西杂牛均能表现出良好的适应能力，生长发育快，耐粗饲。杂交牛在放牧、半舍饲条件下均能保持良好的适应性，放牧性能好，并有较好的抗寒和耐热能力。

### （五）日本和牛♂与秦安$F_1$♀

有研究者在宝鸡等地开展的以红安格斯、日本和牛与秦川牛的三元经济杂交，利用红安格斯与秦川牛杂交，秦安$F_1$具有生长发育快，肉用体型明显，适应能力强，特别是在泌乳量、采食速度和后躯发育等方面表现突出，较好地改善了秦川牛泌乳量少、生长缓慢、产肉量少和后躯欠发达的缺陷。秦安$F_1$与日本和牛进行三元经济杂交，生产优质高档牛肉“雪花牛肉”，杂交优势十分显著。

1. 杂交优势明显

杂交代牛在生长发育和肉用性能等方面具有明显的杂交优势，出生重小，而生长发育快，育肥后出栏体重比秦川牛分别增加了203.3 kg和200.6 kg，$F_2$母牛比秦川犍牛增加了72 kg；育肥期缩短了4.5个月和9.5个月；$F_1$、$F_2$代牛育肥期日增重分别达到0.89 kg/d和0.76 kg/d，高于秦川牛的0.51 kg/d。同时，利用安格斯牛较好地改善了秦川牛泌乳量和采食速度，也表现出了较强的抗逆性。

2. 产肉性能好

$F_1$、$F_2$代育肥牛屠宰率分别达到61.46%和63.79%，达到了纯种安格斯和日本和牛的生产水平；平均净肉重分别达到328.94 kg和356.14 kg，特别是达到A级以上的胴体分别高24.92个和30.65个百分点。

3. 肉质性能评价

杂交代牛在剪切力、滴水损失（保水率）、熟肉率等肉质的物理性状检测结果，都表现出了不亚于日本和牛肉的优秀性状，尤其是判断嫩度的剪切力值，除了颈部肌肉和肋条肉之外，所有的部位均在7 kgf以下，相当于18月龄牛肉的嫩度；肌肉鲜红，脂肪洁白，肾脏脂肪致密、雪白而硬度较高，眼肉、西冷、肩肉和肋间肉的脂肪与肌肉相间，呈现“雪花”状，若生食，入口滑腻，稍嚼而咽，余香回味，风味独特。

### （六）新疆褐牛♂与哈萨克牛♀杂交

新疆褐牛的后代具有优良的高产性能，并且适应新疆草原放牧饲养的特点，因而受到了广大农牧民的偏爱，为新疆褐牛改良推广提供了诸多便利。哈密市自1997年从塔城种牛场首次引进新疆褐牛，2007年陆续从伊犁地区引进公牛及基础母牛数量较多，哈密二县一区牧区采用新疆褐牛改良当地黄牛取得良好效果。

1. 体型增大，生长发育快

利用新疆褐牛改良哈萨克牛，后代体型明显增大，个体产肉、产奶量得到极显著提高，体型外貌比较一致，被毛呈褐色、黑花色、深浅不一。体躯结构协调，肌肉丰满，背腰平直，产肉性能好，抗病力强，对干旱生态环境条件有很好的适应性，改良效果明显，农牧民收益显著增加。

2. 屠宰率、净肉率、产奶量显著提高

新疆褐牛与当地黄牛杂交，后代杂种体尺、体重都有所提高，与当地黄牛相比杂交一代体高提高3.9%，杂交二代提高6.4%；杂交一代体重提高18.1%，杂交二代提高34.8%；杂交二代产奶量提高42%，屠宰率提高3.2%，净肉率提高3.4%。

3. 适应性良好

杂交改良牛在放牧饲养，半舍饲条件下均能保持良好的适应性，不影响牧民的转场放牧需求。由于杂交牛个体大，生产性能显著提高，产肉、产乳性能良好，市场售价高出哈萨克牛近1倍，从而促进了养牛商品生产的发展。

### （七）其他杂交组合

1. 西门塔尔牛♂与利木赞牛杂$F_1$♀、夏洛来牛♂与利木赞牛杂$F_1$♀

充分体现出三元杂交优势，改良后的二代杂交牛具有父本和母本双重特性，养殖周期短，生长速度快，适口性好，耐粗饲，饲料利用率高，在相同饲养管理条件下，经济效益更加理想。

2. 日本和牛♂与内蒙古牛♀

杂交后代初生重提高9.26%；日增重提高37%以上，平均日增重随日龄增加显著升高，抗病力强，表现出良好的杂交优势。另外，因牛肉品质显著升高成为我国高档牛肉种类之一。

3. 皮埃蒙特牛♂与本地黄牛♀

皮南牛生长速度快，产肉性能高，易早熟，具有较高的产肉性能和良好的生产潜力。皮杂牛表现出对气候的良好适应性，疾病少，没有发现特殊的疾病。皮杂牛耐粗饲，适宜粗放，可与当地黄牛一样喂秸秆、草料等，但采食量较大，消化力强。皮本$F_1$杂交牛能耐粗饲，步履灵巧、善爬山坡，能适应山地放牧；抗病力强。

4. 利木赞牛♂、西门塔尔牛♂、和牛♂与鲁西牛♀

在相同饲养条件下，西鲁牛生长速度高于利鲁牛及和鲁牛，和鲁牛的大理石花纹最丰富。杂交牛的育肥效果、屠宰性能及大理石花纹牛肉等级都优于纯种鲁西牛，表现出明显的杂交优势。从产肉量来讲，西鲁牛杂交效果最好，从大理石花纹沉积能力来讲，和鲁牛效果最佳。

5. 其他杂交组合

中国还引入海福特肉牛、瘤牛、短角牛等优质肉牛品种以改良本土肉牛。海福特肉牛与本地黄牛的杂交后代生长速度快、生产性能高；瘤牛与本土黄牛杂交的后代在耐热性和抗病等方面优势突出；用短角牛改良中国草原红牛、东北和内蒙古黄牛，其杂交后代体格加大、肉质肥美，表现出很好的杂交优势。

# 第八章 肉牛场申报与管理

从经济效益的角度出发，研究肉牛不同养殖规模的效益，探究我国肉牛养殖场（户）的适度养殖规模，从肉牛场建设的条件与备案、规模化肉牛场的生产管理、肉牛场的技术管理、育肥场的生产管理、肉牛场的粪污资源化利用、肉牛养殖模式与养殖效益分析等进行阐述。通过技术的进步，逐渐走上机械化的道路，通过机器的辅助，分工将更加明晰，从而走上大规模养殖的集约化道路，实现更高的生产效率利用。这些新技术对肉牛的生产、加工、流通环节进行把控和调整，从而更好地提高牛肉的品质，减少劣质牛肉流入市场，这是今后科学养殖、规模化、集约化发展的必然举措。同时，对肉牛不同养殖规模的生产效率进行对比，找出影响肉牛养殖生产效率的主要因素，对促进当地的肉牛产业的发展、农民收益的增加具有积极的作用。

## 第一节 肉牛场的申报程序

肉牛场的建设必须符合《中华人民共和国畜牧法》、动物防疫条件许可、区域土地的使用和农业发展布局规划。场址选择要根据肉牛养殖数量、饲养管理方式、机械化程度、设备对环境的要求、经营措施而确定。同时与当地自然资源条件、气象因素、交通规划、社会环境相结合。遵循科学合理、经济适用、便于管理的原则，从而有利于降低生产成本，提高生产效率。

## 一、规模化肉牛场的条件

新建肉牛场选址应符合《畜禽规模养殖污染防治条例》及《畜禽养殖禁养区划定技术指南》等相关规定，选在禁养区外，尽量选择地势高、环境干燥、附近无噪声扰乱的区域。选址区域应保障电力、交通等基础设施完善，水源稳定并配备相应的储水、净化设施。肉牛场应建立完善的生产管理制度、防疫消毒制度并上墙；遵照科学的饲养管理操作规程，落实科学合理的免疫程序。

规模化肉牛场需按规定向所在地畜牧兽医行政主管部门进行备案，备案前需取得“动物防疫条件合格证”并办理养殖用地许可。

## 二、“动物防疫条件合格证”申报程序

申报“动物防疫条件合格证”首先需向县级及以上环保行政主管部门申请并审核合格，取得环评影响报告。

### （一）申报要求

（1）场所位置与居民生活区、生活饮用水水源地、学校、医院等公共场所的距离符合农业农村主管部门的规定，一般保持500 m以上的距离。

（2）生产经营区域封闭隔离，工程设计和有关流程符合动物防疫要求。场区周围建有围墙等隔离设施；场区出入口处设置运输车辆消毒通道或者消毒池，并单独设置人员消毒通道；生产经营区与生活办公区分开，并有隔离设施；生产经营区入口处设置人员更衣消毒室。

（3）配备与其生产经营规模相适应的执业兽医或者动物防疫技术人员。

（4）配备与其生产经营规模相适应的污水、污物处理设施，清洗消毒设施设备，以及必要的防鼠、防虫设施设备。

（5）设置配备疫苗冷藏冷冻设备、消毒和诊疗等防疫设备的兽医室。

（6）生产区净道、污道分设，设有相对独立的动物隔离舍。

（7）配备符合国家规定的病死动物和病害动物产品无害化处理设施设备或者冷藏冷冻等暂存设施设备。

（8）建立隔离消毒、购销台账、日常巡查等动物防疫制度，建立免疫、用药、检疫申报、疫情报告、无害化处理、畜禽标识及养殖档案管理等管理制度。

### （二）申报流程

1. 选址

开办养殖场（小区）的单位、个人，应当向县级人民政府农业农村主管部门提交选址需求，受理申请的农业农村主管部门依据《中华人民共和国畜牧法》《中华人民共和

国动物防疫法》和《动物防疫条件审查办法》等相关规定，结合场所周边的天然屏障、人工屏障、饲养环境、动物分布等情况，以及动物疫情发生、流行和控制等因素，实施综合评估，确认选址。

2. 申请养殖用地

开办养殖场（小区）的单位、个人携带养殖申请、村镇证明、养殖备案材料到当地国土所申请办理养殖用地备案手续。申请受理后由国土资源管理所进行现场测量，出具地类、规划等证明，签订土地复耕协议，报国土局审查备案。若养殖用地建设了永久性建筑，则还需要办理农业用地转建设用地的审批手续，并缴纳一定的使用费和造地费。

3. 办理动物防疫条件合格证

养殖场建设竣工后，开办养殖场（小区）的单位、个人向所在地县级人民政府农业农村主管部门提出申请并附具“动物防疫条件审查申请表”、场所地理位置图及各功能区平面图、设施设备清单、管理制度文本、人员信息等书面材料，受理申请的农业农村主管部门将依据《中华人民共和国动物防疫法》和《中华人民共和国行政许可法》的规定进行审查，一般在受理申请之日起15个工作日内完成材料审核，并结合选址综合评估结果完成现场核查，对经审查合格的养殖场予以发放动物防疫条件合格证。

## 三、规模化肉牛场的备案程序

根据畜禽养殖场（小区）备案管理办法规定，符合《动物防疫条件审查办法》规定并取得“动物防疫条件合格证”的肉牛年出栏100头以上的养殖场（小区）必须向当地县（市、区）畜牧兽医行政主管部门提交备案申请。规模以下养殖场（户）亦可申请备案。

### （一）备案内容

（1）养殖场名称、地址、设计规模、实际存（出）栏规模、养殖畜种、主要品种等。

（2）法定代表人或负责人姓名、联系电话、身份证号码等。

（3）统一社会信用代码、“动物防疫条件合格证”编号等。

### （二）备案程序

经营畜禽养殖场（小区）的单位、个人需向所在地县（市、区）畜牧兽医行政主管部门提交书面备案申请（或登录农业农村部规模养殖场备案管理平台提交备案申请）。15日内经县（市、区）畜牧兽医行政主管部门审核合格后，报上一级畜牧兽医行政主管部门备案并取得畜禽养殖代码（图8-1）。

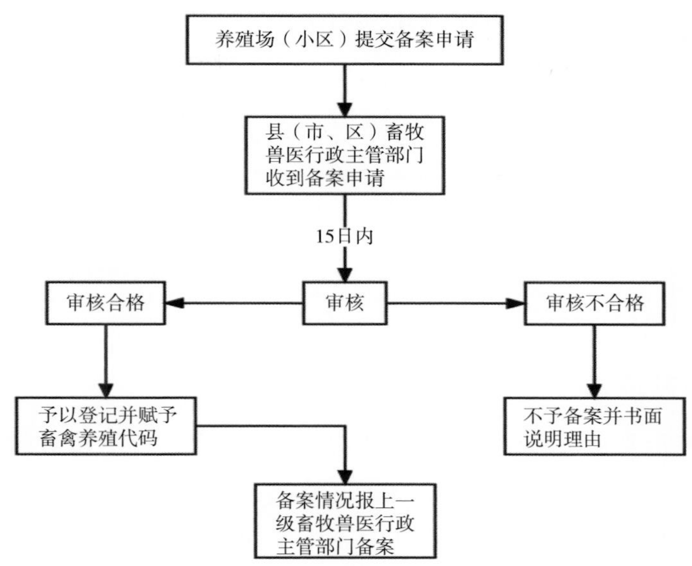


图8-1　畜禽养殖场（小区）备案申请流程

## 第二节　肉牛的养殖模式

我国肉牛养殖在稳步发展之中，可以说已经形成了几种相对成熟的养殖模式，但是无论是哪一种养殖模式，都会影响该地区的整体产量。

### 一、传统农区的肉牛养殖模式

农业地区的传统肉牛主要依靠饲喂秸秆，其特点是秸秆资源相对丰富，秸秆作为饲料，使繁殖成本相对较低，但传统农区牛养殖规模一般是牛肉产品质量不高，数量不足，这种养殖模式远远不能满足人们快速增长的需要。可以预见，随着农业生产规模的不断提高和机械化程度的不断提高，此种养殖模式将逐渐退出历史舞台。

### 二、牧区的肉牛养殖模式

牧区肉牛的繁殖通常是通过放牧和繁殖进行的。牛肉产品的肉质相对较好。牧区肉牛经常在牧区食用丰富的天然牧草资源，肉牛排出的代谢产物可用作饲料生长的有机肥料。南方地区可全年放牧，北方可在每年5—9月作为放牧时间。然而，近年来，过度放牧和掠夺性生产与草地退化和环境退化等问题有关，因此畜牧育种系统为了满足人们的牛肉产品需求的难度相对较大，需开展分区轮牧，主要根据产草量和牛群大小确定。一般优良的草场，每公顷可养牛18～20头；中等草场，每公顷可养牛15头，而较差的草场只能养3头牛，一般草场轮牧2～4次，较差的草场只可轮牧2次。

## 三、新兴的专业化、集约化养殖模式

经过30多年的长期实践，中国正在形成一个特殊的肉牛养殖模式，以专业和集约型肉牛养殖模式培育的高产肉牛，肉牛屠宰速度更快，牛肉产品质量也更好。通过中国肉牛品种和国外高品质的特殊肉牛品种的改良，培育更适合我国养殖环境的品种（如云岭牛、新疆褐牛等），不仅提高了我国肉牛的生产性能，而且有利于大规模、集约化发展，依靠“公司+农户”等农业经营模式，通过“大规模生产+专业化加工+管理”，以满足对牛肉产品不断增长的需求。

## 四、肉牛养殖成本、效益差异原因分析

成本效益的不同是通过不同的养殖模式来作为区分的，在分析规模户养殖的基础上划分养殖方式的成本效益差异是较为合理的，事实上，对于肉牛养殖这种相对特殊的养殖行业来说，不同模式造成的成本结果也有很大不同，以下主要说明新型的专业化、集约化模式下的规模化肉牛养殖。

1. 模式一

自繁自养自育的肉牛养殖模式。这种养殖模式处于基本位置，养牛模式中肉牛的比例约为80%，甚至更高。这种养殖模式最显著的特征是，牛是最有价值的生产资源，目的是通过肉牛生殖繁殖获取收益，在这种养殖模式中，公牛犊的作用是育肥。但这种模式的缺点是小牛养殖时间较长，会在一定程度上增加养牛的成本。一般来说，这种模式在半农业半牧区更为合适，如果饲草资源不够丰富，那么经济效益就更加困难。

2. 模式二

强化育肥的短期肉牛养殖模式。这种模式的一般思路是通过直接购买架子牛的方式达到短期育肥的目的，通过限制运动量快速育肥的方式。一般来说，这是一个相对较快的育肥方法，但该模式的缺点是资金的需求量大。因此，强化肥育的短期肉牛养殖模式更适合农业区域和大城市的周边地区。

3. 模式三

基础母牛的养殖模式。一般适宜于种养结合养殖户，应注重品种选择、牛舍规划、科学饲养、繁殖管理、疫病防控和草地利用等方面。可以合理利用草地资源，让母牛在户外运动和采食，利用农牧接合部丰富的秸秆资源进行养殖。牛的品种选用本地优良的地方黄牛品种及其杂交品种，这种牛适应性强，犊牛繁殖成活率高，有利于提高母牛的生长速度和繁殖能力。

4. 模式四

架子牛养殖模式，是一种肉牛育肥的方法，主要针对体重在300～400 kg的肉牛进行集中育肥，以达到适宜的屠宰体重和体况。这种模式通常适用于肉牛的后期育肥阶段。在架子牛养殖模式中，首先要选择健康的肉牛，要求体型大、肩部平宽、胸宽深、

背腰平直而宽广、腹部圆大、肋骨弯曲、臀部宽大、头大、鼻孔大、嘴角大深、鼻镜宽大湿润，下颚发达、眼大有神、被毛细而亮、皮肤柔软而疏松并有弹性。饲养管理方面，要充分饮水、驱虫、健胃，分群按体格大小、强弱的不同分群围栏饲养，饲喂次数和卫生保持等。育肥前期日喂2～3次，中间隔6 h，后期可自由采食。饲料配方方面，要根据架子牛的生长阶段和营养需求，制订合理的饲料配方，确保营养均衡。常用的粗饲料有青草类和秸秆类，精料配方可以参考玉米、麦麸、豆粕、小苏打和预混料等。疫病防控方面，要定期进行疫苗接种和驱虫，预防疫病的发生。最后，要根据市场需求和肉牛的生长情况，选择合适的屠宰时机，以获得最佳的经济效益。

5. 模式五

奶牛肉牛复合养殖模式，是将奶牛和肉牛的养殖相结合的一种高效、绿色、可持续的养殖方式。要选择适合当地养殖条件的优良品种，奶牛如荷斯坦牛，肉牛如西门塔尔、安格斯、夏洛来等，这种模式通常适用于有较大草场和饲料资源丰富的地区，可以实现资源的充分利用，提高养殖效益。这种模式适合在资源丰富的地区推广和应用，有利于生态环境的保护，可以减少饲料的进口和运输，降低养殖成本。

在各个模式中从肉牛养殖的各种因素出发会导致不同结果的出现，直接影响到规模养殖户的经济效益。

建立肉牛养殖产业循环模式即农牧结合养殖，在牧区进行犊牛养殖和生产，然后农区使用牧场生产的犊牛和架子牛用于育肥，利用已经存在的技术手段和生产传统等，没有发展障碍，只要在政策层面上给予支持，在发展规模和品种方面给予良好的规划和改进，可持续利用牧场草原并保持草畜平衡，使肉牛生产形成稳定的畜牧业供应链是完全可行的。所谓“异地育肥”就是在稳定的牛肉育肥生产信息化的前提下，充分利用农业区丰富饲料的优势，购买牛犊或架子牛专注于集中育肥，最终生产出市场和消费者需要的牛肉产品。牧区和农业区这种有机结合是合理分配资源和优势互补的高效牛肉生产方式，可以根据不同资源条件形成独有的特色肉牛生产流程模式。

从成本控制方面来说，建立区域化育肥肉牛生产模式，育肥牛场建设规模大、肉牛数量多，大规模、集约化肉牛生产已经变成畜牧业发展的一种趋势。在这种生产模式下，牧业地区专业的犊牛和架子牛生产养殖之后，卖给农业地区从事饲养育肥或密集大规模育肥。这种生产方式更适合我国“四大牧区”或周边农区的肉牛育肥。中国绝大多数肉牛养殖区是农牧业交织区域，所以农业区和牧区距离很近，交通成本比较低，牧区可使用的草场资源丰富，农业地区食物丰富，秸秆饲料多，使两个区域饲料资源得到有效利用，就会形成运输成本和饲料成本的优势。

最后，肉牛养殖的关键是支撑牛肉产业发展的项目和政策，加大农业育种的贷款、利息补贴、防疫、保险等方面项目扶持，提高农民的积极性，加强科技培训，依靠科技提高肉牛养殖综合生产能力，政府在科技创新、育种、繁育基地建设方面给予政策支

持，并逐步向养殖的人员倾斜。

## 第三节 规模化肉牛场的生产管理

养殖场成功的关键在于拥有一支有资质、有能力、有团队精神且忠诚的人才队伍，规模化肉牛场应本着人员精简、责任明确的原则成立相应的领导机构（图8-2）。实施科学、规范、制度化管理，降低成本，提高效益。职能机构包括生产、饲料加工、购销、后勤、财务等部门。人员编制本着高效优质、以岗定编、以岗定薪的原则，采取岗位职责明确、聘任上岗、培训上岗的劳动组织形式，以确保牛场正常的生产组织形式和秩序。明确员工权利与职责，必须有专业技术人员负责日粮配比、防疫等工作，同时根据自身情况确立各分项业务的具体负责人，以便高效全面地管理肉牛场的工作。

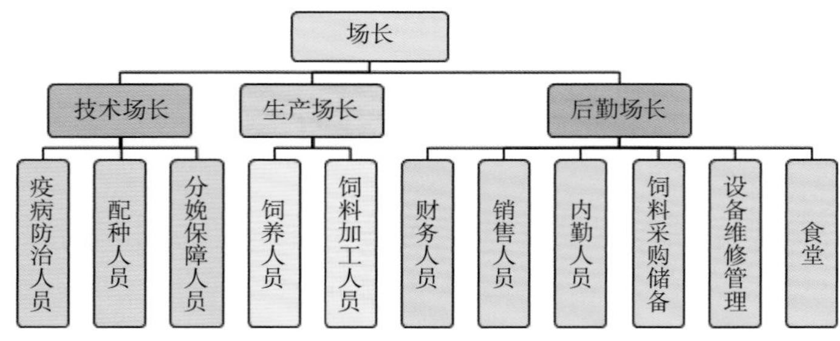


图8-2　牛场人员组织结构

### 一、实行生产责任制

建立生产责任制，按牛场各个工种性质的不同，按需配备人员，人员包括场长、畜牧技术员、兽医技术员、饲料加工员、饲养员、财务人员和后勤人员等，做到分工明确、责任明确、奖惩并重，合理利用劳动力，不断提高劳动生产率（图8-3）。

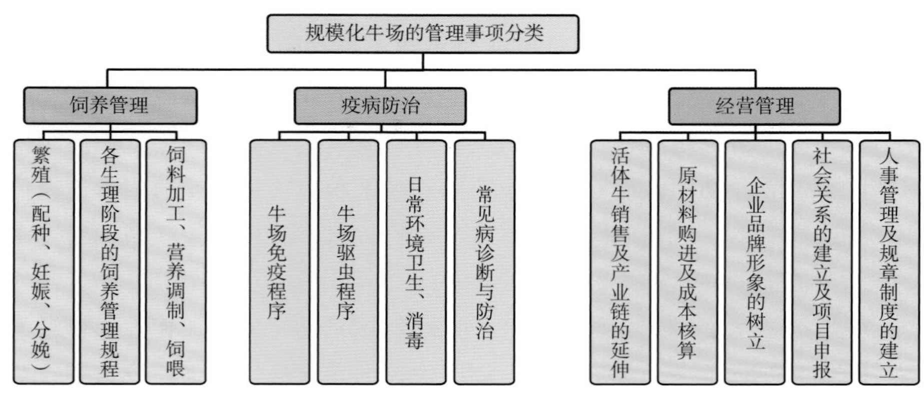


图8-3　规模肉牛场管理事务分类

职责要求

（1）每个员工担负的工作任务必须与其技术水平、体力状况相适应，工作定额要合理，并保持相对稳定，以便逐步走向专业化，发挥其专长，不断提高业务技术水平。

（2）在分清每个工种、员工职责的同时，要保证彼此间的密切联系和相互配合，在配备人员时，每个牛群有专人全面负责主要的饲养工作，其余人员则配合做好各项工作。

（3）一般的肉牛场的工种主要有饲养工、饲料加工（粗饲料、精饲料、糟渣类）配合与运输工、清粪工、押运工、兽医等，同时要考虑临时用工，如制作青贮、装卸饲料、消毒、卫生清洁等，较大的养牛场还要设置门卫、仓库保管、后勤、饲草料种植等。

（4）牛场生产责任制的形式因地制宜，可以承包到牛舍（车间）、班组或个人，实行大包干；也可以实行定额管理，超产奖励，如确定要求达到日增重或耗料量，完成者实行奖励，劳动定额的制订要合理，并留有余地，如采用平均数或提前进行试验等。

## 二、制订生产计划

牛群周转计划是肉牛场充分发挥设施效益的重要部分，同时也是人力、物资、资金分配的依据。牛群周转计划的制订应以市场为导向，以满足市场供应、及时出栏为目的制订生产计划（表8-1）。

**表8-1　肉牛群周转计划**　　单位：头

| 日期 | 期初数 | 本年增加 | | | 本年减少 | | | 期末数 |
|---|---|---|---|---|---|---|---|---|
| | | 繁殖 | 购进 | 转入 | 出售（含淘汰） | 转出 | 死亡 | |
| | | | | | | | | |
| | | | | | | | | |

制订牛群周转计划应遵守以下原则。

1. 应充分做好市场调研，及时对市场进行预判

根据市场需求的变化趋势提前规划生产母牛、分娩牛、犊牛、育成牛、育肥牛的比例。同时保持充足的流动资金，以应对市场的短期波动，提高自身的抗风险能力。

2. 牛群繁殖情况

肉牛繁殖率较低，一般情况下一年一胎，生产母牛的饲养成本较高，多数饲养在草场或饲草料比较丰富的地方，可以采取“牧繁农育”的措施，解决育肥牛源不足的问题。

3. 基础母牛使用年限

通常情况下一头生产母牛一共可生产6胎，每年预留生产母牛总数的15%以上作为育成母牛，同时每年淘汰生产母牛的15%育肥。

4. 育肥计划

每年育肥牛的多少取决于市场的需求，肉牛场自繁和淘汰的育肥牛仅占全年育肥牛头数的50%左右，提供牛场的基本供应，其余依赖外购，也有肉牛场全部外购进行育肥。

## 三、牛场饲草料供应计划

为使养牛生产有可靠的饲料基础，每个牛场都要制订饲料供应计划（表8-2）。编制饲料供应计划时，要根据牛群周转计划，按全年牛群的年饲养日数乘以各种饲料的日消耗定额，再增加10%～15%的损耗量，确定为全年各种饲料的总需要量。同时要考虑牛场发展增加牛数量时的所需量，对于粗饲料要考虑一年的供应计划，对于精料、糟渣类料要留足一个月的量或保证相应的流动资金。

**表8-2　肉牛场饲料供应计划**　　单位：kg

| 类别 | 数量/头 | 粗饲料 | | 青贮饲料 | 能量饲料 | 蛋白质补充料 | | | 辅料 | 其他饲料 | 矿物质饲料 | | | | | |
|---|---|---|---|---|---|---|---|---|---|---|---|---|---|---|---|---|
| | | 秸秆 | 干草 | | | 油粕类 | 副产品 | 其他 | | | 食盐 | 石粉 | 小苏打 | 碳酸氢钙 | 微量元素 | 其他 |
| | | | | | | | | | | | | | | | | |
| | | | | | | | | | | | | | | | | |

精饲料中各种饲料的供应是在确定精料的基础上按能量饲料（如玉米）、蛋白质补充料、辅料（如麸皮）、矿物质料之比为51∶25∶17∶7考虑，其中矿物质料包括食盐、石粉、小苏打、磷酸氢钙、微量元素预混料等可按等同比例考虑。

据郭瑞影等报道，草料占育肥成本的30%以上 一般青贮草料秋季一次性加工贮存供全年使用。贮存数量计算方法是：每头牛每天采食量（10 kg）×365（d）×设计存栏规模（头）=全年青贮总量（kg）。干草分期供应，一般每季度供应一次，每季度供应量=［牛场存栏牛数×4 kg/（头·d）×365÷4］。精料供应，一般每月作一次计划，采购一次的计算方法是：月精饲供应量=存栏总数×30（d）×每天用量。

## 四、定额管理

定额是牛场计划管理的基础，是企业科学管理的前提。按照牛场日常工作合理安排，见表8-3所示。为了增强计划管理的科学性，提高经营管理水平，取得预期效果，应当在计划管理的全过程中搞好定额工作，充分发挥定额管理的作用。

**表8-3 每日工作流程**

| 时间 | 工作内容 | | | |
|---|---|---|---|---|
| 5:00—6:00 | 打扫圈舍卫生 | | 观察发情 | |
| 6:00—7:30 | 上料饲喂 | 巡圈发现病牛做好记录 | 配种（复配） | 办公区、生活区卫生打扫 |
| 7:30—8:00 | 早饭 | | | |
| 8:00—10:00 | 巡圈、断奶 | 病牛治疗，断奶 | 巡圈、断奶记录 | 巡圈、断奶统计 |
| 10:00—11:30 | 防疫或其他 | 防疫 | 整理档案资料 | 设备维修、客户接待 |
| 11:30—14:00 | 午饭、休息 | | | |
| 14:00—16:00 | 草料准备 | 消毒或防疫 | 配种器械消毒或准备 | 设备维修、客户接待 |
| 16:00—17:30 | 饲料调配或加工 | 病牛复查治疗 | 配种（初配） | 其他 |
| 17:30—18:00 | 上料饲喂 | 二次巡圈发现病牛及时治疗 | 整理当天档案并归档 | |

注：各地牛场结合实际制订相应的流程。

### （一）定额是编制生产计划的基础

在编制计划的过程中，对人力、物力、财力的配备和消耗，产供销的平衡，经营效果的考核等计划指标，都是根据定额标准进行计算和研究确定的。只有合理定额，才能制订出先进可靠的计划。如果没有定额就不能合理地安排劳动力的配备和调度，物资的合理储备和利用，资金的利用和核算就没有根据，生产就不合理。

### （二）定额是检验的标准

在计划检查中，检查定额的完成情况，通过分析来发现计划中的薄弱环节，在一些计划指标的检查中，要借助定额来完成。同时定额也是劳动报酬分配的依据，可以很大程度提高劳动生产率。

### （三）定额的种类

1. 人员分配定额

完成一定任务应配备的生产人员、技术人员和服务人员标准。

2. 机械设备定额

完成一定生产任务所必需的机械、设备标准或固定资产利用程度的标准。

3. 物资储备定额

按正常生产需要的零配件、燃料、原材料和工具等物资的必需库存量。

4. 饲料贮备定额

按生产需要来确定饲料的生产量，包括各种精饲料、粗饲料、矿物质及预混合饲料储备和供应量。

5. 产品定额

牛肉产品的数量和质量标准。

6. 劳动定额

生产者在单位时间内完成符合质量标准的工作量，或完成单位产品及工作量所需要的工时消耗。

7. 财务定额

生产单位的各项资金限额和生产经营活动中的各项费用标准。包括资金占用定额、成本定额和费用定额等。

### （四）定额水平的确定

正确确定定额可以充分发挥定额在计划管理中的作用。定额偏低会造成人力、物力、财力的浪费；定额偏高，制订的计划不能实施，脱离实际，这样会削弱员工的积极性，影响生产，因此定额水平是一项关键内容。

## 五、人员管理

合理的岗位设置是保障肉牛场良好稳定运转的基本保证。岗位可划分为以场长为代表的领导机构及其他分管业务的基本岗位，领导机构负责全场的管理工作、调整基本岗位人员配置、进行市场预判，制订经营发展方向。基本岗位可参考如下划分。

### （一）养殖场场长职责

（1）贯彻执行国家、地方的有关肉牛生产的路线、方针、政策，制订全盘计划包括年度生产计划和肉牛场的长远规划。审查牛场基建规模和投资计划。组织各部门制订或修订技术操作规程。检查各部门的工作及计划执行情况，负责肉牛场生产、销售和人事劳资等重大问题。

（2）每日检查牛场的各项工作完成情况，包括检查兽医、饲养员、饲料员的工作岗位职责是否落实到位，发现问题及时解决。

（3）对采购各种饲料要详细记录来源产地、数量和主要成分。把好进出栏肉牛的质量关，确保肉牛优质、健康无病。

（4）做好员工思想工作，关心员工的诉求，使员工情绪饱满地投入工作。提高警惕，做好防盗、防火、安全工作。

### （二）生产岗位职责

1. 饲养人员职责

（1）按时作息，遵守劳动纪律及劳动操作规程工作。每日定时添加饲草并保证饮水，每日刷拭牛，清扫牛舍和运动场。定期消毒牛舍、牛槽及运动场。

（2）发现牛发情、产犊、发病等异常情况应立即报告有关人员并协助解决。

（3）遵守牛场的各项规章制度，每天随时查看所饲养的牛只采食、饮水、粪尿、反刍、精神状态、运动是否正常，及时向场长报告确定的情况并积极配合处理。

（4）饲喂前严格认真检查所用的饲草料，饲草和饲料不含砂石、泥土、铁钉、铁丝、塑料等异物，不发霉不变质，没有有毒有害物质污染。剔除饲料异物，坚决不用变质的饲料。

（5）搞好环境卫生，肉牛夏季要防暑，减少蚊蝇干扰，冬季防冻保温，以减少应激。饲养员保持牛舍清洁卫生、干燥、安静，按操作规程进行喂料、消毒、清粪等。

（6）饲养员饲养肉牛要注意安全。饲养员经体检合格方可从事饲养管理工作，进围栏打扫卫生时，要防范牛顶人、踢人，尤其是要防范野性较大的牛。做好牛场及牛舍的安全工作，下班前关灯、关窗，经过检查后方可离开牛场。

（7）严禁虐待、打骂牛只，注重动物福利。定期清理水槽和料槽，如发现异常情况，及时上报并协助解决。

（8）严格按照科技人员制订的饲料配方配合饲料，保质保量供应到车间。

2. 饲草料加工人员职责

（1）负责根据实际情况制订不同季节、生长期、生理条件下的牛群饲料配方，并根据反馈及时调整饲料配方以保障生产效率。

（2）能按配方要求准确配合精饲料，定时定量完成工作。做好饲料原料的保管工作，做好防火、防鼠和防潮措施，做到堆放整齐、有序节省空间。

（3）拣除原料中的异物，如铁钉、铁丝、塑料膜、石块和玻璃碴等。原料与包装袋要相符，把配合好的饲料准确无误地投放下去，禁止出现母牛采食育肥料或育肥牛采食母牛料等错误。

（4）定时饲喂，要制订饲喂计划，根据技术部门提供的配方进行全场饲草料加工并及时配送草料至牛舍，杜绝忽早忽晚，收集饲养岗位对饲料利用的相关反馈并及时向技术部门反馈，针对问题提出改进措施，确保牛场健康运行。

（5）饲料加工人员要认真负责，肉牛的各类饲料，特别是预混料或添加剂等必须充分搅拌、混匀后才能喂牛。

（6）搞好饲料贮备、保管，保证饲料不霉不烂。牛下槽后及时清扫饲槽，防止草料残渣在槽内发霉变质，注意饮水卫生，避免有毒有害物质污染饮水。

（7）做好饲料加工安全。一是青贮饲料收割时，严禁割台前站人。二是精、粗饲料加工粉碎时，操作人员要戴安全帽，穿工作服，严禁戴手套操作，严禁留长发，严禁用手硬推粗饲料入粉碎机。

### （三）技术岗位职责

1. 畜牧技术人员职责

（1）负责制定并应用牛舍及牛群管理的相关技术规范，根据养殖场实际状况，优化调整饲养管理方案。

（2）组织制订配种产犊计划、牛群周转计划、肉牛生产计划、饲草料使用计划等。

（3）做好生产测定工作，如体尺测量、各阶段体重、日增重、饲料转化率的测定等。

（4）做好饲草饲料的原料采购计划、制订日粮配方、检查配方生产情况和使用效果。做好养殖档案和配种记录的记载，制订选种选配方案，收集并记录最基本的育种材料。

（5）制订冻精、液氮及配种器械的采购计划和配种产犊计划。做好发情鉴定、妊娠鉴定工作，严格按输精技术操作规程输精。定时检查生殖系统的疾病，做好记录，会同兽医治疗产科病。做好选配工作，统计受胎率、繁殖率等资料，定时到运动场、牛舍巡视，以便发现发情牛。经常检查精液活力和液氮贮存量，发现问题及时上报，并积极采取措施。

（6）积极参加科研或配合科研工作不断推广新品种、新技术。

2. 兽医技术人员职责

（1）负责全场疾病的监控和治疗，定时进行检疫和免疫注射，制订药品和器械的采购计划。做好用药记录，制订用药、休药计划，规范用药行为。定时到牛舍巡视，与饲养员密切联系，及时发现病牛并治疗。做好疾病的诊治记录并总结经验，做好饲养员最基本的疾病预防知识培训，降低医疗费用。

（2）负责养殖场地日常卫生防疫工作。做好防疫消毒工作，人员、车辆必须经严格消毒后方可进入牛场，牛场每周彻底消毒一次，要定期清扫、消毒栏舍、饲槽、运动场。做好废弃物和废水的无害化处理。不得在生产区内宰杀病死牛。

（3）对购进、销售活牛进行监卸监装，负责隔离观察进出场牛的健康状况、驱虫、加施耳标号。进场活牛须来自非疫区的健康群，并附有地县级以上动物防疫检疫机构出具的有效检疫证书。经兽医逐头临床检查合格后方可进入隔离饲养区。隔离饲养7～10 d，由兽医观察无动物传染病临床症状并驱虫，加耳标后，方可转入育肥饲养。兽医对进入育肥区的牛要逐头填写牛只健康卡，逐头建立牛只档案。

（4）按规定做好动物传染病的免疫接种，并做好免疫接种日期、疫苗种类、免疫方式、剂量、负责接种人姓名等记录工作。

（5）遵守国家的有关规定，不得使用任何明文规定禁用药品。将使用的药品名称、种类、使用时间、剂量、给药方式等填入监管手册，如表8-4和表8-5所示。

**表8-4　兽药（含药物添加剂）使用记录**　　　填表人：

| 开始用药日期 | 栋、栏号 | 动物批次日龄 | 兽药名称 | 生产厂家 | 给药方式 | 用药动物数 | 每日剂量 | 用药目的（防病或治病） | 停药日期 | 兽医签名 |
|---|---|---|---|---|---|---|---|---|---|---|
| | | | | | | | | | | |
| | | | | | | | | | | |

**表8-5　诊疗记录**　　　填表人：

| 发病日期 | 发病动物栋、栏号 | 发病群体头数 | 发病数 | 发病动物日龄 | 病名或病因 | 处理方法 | 用药名称 | 用药方法 | 诊疗效果 | 兽医签名 |
|---|---|---|---|---|---|---|---|---|---|---|
| | | | | | | | | | | |
| | | | | | | | | | | |

（6）育肥牛在出场前必须在牛场饲养60 d，负责出场活牛前7～10 d向启运地检验检疫机构报检，提供活牛的耳标号和活牛所处育肥场的隔离检疫栏舍号。

（7）发现一般传染病应及时报告所在地检验检疫机构；发现可疑一类传染病，或发病率、死亡率较高的动物疾病应采取紧急防范措施，并于24 h内报告所在地检验检疫机构。

（8）牛场必须遵照国家检疫的有关规定，不得饲喂或存入任何明文规定禁用的抗生素、催眠镇静药、驱虫药、兴奋剂、激素类等药物。使用的药物、饲料应符合国家的规定。

### （四）后勤服务岗位职责

1. 销售人员职责

（1）负责各类产品的对外销售，根据生产安排制订购销计划，联系货源产地和产品销售地建立长久联系，进行市场分析和市场开拓的任务。

（2）安排专业采购或销售人员以最经济渠道及时、保质、保量购销产品，以保证生产秩序正常运行和资金正常周转。

2. 采购人员职责

（1）负责外购牛、药品、物品、饲草料等，特别是饲草料要充分利用当地作物秸秆、农副产品，科学合理开发饲草、饲料资源，降低饲养成本，提高养殖效益。

（2）采购单必须有领导签字，要上交一份到牛场财务办公室存档备案。合理科学管理备用金，不能挪作他用。

3. 财务人员职责

（1）负责肉牛场支出和收入往来账目，严格遵守国家的财务制度，账目齐全清晰，做好统计工作。

（2）树立核算观念。核算生产成本，重点搞好资金核算、成本核算、盈利核算等经济核算，做好效益分析，重点分析：固定资金产值率、固定资金利润率、流动资金周转率、产值资金率、资金利润率、成本利润率、销售利润率、产值利润率等数据，以利于及时控制资金使用，获得最佳经济效益。

（3）不定期地向有关部门或负责任人及时汇报财务状况，为领导机构调整经营策略提供参考依据。

（4）建立健全物资、产品进出、验收、保管、领发等制度。

4. 档案管理人员

（1）负责各类档案、台账的记录和保存工作，如实填写各项记录，保证各项记录符合牛场、其他管理和检验检疫机构的要求。

（2）定期向决策层提供统计分析报告，为领导机构进行市场预判及内部管理提供依据。

## 第四节 肉牛场的信息化管理

### 一、建立数据库

#### （一）原始记录

牛场生产活动中各种生产记录和定额完成情况等都要进行数据统计并生成生产报表。因此，要建立健全各项原始记录制度，由专职的档案管理人员登记填写各类原始记录表格，根据肉牛场的规模和具体情况，原始记录主要是各龄牛的数量变动和生产情况如牛引进记录如表8-6所示，牛生产记录如表8-7所示、出场销售和检疫情况记录如表8-8所示，饲草料记录如表8-9、表8-10所示，育肥牛的肥育情况、经济活动等牛群情况，按日、月、年进行统计分析、存档，要求准确无误、系统完整。

表8-6　引种记录　　　　填表人：

| 进场日期 | 品种 | 引种数量/头 | 供种肉牛场 | 检疫证编号 | 隔离时间 | 并群日期 | 兽医签名 |
|---|---|---|---|---|---|---|---|
| | | | | | | | |
| | | | | | | | |

表8-7　生产记录（按日或变动记录）　　填表人：

| 日期 | 栋、栏号 | 变动数量/头 | | | | 存栏数/头 | 备注 |
|---|---|---|---|---|---|---|---|
| | | 出生数 | 调入数 | 调出数 | 死亡数 | | |
| | | | | | | | |
| | | | | | | | |

表8-8　出场销售和检疫情况记录　　填表人：

| 出场日期 | 品种 | 栋、栏号 | 数量/头 | 出售动物日龄 | 销往地点及货主 | 检疫情况 | | | 曾使用的有停药期要求的药物 | | 经办人 |
|---|---|---|---|---|---|---|---|---|---|---|---|
| | | | | | | 合格头数 | 检疫证号 | 检疫员 | 药物名称 | 停药时动物日龄 | |
| | | | | | | | | | | | |
| | | | | | | | | | | | |

表8-9　饲料添加剂、预混料、饲料购入、申领记录　　填表人：

| 购入日期 | 名称 | 规格 | 生产厂家 | 批准文号或登记证号 | 生产批号或生产日期 | 来源（生产厂或经销商） | 购入数量 | 发出数量 | 结存数量 |
|---|---|---|---|---|---|---|---|---|---|
| | | | | | | | | | |
| | | | | | | | | | |

表8-10　饲料、预混料使用记录　　填表人：

| 日期 | 栋、栏号 | 动物存数/头 | 饲料或预混料名称 | 生产厂家或自配 | 饲喂数量/kg | 备注 |
|---|---|---|---|---|---|---|
| | | | | | | |
| | | | | | | |

（二）牛群档案

牛群档案是在个体记录基础上建立的个体资料。

1. 成年母牛档案

记载其系谱、配种产犊等情况。

2. 犊牛档案

记载其系谱、出生日期、体尺、体重等情况。

3. 育成牛档案

记载其谱系、各月龄体尺与体重、发情配种等情况。

## 二、计算机在肉牛场生产中的应用

随着现代畜牧业的转型升级，电脑随之普及，应用电脑处理数据已经成为牧场管理中最为重要的组成部分，电脑为企业管理提供了廉价的、功能强大的工具。

### （一）牛场信息管理系统

牛场管理信息系统包括牛场生产技术管理、牛场饲料生产管理、牛场财务管理和牛场劳动力管理等。

1. 牛场数据资料组成（数据输入）

（1）牛生产——牛群资料。牛只变动、分娩产犊、干奶、繁殖配种、犊牛培育、疾病统计、淘汰出售死亡统计、牛体尺外貌、产奶量等日、月、年报表输出。

（2）饲料生产——土地资料。饲料名称、面积、产量、化肥、农药等。

（3）财务——核算资料。账务处理、固定资产、工资、材料和产成品等核算标本表。

（4）人员管理。员工资料、民工资料等。

2. 牛场数据储存与分析

（1）管理信息系统存储和处理牛场全部数据，提供牛场所需的全部信息，各子系统除从内部收集数据外，还从其他子系统收集数据，从而实现数据的共享。

（2）牛场数据库的建成，除能完成原来的各类牛生产、财务、工资、材料进发存等核算与各类报表外，更重要的是具有强大的检索功能和数理统计功能，有利于牛场从大量的数据统计中发现生产和管理中的薄弱环节，改进牛场的管理。

### （二）建立计算机文档管理系统

随着牛场管理不断深入与发展，传统的手工档案管理、计算机文件系统下简单的分目录存储或数据库系统中的卡片管理方式已经无法适应牛场内各层次人员应用和设计修改的要求，建立牛场的计算机文档管理系统在所必然。

建立计算机文档管理系统，集软件与硬件于一体，将牛场产生的各类数据通过计算机加工，以信息形式存储并索引至磁盘，以替代纸张等传统的存储方式，并提供灵活方便的检索、修改和管理的功能，为使牛场在实现设计和生产决策提供有力的工具。

### （三）电子监控技术的应用

1. 监控系统

监控系统中典型视频监控系统由摄像部分、传输部分、控制与记录部分以及显示部分四大块组成。

（1）摄像是电子监控系统的前沿部分，是整个系统的“眼睛”。在被监视场所面积较大时，在摄像机上加装变焦距镜头，使摄像机所能观察的距离更远、更清楚；还可把摄像机安装在电动云台上，可以使云台带动摄像机进行水平和垂直方向的转动，从而使摄像机能覆盖的角度更大。

（2）传输部分是系统的图像信号通路。一般来说，传输部分不单指的是传输图像、声音信号。同时，由于需要有控制中心通过控制台对摄像机、镜头、云台等进行控制，因而在传输系统中还包含有控制信号的传输。

（3）控制与记录部分负责对摄像机及其辅助部件（如镜头、云台）的控制，并对图像、声音信号进行记录。目前硬盘录像机的技术发展得较完善，它不但可以记录图像和声音，还包含了画面分割切换、云台镜头控制等功能，基本上取代了以往使用的画面切换器、画面分割器、云台控制器、镜头控制器等产品。如果客户要求能非常方便地控制云台、镜头（特别是高速球），则可以加配控制键盘。

（4）显示部分一般由几台或多台监视器组成。在摄像机数量不是很多，要求不是很高的情况下，一般直接将监视器接在硬盘录像机上即可。如果摄像机数量很多，并要求多台监视器对画面进行复杂的切换显示，则须配备“矩阵”来实现。

2. 电子监控系统功能

中央控制室可监视所有牛舍、产房等系统设计中规定的重要场所，能昼夜监控场区内各重要区域的情况；网络上的授权工作站能实时操纵现场摄像机，观察各监控点的实时图像，以手动或自动巡视的方式随意监视监控现场图像；监控现场画面上可叠加相关信息字符：摄像机的编号、安装地点、时间、日期等；能操纵现场活动摄像机的转动，调节镜头的变焦和聚焦，对目标快速捕捉和近距跟踪观察；自动智能记录并保留一定时间的监控现场图像以备查阅；可查阅历史录像，并可以多种速度回放录像或抓拍图像。监控区域、操作人员、分权管理，责任清晰分明；用户图形化系统操作界面，操作简便易行；视频监控网上分控随意扩充可与其他智能化弱电系统共享数据、协调工作、联动控制。

3. 采用电子监控系统产生的积极作用

（1）防疫、防应激作用。安装视频监控系统后，外来参观、采购人员不必直接与动物接触，只需通过监控显示器浏览就可以全面、透彻地观察和掌握畜禽的群体及个体状况，避免了人畜直接接触造成疫病传播、交叉感染及应激反应，减少了养殖场事前事后不必要的防疫、防应激措施和费用，避免了动物因应激反应造成经济损失。

（2）圈内的摄像头，将现场的视频集中传送到监控室，管理人员不用亲临现场，在监控室中或通过上网就能同时对多个牛场实时监督和管理，并根据所拍摄的图像判断牛群健康状况，饲养人员是否尽责并按操作规程生产，不仅提高了管理效率，还便于及时纠正生产过程中存在的违规现象，降低重大生产事故发生的可能性。由于生产过程录像被存储备份，即使发生了一些不可预测的事件，也便于事故发生以后第一时间明确事故责任，找出事故发生的原因，避免今后类似的事件重演。

（3）观察牛的动态变化。过去各场产犊室需要专人看守，现在通过安装监控器观察产犊室，及时通知接产人员进舍接产即可，可以减轻员工的劳动量。当某个单元出现问题时，可以通过摄像头跟踪观察牛的生长发育和饲养管理情况，根据需要可以邀请专家通过远程视频监控系统对牛场提供远程指导和诊疗服务。

（4）降低管理成本。对于养牛规模较大且牛场分布地域性广的企业，如果要亲临牛场检查，每年要花费大量的差旅费用，应用视频监控系统以后，既可以减少牛场的管理人员，又可以节省时间及管理人员大量的差旅费用，达到降本增效的目的。

（5）提高牛场管理层次。牛场的管理层大多的时间用于处理业务和日常工作，很少能抽出时间去牛场生产一线了解生产情况，掌握牛场生产的第一手资料，视频监控作为一种对生产一线的实时反映工具，在一定的程度上节约了管理人员的工作时间，能够通过远程随时了解牛场生产情况，极大地提高了工作管理效率。同时，因为视频监控系统的实时监控，也在很大程度上提高了生产一线员工的工作责任心和积极性。

## 第五节 肉牛场的生产管理

育肥场的生产体系，就是在育肥场中，用包含大量精料的高能量日粮饲喂待育肥犊牛、周岁架子牛或18月龄牛，直到它们达到市场要求的体重和膘情。

### 一、育肥场设备

牛舍内饲养密度需要大于3.5 $m^2$/头，设固定食槽，自动饮水器或独立饮水槽；饲料加工区配备青贮设备，全混合饲料搅拌机、精料搅拌机或使用专业精料补充料。南方育肥场一般都在舍外饲养，只有在冬季才会加上一些防寒、防风设施。北方冬季可采用塑料薄膜大棚、单列式砖混结构、双列式彩钢棚圈，均有良好的育肥效果。

### 二、牛源选择

#### （一）肉牛育肥目标的选择

肉牛育肥前必须首先确定育肥的目标。育肥目标不同，育肥技术路线、措施、成本等也截然不同。

*1. 以改善牛肉品质为目标*

育肥目标确定为“肉质改善型”时，较小体重开始育肥获得的牛肉质量好，饲养利润大。养牛户要因地制宜选择育肥牛的品种、年龄、性别、体重体膘，以提高养殖效益降低养殖成本。原因在于牛肉销售市场高档牛肉的需求量大，利润空间也大，但竞争对手少，在资金实力较强、养殖技术水平较高的情况下进行育肥，并实施饲养、屠宰、牛肉销售一体化经营模式。获得高效益必须遵循“循序渐进、忌急于求成”的原则，购入体重300～350 kg架子牛（阉公牛）18～20月龄开始育肥，育肥300 d以上，出栏体重可达570～610 kg，日增重800～900 g/d。

2. 兼顾增重和肉质改善为目标

优质牛肉利润空间较大，市场需求随着生活水平的提高越来越大，养殖户要具备一定的资金实力和较高的养殖技术水平，在实施饲养、屠宰、牛肉销售一体化的情况下，增加牛肉产量。生产中，购入体重200～250 kg的架子牛（公牛）12～16月龄开始育肥，经过360 d的育肥，出栏体重550～580 kg，日增重900～950 g/d。

3. 以增重为目标

育肥目标确定为“体重增长型”时，体重较大、体膘较瘦的牛增重速度快，饲料利用率高；在牛源的购进价格和育肥后出售价格间的差额较大，市场需要育肥牛的数量大而供应量小，饲养户（人）养牛技术水平一般，追求养牛效益不高、资金来源有限时，常常采用以增重为育肥目标。此种育肥方式要高效、快速，忌日粮营养水平低及长时间育肥。购入体重400～450 kg的架子牛（公牛、阉公牛），不论年龄大小，育肥100～120 d，出栏体重500～580 kg，日增重1 000～1 200 g/d。

### （二）育肥牛的类型

（1）肉牛育肥，根据目的市场结合自身经济实力，可采用普通肉牛育肥、高档肉牛育肥；育肥牛饲养户首先要针对上述牛肉市场有较深入的了解，并对周边的肉牛屠宰户所需要的牛肉质量有更深入的了解，适时满足肉牛屠宰户的需求，确定肉牛育肥目标；其次要制订达到育肥目标的技术路线和实施方案，应避免或减少肉牛育肥目标不明确就投资肉牛生产而造成的经济损失。

（2）牛育肥阶段的净收入主要决定于活牛的购买价格、牛肉的销售价格和育肥期间牛的增重数量。在一定时期内，活牛价格、牛肉的销售价格变化较小，因此育肥牛能否盈利主要取决于牛的增重情况。年龄较小还需要在牛舍中饲喂一段时间的牛，首先要给它们喂高粗料日粮（干物质中含30%～60%的粗料），在育肥场的最后2～4个月，大部分牛饲喂含精料超过80%的日粮。育肥牛根据牛的品种和饲喂日粮的不同，体重一般在450～600 kg。

肉牛育肥与牛源生产相比，育肥牛生产单位时间的盈利能力较强，育肥专业户具有扩大育肥规模的经济利益驱动；同时，在同等情况和资源前提下，其他农户也有从事育肥牛生产的利益驱动。

（3）育肥场主要是以小公牛、阉牛的数量较多，小母牛增重比阉牛低10%，每千克增重要多耗5%的饲料，它们比阉牛早熟、易肥胖，故必须提前几个月出售。它们在达到育肥标准后，要比阉牛轻20～50 kg，而且价格比阉牛低。

## 三、建立高效养牛更替计划

牛群更替计划是养牛场的再生产计划，它是制订生产、饲料、劳动力、产犊、基建等计划的依据。在生产过程中，由于一些成年母牛被淘汰，又将出生的犊牛转为育成牛或商品牛出售，而育成牛又转为生产牛或育肥牛屠宰出售，以及牛的购入、售出，从而使牛群结构不断发生变化，一定时期内牛群组织结构的增减变化称为牛群更替（周转）。编制计划的任务是使头数的增减变化与年终结存头数保持着牛群合理的组成结构，以便有计划地进行生产。

### （一）牛群更替计划的编制内容

为有效地控制牛群变动，保证生产任务的完成，必须制订牛群更替计划。

（1）计划年初各类牛的存栏数。

（2）计划年末达到的存栏数和生产水平。

（3）计划年淘汰母牛，出售幼年牛和育肥牛的数量。

（4）根据繁殖成活的犊牛数及上年度7—12月出生的母犊牛数量计划购入数。

### （二）牛群更替计划的编制方法和步骤

（1）制作牛群更替计划表，如表8-11所示。

（2）将计划年初各类牛头数量、计划年末各类牛的应达数量填入相应的月初，月末栏内。

（3）计划年内各月将要繁殖的犊母牛数填入犊母牛的“繁殖”栏中。

（4）年满6月龄的犊母牛转入育成牛。转入育成牛时，应除去死亡、淘汰、出售的数量。查出上年度7—12月各月出生的犊母牛数，填入犊母牛1—6月“转出”栏内；本年度1—6月各月出生的犊母牛数分别填入7—12月各月“转出栏”中。

**表8-11　牛群分类周转计划**

| 月份 | | | 1 | 2 | 3 | 4 | 5 | 6 | 7 | 8 | 9 | 10 | 11 | 12 |
|---|---|---|---|---|---|---|---|---|---|---|---|---|---|---|
| 犊牛 | 期初 | | | | | | | | | | | | | |
| | 增加 | 繁殖 | | | | | | | | | | | | |
| | | 购入 | | | | | | | | | | | | |
| | 减少 | 转出 | | | | | | | | | | | | |
| | | 售出 | | | | | | | | | | | | |
| | | 淘汰 | | | | | | | | | | | | |
| | 期末 | | | | | | | | | | | | | |

（续表）

| 月份 | | | 1 | 2 | 3 | 4 | 5 | 6 | 7 | 8 | 9 | 10 | 11 | 12 |
|---|---|---|---|---|---|---|---|---|---|---|---|---|---|---|
| 育成牛 | 期初 | | | | | | | | | | | | | |
| | 增加 | 繁殖 | | | | | | | | | | | | |
| | | 购入 | | | | | | | | | | | | |
| | 减少 | 转出 | | | | | | | | | | | | |
| | | 售出 | | | | | | | | | | | | |
| | | 淘汰 | | | | | | | | | | | | |
| | 期末 | | | | | | | | | | | | | |
| 育肥牛 | 期初 | | | | | | | | | | | | | |
| | 增加 | 繁殖 | | | | | | | | | | | | |
| | | 购入 | | | | | | | | | | | | |
| | 减少 | 转出 | | | | | | | | | | | | |
| | | 售出 | | | | | | | | | | | | |
| | | 淘汰 | | | | | | | | | | | | |
| | 期末 | | | | | | | | | | | | | |
| 成母牛 | 期初 | | | | | | | | | | | | | |
| | 增加 | 繁殖 | | | | | | | | | | | | |
| | | 购入 | | | | | | | | | | | | |
| | 减少 | 转出 | | | | | | | | | | | | |
| | | 售出 | | | | | | | | | | | | |
| | | 淘汰 | | | | | | | | | | | | |
| | 期末 | | | | | | | | | | | | | |
| 合计 | 期初 | | | | | | | | | | | | | |
| | 期末 | | | | | | | | | | | | | |

## 四、牛群的组织和分群管理

搞好规模化养牛场牛群组织是完成生产计划任务的重要保证，做好育成牛、犊牛培育组织工作，方能及时补充生产中所需牛只的数量，亦有利于生产的组织管理。牛群组织是围绕基础母牛群规模进行安排的，基础母牛群决定着牛场的生产规模和生产能力，犊牛、育成牛对生产规模的扩大提供保证，决定着商品牛和育肥牛的多少。在基础母牛群中，由于年龄增大、疾病、低产等原因，每年需进行适当淘汰。对淘汰的基础母牛数能否及时得到补充和扩大，则由后备牛的多少和成熟期决定。所以，牛场生产规模的维持或扩大与成年牛的利用年限和后备母牛的成熟期及其数量相关。规模化养牛场母牛使用年限一般为10～12年，成年母牛淘汰率可高达20%～25%。这种淘汰率有利于保持牛群较高的产乳量和繁殖性能。

在生产中，应做好阶段饲养工作，按牛的年龄、性别、生产用途进行分组。在养牛场，一般可将牛群分为犊牛组、育成牛组（公母分群）、育肥牛组、成年母牛组等。各组牛在整个牛群中所占比例，应根据养牛场生产方向、生产计划任务、使用年限牛的成熟期等方面来决定。在牛场中应及时淘汰老龄牛、低产牛和繁殖机能差的成年牛，才能提高牛群生产性能和产犊头数，考虑后备牛选优去劣，后备母牛淘汰比例比母牛高，育成牛应占25%～30%，其中，成熟后备牛占10%～12%，12月龄以下母牛占15%～18%。

成年母牛应占牛群的60%～65%，其中，一胎、二胎母牛占20%～25%；三胎、四胎母牛占25%～30%；6胎以上母牛占15%～20%。为保证牛奶的均衡生产，成年母牛群中产乳牛保持80%左右，干乳牛保持20%左右，母犊牛10%～15%。

## 五、制订基本管理制度

在日常技术管理工作中，制订并严格执行管理制度，是维持肉牛正常生产的关键举措。

### （一）饲养管理制度

做好牛的饲养管理是肉牛场的重要工作之一。根据不同牛的生理特点和生长发育规律区别对待。抓住配种、妊娠、哺乳、育幼、育肥等环节，制订具体的饲养管理制度，进行合理的饲养，科学的管理，充分发挥其生产潜力，以带来最大的经济效益和社会效益。

1. 成年母牛饲养管理制度

（1）对成母牛的饲养，饲料要多样化，定时、定量，以粗为主，精粗合理搭配，供应足够的新鲜清洁饮水。

（2）及时清理牛舍和运动场粪便，按时刷拭，保持牛体卫生。注意观察母牛发情，适时配种。做好产前、产中和新生犊牛的护理工作等。

（3）肉牛的犊牛一般是自然哺乳，随着犊牛日龄增长，应及早补饲。

（4）犊牛及时编号、打耳标号并去角，定期称重。

2. 育成牛饲养管理制度

对育成牛初期阶段的饲养管理，尽量做到与转群前的条件一致，以减少因条件改变而造成的影响。

（1）按饲养标准的规定根据体重饲养，饲料要多样化，以粗饲料为主，用精料补充其营养不足。

（2）供应充足的清洁饮水。做好牛舍和牛体卫生，定期称重。

（3）育成公牛在1周岁前穿鼻。

（4）育成母牛在18月龄左右注意观察发情情况，适时配种。

3. 育肥牛生产的饲养管理制度

根据当地自然条件、饲养条件和技术条件，采用适当的育肥制度。可选择舍饲育肥、放牧育肥、放牧加舍饲的育肥方式。

（1）犊牛育肥制度。采用持续育肥或一贯育肥法，犊牛由母牛自然哺乳，犊牛也可用代乳品，自由采食。可喂少量粗饲料。犊牛7～9月龄时，体重达300 kg左右，屠宰上市。

（2）杂种牛18月龄育肥制度。采用架子牛育肥方法。春季产犊，夏季放牧，冬季舍饲。翌年夏季放牧与舍饲相结合，补以精料进行育肥。在入冬前，一岁半左右屠宰。

（3）杂种牛30月龄育肥制度。在18月龄时牛不能屠宰，需再过一个冬季，到第三年夏季放牧结束，入冬前，牛两岁半左右屠宰。

（4）肉牛百日育肥制度。架子牛驱虫，公牛去势，适应期饲养10～15 d。育肥前期为40～45 d，按日增重供给配合精料，粗饲料自由采食，精、粗饲料比例为4∶6。育肥后期45 d，精、粗饲料比例为6∶4。育肥牛膘度和体重达到出栏标准时，及时出栏屠宰。

4. 冷冻精液人工授精制度

（1）人工授精是影响母牛受孕的重要环节之一，必须严格按照技术要领操作。

（2）要经常检查冷冻精液是否确实浸泡于液氮中。

（3）发情母牛输精时，及时于38℃温水中解冻精液，解冻后精液活力应在0.35以上。

输精器械应是经过严格消毒的。母牛外阴消毒后，用直肠把握法将精液输到子宫的适当部位。做好记录，定期做好妊娠鉴定。

### （二）疫病防治制度

疫病流行对肉牛生产将产生不可估量的影响。因此，要贯彻“预防为主，防重于治”的方针。建立起严格的防疫措施和消毒制度。随时了解牛群疫病分布的地域性和季节性。注意影响疫情发生的气候因素、水土环境和社会环境，建立疫病报告制度，坚持专业防治和群防群治相结合，防止疫情的入侵和发生。

（1）要严格落实日常预防措施，严格控制非生产人员进入饲养区。在饲养区入口设置消毒室和消毒池。进入饲养区时要穿工作服和工作鞋，经消毒室和消毒池消毒后进入。每年春、秋季节对易发疫病要进行预防注射，并定期开展大消毒。发生疫情时，迅速隔离病牛，建立封锁带，对污染环境彻底消毒。进入饲养区的人员和车辆要严格消毒。对病牛实行合理治疗，未发病牛采取综合防治措施，尸体要严格按照防疫条例进行处置，并及时记录（表8-12）。

表8-12　病、残、死亡动物处理记录　　　　填表人：

| 处理日期 | 栋、栏号 | 动物日龄 | 淘汰数/头 | 死亡数/头 | 病、残、死亡主要原因 | 处理方法 | 处理人 | 兽医签名 |
|---|---|---|---|---|---|---|---|---|
| | | | | | | | | |

（2）应建立动物疫病免疫计划及免疫记录台账，疫苗购（领）记录如表8-13所示、兽药（消毒药）记录如表8-14所示、消毒记录如表8-15所示、疫病免疫记录如表8-16所示、免疫抗体记录如表8-17所示。犊牛可在90日龄左右进行初免。所有新生家畜初免后，间隔1个月后进行一次加强免疫，以后每间隔4～6个月再次进行加强免疫。在发生疫情时，应对易感家畜进行一次紧急免疫。免疫记录要详细记录免疫时间、疫苗种类、生产厂家、生产批号等。

表8-13　疫苗购入、申领记录　　　　填表人：

| 购入日期 | 疫苗名称 | 规格 | 生产厂家 | 批准文号 | 生产批号 | 来源（经销点） | 购入数量 | 发出数量 | 结存数量 |
|---|---|---|---|---|---|---|---|---|---|
| | | | | | | | | | |

表8-14　兽药（含消毒药）购入、申领记录　　　　填表人：

| 购入日期 | 名称 | 规格 | 生产厂家 | 批准文号 | 生产批号 | 来源（经销单位） | 购入数量 | 发出数量 | 结存数量 |
|---|---|---|---|---|---|---|---|---|---|
| | | | | | | | | | |

表8-15　消毒记录　　　　填表人：

| 消毒日期 | 消毒药名称 | 生产厂家 | 消毒场所 | 配制浓度 | 消毒方式 | 操作者 |
|---|---|---|---|---|---|---|
| | | | | | | |

表8-16　疫苗免疫记录　　　　填表人：

| 免疫日期 | 疫苗名称 | 生产厂家 | 免疫动物批次日龄 | 栋、栏号 | 免疫数/头 | 免疫次数 | 存栏数/头 | 免疫方法 | 免疫剂量/（mL/头） | 耳标佩戴数/个 | 责任兽医 |
|---|---|---|---|---|---|---|---|---|---|---|---|
| | | | | | | | | | | | |

表8-17　防疫（抗体）监测记录　　　　填表人：

| 采样日期 | 栋、栏号 | 监测群体头数 | 采样数量 | 监测项目 | 监测单位 | 监测方法 | 监测结果 | 处理情况 | 备注 |
|---|---|---|---|---|---|---|---|---|---|
| | | | | | | | | | |
| | | | | | | | | | |

（3）积极开展布鲁氏菌病预防筛查工作。牛患布鲁氏菌病大多数为隐性感染，没有症状，早期会出现结膜炎和体温升高。显著症状如下：一是母牛流产、胎衣不下、胎衣颜色呈黄色胶冻态；公牛有睾丸炎；二是关节炎，关节肿痛，同时母畜发病率高于公畜，并可引起泌乳下降，严重的会导致乳汁变质。针对布鲁氏菌病感染，目前尚无特效药，还是建议遵循“预防为主，防检结合”的原则，及时开展筛查及疫苗接种，布鲁氏菌病一类区应做到免疫密度100%。对筛查发现的患病牲畜，病畜应及时扑杀、同圈牲畜隔离、检疫，圈舍消毒。

（4）对寄生虫病要定期检查，夏秋季节进行全面的灭蚊蝇工作，根据寄生虫病的流行规律，做好驱虫和预防工作。

## 第六节　肉牛场的经营管理

调查研究表明，影响肉牛养殖经济效益的主要因素为牛源（原料和产品）价格和饲料价格，其中架子牛在肉牛生产中成本占到75%以上，在市场调节下，架子牛价格走向影响肉牛出栏价格，价格消长基本是同步，出栏肉牛价格高于或等于架子牛价格，因此占总成本20%的饲料成本是影响肉牛养殖效益的主要因素。在实际生产中，如何调整生产策略以规避风险，如何降低生产成本并创造额外利润成了保障养殖场盈利的关键。

### 一、风险评估

#### （一）风险因素

1. 牛源风险

我国的肉牛生产发展很快，很多经营者都已经意识到肉牛的快速育肥经济效益较高。因此，从事这一工作的人也越来越多，这就存在竞争牛源的问题。

2. 销售市场风险

肉牛经过育肥后能否销售出去是关系到整个肉牛生产过程的价值能否体现的关键环节，及时地确定销售市场及售价较高的市场至关重要。

3. 疫病风险

肉牛和其他家畜一样，也可能发生传染病、寄生虫病和消化道病等，特别是在异地集中育肥的条件下可能比小规模分散饲养发病概率要大得多。疫情的发生对于肉牛场的影响是惨重的，必须引起肉牛场经营者的高度重视。

4. 市场风险

由于很多养殖场经营者缺乏长期规划，对市场的分析判断不够准确，呈现出投资的盲目性。经常是效益好时规模快速膨胀，出现亏损时规模急剧萎缩，这也是导致多年来畜产品市场大起大落的重要原因之一。

### （二）经营风险的防范策略

肉牛产业是从产地到餐桌，从生产到消费，从研发到市场的产业，各个环节紧密衔接、环环相扣。肉牛养殖场（户）经营者要掌握市场动态，化解养殖场（户）可能遇到的生产和经营风险，增强肉牛养殖抗风险能力。

1. 肉牛场的经营体制

为了抵御或避免肉牛场在运行过程中的风险，提高肉牛场的市场应变能力和市场竞争力，最大限度地降低成本，提高牛场的经济效益和社会效益，建立肉牛养殖企业独立核算的经济实体，履行企业经营法人义务，实行场长负责制。

2. 肉牛场的经营模式

为了保证肉牛育肥场有稳定的架子牛来源，生产优质牛肉，肉牛场必须重视养殖全链条建设。例如采用与当地肉牛养殖户的分工与协作，牛场与养殖户签订架子牛收购合同；牛场对养殖户肉牛的改良、繁殖及饲养管理提供技术服务；养殖户为牛场提供架子牛来源，建立“公司+农户”的经营方式。也可以自己建设繁育、育肥、屠宰、加工的上下游链条，降低中间成本，均摊风险。

3. 肉牛场的经营策略

为规避追涨杀跌的市场盲目性，肉牛场需要充分做好市场调研。及时分析判断未来市场变化，根据市场预期合理安排肉牛饲养策略。例如在市场价格低谷时，减少肉牛育肥，将可出栏肉牛尽可能出栏。同时利用市场价格低位，引进优质能繁母牛开展品种改良，增加犊牛繁育，增强肉牛场生产潜力。如此一来，可以将市场风险降到最低，并且在市场机遇到来时可以快速育肥出栏，使利润最大化。

4. 开拓市场

建立供应和销售网络管理机构，加强宣传，扩大销路，树立风险管理意识，加强风险管理。

5. 加强管理

加强内部管理，保证质量打造信誉，严格执行肉牛生产相关要求的前提下，应用先进的肉牛生产技术，提高产品质量。

6. 提升员工文化素质和专业技能，开展相应的业务和技术培训

对管理和技术人员的录用要求应更高，有管理和技术专长。对被聘用人员，除经常考察其实际工作表现和业绩外，还要定期进行业务和技术考核，实行优胜劣汰的用人机制。

## 二、经济效益计算

### （一）成本构成体系计算办法

（1）基本牛群成本费用。犊牛或购进牛总价，其中含运杂费、税收等项目费用开支总价。

（2）设备折旧费用。办公用房、牛舍、辅助设备用房、低值工具用具费，其他设备用房等基建设备投资每年应计提的折旧费。

（3）饲草、饲料费用。根据牛群的构成，在出栏前的整个饲草、饲料费用投资成本。

（4）人工费用。饲养人员工资、医疗保险、养老保险、劳保用品等费用。

（5）水电费用。根据饲养规模和设备计算出每年（或每天）水电费使用标准。

（6）兽医费用。治疗医药费用、防疫保健用医药费。

（7）贷款利息费用。根据贷款利息标准进行计算。

（8）税收。根据国家和地方有关行政税收规定应缴纳的税费计算。

（9）管理费用。管理人员工资、差旅费、日常办公业务费、维修费用等。

（10）不可预见费用。出现不可预见的损失和支出费用。

（11）其他直接费用。其他直接用于企业的费用。

### （二）收入计算方式

1. 主产品收入

主产品收入[①] = 出栏前活体重（kg）× 单价

2. 附产品收入

牛粪收入，养母牛时应计算犊牛收入等。

3. 其他收入

技术服务收入，以及处理废旧设备物资，淘汰产品收入等。

4. 总收入

总收入 = 主产品收入+附产品收入+其他收入

① 注：出售活牛收入或含屠宰业务分类按肉、皮、头、蹄、内脏计算收入。

### （三）净收入（利润）和投资回报率计算

净收入＝总收入－总支出

投资回报率（%）＝净收入（元）÷投资总额（元）×100

### （四）每个肉牛场要按照指标进行核算（图8-4）

同时也要根据市场价格确定合理出栏时间。由于市场经济价格因素起决定性作用，根据各种成本因素确定适度饲养规模，避开高峰期确定效益最高出栏时间，由成本和产品售价确立最佳饲养期或增重时期，获得较高的投资回报率。根据成本和产品预期售价计算出盈亏临界点，适时进行淘汰或出栏（图8-5）。

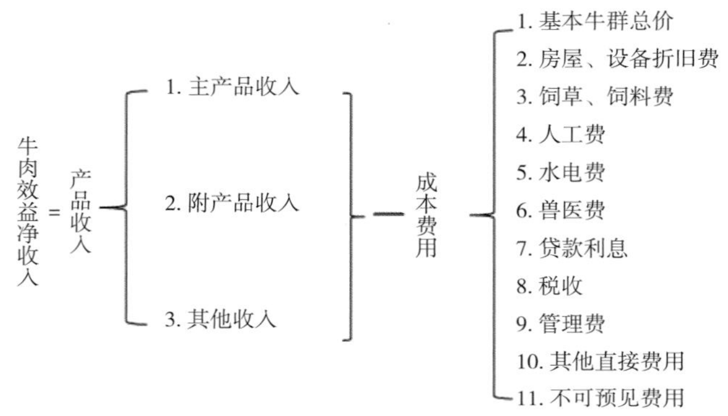


图8-4　净收入、产品收入、成本计算

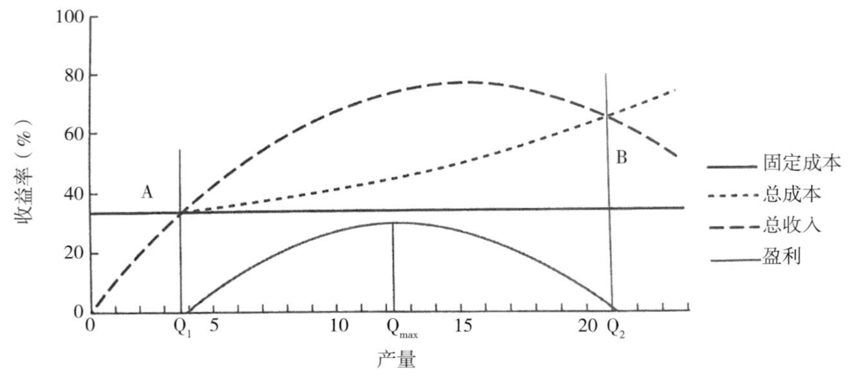


图8-5　企业盈亏与产量关系图

## 三、增加牛场盈利的措施

### （一）通过遗传育种学选择优良品种

优良品种是决定肉牛养殖成本的最根本因素，品种的优劣对生产性能、饲养周期、饲料消耗量及料肉比等具有直接影响。如利用安格斯牛、利木赞牛、皮埃蒙特牛、夏洛来牛、西门塔尔牛、比利时蓝白花牛等与我国五大优良黄牛品种秦川牛、晋南牛、鲁西牛、南阳牛、延边牛等高代杂交后代，进行科学有效的生产管理，使牛只发挥最大潜能，生产出更多产品。例如在适宜的环境条件下，杂交犊牛在哺乳期及育肥期的日增重分别为0.6～1.1 kg/d、2～2.5 kg/d，待其10月龄时，体重可达到500～550 kg，与本地黄牛相比，其体重可以高出50%～90%。

### （二）科学管理，精准饲喂

在养殖管理水平较高的养牛场，采用科学投喂的方式，避免了饲料浪费，保证投入的饲料能够最大限度地转化为肉牛的增重。在喂食饲料时，要合理搭配精饲料和粗饲料，保证日粮结构合理，营养均衡，要做到定时、定量、定人喂食，减少饲料等资源的浪费。由于采用了科学的养殖管理技术，可有效预防和控制牛病的发生，节省了购置疫苗的费用，还节约了治疗和预防用药的费用。经调查，在养殖中选用饲料不当和饲养不善，可提高料肉比0.5，牛出栏时增加用料80 kg/头，成本增加104元，如育肥牛出现发病，每头牛可增加药费40元。另外，提高养殖人员的工作效率，能有效降低人工成本，还可以减少发生一些管理费用。在肉牛养殖中，死亡损失会对肉牛产量造成消极影响，每增加1%的死亡损失费，肉牛单位产出将降低0.019 5%。因此必须采取科学的疫病防控技术以减少肉牛死亡。相关研究表明，随着养殖规模的不断增加，肉牛头均成本有所降低，50～99头的养殖规模肉牛头均成本为1～9头规模肉牛的84.5%。

### （三）做好工资与福利的管理

为了取得良好的经济效益，必须提高劳动力的产值，牛场必须按不同的劳动作业、每个人的劳动能力和技术熟练程度，规定适宜的劳动定额，按劳取酬，多劳多得，这是克服人浮于事、提高劳动生产率的重要手段，也是衡量劳动成果和报酬的依据。

### （四）降低水、电、燃料等费用开支

在不影响生产的情况下，真正做到节约用水、用电。节省药品和疫苗的开支。为降低养殖的饲料采购成本，要遵循就地就近取材的原则采购原料，实现对当地饲料资源的充分利用，减少饲料运输成本投入。要重视对饲料的储存管理，设置专门的饲料仓库，保证环境干燥通风，避免饲料和牧草出现发霉变质的现象造成浪费增加成本，同时也避免喂食牛群霉变饲料中毒造成经济损失。

# 第九章 肉牛新技术的应用

随着全球反刍动物产业技术的发展，我国人民对于优异种质资源认识和需求的加深，家畜培育、养殖及相关产业对我国国民生活水平和国家经济发展有重要意义。我国具有动物遗传资源丰富的天然优势，但随着科技水平的发展和人民生活水平的提高，国内及国际市场对畜产品的需求发生了巨大的变化，仅依靠自然选择获得的品种远不能满足当前的需求。而在一些地方，“重引进、杂交，轻培育和保护”的情况非常严重，导致本土品种遗传资源缺失，且培育效果不佳。近20年来，以生物技术为主体的高新技术得到了迅猛的发展，从最初的单克隆抗体和基因剪切技术，发展到今天的基因治疗、转基因动物以及生物芯片等。以重组DNA为核心的现代生物技术的创立和发展，为生命科学注入了新的活力，它所提供的实验方法和手段极大地促进了传统生物学科的深入研究，已经广泛渗透到现代畜牧业的各个领域。为优秀畜禽种质资源的保护与利用、良种的快速繁育、动物营养、饲料资源的开发利用以及疾病的预防和诊断提供了更加广阔的途径，促进了优质高效现代畜牧业的发展。

## 第一节 分子育种技术

20世纪末，随着分子生物技术的迅猛发展，以DNA水平的各种技术为支撑，发展出了一套分子标记鉴定技术，突破了常规育种的限制因素，提高了育种精确度。在此之后，基因芯片技术的兴起与发展，扩大了遗传标记的检测范围，实现了大量标记并进行检测。而随着测序技术的发展，基因组学飞速发展，为肉牛育种提供了一个更加快速、精准的方法。

## 一、分子育种的概念

动物分子育种是以分子遗传学和分子数量遗传学作为理论依据，利用分子生物学技术来改良畜禽品种的一门新兴学科，是传统的动物育种理论和方法的新发展。分子育种与常规育种方法相比较，加快了育种进程，缩短了育种时间，克服了年龄、性别、组织以及环境因素的影响，直接在遗传物质基础上对性状基因型进行选择，揭示生物的性状特性。

动物分子育种主要包括转基因育种和基因组育种。转基因育种是通过基因转移技术将外源性基因导入到某种动物基因组上，从而达到改良重要生产性状或非常规性育种性状的目标；基因组育种，又称基因组扫描选择，是通过DNA标记技术来对某些重要生产性状座位直接进行选择改良，以达到有效地改良畜禽的目的。

## 二、分子育种的分类

### （一）分子标记

DNA分子标记是利用测定遗传物质产生的变化来确定样本DNA的变异情况，并以此作为标记。分子标记可以通过检测准确反映出检测个体遗传物质遗传变异的特征信息。优良的分子标记具有多种优点，包括较高的多态水平，基因多态是指在家畜群体中影响个体表型的同种基因以多种基因型存在，而较高的多态水平和样本量，有利于在试验中检测出个体间的差异，差异性越大，越能体现出优势基因和优势基因型；范围大，覆盖群体面积大，有利于在家畜群体中开展研究；分子遗传标记不受个体年龄、性别和环境等因素限制，提高了育种的速度和效果；基因的明确性，可确定所有基因型。根据不同原理，分子标记可分为以下3种：一是以分子杂交为核心内容的技术，包括限制性片段长度多态性（RFLP）、数目变串联重复多态性（VNTR）。限制性片段长度多态性是指同种生物不同个体间DNA序列产生差异，形成可被限制性内切酶识别的序列进而可被消化，被消化后的产物由于长度不同可通过电泳进行分型。数目可变串联重复多态性是多态性程度高，重复性高的DNA片段，分布广并且种类多，又分为微卫星序列（又称简单重复序列）和小卫星序列；二是以PCR为核心的分子标记，包括随机扩增多态性DNA（RAPD），扩增片段长度多态性（AFLP）等；三是较为新颖的分子标记，如单核酸多态性（SNP）、表达序列标签（EST）。

### （二）基因芯片

基因芯片（Gene chip）又可称为DNA微阵列（DNA microarray），是一种通过在固体支持物上设置成千上万的核酸探针，将检测样本置于芯片上进行杂交，检测信号确定受检个体的遗传信息。20世纪80年代，研究者们参考计算机芯片将寡核酸分子固定在固相载体上，制成首个芯片。基因芯片根据不同标准具有不同分类，例如依据固相载体上的探针种类可分为cDNA芯片和寡核苷酸芯片；根据不同固相载体可分为玻璃芯片、硅芯片等；根据其功能还可以分为DNA测序芯片、表达谱芯片等。目前，单核苷酸多态性（SNP）芯片广泛引用在家畜育种工作中，包括品种起源、群体组成和功能分析等。

### （三）基因组选择

2009年，牛基因组的公布标志着研究者们对牛的研究将进入新阶段。牛基因组涵盖了至少22 000个基因，其中14 345个基因与其他7个哺乳动物存在同源关系。全基因组中存在高密度特异性区域，泌乳与免疫方面存在物种特异性变异，这为后续牛全基因组方面的研究打下坚实基础。在此之后，不同版本的牛参考基因组相继公布——Bos taurus5.0、UMD 3.1.1和ARS-UCD1.2。紧接着，以牛基因组为核心，研究者们结合全基因组重测序分析和基因芯片技术将分子育种带入了全基因组选择育种阶段。全基因组选择（Genomic selection，GS）是指通过对覆盖全基因组范围的遗传标记进行检测，利用获取的遗传信息从基因组水平出发对家畜个体不同性状进行育种值估计（GEBV）和选择。利用全基因组选择确定的数量性状基因座（QTL）能够更准确地估计个体育种值，进而极大地促进育种工作并降低成本。

## 三、分子育种的特点及优势

1974年，第一代分子标记RFLP技术，标志着对DNA的研究进入了全新的阶段，扩大了人类疾病动物育种工作的视野，在此之前，动物育种依靠传统的育种方式，通过观察良好表型的个体作为种用，依靠不同品种间的杂交实现了“基因重组”，实现杂交改良的目的。但是传统育种方式不可避免地会出现杂交后产生的后代优良性状不固定，效率不高，成本大等问题，这大大妨碍了家畜的育种工作。随着分子标记概念及技术的提出和发展，家畜育种的准确性和效率都得到了极大提升。分子标记借助其DNA水平的特点，突破了对育种目标性别、年龄的限制，并且通过对优良性状候选基因的准确筛选，避免遇到传统育种可能出现的问题。传统育种可能需要大量的样本、尝试得到理想的个体，但分子标记技术的定向选择可以在家畜育种过程中实现特定性状基因快速、高效选育，获得高产、抗病的家畜品种，这主要体现了分子标记的3个特点：一是分子标记的基础是家畜DNA多态性，而这种多态性在家畜DNA序列上普遍且大量存在。在家畜DNA复制等过程中，多态性的发生对家畜个体表型产生了不同的影响，而这种变化越多，不同个体间的差异表现就越大；二是动物表型受到遗传因素和环境因素的共同作用，传统育种受环境、个体年龄和性别等因素影响较大，但是分子标记打破了这一限制；三是共显性，由于等位基因的存在使得基因存在杂合子和纯合子的区别，而分子标记可以较为准确地判断基因型。

虽然基因芯片最初还是以杂交为核心，依旧存在制作烦琐，不利于大样本数量检测，但是随着分子技术和基因组学的发展，它实现了可以在同一时间对大量的DNA片段进行分析，操作简洁且效率高，需要的组成成分少也使得在制作使用期间产生的损耗污染少，这一进步极大地提高了基因芯片使用性能。而随着各国公司相继进行基因芯片开发研究，牛上不同密度基因芯片相继问世，包括由Illumina开发的位点数为50 K的Bovine SNP50芯片和777 K位点数的Bovine HD芯片，Affymetrix的648 K Axiom®GenomeWide BOS1 Bovine Array。

基于基因组遗传信息的全基因组选择作为目前最新的育种技术，并非摒弃了之前的育种技术，相反，更是与表型、系谱和芯片等技术相结合，准确高效地实现育种值估计、个体选择等目标。由于全基因组选择基于家畜基因组信息可以提前对具有控制或影响优良性状遗传信息的个体进行准确筛选，提高了品种改良的速度；其次，结合表型和系谱信息，可获取更准确的育种值，更全面地定位品种中的优秀个体。全基因组选择损耗低，效率高，高效、准确地选择极大推动了育种工作。

## 四、分子育种在肉牛育种中的应用

国内外关于肉牛分子育种研究较多，主要集中在肉用性状上，研究的功能基因已超过40个，这些基因主要包括与肉牛生长发育性状、屠宰性状、肉品质性状、繁殖性状、抗病性状相关的基因。

### （一）生长发育性状相关基因研究

改善肉牛生长性状（如体重和平均日增重）的遗传过程可以提高肉产量和降低饲养成本，是肉牛养殖业的主要目标之一。最初，我国科研人员利用微卫星、血红蛋白和白蛋白等标记物分析了南阳牛和皮南杂交牛的生长性状。在2000年之后，研究人员利用直接测序或PCR-SSCP法等技术主要研究了秦川牛、南阳牛鲁西牛、西门塔尔牛，以及夏洛来、安格斯、利木赞、西门塔尔等引进品种公牛与鲁西牛、南阳牛、秦川牛、延边牛及蒙古牛等杂交牛群体生长发育肌肉发育、体重与体尺等相关调控基因的关联关系等。到目前为止，已研究鉴定出已知功能的基因近80个，包括*GH*、*GHRH*、*GHR*、*MSTN*、*POU1F1*、*IGFBP-3*、*IGF-1*、*IGF-2*、*MEF2*、*TG*、*MC3R*、*MC4R*、*AGRP*、*NPY*、*POMC*、*CART*、*Ghrelin*、*Hcrtrl*、*Orexin*、*HTR1B*、*HTR2A*和*CLPG*等。这些与生长发育性状相关的基因或分子标记主要集中在生长激素（GH）基因、生肌调节因子（MRFs）家族、肌肉生长抑制因子（MSTN）和胰岛素样生长因子（IGFs）等。其中，GH和MRFs在肌肉发育过程中起到正向调控作用，而MSTN和IGFS则起到负向调

控的作用。

*GH*基因定位于19号染色体，编码基因由2 206个碱基组成，分为5个外显子和4个内含子，*GH*基因遗传多态性与牛的生长发育、体重、屠宰和肉质品质、泌乳性状等均呈不同程度的相关。耿荣庆等测定分析了5个黄牛品种*GH*基因第5外显子序列，分析不同牛种*GH*基因编码区域的差异。其中GH/Alu Ⅰ位点多态性显著影响血浆中生长激素水平与牛的体尺、体重等生长和生产性状具有显著的相关性。谷朝勇等对鲁西牛*GH*基因3′-调控区序列进行多态性分析，证实该位点与体重、体高、体斜长、胸围和肉用指数等显著相关。牛志刚等在新疆褐牛中也发现了GH/Alu Ⅰ位点的多态性与体重、体长性状相关。刘嫣然等发现，秦川牛*FGF2*基因的多态性SV1位点突变显著降低体斜长、体高腰高、胸深、胸围、腰角宽、尻长和体质量性状，*FGF2*可作为秦川牛分子选育的候选参考基因。

*MRFs*基因家族由生肌决定因子（MyoD）、肌细胞生成素（MyoG）、生肌因子5（Myf5）和生肌因子6（Myf6、MRF4或herculin）等组成。MRFs对骨骼肌系统的发育成熟和肌细胞的分化具有重要的调控作用，其作用贯穿于整个骨骼形成、肌肉生成及维持过程，促使动物生长。*Myf5*是胎儿发育时期肌祖细胞中最早被诱导表达的因子，之后*MyoD*和*Myogenin*被激活促进肌纤维增殖和肌肉发育，Myf6的表达则促使肌管形成与成熟。基因敲除实验表明，缺乏*MvoD*和*Myf5*基因的小鼠不能形成肌肉，没有肌肉标志出现，不产生Myogenin转录过程；当仅有*Myf5*而缺少*MyoD*基因时，则只有半量的*Myf5*和*Myogenin* RNA表达，这显示*MyoD*与*Myf5*具有同源性，在成肌过程中发挥重要作用。邓冠群等分析了*SIRT3*基因多态性与秦川牛的体尺（体斜长体高、腰高、尻长、腰角宽、胸深、胸围和坐骨端宽）和肉质性状（背膘厚、眼肌面积和肌肉脂肪含量）的关联性，发现*SIRT3*基因对秦川牛体尺与部分肉质性状有显著影响。田万强等对秦川牛的单磷酸腺苷激活的蛋白激α2亚基（AMPKα2）基因多态性进行了分析，关联分析表明，27 g>C位点与秦川牛背膘厚和眼肌面积显著关联；60 t>C位点与秦川牛体斜长极显著相关，与体高、尻长、腰角宽、坐骨端宽和眼肌面积显著相关。

*MSTN*属于TGF-B超家族成员，由两种不同类型（Ⅰ型和Ⅱ型）丝氨酸/苏氨酸激酶受体介导。MSTN主要通过MSTN-p53-SMADs-生肌因子通路、MSTN-mTOR-P70S6K通路和MSTN-mTOR-Foxo通路调节骨骼与肌肉发育，影响生长性状。在已研究的分子标记中，*Myostatin*、*activin II*、*ALK4*（*ALK5*）、*Smad2/3Smad7*、*P21*、*Cdk2*以及生肌信号因子*MyoD*、*Myogenin*和*Myf5*等都不同程度地与生长性状相关如在卫星细胞中过表达Mvostatin，能够通过上调P21引起细胞停止分裂。Myostatin能够诱导叉头框转录因子1基因（FoxO1）表达，随后上调*MuRFI*和*MAFbx*，增加蛋白质的降解。Myostatin通过灭活Akt活性，从而抑制*IGF-I*调控的肌肉细胞增殖，同时*IGF-I*也能够抑制*Myostatin*信号通路，表明*Myostatin*和*IGF-I*相互间存在反馈调节，从而协调控制细胞的增殖。

*IGFs*是一个复杂的体系，包括*IGF-I*、*IGF-II*和*IGF*结合蛋白（IGFBP）及特异性IGF受体。IGF-I与IGF-IR结合受6个不同的IGFBPs调节，IGFBPs的表达是组织发育的特定阶段，并且IGFBPs在体内的分布浓度是不同的。所有6个IGFBPs都已被证实具有抑制IGF-I的作用，但IGFBP-1、IGFBP-3和IGFBP-5也能够调控IGF-I活性，主要是通过延长IGF-I的半衰期来实现。IGFS基因主要在肝脏表达，其合成与分泌受血液中生长激素水平的控制，循环中的IGFS对GH的分泌具有负反馈调节作用，从而形成一个激素调节体系，称为生长激素-胰岛素样生长因子轴单位（GH-IGF axis）。IGF-I及其受体激活IGF-MAPK通路、PI3K-Akt-mTOR-P70S6K通路和IGF-Akt-GSK3β通路，通过增加蛋白合成、促进肌细胞和卫星细胞增殖调节骨骼与肌肉发育。在正常条件下，IGF-I信号起主导作用，而且会阻断MSTN通路。GH通过与GHR结合，可以产生IGF-I，IGF-I和GHR对骨骼肌发育起到正调控作用，促进肌肉的生长和发育。在下调MSTN后，定量检测发现IGF-I和GHR基因表达上调。

Zhuang等通过对中国西门塔尔牛的研究发现，*MYH10*、*CDH13*和*FOXP1*基因分别被认为是三个品种生长性状的主要候选基因。Zhang等对皮埃蒙特牛与南阳牛杂交后代皮南牛的研究发现，*CYP4A11*、*RPL26*和*MYH10*基因与皮南牛的生长性状有关。Zhang等对滇中牛的研究中发现了能够影响其生长发育的基因MARS2和ARL6 mT1。Kim等通过研究安格斯牛与婆罗门牛杂交牛，发现在19条染色体上，共35个QTL与牛的生长性状有关。Martinez等对855头夏洛来牛生长性状进行全基因组关联研究（GWAS），并鉴定与这些性状相关的SNP标记和基因，结果发现TRAF6、CDH11 KLF7、MIR181a和PRCP与夏洛来牛的生长性状调节相关。Buzanskas等通过对Canchim牛研究发现，总共有4个、12个和10个SNPs分别与初生重、断奶重和420日龄长年重显著相关，其中*DPP6*和*CLEC3B*基因在脑和骨骼系统发育中起到重要作用。

### （二）肉牛屠宰与肉质形状相关基因研究

肉质性状包括背膘厚度、眼肌面积、脂肪含量、嫩度、大理石花纹、系水力等。其中，眼肌面积、背膘厚度、肌肉脂肪含量、大理石花纹是判断牛肉胴体性状的重要指标参数。已经阐明的参与肉质形成的信号通路包括脂肪酸运输与沉积相关通路（*SLC27A1*、*FABP*、*TG*、*DGAT*、*Leptin*和*PPARs*）钙蛋白酶（钙蛋白酶基因家族CAPN和钙蛋白酶抑制蛋白基因*CAST*）、*MRFs*（*MyoD*、*MyoG*、*Myf5*和*Myf6*）和与肌肉发育相关的通路（*MSTN*、*FST*、*mTOR*通路肌球蛋白重链*MyHC*和*FoxO1*）等。这些基因的表达及调控都会对肉质的某些性状产生影响，如*CAST*和*CAPN*基因的表达及多态性与肉的剪切力具有显著相关性，影响肉的嫩度；*MSTN*和*FST*与骨骼肌发育肥大、体重及瘦肉率有密切相关性；*MRFs*是与肌肉生长发育及肉品质极其相关的基因家族，参与肌细胞分化及肌纤维形成的整个阶段，不同阶段由不同的家族成员表达调控。

SLC27A1（Solute carrier family 27 member 1）是脂肪酸运输蛋白家族成员，具有类似乙酰辅酶A的活性。*SLC27A1*基因S5650 t>C位点突变对西门塔尔牛肉质性状存在一定的遗传效应。胡鑫等分析了血管生成素样蛋白3（*ANGPTL3*）基因的单核酸多态性（SNP）位点与西门塔尔牛肉质性状的关联性，G7358C突变位点的不同基因型与胴体脂肪覆盖率、眼肌面积、肌内脂肪和大理石花纹差异显著相关。脂肪酸结合蛋白（FABP）基因是胞内脂质结合蛋白超家族成员，参与细胞内脂肪酸运输，在长链脂肪酸摄取、转运和代谢过程中发挥重要作用。李武峰等分析了3种杂交牛*H-FABP*基因的分子多态性，发现在1 006位发生了碱基由C到G的变化，并检测到3种基因型hh、Hh和HH。其中，HH基因型肉品质最好，Hh次之hh基因型肉品质最差。周国利等分析了鲁西牛*H-FABP*基因内含子2的多态性，认为*H-FABP*基因可以作为鲁西牛牛肉嫩度性状的遗传标记或者分子标记。文力正等认为*H-FABP*基因5′-调控区显著影响草原红牛的嫩度性状，可能是影响草原红牛肉质嫩度的主要决定基因。陈春华等采用PCR-RFLP分析陇东地方牛和西门塔尔杂交肉牛的*H-FABP*基因中的分子多态性，检测到3种基因型GG、GC和CC，GC和CC基因型对牛肉滴水损失有显著影响，推测*H-FABP*基因可作为陇东地方牛和西门塔尔杂交肉牛牛肉嫩度和大理石花纹的遗传标记。

张路培等以8个肉牛品种为试验材料，发现甲状腺球蛋白（TG）基因启动子区C422 t位点上游G82A位点与宰前活体质量和眼肌面积显著相关，认为G82A可能是影响牛洞体性状的分子标记。宋付标等对秦川牛*Chemerin*基因第2和第6外显子进行SNPS检测，证实第2外显子可能是影响秦川牛眼肌面积、系水力和大理石花纹等肉质性状的主效QTL或与之紧密连锁。李娜等采用PCR-SSCP与超声波活体测定相结合的方法，发现新疆褐牛瘦素（Leptin）基因外显子IIE2JW的SNP位点多态性与背膘厚度、眼肌面积、脂肪含量眼肌高度等肉质性状显著相关。黑素皮质素受体-4（*MC4R*）基因是瘦素介导的食欲调节途径中最末端的基因，与肥胖性状相关。冯健等检测到*MC4R*基因在1 069 bp处存在C→G突变，导致亮氨酸转变缬氨酸，引起蛋白质级结构在166位、243位和280位氨基酸处出现α螺旋β折叠丢失，导致三级结构中β转角的空间位置改变，该位点与延边黄牛背膘厚、亮度、黄度等肉质性状存在显著相关。

钙蛋白酶（Calpain）是一种降解蛋白的酶，主要是对肌肉各种蛋白的降解。Calpain将肌原纤维中的蛋白进行降解，使骨骼肌的剪切力降低，提高肉的嫩度。金鑫等发现Calpain3（*CAPN3*）在肌肉组织中特异表达，其多态位点对延边黄牛肉质嫩度、蒸煮损失均无显著相关性，但与肉质黄色度呈显著相关。张立春等报道*CAST*基因具有高多态性，与蒸煮损失、亚麻酸含量及肉色等多种肉质性状相关；与肉品多时间点亮度、红色度、黄色度、彩色度及彩色角都存在相关性。陈春华等对甘肃肉牛的研究表明，*CAST*基因是影响肉质性状的候选基因Hpy188Ⅲ位点AT基因型的剪切力值显著高于AA基因型，Acl I位点Hh基因型的剪切力值显著高于HH基因型，HH基因型在失水率上显著高于hh基因型。田万年等采用PCR-RFLP和PCR-SSCP方法分析*ACTA1*基因多态性与肉质性状的关联性，发现延边黄牛*ACTA1*基因存在A193 g突变，导致氨基酸Arg-Gly的错义突变，与肌肉中肉豆蔻酸、油酸含量、眼肌面积、大理石花纹等级呈显著相关。田静等证明柠檬酸合成酶（CS）基因第三外显子206 bp处的G/A突变与脂肪颜色呈显著相关。张立敏等借助高密度SNP芯片技术在全基因组范围内对223头中国西门塔尔牛群体进行基因分型，发现*SCD1*基因的7个SNP位点均与大理石花纹等级显著相关。

生肌因子家族MRFs是调节肌肉发育的关键因素。张静等研究表明，*MyoD*和*MyF5*对瘦肉率脂肪重及嫩度有显著影响；MyoG多态性产生的不同基因型对肌纤维的数目、直径、剪切力和密度有影响；*Myf6*基因可与其他家族成员协同，影响肉质性状。肌纤维肌球蛋白重链（MyHC）基因家族Ⅰ、Ⅰla、Ⅱx和Ⅱb型基因，分别对应Ⅰ型（慢速氧化型）、Ⅱa型（快速氧化型）、Ⅰx型（中间型）和Ⅱb型（快速酵解型）4种肌纤维类型。肌纤维类型及比例与肉色、系水力、肌内脂肪含量、pH值及嫩度等各类肉质关键指标密切相关。研究表明，*FoxO1*对*MyHC*的调控作用与肉质相关。*FoxO1*活化间接激活单磷酸腺苷活化蛋白激酶（AMPK），AMPK活性与肌糖原已糖激酶、乳酸、肉的色泽、剪切力和熟肉率具有相关性，进而影响肌肉品质。

### （三）肉牛繁殖形状相关基因研究

牛属于单胎动物，通常一胎产一犊，繁殖率低且繁殖性状受多因素、多基因控制，具有加性—显性基因作用模式，其遗传力很低。牛的群体双胎遗传力和排卵遗传力分别为0.03和0.07，自然状态下的双胎率仅为0.15%～2.99%。牛繁殖性状除受环境因素与微效多基因调控外，主要由*GnRH-FSH-LH*生长分化因子9（*GDF9*）基因、催乳素受体（*PRLR*）基因和*FoxO1*基因等信号通路调控卵泡刺激素（FSH）及其受体（*FSHR*）基因由脑腺垂体分泌，作用于卵巢卵泡生长、发育、分化、成熟和排卵。*FSHR*基因与牛的繁殖性状关联度更大。雷雪芹等发现秦川牛的双胎牛和单胎牛二者之间，*FSHR*基因第10个外显子的突变率差异明显，该座位对秦川牛的繁殖有影响。魏伍川等发现牛*FSHR*基因转录启动区含有TATA盒和CAAT盒序列，在5个序列位点有碱基变异，该基因与牛的繁殖性状存在连锁相关。许艳丽等检测到*FSHR*基因第4外显子在西门塔尔和夏洛来种公牛中存在遗传多态性，在第38位碱基处发生碱基C→G的颠换，使得*FSHR*基因编码的受体胞外域部分出现一个脯氨酸到丙氨酸的变化。王明亮等发现牦牛*FSHR*基因5′端及第一外显子有9处突变位点，不同种群间的产犊间隔呈显著差异；*FSHR*基因不同基因型对产犊间隔影响差异不显著（$P>0.05$）。Marson等认为*FSHR*基因对肉牛性早熟起着重要的作用。另外，*FSHR*基因还与卵巢功能早衰有关。

卵泡抑素（FST）促进卵母细胞发育成熟、刺激多卵泡发育与排卵，促进子宫内膜生长。王春强和马宁研究表明，*FST*可显著提高牛受精卵的总卵裂率。李素霞等在槟榔江、德宏水牛的*FST*基因序列中共检测到7个SNP位点，其中有两个变异位点与产犊率呈极显著相关。

促黄体激素（LH）基因编码一种糖蛋白激素，其主要作用是与FSH协同促进卵泡生长成熟，参与内膜细胞合成雌激素，并可诱发排卵，促进黄体生成。对促黄体素*LH-β*基因单核苷酸多态性与牛精液品质的相关分析表明，*LH-β*不同基因型对射精量和冻精畸形率有显著影响。刘继丰等研究表明，西门塔尔牛和夏洛来牛*LH-β*基因是影响精液品质的一个主效基因或与影响精液品质的主效基因紧密连锁。Bao等发现在健康牛卵泡的颗粒细胞中，LHR水平随着卵泡的增大而提高，且*LHR* mRNA表达水平在卵泡发育的后期高于前期，在排卵前大卵泡的颗粒细胞中能特异性地高度表达。

*GDF9*基因属于转化生长因子β（TGFβ）超家族，是卵母细胞分泌的一种生长因子，对卵巢卵泡的生长分化起着关键的调节作用，可促进原始卵泡向初级卵泡发育。尹荣华等发现，牦牛*GDF9*基因与普通牛相比发生了突变，发生突变的碱基位于编码区第1 115位，致使编码第372位氨基酸的密码子由GTC变为GCC，导致丙氨酸向缬氨酸的转变。在鲁西牛中，*GDF9*的3′UTR缺失突变与单胎牛群体与双胎牛群体基因型分布有极显著的差异，双胎牛群体的B等位基因频率明显大于单胎牛群体。

*PRLR*基因是繁殖成功所必需的垂体前叶肽类激素。研究表明，牛*PR*和*PRLR*基因多态性与公牛精液品质有关。*PR*基因外显子4突变位点对射精量存在显著的影响，外显子8对冻精活精子比率及精子密度存在显著的影响，其中对精子密度影响极为显著；*PRLR*基因外显子1对鲜精顶体完整率存在显著的影响，外显子8对冻精活力存在显著的影响。

在繁殖性状中，*FoxO1*基因主要在原始卵泡、腔前卵泡和有腔卵泡颗粒细胞中表达，而在闭锁卵泡、凋亡颗粒细胞及黄体细胞中没有表达。*FoxOl*基因在卵子、精子、胚胎发育过程中起着重要作用。Shi等研究表明，*FoxO1*在小鼠卵泡发育、闭锁以及黄体形成中起重要作用。Goertz等发现，在小鼠体内*FoxO1*是精原干细胞维持和精子发生所必需。Hosaka等发现，*FoxO1*基因缺失能引起小鼠产生致命突变使小鼠在胚胎期死亡。*FoxO1*通过调节脂类以及甾醇类生物合成，而间接调节卵泡发育。王正朝等利用*FoxO1*特异性抗体对荷斯坦奶牛卵巢卵泡细胞进行免疫组化定位表明，*FoxO1*基因与荷斯坦奶牛卵泡发育具有密切关系。赵佳强等通过PCR-SSCP结合测序技术发现，*FoxO1*基因有CC、TT和CT共3种基因型，其中等位基因C频率为0.95，是优势等位基因。该基因不同基因型对奶牛产犊间隔、空怀期以及初产日龄有显著影响（$P<0.05$），而对产犊到发情、犊牛初生重、配种次数影响不显著（$P>0.05$）。

在肉牛公牛所有繁殖性状的测定指标中，睾丸周长是一个中等遗传力性状，且容易测定。Smith等发现睾丸周长与生长性状、射精量、精子密度与精子活力呈显著正相关，与公牛年精子产量呈极大的相关（0.81）；随着睾丸周长的增长，周岁公牛的精子活力、精子正常率、体积和精液浓度均增加，精子畸形率降低。李姣等筛选出决定或影响西门塔尔公牛睾丸周长的基因片段，该片段与牛*Septin 10*基因高度同源（99%），在睾丸组织中相对表达量显著高于其他组织。睾丸周长与*Septin 10*基因可作为反映公牛繁殖性状的候选基因。

### （四）肉牛抗病相关基因研究

在中国地方黄牛中，许多抗性基因的研究主要集中在多态性方面，其主要原因是没有找到合适反映中国黄牛抗病的指标体系。黄牛抗病相关基因主要有*MHC*基因家族、TOLL样受体4（*TLR4*）基因、甘露糖结合凝集素（*MBL*）基因和干扰素（*IFN*）基因等。*MHC*基因家族在中国黄牛中具有丰富的多态性。孙东晓等报道，蒙古牛*MHC-DRB*和*DQB*基因在*BoLA-DRB*的第二外显子的第70、第182位的碱基以及*DQB*基因第二外显子的第24、第38、第74、第108、第122、第177位的碱基出现多态。王爱勤等在鲁西牛与渤海黑牛群体中发现了相似规律。

*TLR*基因主要存在于巨噬细胞、树突状细胞中作为膜受体来识别侵袭机体的病原体，传递识别信号，激活核转录因子，参与免疫作用。*TLR*基因与牛结核分枝杆菌病、副结核杆菌病、呼吸性疾病、肠道性感染疾病、乳房炎、口蹄疫感染及败血病等相关。

*MBL*基因在抵御病原微生物侵袭的天然免疫中发挥抗感染分子的作用，*MBL*基因多态性与水牛抗布鲁氏菌病的能力密切相关，其作用机理为*MBL*基因突变导致甘露糖结合凝集素血清水平下降，影响了正常的免疫功能。张永红等研究鲁西牛*BoIFN-α*基因，并获得了具有较高抗病毒活性的重组干扰素产物。蔡进忠等从牦牛和野牦牛基因组DNA中克隆了α干扰素基因，重组后的*BoIFN-α*基因对牛传染性鼻气管炎病毒具有一定的抑制作用。

## 五、肉牛基因组选择育种技术

全基因组选择能够对基因组中的遗传变异和效应进行检测和估计，而MAS仅能对部分遗传变异进行检测，这样容易过高估计其遗传效应；并且肉牛大多数的经济性状都为数量遗传性状，受多个功能基因和突变位点的调控，单一选择一个基因上的突变或SNP很难快速达到预期的育种效果。全基因组选择可缩短世代间隔，加快遗传改良的速度、提高效率、降低育种的整体成本。

家畜育种学中的全基因组选择育种可以定义为利用家畜的系谱、表型信息及已经掌握的全部基因知识对候选群体进行排序与选择的过程，即利用一切有利条件尽早选择家畜，获得最准确的预期后代差异或估计遗传力，同时使用所有标记预测育种值。在肉牛基因组育种方面，中国农业科学院北京畜牧兽医研究所与丹麦阿鲁斯大学合作共同搭建了“肉牛全基因组选择的国际联合数据平台”，建立起我国第一个西门塔尔牛资源群体的相关数据库，用以开展全基因组选择技术研究和肉用西门塔尔牛的新品种培育。目前，西门塔尔牛育种群规模扩到5 000头，核心群规模达1 500头。先后完成了1 885头西门塔尔牛与日本和牛的参考群体的表型及770 K高密度芯片的基因型测定，建成了我国首个肉牛全基因组高密度SNP信息数据库和肉牛全基因组效应图谱。获得了10种全基因组育种值准确估计的新方法，并在这10种方法的基础上开发了《肉牛数量性状基因组选择BayesCPi》V1.0、《肉牛数量性状基因组选择BayesA》V1.0、《肉牛数量性状基因组选择BayesB》V1.0版本等10套软件，并获得了软件著作权。其中，应用BayesB V1.0计算肉用西门塔尔牛主要经济性状基因组育种估计准确度达到0.51～0.88。

西北农林科技大学科研团队开展了黄牛全基因分析及肌肉发育相关剂量效应研究，表明基因组DNA水平的变异在个体表型形成中发挥着重要作用，基因组中存在单碱基变异、序列上的插入缺失、拷贝数变异和染色体水平上的变异。该研究为我国黄牛的遗传选育和转基因育种提供了遗传学基础资料。

## 六、我国肉牛基因修饰技术研究

近几年，随着ZFN、TALEN和CRISPR/Cas9为主的基因组编辑技术的迅猛发展，基因组精准修饰技术正成为研究的前沿和热点。我国自2008年转基因生物新品种培育科技重大专项实施以来，在众多科研人员的共同努力之下，转基因牛与基因修饰牛研究取得了多项突破性的成果。中国农业大学研究团队获得了乳腺特异表达人乳铁蛋白、人α乳清蛋白、人溶菌酶转基因牛以及乳球蛋白和*MSTN*基因敲除牛等。西北农林科技大学团队获得了转人防御素、人溶菌酶转基因牛与抗结核转基因牛等。

### （一）改善肉牛肉质品质

在改善肉牛肉质品质的研究方面，内蒙古大学研究团队构建了人源化的*fat-1*基因表达载体，转染并筛选出转基因阳性细胞，通过克隆技术得到了*fat-1*转基因牛。经屠宰分析，在转基因牛肌肉、脂肪、心脏、肝脏、肾脏、脾脏、肺、胰、脑和真皮等10种器官组织中，n-3多不饱和脂肪酸（PUFAs）的含量比普通对照牛高30%～70%，n-6与n-3之比显著下降（研究表明，对于维持细胞的稳态和正常生长起关键作用的是n-6/n-3的比例，正常细胞的细胞膜和细胞器n-6/n-3比例约为1：1），外源基因显著表达。从血液生理生化指标分析，与非转基因牛相比，*fat-1*转基因牛具有抗肿瘤、促进免疫能力提升的优势。利用转基因牛奶饲喂小鼠后，小鼠的生长、体重与各个器官的重量与对照组小鼠无差异，对于小鼠的繁殖能力也无不良影响。

### （二）促进肉牛肌肉发育

我国几千年的农耕历史，形成了黄牛品种的典型的役用性状，前躯发达，后躯成流线型，臀部肌肉欠发达。远离了役用功能的黄牛，其产肉力远远不及国际上著名的肉牛品种。在一些品种中，如比利时蓝牛和皮埃蒙特牛，部分个体存在明显的双肌臀现象。研究发现，牛双肌臀的出现与*MSTN*基因突变有关。MSTN是一种分泌蛋白，是骨骼肌发生的负调控因子，在发育过程中调控肌纤维形成的最终数目。对*MSTN*基因的缺失突变纯合体小鼠的研究发现，其肌肉发育显著提高，体重比正常野生型小鼠重约30%，单块肌肉重量约为野生型小鼠的2～3倍，骨骼肌纤维的数目比野生小鼠高86%；而且发现*MSTN*敲除小鼠除了促进肌肉组织生长外，脂肪的沉积随年龄的增大明显降低，瘦肉率明显提高。

内蒙古大学科研团队研究结果表明，利用基因组编辑技术对鲁西牛细胞*MSTN*基因进行敲除，所获得的*MSTN*敲除鲁西牛表现出显著的促肌肉生长肉牛前躯与后躯均发达起来，躯体的肌肉块也表现显著。而且，经过敲除的鲁西牛的生精能力与繁殖能力没有受到影响，其后代中也表现出明显的肌肉发达的趋势。过表达*follistatin*的转基因牛也出现明显的肌肉发达现象，表明转基因技术或基因编辑技术可以用于新型肉牛的培育。

## 七、新疆肉牛分子育种现状

目前新疆分子育种技术的应用较少。Li等采用RNA-SEQ技术研究了新疆褐牛与哈萨克牛背最长肌脂肪形成、肌形成和纤维形成的差异表达基因、miRNAs及其调控途径，结果发现FABP4、ACTA2和ACTG2等差异表达基因在牛肉品质中起着重要作用，这也是首次对新疆褐牛和哈萨克牛肌肉组织进行转录组学分析的研究。Chen等将新疆褐牛的50个基因组与世界其他8个品种的基因组进行比较，结果发现新疆褐牛有9.88%的哈萨克牛和90.12%的瑞士褐牛遗传。Bai等分析151头新疆褐牛和138头荷斯坦牛的SNPs或单倍型与体细胞评分的关系以评价*TLR2*基因在乳腺感染中的作用，结果发现HAP5可能在新疆褐牛抗乳房炎中起重要作用。Xiang等在新疆的25头蒙古公牛和8头蒙古母牛的线粒体DNA D-loop区和Y染色体SNP标记上进行了多态性分析，结果发现蒙古牛中最早的驯化和引入可能发生在公元2～7世纪，途经新疆地区的丝绸之路。

新疆是我国畜牧业大省份，牛养殖业是其中的重中之重。新疆具有独特的地理环境，相比内地，新疆环境更加干燥，夏季降水量少而炎热、冬季多雪而低温，紫外线充足。目前新疆肉牛分子育种相关研究较少，主要与以下因素有关：一是新疆地理位置处于我国西北地区，与沿海发达地区相比经济相对落后相关技术手段由沿海地区引入新疆时间较长；二是新疆肉牛繁育基地尤其是大型的、规模化的繁育基地较少，无法为研究提供足够的样本和实验场地；三是与牛等大动物相关的研究往往投入巨大，项目的经费限制了新疆肉牛分子育种研究的进展；四是新疆肉牛分子育种研究主要集中在实验室阶段，没有落实到生产实践环节中，这一问题的出现，与新疆缺少规模化繁育基地和研究经费有一定关系。结合新疆本地独特的地理气候环境，培育具有更多优秀性状的肉用牛品种，是未来新疆肉牛育种工作的主要方向。

## 八、超数排卵与胚胎移植技术（MOET）

MOET是在优质牛繁育中应用最广泛的胚胎工程技术手段，是超数排卵与胚胎移植相结合的生物技术体系。超数排卵（简称超数排卵），就是在目标优良供体发情的适宜时期，施用适量的外源促性腺激素，诱使供体卵巢排出卵子的数量多于正常生理状态下所能排出卵子的数量。MOET在牛繁育中的应用于1978年试验成功。

### （一）胚胎分割技术

胚胎分割是借助显微操作或者手工操作将早期胚胎切割成二份或者多份，然后移植至母体，从而获得多胎的一项生物技术。该技术在动物繁育工作中起着不可或缺的作用。1981年，Willadsen等首先取得了牛胚胎分割的成功，开创了胚胎分割技术在牛繁育中应用的先河。之后的1985年，日本高仓等在奶牛中成功实施胚胎分割技术，获得一卵双胎的荷斯坦奶牛。1987年，我国动物胚胎工程专家、西北农业大学窦英忠教授对奶牛胚胎进行分割实验取得成功。虽然胚胎分割技术操作较为困难，但是该方法在奶牛良种扩繁、良种资源保护利用方面具有重要意义。

### （二）胚胎性控技术

胚胎性控手段包括胚胎性别鉴定X/Y精子分离。胚胎性别鉴定的方法有免疫学HY抗原法、遗传学性染色体特异性DNA探针法和LAMP法等。然而对胚胎进行性别鉴定不仅操作烦琐而且成本很高，因而很难在实际生产中大范围推广应用。X/Y精子分离法相对于胚胎性别鉴定来说较为简单且可行性更强，该方法就是在人工授精之前采用流式细胞仪等平台将X/Y精子分离，根据需要选择富含特定类别精子与卵子结合，从而培育所期望性别后代的技术。X/Y精子分离技术在奶牛繁育中的应用，可选择富含X精子的精液对超数排卵后的供体母牛进行人工授精，可以使母牛产母犊的概率提高一倍。

MOET、胚胎分割、性别控制等胚胎工程技术在培育优质肉牛产业中的成功应用，极大地提高了对良种奶牛的利用率，在增加优良母牛数、培育高质量种公牛、加速优质肉牛遗传改良速度、保护地方畜种资源以及提高进口胚胎利用率等方面发挥着举足轻重的作用。

# 第二节 牛肉肉质改善技术

牛肉具有高蛋白质、低脂肪与低胆固醇以及含有人体所需营养物质等特点，已成为健康且具有较高经济价值的保健型肉食品。牛肉品质通常指牛屠宰后，对鲜肉加工处理后的相关营养、风味和食用价值的理化性状，包括感官特性、安全特性和健康特性，以及绿色、清洁等“无形”的特征。对消费者来说，对牛肉品质的需求包括肉的外观、风味、安全和营养等方面，这些属于牛肉内在的特性。在选购牛肉时，往往依据价格、品牌、标签、产地和分割类型等外在特性来评定指标。对研究者和牛肉产品的生产者而言，评定牛肉品质则需要通过仪器设备对牛肉的各项参数进行测定，主要包括色泽、大理石花纹、嫩度、pH值、系水力、营养成分和脂肪酸组成等，对加工肉还包括各种添加剂的含量等指标。

## 一、不同饲料及添加剂对牛肉品质的影响

肉牛屠宰后的大理石花纹可用来衡量牛肉品质的优劣。大理石花纹也称为肌肉脂肪杂交，代表了牛肉肌内脂肪含量及其分布情况，通常根据肉牛第12～第13肋间脂肪分布情况来判定。牛肉中大理石花纹的等级情况与牛肉的风味及鲜嫩程度有着较为密切的关系，同时直接影响着消费者的感官判断。剪切力则可以反映牛肉肌肉的嫩度，其数值越小，表示牛肉的肌肉纤维越细，嫩度越高，牛肉的口感就越好。郭永兰研究显示，使用苜蓿+全株玉米青贮组合饲喂育肥肉牛，大理石花纹等级较单一全株玉米青贮、花生秧+全株玉米青贮组合显著提高（$P<0.05$）。花生秧+全株玉米青贮组合、苜蓿+全株玉米青贮组合的剪切力比单一全株玉米青贮组低，表明添加花生秧和苜蓿可以提高牛肉的嫩度。这可能与花生秧和苜蓿等粗饲料中含有较多的矿物质和维生素E等具有抗氧化作用的物质有关，在一定程度上提高了牛肉肌肉中的纤维降解酶活性，促进了肌肉的降解速度及熟化作用，进而提高了肌肉的嫩度。牛肉的pH值是评定牛肉品质的关键指标之一，能够较为直观地反映出牛肉的适口性、嫩度、熟肉率及口味等特性。刚屠宰的牛肉pH值一般在6～7，1 h后牛肉的pH值逐渐下降到5.4～5.9，此后随着冷藏时间的延长，其pH值会逐渐升高，当牛肉的pH值在5.3～5.7时，其品质与观感达到最佳状态。郭永兰研究显示，在全株玉米青贮中添加苜蓿作为粗饲料饲喂育肥肉牛能够提高牛肉的品质，丰富牛肉的脂肪沉积，提高其口感与观感。李晓东研究紫花苜蓿青干草对肉牛生产性能、胆固醇代谢及肌肉品质的影响发现，使用苜蓿青干草可以显著降低牛肉中肌肉饱和脂肪酸的含量，增加不饱和脂肪酸的沉积，其中亚麻酸含量得到极显著改善，肌肉多汁性和嫩度变大，提高了肌肉的食用品质。添加苜蓿青干草还可以增加必需氨基酸含量，提高肉的营养价值，特别是改善了肌肉中呈味氨基酸天冬氨酸、丙氨酸、甘氨酸和谷氨酸的含量，显著改善了牛肉的风味。杨光兴等研究显示，乳酸菌制剂与纤维素酶均可改善玉米青贮品质，能够提高肉牛的肉品质，且乳酸菌制剂与纤维素酶联合处理的玉米青贮效果更好。冯兴龙等发现，在育肥牛日粮中添加粗饲料桑叶可以提高牛肉中粗脂肪、粗蛋白质、蛋氨酸、赖氨酸、组氨酸、α-亚油酸及亚麻酸的含量。陈书礼等研究显示，在肉牛日粮中添加燕麦干草可提高牛肉嫩度、肉色和保水性，添加40%燕麦干草对肉品质改善效果更佳。氨基酸含量及比例构成是影响肉品质和风味的重要因子。陈书礼

等研究显示，肉牛日粮中添加燕麦干草能显著增加牛肉中多种必需氨基酸的含量。肌肉中脂肪酸的组成对肉质的影响十分重要，不仅能够确定肉的营养价值，而且对改善肉类食品的风味、提高肉的使用价值和促进人体健康具有重要的意义。燕麦干草的添加显著降低了牛肉中多种饱和脂肪酸的含量，总饱和脂肪酸的含量也显著降低；部分不饱和脂肪酸的含量显著提高，提示日粮添加燕麦干草可降低牛肉中饱和脂肪酸的总含量，增加不饱和脂肪酸的含量，改善牛肉的嫩度、多汁性和风味。燕麦干草的添加可减小牛肉肌纤维横截面积，增大肌纤维密度，提示随着日粮添加燕麦干草的比例提高会减小牛肉肌纤维横截面积，增大牛肉纤维密度，改善牛肉的嫩度，说明在日粮中添加40%燕麦干草改善牛肉品质效果更好。张瑞等研究发现，给平凉红牛补饲牛至精油能够降低平凉红牛半腱肌的嫩度，提高半腱肌的多汁性和适口性，并可提供理想的脂肪酸组成和含量以及丰富的挥发性风味物质，进一步提高牛肉的适口性，当补饲量为130 mg/d时，牛肉的品质最佳。

## 二、日粮精粗比对牛肉品质的影响

不同比例的日粮不仅会影响肉牛的生长速度和屠宰率，也会对肉品质产生重要的影响。根据饲养时期不同，日粮精粗比例也会有所变化，适宜的比例不但能提高饲料转化效率，对于肉品质的改善也有着积极的作用。肉牛在早期饲养阶段主要是骨骼和瘤胃在发育，到中后期是肌肉和脂肪的发育与沉积。为促进肌肉的生长应在育肥中期适当提高精料及优质蛋白饲料的比例。Latimori等发现，在肉牛日粮中添加不同比例的破碎玉米补充料对肉品质会有不同的影响，添加水平为1.0%组的牛肉中不饱和脂肪酸含量高于0.7%组，牛肉营养特性更好。为提高嫩度需在育肥后期适当增加优质粗饲料比例，Lage等研究不同浓缩料添加水平对犊牛肉品质的影响，发现按体重0.8%剂量添加的低水平组犊牛第12肋脂肪厚度和眼肌面积要高于按体重1.0%剂量添加组，且剪切力小，肉嫩度好。Morales等通过只饲喂牧草及补充燕麦和小麦探究不同的谷物饲料对牛肉品质的影响，结果与补饲谷物组相比，单独饲喂牧草组牛肉更加细嫩，颜色较深，脂肪颜色更黄，不饱和脂肪酸比例更高。

## 三、能量饲料和蛋白质饲料对牛肉品质的影响

能量饲料主要是通过影响脂肪沉积对牛肉嫩度和大理石花纹造成影响当日粮中的能量饲料达到一定水平时，牛肉中的饱和脂肪酸含量下降，功能性脂肪酸含量增加，肉品质得到改善。蛋白质饲料可加速肌肉蛋白质的沉积，提高瘦肉率，增加肌肉的系水力，但是会影响脂肪的沉积。因此，合理的能量饲料和蛋白质饲料的比例对于肉品质的提升十分关键，但并不意味着两者水平越高越好。李秋凤等对肉牛提供低、中、较高、高4个不同蛋白质能量水平的日粮，结果不是高蛋白质能量组牛肉品质最佳，而是较高蛋白

质能量组肉的剪切力最小、嫩度最好，不饱和脂肪酸含量显著高于低水平组和高水平组。荆元强等研究结果表明，蛋白质水平为14.8%的日粮比蛋白质水平为12.8%的日粮更能显著提高肉牛的屠宰率、净肉率和肋部及背部脂肪层厚度。郝丹等利用棉粕和豆粕将日粮中的蛋白质控制在12.8%和14.8%两个水平，探究其对牛肉品质的影响，结果与低蛋白质组相比，高蛋白质组的杂牛背最长肌剪切力较大，不饱和脂肪酸含量较高，饱和脂肪酸和风味系游离脂肪酸含量较低。李秋凤等研究发现，当在肉牛日粮精料中加入15%亚麻籽油时，可显著提高牛肉嫩度和系水力，增加肌肉中的亚麻酸含量，降低肌肉pH值，同时亚麻籽油对肉色能起到保护作用。Cleef等在肉牛日粮中添加30%的粗甘油，结果肌肉中的亚麻酸脂肪酸和单不饱和脂肪酸浓度有所增加，但胆固醇含量降低，牛肉风味更好。

## 四、维生素、矿物质及微量元素对牛肉品质的影响

维生素是动物生长发育必不可少的添加剂，肉牛日粮中常添加的有维生素A、维生素D和维生素E这三种维生素对肉品质有一定的影响。维生素A能维持上皮组织的完整程度，抑制脂肪细胞的分化，调节机体内脂肪代谢。维生素A对脂肪含量和分布、脂肪颜色及肉色、肌肉的保水力和嫩度都有影响。万发春在利鲁杂交阉牛日粮中添加不同水平的维生素A，探究其对牛肉品质的影响时发现，当添加水平为1 100 IU时，肌肉的脂肪含量增加，嫩度和风味得以改善，这是由于维生素A在分子水平上改变了相关酶的活性和调节因子的表达，进而影响了脂肪代谢。李军涛研究表明，安泰杂交阉牛日粮中维生素A的最适添加量也是1 100 IU，这一添加水平对牛体背部和肋部的皮下脂肪厚度均有显著影响，对剪切力和系水力也有一定的影响作用。维生素E具有很强的抗氧化作用，能抑制脂肪的氧化，延长肉的保存时间，同时日粮中添加维生素E也可以改善牛肉嫩度和色泽。Zerby等研究表明，给屠宰前的畜体补充500 IU/（头·d）维生素E可以有效地改善肉色，降低肉制品的氧化速度，保证新鲜的颜色。肌肉中维生素E可以抑制氧合肌红蛋白氧化，提高稳定性从而维持肉色稳定性。在动物日粮中添加高水平的维生素E可以提高肉质，保持肉色较长时间不发生变化，因为它可以通过与肌肉内的氧合肌红蛋白竞争脂质过氧化基进而阻止肌红蛋白氧化。Boomberg等研究表明肉牛屠宰前在日粮中添加500 IU/（头·d）维生素E有利于延长零售货架期和减少脂质氧化。牛肉中磷脂含量相对较少，维生素E可以对磷酸酯产生抑制作用，减少异味产生，提高肉品的嫩度，进而提高肉品风味。胆固醇是动物组织细胞必不可缺的物质，含有不饱和双键，极易被氧化。胆固醇氧化会影响食品品质，严重情况下会产生致癌物质，提高细胞毒性，导致动脉硬化。维生素E不能直接使血液中胆固醇减少，但有助于减轻胆固醇对血管危害。日粮中添加维生素E能够有效降低胆固醇氧化产生，提高肉品质。在日粮中加入适量维生素D会降低牛肉pH值使肌肉中钙含量增加，改善牛肉风味和嫩度。

在肉牛日粮中添加的矿物质及微量元素主要有钙、硒、铜、铁、锌、镁。这些元素主要是通过参与机体能量、蛋白质和脂肪代谢从而影响肉品质，不同元素的代谢途径和通路有所不同。Rodasgonzalez等研究表明，肉牛屠宰后注射200 mmol/L的5%氯化钙可在熟化期降低牛肉剪切力，提高牛腰肉嫩度和风味；硒元素可提高牛肉嫩度，延长保存时间。高毅刚研究表明，在延边黄牛日粮中添加水平为0.2%和0.3%的硒锗酵母添加剂可提高外脊和臀中硒含量，降低剪切力，提高肌肉弹性和抗氧化能力。Correa等在肉牛日粮中添加两种水平的有机铜和无机铜，结果表明铜元素可降低饱和脂肪酸和胆固醇浓度，提高不饱和脂肪酸的浓度。铁元素可减少自由基对肉品质的影响，同时有脂肪促进氧化作用，可加速肉的酸败。Spears等研究发现，在安格斯牛日粮中添加有机锌和无机锌均能增加背膘厚度，提高肉品质和大理石花纹等级。

## 五、微生物制剂、酶制剂、植物精油、中草药添加剂对牛肉品质的影响

一些天然添加剂如微生物制剂、酶制剂、植物精油、中草药添加剂等也逐渐被开发利用。有研究结果表明，这些添加剂对肉品质会产生一定的影响。Fugita等将蓖麻籽和腰果精油混合，将牛至油、蓖麻子和腰果精油混合，用天然酵母单独添加三种方式分别对牛的日粮进行处理，结果发现添加两种混合物的牛肉蒸煮损失较低，添加三种混合物的牛肉剪切力较低，能改善牛肉品质。Da等研究发现，在日粮中添加棉籽和保护脂肪结构的添加剂不会影响肉的pH值和嫩度，但肉中脂肪酸比例比较均衡。刘立山等在荷斯坦奶公牛日粮精料中添加精油含量为1%的牛至精油28 g/d，发现牛至精油可保持肉在熟化过程中的颜色，降低牛肉亮度、失水率和蒸煮损失，提高肉品质。焦培鑫研究结果表明，在安格斯阉公牛高精料日粮中添加活性干酵母能提高肉品质。吴道义等研究结果表明，日粮中添加1.5%的中药微生态制剂可提高威宁黄牛杂交牛肉中粗蛋白质和粗脂肪含量，增加大理石花纹等级，改善肉品质。许兰娇等研究结果表明，在湘中黑牛育肥期日粮中添加大豆素可显著降低皮下脂肪含量，并能显著提高背最长肌脂肪含量和大理石花纹等级。张清峰等用黄芪、儿茶、黄精仙鹤草等二十余种中草药配比成饲料添加剂，按1.8%的比例添加至肉牛日粮中，结果肌肉生长和脂肪沉积得到了促进，牛肉的嫩度和大理石花纹等级增加，肉品质得到明显改善。

## 六、新疆肉牛典型案例介绍

植物精油是一种安全的植物性添加剂，具有抗菌、抗氧化、无污染、促生长等特点。薰衣草纯露作为一种新型的饲料添加剂，具有薰衣草精油的抗菌、无污染、促生长等作用。薰衣草纯露中含有樟脑、藏红花醛和长叶薄荷酮等多种抗菌化合物，可以维持肠道内有益菌群，提高饲料利用率，进而促进动物生产。石国旺等以本地新疆褐

牛公牛为研究对象，通过在基础日粮中添加不同薰衣草纯露含量，采用后期品质育肥技术，探究其对新疆褐牛肉品质的影响，选取48头18月龄左右、健康状况良好、体重相近573.20 kg ± 35.75 kg的健康新疆褐牛公牛，随机分为4组，每组12头牛。对照组饲喂基础日粮，Ⅰ组在基础日粮中添加薰衣草纯露0.5%，Ⅱ组在基础日粮中添加薰衣草纯露1.0%，Ⅲ组在基础日粮中添加薰衣草纯露1.5%。采用全混合日粮模式饲喂，每日8:00、18:00各饲喂1次，试验组每天在日粮中添加薰衣草纯露并混合均匀，自由采食和饮水。研究显示，试验组肌肉红度（$a^*$）值显著高于对照组，$a^*$值越高，肉的颜色越鲜红，而肉的品质越好，越受到消费者青睐；试验组失水率显著低于对照组，其中Ⅲ组失水率显著低于Ⅰ组及Ⅱ组。剪切力是评价肌肉嫩度的重要指标，剪切力越低表明肉质越嫩。本试验组剪切力低于对照组，这可能是由于薰衣草纯露促进肌肉中脂肪沉淀，进而提高牛肉嫩度。

## 第三节　肉牛圈舍环境控制技术

肉牛养殖在中国北方地区具有重要的经济价值和社会价值。然而，北方地区冬季寒冷的气候条件给肉牛的生长和健康带来了诸多挑战。我国北方地区属于温带大陆性季风气候，四季气温变化分明，冬季漫长寒冷，气温低于0℃。在这种极寒的环境中，肉牛往往需要消耗更多的能量来维持体温，进而出现生长速度减慢，甚至掉膘的现象，严重时可掉膘25%～30%。此外，极低的温度还会增加肉牛患冻伤、风湿等季节性疾病的风险。这直接影响着肉牛养殖的生产效益和经济收益。

北方地区牛舍存在着舍内保温与通风的矛盾问题。通风量大时，舍内温度下降严重；而如果只追求保温，则会造成通风不足，使牛舍内空气质量恶化，有毒有害气体聚集。环境控制作为畜牧业生产中的重要一环，对于提高产量、扩大经济效益具有重要意义。通过科学合理的环境控制技术，可以为肉牛提供一个温暖、舒适、干燥的生活环境，有利于其生长发育和健康状况的维持。肉牛舍环境控制技术的应用，可以有效降低冬季肉牛的能量消耗，提高其饲料转化效率，减少掉膘的发生率。同时，合适的环境控制还能够减少疾病传播的风险，降低病死率，保障肉牛养殖的稳定运行。我国北方肉牛场通常通过建造钟楼式牛舍、建造防风墙以及供暖等方法来进行牛舍保温；辅以科学合理的通风系统（如热回收通风系统）、清粪方式（如自动刮粪板清粪、铲车清粪、清粪机器人等）来保证牛舍内的空气质量要求。然而，我国北方地区小型散户牛场数量较多，管理方式粗放，这成了阻碍该地区肉牛环境控制技术发展的重要因素。

## 一、影响牛舍环境的因素

### （一）温度

空气温度是影响肉牛生长发育和生产性能的首要因素。对于育肥牛而言，适宜的生长温度通常在5～21℃，且应保证肉牛舍内的温度分布均匀。天棚和地面之间的温度差应在2.5～3℃，墙内表面与舍内温度差应小于3～5℃，墙壁与舍中心温度差也应当在3℃以内。这样的温度分布有助于提供一个温暖、舒适的环境，为肉牛的生长和发育创造良好的条件。当气温低于肉牛的临界温度时，其自身的物理性调节机制无法有效维持体温，因此肉牛需要通过提高代谢率，增加产热来抵御寒冷环境的影响。此时，肉牛的消化率与饲料转化率均会降低，影响生产效益。为了促进肉牛的快速育肥，应尽量将温度控制在10～15℃，以提高肉牛的饲料利用率、促进生长发育，并最大程度地提升经济效益。

寒冷应激环境对不同体重阶段或品种肉牛均有不良影响，主要体现在降低生长性能和营养物质消化率，并改变血液MDA含量、白细胞、淋巴细胞等各项生理生化指标，从而通过淋巴细胞增殖更新减弱对细胞免疫造成的负面影响，在一定程度上改变机体促氧化与抗氧化的平衡，降低免疫力，可能抑制了T淋巴细胞的功能，对机体免疫产生了抑制作用，从而对肉牛的生长和健康造成不良影响。虽然相较于高温环境，肉牛更能耐受寒冷，但仍存在发生冷应激的风险。冷应激会降低肉牛血液中生长激素浓度，降低肉牛抗氧化能力与免疫系统的调节能力，对肉牛的生产性能和免疫力产生不利影响。此外，冷应激还可能导致怀孕母牛流产率和犊牛死亡率增加。因此，在北方地区的冬季饲养管理中，必须采取相应的防寒措施，以确保肉牛能够在适宜的温度范围内生长繁育。

### （二）湿度

湿度也对牛舍内的热环境有着至关重要的影响。湿度作为衡量空气干湿程度的物理量，牛舍空气中的水汽越多，则湿度越高。牛舍内的水汽主要来源于3个方面，分别是家畜的排泄物、潮湿物体的蒸发以及外部空气的进入。

在牛舍管理中，控制湿度在适宜范围内至关重要。当环境温度适宜时，湿度对肉牛的影响相对较小，牛能通过蒸发散热来调节体温，以适应相对较高的湿度。然而，当面临低温高湿的环境时，肉牛体内非蒸发散热的损失增加，显著降低肉牛的抵抗力，增加皮肤感染等疾病的风险，对其健康状况产生不利影响。同时，肉牛的料肉比也会降低。此外，当牛舍内湿度过低时，会增加空气中的尘埃，引起肉牛的皮肤干燥和呼吸道问题。因此在实际生产中，应确保牛舍内的相对湿度不超过80%，适宜为50%～70%。

### （三）通风与空气质量

气流主要通过影响舍内的空气流动，影响畜禽的对流散热和蒸发散热。在适温和低温情况下，气流会使畜体的散热增加，因此低温高风速会加剧冷应激。但风速若为0 m/s，则畜舍内的通风则会受到负面影响，易造成有毒有害气体的聚集。通常认为，冬季牛舍内气流速度应为0.1～0.2 m/s，但不应超过0.25 m/s，以兼顾保暖与通风的需求。

牛舍中主要的有毒有害气体包括氨气、二氧化碳、硫化氢等。氨气主要来源于肉牛粪尿、饲料残渣与垫料分解，会降低牛只抵抗力，刺激黏膜和眼睛，造成呼吸系统疾病，严重影响生产性能。二氧化碳主要来源于呼吸作用，高浓度的二氧化碳会引起畜禽缺氧，降低抗病力与生产性能。根据中华人民共和国农业行业标准《畜禽场环境质量标准》（NY/T 388—1999），肉牛舍的氨气浓度应小于20 $mg/m^3$，二氧化碳浓度应低于1 500 $mg/m^3$。

在寒冷的冬季，尤其应当注意防范“贼风”，它是通过门窗缝隙侵入的低温、高湿、高速的气流。贼风入侵会导致肉牛出现严重的冷应激反应，对肉牛的健康和生产性能造成负面影响。因此，在牛舍设计和饲养管理中，应采取适当措施防止贼风的侵入，确保牛舍内的气流环境稳定和舒适。

### （四）光照

光周期是动物一天内暴露在光线下的持续时间。长期以来，光周期被视为影响畜禽生长与繁殖的重要环境因素。光照可以通过视网膜刺激视觉中枢，促使下丘脑分泌促性腺激素释放激素，进而影响垂体前叶的促性腺激素分泌，间接调控相应的性腺、肾上腺的分泌活动。除了下丘脑—垂体—肾上腺轴外，光照还可以作用于松果腺，通过褪黑素来影响催乳素（PRL）、胰岛素样生长因子（IGF-1）等激素的分泌，进而调控生物节律。

牛属于常年发情动物，因此认为光照对其繁殖影响较小。然而，光周期仍然对性成熟、怀孕和分娩起到间接作用，适当的光周期可以促进小母牛的生长速度，并增强其繁殖能力。在公牛性成熟期间，光照可以调节肉牛促性腺激素的分泌，促进睾丸分泌雄性激素，从而影响肉牛发情的时间。然而，目前关于光照的研究主要集中在奶牛上，因为通过给予奶牛额外的光照，可以直接增加其采食量和产奶量，带来可见的经济效益，但对肉牛的光照研究相对较少。

有研究表明，增加光照并不会改变肉牛的采食量和生长速度，也不会对其日增重和胴体成分产生影响。然而，最近对锦江牛的研究结果显示，16 h的光照可以增加锦江牛的采食量和平均日增重，促进其脂肪沉积，且较长的光周期可以促进生长激素和IGF-1分泌，同时减少锦江牛的站立时间和活动量，从而为其提供更多的生产所需能量。这表明肉牛对光照的需求和适应性可能因个体差异和品种特性而异，其背后的机制仍需要进一步深入研究。

### （五）噪声

若养殖场规划建造不合理，则易造成养殖场噪声超标。养殖场的噪声通常包括场外车辆鸣笛声、场内机械运动发出的声音以及生产过程中产生的声音。长期处于噪声超标的环境中，牛的听觉器官会发生特异性病变，表现出食欲不振、惊慌和恐惧，其繁殖、生长和增重性能也会受到影响，严重的情况下肉牛行为会发生改变，甚至引发母牛流产和早产。一般要求牛舍的噪声水平白天不超过90 dB，夜间不超过50 dB。在牛场选址建造的过程中，应当充分考虑自然和社会条件，远离居民区和工业企业，场内区域应该做到科学有效划分，生产管理过程中要尽量减少机械转动噪声对牛生长发育造成的不良影响。

## 二、冬季牛舍环境调控技术

### （一）供暖保温技术

中国北方地区地域广阔，不同纬度冬季气候不同，因此环境控制特别是温度方面的控制方式存在差异。东北地区冬季温度可达到-30℃以下，而河北、河南等中东部地区的冬季最低温度约在-10℃。目前已有的冬季供暖保温方面的研究技术多集中在东北和内蒙古等冬季较为寒冷的地区，主要采取增强围护结构、相变材料、防风墙、供暖设备等来进行保温，也可给犊牛穿衣来实现犊牛的保暖。而在河北、山东、山西、河南等中东部地区的冬季，多采取提供恒温饮水的方式来抵御寒冷。不同设施的保温效果不同，这取决于牛舍结构、管理方式、养殖密度和设备参数等多种因素。目前，肉牛舍冬季常用的供暖保温措施，包括增强围护结构、恒温饮水系统、防风墙、太阳能供暖系统及提高犊牛垫料更换频率等方式的保暖。不同设施的保温效果不同，这取决于牛舍结构、牛的不同生理阶段、管理方式、养殖密度和设备参数等多种因素，但主要是通过减少环境温度与牛本身的生理温度来减少冷应激，提供更加适宜肉牛生长的畜舍环境，从而提高肉牛生产性能。

在北方寒冷地区肉牛养殖时，牛舍建筑结构首先应当考虑御寒因素。根据赵婉莹等的研究结果，即使采用可封闭式卷帘进行保温的情况下，开放式牛舍的温度仍无法达到标准要求。因此，在寒冷地区应避免采用开放式牛舍的建筑结构，而应选用半封闭式或封闭式牛舍。另外，孙妍等研究表明，与传统的双坡式砖混结构牛舍相比，钟楼式彩钢牛舍的保温性能较差，但通风效果更好，并能保持适宜的湿度、风速、二氧化碳和氨气浓度。考虑到北方地区的寒冷气候条件，钟楼式彩钢牛舍搭配适当的保温措施，被认为是一种较为适合的选择。王美芝等建议，中国西北地区的肉牛舍首选塑料膜卷帘窗，并使用单层彩钢板屋顶或传热系数为1.0 W/（$m^2$·K）的彩钢夹芯板，屋顶天窗采用阳光板，并采用10～15次/h的通风率，以满足西北地区的肉牛需求。

相变材料（PCM）是一种新型材料，具有在白天吸收和储存多余热量，并在夜间释放的特性，这种调节热量的能力有助于提供适宜的温度环境。研究表明，在牛舍的建造过程中采用相变材料可显著提高牛舍温度，并降低相对湿度，有效改善舍内的温热环境。借鉴日光温室的研究经验，可以将相变材料与水泥、砂子等建筑材料混合，制成标准的空心蓄热保温砌块。这些砌块可以应用于肉牛舍的外围护结构中，以实现良好的保温效果。

防风墙是一种有效减少西北地区围栏育肥牛场热量损失的结构，可以降低风速与冷空气的侵入，减少肉牛的体热损失。研究表明，安装防风墙后，在水平遮蔽距离10倍墙高的范围内可降低40%～70%的风速。当肉牛体重为480 kg，风冷指数为-15.61时，防风墙可以将风冷指数降低到-9.00，极大程度减少了热量损失。因此，对于西北地区的围栏育肥牛场来说，安装防风墙是一项有效措施。

供暖技术与设备的选择对于肉牛舍的保温供暖至关重要，其中地暖系统和辐射式加热器是常见的供暖技术和设备。地暖系统通过地板或地面辐射热量，使整个舍内空间均匀受热，提供舒适的温度环境。辐射式加热器则通过辐射热量的方式，将热量直接传递给周围空气和物体。有研究指出，在饲养栏铺设低温热水地面供暖系统后，地面温度和空气湿度显著提高，而空气温度、二氧化碳和氨气浓度无显著变化。这种方式可以显著提高犊牛的日增重，同时提高腹泻治愈率。此外，根据杨萍的试验，牛舍采用顶部红外线辐射供暖的防寒效果和工程投入优于地面辐射供暖，特别适用于低屋顶横向通风（LPCV）牛舍。杨萍的研究还建议，当室外气温低于-1℃时，应采用卷帘保温防寒方式；而当气温持续下降低于-5℃时，应在卷帘保温的基础上增加供暖设施，以更好地满足保温隔热的要求。这些供暖措施可以有效应对寒冷环境，确保牛舍内部的温暖和舒适。

为肉牛提供恒温的饮用水，对于肉牛的生长发育具有积极的影响。有研究表明，提供20℃温水的恒温饮水装置，同提供4℃凉水的牛舍进行对比，发现肉牛增重差异极显著。陈佳琦等研究结果表明，在西北地区给肉牛饮10℃的温水能显著提高肉牛日增重。研究还发现，恒温饮水装置能提高牛的近瘤胃体表温度与肉牛日增重，明显改善肉牛饮用冷水造成的冷应激，且水温为16～18℃时增重效果更好。贾爽等进行的研究表明，与电加热的恒温饮水系统相比，太阳能加热的恒温饮水系统在水温和肉牛日增重方面没有显著差异，但能够节省54.14（kW·h）/d的电能，从而降低养殖成本。此外，贺腾飞等的研究证明，在冬季采用加热水围栏育肥模式能够显著提高肉牛的生长性能并节约建筑成本。总之，使用太阳能作为能量来源，为北方地区的肉牛提供恒温饮水，是一项重要的环境控制措施。

犊牛马甲是一种特殊的背心状衣物，外部采用防雨面料并包含一个棉质内胆，常用于犊牛的冬季保温。这种方式可以在不增加过多成本的情况下保证犊牛健康生长，也可最大限度地对犊牛背、腹部起到保暖作用，多用于东北地区。有研究表明，穿戴马甲的犊牛在瘤胃臌气、腹泻和呼吸道疾病的发生率方面总体减少了17.52%，治疗费用降低了77.30%。这意味着在不增加过多成本的情况下，犊牛的健康生长得到了保证。由此可见，犊牛马甲也是一项有效的保温措施。

### （二）通风技术

控制通风、铺加垫料和增加清粪次数能显著改善舍内空气质量，提高肉牛舍内的最低气温，更适合冬季气温低于-10℃的寒冷地区。研究发现，180～267 kg的肉牛饲养密度为3.6 $m^2$/头时生产性能最佳，当饲养密度进一步增加时，肉牛体表清洁度和舍内有毒有害气体浓度均会恶化。在饲养密度为4.5～9 $m^2$/头的条件下，每4 d更换一次垫料能够显著改善舍内空气质量，提高犊牛体表清洁度，降低犊牛腹泻率，并且比每2 d更换一次垫料成本更低，更适合犊牛需要。

热回收系统可以收集和利用肉牛舍内部产生的废热，如动物呼吸、粪便发酵等，用于加热舍内空气。研究发现，热回收通风系统可显著降低二氧化碳和氨气浓度，同时提高舍内新鲜空气温度，有效缓解冬季养殖中通风与保温的矛盾，在低温高湿地区的使用效果更优。也有研究发现，自然通风自动控制系统可以提高牛舍通风量，降低牛舍内二氧化碳和氨气浓度，但对肉牛增重无显著影响。这一系统在舍内外温差19～40℃的地区通风效果显著优于自然通风。

### （三）照明技术

鉴于对肉牛光周期影响的了解尚不充分，肉牛舍的照明在实际生产中缺乏统一标准。由于肉牛和奶牛属于同一物种，只是生产性能有所不同，因此可以参考奶牛的光色和照度要求。根据采光系数考虑，肉牛舍的窗户面积应大于墙壁面积的1/4，以满足1：（12～16）的采光系数标准。同时，牛舍的照度应保持在200 lx以上，并避免使用蓝光，因为牛具有2种视锥细胞，对红光敏感，对蓝光不敏感。在实际生产中，可以选择具有红光的LED灯，以兼顾节能的目标。另外，考虑到牛的视觉深度有限，缺乏强烈的三维立体感，牛舍的照明需均匀分布，避免明暗交替。为了满足防尘防水和避免频闪的要求，选择专用于牛舍的LED灯，是一项便捷的环控措施。

### （四）光伏技术

光伏技术是指利用光伏电池的光生伏特效应，将太阳辐射能直接转换成电能的发电系统。利用闲置的养殖场建筑屋顶建设光伏并网发电，可以将太阳能作为能量来源，实现对畜舍温度、湿度、空气和光照的自动调节，满足家畜对环境的需求，是实现绿色能源、生态养殖的新技术。徐艳林提出了一种光伏—温差—沼气能联合发电方式，将光伏与温差复合的PV-TE发电系统与建筑一体化技术集成为BIPVT技术，通过整流逆变等操作将这3种发电方式整合后接入畜舍，可以为畜舍提供更多能量输出，有效解决畜舍高能耗和高污染问题，为规模化牛场新能源发电提供了思路。在实际生产中，优然牧业“牧光互补”项目引入BIPV光伏组件来替代传统的牛舍顶棚材料，可以为牛舍提供40%的用电量，光伏板还能起到隔热作用。总之，北方牛舍可通过建造光伏装置实现养殖场的绿电化，践行国家碳达峰、碳中和的减排目标。

#### （五）智慧环控技术

现阶段，智能传感、人工智能等技术逐步应用于畜禽养殖领域中，人们借助软硬件设备的功能支持，将现有的环境调控技术同物联网智能化感知、传输和控制技术相结合，可以实现对养殖环境的全天候、持续化的监测感知与调控，以确保为肉牛创造出适宜的生长环境。人工智能技术应用于肉牛产业中，可以实现精准营养，识别疾病、行为等功能，提高牛场的生产效率。关伟等设计了一种温度检测系统，通过单片机AT24C16及其各种接口电路来实现牛舍内温度的检测。冷康民设计了一种通过ZigBee无线通信技术组建的传感器网络，可以通过无线网络将牛舍内传感器的数据传输到上位机，再通过上位机控制系统对牛舍内环境参数进行处理分析，以控制风扇、喷淋器等设备的开启和关闭。目前，肉牛的智能养殖在我国还处于探索阶段，缺乏相应的人才团队、技术和装备支撑，对不同地区、不同肉牛品种、不同饲养模式不能有效匹配，仍需要进一步发展。

## 第四节　粪便昆虫治理综合利用技术

随着规模养殖业的快速发展及国家对环境保护力度的加强，如何资源化处理畜禽养殖产生的粪便成了畜禽养殖业可持续发展的热点问题。处理畜禽粪便最常用的方法是有氧堆肥，为了解决常用堆肥方法周期长、处理技术单一的问题，目前许多科学家致力于昆虫转化畜禽粪便的研究，旨在消除污染的同时，以禽畜粪便为底物生产昆虫蛋白源饲料。目前研究中，利用昆虫治理畜禽粪便采用的种类主要有蚯蚓、黑水虻、蝇蛆、蛴螬、黄粉虫和蜣螂。昆虫治理技术不仅降解畜禽粪便中的重金属有害物而且利用后的虫沙有机质含量依旧很高，仍然具备生产有机肥的潜质。此外，昆虫体内富含粗蛋白质、氨基酸和脂肪酸等营养物质，综合利用潜力高，可利用转化高蛋白质饲料、开发昆虫药用价值、提炼生物油等途径。

### 一、黑水虻在畜禽粪便处理中的应用

黑水虻属于双翅目水虻科，广泛分布于北纬45°到南纬40°之间的温热带地区，且在

我国的湖北、湖南、广东、广西、云南、贵州和台湾等地区也有广泛分布。黑水虻幼虫（BSFL）具有采食范围广、抗逆性强、繁殖速度快及耐腐生性等优点，能够在有机废物（如粪便、餐厨垃圾和酿酒副产物等）中生存，同时将废物中的有机质转化为自身营养物质，是粪便资源化利用的良好载体。在畜禽粪便综合治理技术中得到广泛的应用。

### （一）控制BSFL接种量

传统堆肥方法的周期较长，夏季需要至少2个月才能使粪便腐熟，冬季则需3～4个月。为了加速堆肥的过程，人们寻求高效分解剂，从而缩短堆肥过程，BSFL就是其中一种。BSFL可以有效地将粪便转化为肥料，同时保持加速堆肥的过程并提高最终堆肥的质量。研究发现，BSF通过以畜禽粪便、餐厨垃圾为食，可转化为蛋白含量丰富的BSFL，具有生长速度快、转化率高的优势。Liu等将BSFL接种到3种不同类型的粪便中，以未接种BSFL的3种粪便作对比，堆肥9 d，结果表明，BSFL的接种改善了总养分和有机质的降解，BSFL堆肥对有机质的降解率为20.31%～22.18%，显著增加了总磷、总凯氏氮和总营养素。BSFL作为高效转化剂用于将有机肥料转化为稳定堆肥，特别适用于发展中国家，同时，研究发现，利用BSFL堆肥可显著增加粪便的分解量。Bortolini等将BSFL接种到鸡粪中，结果发现BSFL可以极大减少鸡粪的初始量，初始鸡粪质量减少了75%以上，并有利于其作为昆虫生物量和类似堆肥剩余物的总回收和利用，从而BSFL堆肥成为清洁、可持续管理鸡粪的有用工具。

BSFL被用作不同肥料堆肥的接种物，可以加速堆肥过程并提高最终堆肥质量。适量的BSFL接种量可加速堆肥的分解速率。接种量过高或过低，BSFL分解畜禽粪便的效率都会受到影响。接种量过低，粪便里的有机质分解不完全；接种量过大，粪便里的有机质可完全被分解，但需要耗费更高的成本。钟志勇等将孵化好的9日龄BSFL按不同投放量（0.3 g、0.35 g、0.4 g）接种到5 kg新鲜鸭类中，待5% BSFL蛹化时结束试验。结果显示，处理1 t鸭粪，BSF适宜投放量是60～70 g虫卵对应的幼虫。陈海洪等将不同投放量的3龄（7～8日龄）BSFL（0.8 g、1.0 g、1.2 g）接种到10 kg新鲜猪粪中，结果显示，0.8 g BSFL处理组的各个指标均高于其他处理组，对猪粪的利用率最高。

### （二）根据粪便型调整粪便用量

不同的畜禽粪便含有不同的营养成分，因此，利用BSFL处理粪便时，为得到最大的粪便分解量，需要根据粪便类型调整粪便用量。Myers等每天给300头4日龄的BSFL分别喂食27 g、40.54 g、70 g牛粪，结果发现，每天饲喂27 g牛粪的BSFL，可使粪便干物质质量减少58%，而每天饲喂70 g牛粪的BSFL，粪便干物质质量仅减少33%。Miranda等给300头4日龄的BSFL喂食27 g和40 g牛粪，结果表明，饲喂更多牛粪的BSFL发育时间缩短了，从幼虫发育到成虫的体重也增大了，但减少了资源消耗，干物质的减少量降低了22%；同时还发现，整个饲喂率的差异较显著，可能是由于密度

（100头幼虫对300头幼虫）和进食频率（每天或隔天进食）的差异所致。因此给BSFL提供适宜的粪便含量还需考虑饲喂密度和BSFL的进食频率。杨安妮等采用单因素实验设计不同比例的鸡粪饲料，发现BSFL对20%的鸡粪的消耗最大，对100%鸡粪的消耗反而最低。马加康等用含不同比例的新鲜鸭粪饲养4日龄BSFL，结果发现鸭粪含量为0%～60%BSFL对粪便消耗及利用率均随着鸭粪含量的增加而增加，而鸭粪含量在70%以上时，粪便的消耗逐渐减少，得出鸭粪添加量在60%时，BSFL对鸭粪的消耗达到最大。Rehman等建立了6种不同比例的牛粪和鸡粪混合物（DM0、DM20、DM40、DM60、DM80、DM100），其中DM0仅含有鸡粪，DM100仅具有牛粪，分别将6日龄的BSFL接种到粪便混合物中进行共消化，结果显示各种粪肥混合饲料中粪便质量减少的百分比显著增加。牛粪和鸡粪混合为BSFL带来更好的消化性能。在共消化的混合物中，DM20和DM40比其他肥料混合物显示出更好的结果，以40%牛粪和60%鸡粪混合（DM40）最佳，DM40既满足对营养丰富的幼体产量的要求，又满足有机物质量的降低要求。牛粪与鸡粪共消化提供了一种同时管理多种废物流的方法，同时有利于畜禽粪便干物质的减少和生物转化，以及提高BSFL存活率并缩短开发时间。

### （三）利用黑水虻与细菌共转化粪便

黑水虻和细菌建立有效的粪肥共转化过程，可以大大缩短畜禽粪便的堆肥时间，细菌可促进粪便的转化和减少粪便量。Xiao等通过将BSFL和从BSFL肠道分离出的枯草芽孢杆菌BSFCL菌株进行共转化，接种6日龄BSFL和含BSFCL的鸡粪共转化13 d产生衰老幼虫，然后进行11 d有氧发酵，再接种分解剂使其成熟。结果显示，与对照（无BSFCL）相比，BSFCL接种组鸡粪减少率增加了13.4%。与未分解剂组相比，接种分解剂的残渣成熟度更高，接种有分解剂的残留物更适合作为有机肥。BSFL及其协同细菌对鸡粪的共转化和分解剂的需氧发酵都仅需24 d。与传统堆肥工艺相比，共转化工艺大大缩短鸡粪的堆肥时间，同时肠道细菌促进粪便转化和减少粪便。Rehman等认为，牛粪和鸡粪的比例为2∶3（DM40）时对BSFL生物量增加和粪便减少具有良好效果。研究DM40与6株外源细菌的相互作用，结果表明，与仅使用BSFL进行转化的处理组相比，加入MRO2菌株（6种外源细菌之一）的最高干废物质量减少率为48.77%，MRO2菌株和BSFL的相互作用可增强DM和CHM的生物转化。Lorenzo等从BSF中分离出9种细菌（FEO1～FEO9），并从幼虫肠道中分离出1种BSFCL。将这些伴生细菌与BSFL一起接种到鸡粪中，结果表明，几乎所有细菌中的单个细菌均显著促进BSFL生长。但用粪便中的FEO1、FEO4、FEO8和BSFCL与对照组相比，粪便减少率更高；当伴生细菌以FEO∶FEO4∶FEO8∶BSFCL＝1∶1∶1∶4比例混合时，最大粪便减少率达到52.91%。伴生细菌帮助BSFL减少粪便污染，优化混合细菌和BSFL的共转化可提高转化效率。肖小朋等对鸡粪堆肥和猪粪堆肥中的细菌进行分析，将筛选到的多种细菌分别接种到无菌鸡粪中与自主驯化培育的武汉BSFL共转化，结果表明复配比例为R-07：R-09：F-03：F-06＝4：1：1：1时效果最好，与空白对照相比，鸡粪减少率增加了7.69%，证明通过添加筛选优化的非水虻来源的微生物复合菌剂能够促进水虻高效转化鸡粪。

### （四）调控粪便处理的适宜环境条件

BSFL有促进畜禽粪便分解的功能，为了获得最大的畜禽粪便分解量，需要给BSFL提供一个良好的生长环境以促进畜禽粪便分解。BSFL的处理效率受底物特性的影响很大，环境条件极大影响幼虫的发育以及废物与生物量的转化率。关于BSFL的适宜生长条件，Singh等认为在温度27℃、相对湿度70%、pH>6、畜禽粪便水分含量在40%～60%的条件下，最适合BSFL的发育和生长，此时BSFL存活率最高，畜禽粪便的干物质减少量也达到最大。袁橙等研究4日龄BSFL在不同温度（25℃、28℃、30℃）下处理不同含水量（70%、75%和80%）猪粪的效果，结果表明，当温度为28～30℃、粪便含水量为75%时猪粪处理效率较高，粪便在第10天后即可结束处理。雷小文等探讨利用BSF资源化处理集约化鸡场养殖废弃物技术，结果显示，BSF虫卵最佳孵化条件为环境温度30℃、相对湿度80%，处理废弃物时间为7～10 d。适宜BSF生长的环境，能促进畜禽粪便的分解。

## 二、蝇蛆在畜禽粪便处理中的应用

蝇蛆为苍蝇的幼虫，体呈白色，是一种生命力强养殖周期短的腐食性昆虫。达到预蛹期时粗蛋白质含量高且含有一定的糖分物质，是一种优质的蛋白源。刘海龙利用蛋鸡粪便养殖蝇蛆，发现蛆可以快速降低鸡粪的臭气排放，蝇蛆处理后的鸡粪总能降低，其中钙和磷元素降低明显，说明钙和磷元素是蝇蛆生长必需的微量元素，同时发现鸡粪中粗蛋白质和粗脂肪含量增加，证明蝇蛆可有效将粪便中其他物质通过生理作用转化为蛋白质和脂肪。黄学贵等利用猪粪、鸡粪、牛粪按照不同种类、含量配比饲养蝇蛆，并探究了饲料中不同蝇蛆添加量对肉鸡生长效果的影响，发现猪粪组养殖蝇蛆的平均体重和总重量均为最优值，指出蝇蛆对猪粪的降解能力最强，而蝇蛆添加量为5.0%时对肉鸡的生长增效最优。郭瑞萍等在料中添加蛆蛋白粉喂养肉鸡，研究结果表明，添加蝇蛆蛋白粉提高了肉鸡肉质中水分、蛋白质和矿物质的含量，同时降低了脂肪的含量，添加蝇蛆蛋白粉饲养可以有效改善鸡肉的品质。

## 三、蛴螬在畜禽粪便处理中的应用

蛴螬按其食性可分为腐食性、粪食性和杂食性，利用腐食性蛴螬对哺乳动物粪便的喜食性，将蛴螬养殖技术与畜禽粪便治理技术相结合，提升畜禽粪便利用率。翟娜等研究结果表明，马粪或牛粪是大多数粪食性金龟甲理想的栖息生境，同时也是取食和生长的场所。康露等利用牛粪养殖，指出接种蛴螬对堆肥过程堆体温度、pH值和氨元素含量有显著影响，而由于蛴螬消化液为碱性，因此，经处理后的牛粪也呈现出碱性，是治理畜禽粪便仍待解决的问题。蛴螬达到预蛹期时体型肥大，富含大量有机活性物质，具备开发药用价值的潜力。张海英等利用酶解法提取其中的抗氧化肽，其总抗氧化能力为0.752 mol/L，具备优异的医学药用价值。

## 四、黄粉虫在畜禽粪便处理中的应用

黄粉虫又称面包虫，常用作名贵捕食性观赏鱼类的主要饲料，也适用于部分家禽类宠物。由于黄粉虫喜阴暗、食性杂，使得利用畜禽粪便养殖黄粉虫成为可能。熊晓莉等利用鸡粪养殖黄粉虫，研究黄粉虫的生长情况和重金属积累情况，结果显示，将鸡粪发酵处理后养殖的黄粉虫生长效果最好，体内矿物质含量增加，重金属积累较少，并指出采用发酵处理后的鸡粪中的重金属毒性明显降低，是一种有效的预处理方式。陈建兴等以驴粪作为辅料饲养黄粉虫，通过对比试验发现驴粪的含量对成虫的长度和成蛹质量影响不显著，并指出驴粪在配料中含量越高越容易导致黄粉虫死亡。因此，在采用黄粉虫治理畜禽粪便时应考虑其生物适应性，目前可采用的措施是将畜禽粪便与秸秆或稻草复配饲养黄粉虫。

## 五、蜣螂在畜禽粪便处理中的应用

蜣螂主要以动物粪便为食，具有较强的生命力，在畜禽粪便治理方面有良好的应用前景。Martinez等研究牧场中蜣螂对畜禽粪便的降解效果，发现通过蜣螂的生理活动，加速了粪便的降解过程，提高对土壤施肥效果，并减少臭气和污水的持续排放。陈建军等在养池中投入不同种的粪便饲养蜣螂，发现猪粪中蜣螂的产卵量较多，更适宜养殖蜣螂，证明了蜣螂集中治理畜禽粪便的可行性。

# 第十章
# 肉牛的福利养殖技术

动物福利（Animal welfare）是指动物适应其所处环境，满足基本的自然需求，广泛享有免受饥渴与营养不良、免受各种不适、免受各类伤痛与疾病、能自由表达天性、免受各类恐惧与焦虑。动物福利也是动物作为一种生命存在所享有的最基本的权利。一般来说，动物福利可以分为三个层次，一是动物的身体健康状况，二是动物的情感感知状况，三是动物天性的表达。动物福利不仅涉及伦理问题，还关系到动物源性疫病的防控及动物源性食品安全的保障，并对生态环境有着重要的影响，存在较强的外部性，是现代生态文明的重要体现。动物福利一直是受到大众和养殖场关注的热点问题。良好的动物福利不仅影响养殖业发展的基础，也是畜牧业可持续发展的必要条件。随着近年来食品安全问题的出现，使得动物源性疾病的防控比以往更重视，主要体现在，养殖业的各个环节更加重视动物的生长环境，关注动物的疫病与健康，增强动物抵抗力，减少动物源性疫病的发生，减少人类感染人畜共患病的风险。

## 第一节 肉牛福利概述

动物福利包括物质（身体）和精神两个方面。物质方面是指食物和饮水。精神方面包括适宜的生活环境，免受疼痛之苦，免受惊吓、不安和恐惧等精神上的刺激。当必须处死时，采用安乐死的措施等。我国学者认为“动物福利”应与国际上普遍认可的“五项基本福利”相吻合，这五项基本福利内容如表10-1所示。舒适的生存环境条件是实施动物福利的基础，肉牛养殖生产中，养殖者应该强化动物福利意识，在饲养管理、营养、防病、运输、应激、屠宰等各环节引入动物福利原则，给饲养的肉牛创造一个良好的饲养环境，最大限度地创造人、动物与自然的和谐环境，提高动物的福利，造福民众健康。

表10-1　动物福利的五项基本内容

| 项目 | 项目要求 |
| --- | --- |
| 基本福利一 | 为肉牛提供适当的清洁饮水，保持健康和充沛的精力所需要的营养物质，使肉牛不受饥渴之苦（吃、喝） |
| 基本福利二 | 为肉牛提供适当的圈舍和或栖息场所，能够舒适地休息和睡眠，使肉牛不受困顿不适之苦（住、息） |
| 基本福利三 | 为肉牛做好防疫，预防疾病和给患病动物及时诊治，使肉牛不受疼痛、伤病之苦（无病痛） |
| 基本福利四 | 保证肉牛拥有良好的条件和处置（包括宰杀过程），使肉牛不受恐惧等精神上的痛苦（无惊吓） |
| 基本福利五 | 为肉牛提供足够的空间、保持生理习性的活动设施，与同类动物伙伴在一起，使肉牛能够自由表达正常的习性（生存自在） |

## 一、饲养方式

肉牛主要饲养方式分为放牧和舍饲。放牧饲养是肉牛生产中最为常见且实用的一种生产方式，这种方式不仅遵循育成阶段肉牛生长发育规律，还节省了大量的人力物力，提高肉牛养殖的经济效益，舍外放牧时，必须给予牛群保护，使其免受恶劣天气、捕食者及危害健康的其他因素的影响。舍饲是将牛饲养于有圈舍的场所内或圈舍内的饲养管理方式，应制订一个适合不同年龄和品种牛要求的饲喂计划，除治疗和防疫处理期外所有的牛只每天都应能获得充足、营养、卫生的饲料，并随时可以获得充足、新鲜的饮水。饮水和饲喂设施应在牛群中合理分布，以确保不存在争抢问题。所有的牛都需要平衡的日粮以维持健康和满足生产需要。集约化程度较高的畜牧业均采取舍饲制；较粗放的畜牧经营，特别是草食家畜，多为春夏秋放牧，冬季舍饲，即“放牧+舍饲”模式。

研究人员在内蒙古锡林郭勒盟的克氏针茅+羊草为主的典型草地上，选取48月龄的健康西门塔尔牛20头，随机分为2组，试验组冬季舍饲，给予干草和精料，对照组全年舍饲，测定肉牛生产性能和草地生产力，结果表明，冬季舍饲组肉牛生产性能指标均高于对照组，草地生产力也高于对照组。冬季舍饲可减少家畜能量的消耗，提高个体生产性能，从而使整个畜群向着优化的方向发展；同时还可增加草地生物量，改善草场环境。该试验中，牛冬季掉膘最多时冬季舍饲组比全年舍饲的对照组平均每天每头少掉膘

0.011 kg。在冬季饲草料相对短缺的时期，牧户必须考虑生产收入的稳定性，适当减少家畜数量，利用作物栽培区饲料进行舍饲，建立资源互补效应，提高资源利用率；西门塔尔母牛在冬季舍饲条件下，能适应当地的气候条件，并在减畜的情况下，其收入水平基本与全年舍饲的对照组持平。

另据报道，在内蒙古东部地区选取体重400 kg的健康西门塔尔公牛，测定两种饲养方式条件下肉牛的生产性能和肉质指标等，结果表明，舍饲组牛在应激反应、脂质代谢、免疫机能、肉质等方面指标低于放牧组，放牧组生产性能指标低于舍饲组。阿依努尔·托合提等选用50头体重相近（330 kg左右）、月龄相同（12月龄）、未去势的健康西门塔尔公牛，随机分为散栏组和拴系组，每组25头，分别于2012年10月、11月、12月及2013年1月、2月进行体重、血清部分激素和神经递质水平的测定。结果表明，散栏组日增重显著高于拴系组；散栏组血清激素中生长激素（GH）、甲状腺素（T4）、睾酮（T）、雌二醇（E2）、促黄体素（LH）含量均显著高于拴系组，生长抑素（SS）含量在试验后期极显著低于拴系组。说明与拴系饲养方式相比，散栏饲养方式能提高西门塔尔牛的日增重。赵育国报道，将16头西门塔尔肉牛随机分为两组，拴系组和散养组，在84 d的试验期结束时屠宰，测定肉牛的屠宰性能和肉品质。结果表明，散养组肉牛的日增重、日采食量、饲料转化率均略高于拴系组；肉牛营养物质表观消化率好于拴系组，部分指标间差异显著；2组间免疫球蛋白含量差异不显著；肉牛屠宰性能指标中宰前活重、屠宰率、净肉重等指标拴系组高于散养组，大网膜脂肪重、背膘厚、肾脂重等指标散养组低于拴系组，散养组眼肌面积显著高于拴系组；拴系组肉色等级和大理石花纹高于散养组，散养组熟肉率显著高于拴系组；散养组肉的粗蛋白质含量比拴系组高15.94%，但两组间营养成分指标和肉中氨基酸组成和含量均差异不明显。说明散栏饲养能够提高肉牛生产性能、屠宰性能及肉品质。

综上所述，为维持肉牛体重和健康状态，规模化养殖肉牛可用舍饲，舍内采用散栏方式饲养；如在牧区，可采用冬季舍饲以加强营养，减少掉膘，在牧草丰盛季节进行放牧饲养。

## 二、饲养管理

养殖者应重视畜舍环境与日常管理中的动物福利。牛舍是牛活动和生产的主要场所，建设舒适的牛舍环境，保证牛只身体和生理健康对于牛场安全生产具有重要意义。

### （一）饲养人员要求

保障动物福利是所有参与牛饲养人员的共同职责，相关人员也要重视动物利。饲养场负责人、饲养员和兽医共同为饲养动物的健康负责。饲养场负责人有责任为动物饲养过超提供基本的动物福利保障条件，配备足够数量工作人员。饲养员要具备识别动物行为和需求的相关知识，要有相应的从业经验，要人道地处置和护理动物，对动物需求表达做出专业的应急反应从而为动物提供有效的管理和良好的福利。饲养员要固定，频繁地更换饲养员会导致不能形成专业化管理，对牛形成应激。饲养场兽医应具有专业技能和道德素养，能从专业角度关注和保护动物福利。

### （二）牛舍环境福利

环境因素在很大程度上影响动物生长性能，舍饲饲养的牛舍及相关设施的设计和建设，应符合牛的自然习性需求，保证牛只能正常起卧活动，避免遭受生理和心理上的痛苦和伤害。如果肉牛舍环境恶劣，使得肉牛生长缓慢、机体免疫力降低，还可能导致疾病发生。牛场建设应遵循经济效益与动物福利并重的原则，牛舍设计、建造、运行需满足的条件见表10-2。用于建筑牛舍的材料要对牛无害，牛舍应易于清洁、消毒。确保每个牛舍都安装绝缘、供暖和通风设施，舍内的空气流通和湿度适合牛的生活习性。空气的流通量、尘埃水平、温度、湿度和有害气体浓度都应控制在安全水平之内。如果建筑物通风不良，就要改造结构或进行机械通风；对牛排出的粪尿和污水应及时清除出去，避免在舍内积存；必要时应有降温和加热设备以保证牛舍内设施对牛不会造成意外伤害。所有自动化或机械化设备至少每天检查一次，发现故障应立即进行调整，并启用备用设施。

**表10-2 牛舍设计、建造、运行需满足的条件**

| 项目 | 条件控制要求 |
|---|---|
| 牛舍围栏 | 适宜牛轻松采食、饮水和散步，成年牛躺卧的区域不应少于5 $m^2$ |
| 温度、湿度 | 牛适宜的温度是4～24℃，温湿度指数（THI）应小于69，当偏离此温度范围时应采取措施保温或降温 |
| 光照控制 | 牛不应长期生活在黑暗环境中，当使用人工照明方式时每天光照时间不应少于7 h |
| 噪声控制 | 要尽量减小噪声水平，通风扇、喂料机以及其他设备的设计安装和维护要合理，以减少其噪声水平 |
| 牛舍环境 | 要保证水槽、料槽旁边的地面干燥、结实，不损伤牛蹄 |

舍外运动场要经常清扫，避免有石块、坑洼、粪便和垃圾废弃物堆放。夏季注意牛舍的通风降温、定期消灭蚊蝇，冬季注意防寒保温，可以架设防风墙、铺设褥草进行保温。牛舍内应及时清理粪便，注重牛群休息区域的卫生、清洁，及时更换垫料，防止垫料腐烂、滋生细菌。加强管理，避免非生产工作人员进入牛舍，定期进行环境、用具消毒。环境消毒可用2%氢氧化钠或生石灰水，用具可用0.1%新洁尔灭或0.2%～0.5%过氧乙酸处理。研究人员在冬季的新疆伊犁地区，比较了有床牛舍和开放牛舍的环境指标、

肉牛生产性能和行为指标。结果表明，与有床牛舍相比，在冬季伊犁地区采用开放牛舍育肥肉牛可以降低饲养环境的温度、$CO_2$、$NH_3$浓度以及站立牛数，增加躺卧比，提高了肉牛日增重，改善了动物福利。另据报道，夏季高温季节，开放式牛舍采取风扇联合喷淋系统的降温措施，能在一定程度上缓解热应激对奶（肉）牛生产性能的影响，上述措施在全封闭式牛舍改善效果更显著，而且全封闭式牛舍内的泌乳牛未出现因持续高温导致持续性产奶量下降的问题，且牛奶中体细胞数低。

综上所述，对有条件的大型牧场来说，采取全封闭式牛舍结合风机和喷淋系统对缓解牛热应激效果较好；但在规模较小的牛场，应结合当地情况选择建造适合自身状况的牛舍。这虽然在前期会增加一些成本投入，但最终会带来牛只健康、减少药品使用、肉质改善等丰厚的回报。

### （三）饮水的注意事项

牛场应常年为牛只提供清洁、足量饮用水。夏季防暑降温，宜采用凉水；冬季饮水需要加温，保证牛饮用时温度保持在14～18℃。同时采用温水拌料，料温在25～28℃时投喂。温水有利于瘤胃微生物的稳定，较少热量散发，有利于牛体健康，据研究，在相同条件下，饮热水肉牛日增重可提高0.36 kg/d。

### （四）提高肉牛动物福利的措施

饲养密度影响牛的生物学习性，并直接影响肉牛福利。不同品种、年龄牛的饲养密度可参照表10-3。高密度饲养亦是诱导肉牛争斗的一个主要原因。大量研究显示，随着饲养密度的降低，肉牛站立时间和脏污指数均降低，福利水平有所上升，生长性能也有一定的提高。普遍认为适宜的饲养密度对促进肉牛生长、提高其福利水平及经济效益有显著效果。

**表10-3　牛养殖密度要求**

| 类型 | 每头牛占用面积/$m^2$ |
|---|---|
| 6月龄内犊牛 | 1.55～2.85 |
| 7～12月龄育成牛 | 2.85～3.79 |
| 1岁育成牛 | 3.85～4.50 |
| 340 kg育肥牛 | 4.45～4.90 |
| 430 kg育肥牛 | 5.15～5.85 |
| 繁殖母牛 | 6.50～7.80 |
| 分娩母牛牛栏 | 10.00～12.00 |

应采取多种措施，提高不同季节、不同环境下肉牛的舒适度，保障肉牛健康、提高肉牛福利。据报道，在7—8月高温季节，在内蒙古天际绿洲肉牛场，选择28头荷斯坦公牛犊，分为试验组和对照组，对照组不采取措施，试验组进行舍内通风（每天11:00—15:00）和牛体喷淋（通风时间每隔1 h牛体用2～3 L水喷淋一次），结果表明，试验组舍内风速加大、氨气和二氧化碳含量极显著降低，肉牛日增重提高，饲料转化率显著提升，血清免疫球蛋白、生长激素、三碘甲腺原氨酸浓度也显著提高，呼吸率、血清皮质醇、促肾上腺皮质激素含量降低。这说明北方地区夏季虽然持续时间短，也会使肉牛产生热应激，采取通风喷淋措施可有效地缓解热应激、增强免疫功能、改善动物福利、提高肉牛生产性能。

刷拭是肉牛饲养管理中常见的一种福利行为，能提高肉牛采食量、日增重，并加速肉牛血液循环和新陈代谢，还能在一定程度上提高饲料转化率。刷拭牛体，能减少疾病传播，刷拭的过程中还能促进饲养员与牛之间的感情，让牛性情变得更加温顺，便于管理。

音乐干预是改善动物福利的一种重要手段。音乐对动物的行为、神经内分泌、免疫和生产性能等都产生影响。音乐作为提高动物福利水平的手段之一，在改善动物精神状态方面具有促进作用，精神状态良好的动物免疫力和生产性能优于精神紧张的动物，精神愉悦状态下动物患病风险降低，攻击性行为减少，养殖经济效益提高。

### （五）运输过程中的动物福利

应就牛只装卸、运输过程中直接关系动物福利的活动制定作业规范。肉牛运输前，要确认牛只是否满足运输条件，保证必要的运输条件和运输空间，装卸规范。

#### 1. 运输车辆要求

运输工具应与所运送的牛数量相适应，要便于牛只自由站立或躺下，运输工具各部分构造应易于清洁和消毒，能够定时清理粪便。所采取的建造、维护、操作和设置等措施应以能够为牛提供适宜的通风和空间为原则，空间密度不能过小，空气流通。提供充足饮水，应备足途中所需的药品、器具等，并携带好检验检疫证明和有关单据。在高温、寒冷天气条件下，采取防暑或增温措施，以避免中暑或冻伤。牛只运输应满足表10-4、表10-5所示各项要求。

**表10-4 牛只运输车辆条件要求**

| 项目 | 项目要求 |
| --- | --- |
| 运输密度 | 不同生长阶段的牛对运输密度的要求不同（表10-5）；有角的牛群要增加10%；对于多层运输车辆，车厢高度应比最高牛只的最高点高出20 cm |
| 地板 | 运输工具的地板应能足够支撑牛只的重量，地板采用防滑设计，及时清除粪便和尿液，否则应有足够的垫料用来吸收粪便和尿液 |

（续表）

| 项目 | 项目要求 |
| --- | --- |
| 缓冲系统 | 运输工具缓冲系统的好坏对于运输过程中的动物福利至关重要，车辆应配备隔板以便把车厢隔开，并留出适当的过道，以便对动物进行适当的检查和护理，车辆运动时不能拴系牛只 |
| 车厢内温度和湿度 | 车厢顶棚和车厢应隔热：常采用自然通风来保持车厢内的温度和湿度，当使用封闭车厢或运输时间超过8 h时，应设计压力通风来保证车厢内最高温度不超过30℃、相对湿度不超过80% |
| 其他设施 | 运输时间超过4 h时，应提供独立的饮水设施，通常是水槽或喷头，要确认牛只熟悉使用这些设备 |

表10-5 牛运输过程中的空间要求

| 牛只体重/kg | 运输空间需求（每头牛占有的面积）/$m^2$ |
| --- | --- |
| 50 | 0.30 ~ 0.40 |
| 100 | 0.40 ~ 0.65 |
| 150 | 0.65 ~ 0.80 |
| 200 | 0.80 ~ 0.95 |
| 300 | 0.95 ~ 1.18 |
| 400 | 1.20 ~ 1.45 |
| 500 | 1.50 ~ 1.70 |
| >500 | 1.70 ~ 2.20 |

2. 牛只装卸要求

装卸是运输中最具应激性的环节，装卸时应满足以下动物福利要求：一是装卸的通道不能有尖锐异物刮伤牛体；二是鼓励不用斜坡的装卸设备，确需斜坡设备时要求为牛只提供坡度小于20°的斜面台，如果大于20°应有辅设施防止牛滑倒，禁止使用大于30°的斜面台；三是屠宰场应评定捕捉造成伤害的程度，伤害程度异常高时，应通知监管人员；四是12月龄以上的公牛如果不是来自同一饲养场，运输前6 h不能混群；五是禁止用鞭打、刺、电击等方式驱赶牛只。

3. 运输管理要求

牛只在运输时应尽量保持在安静、轻松、可以得到休息的状态下被运送到目的地。运输过程中需要满足的条件如表10-6所示。

表10-6 运输过程中需要满足的条件

| 条件 | 具体要求 |
| --- | --- |
| 牛只检查 | 检查牛只是否能够正常行走、无可见外伤、非妊娠、视力正常等，牛只由于疾病或受伤等生理因素可能不适于运输，或当运输条件不好时仅能进行短途运输，应在运输开始前由兽医人员对牛只进行检查，不符合条件的牛不能运输 |
| 牛只要求 | 牛在运输前要充分休息和进食高质量的饲料，但在运输前12 h要禁食，对于除装卸以外时间超过12 h的运输，有必要停下来休息并提供必要的饲料与饮水 |
| 牛只装卸 | 在装卸前后，所有的运输工具应按规定清洗消毒；承运人负责保持所有法律法规和良好农业规范要求的记录，这些记录应至少保存3年并符合主管部门的要求 |
| 驾驶行为 | 运输过程中应尽量减少急刹车、急转弯等增加应激的驾驶行为；运输车辆应尽可能保持适速行驶以利于通风；如果遇到不可避免的计划外的停车，应采取措施对通风和隔离进行适当调整，如果在天气恶劣时停车，运输车辆应停在阴凉处或有遮挡的地方 |

注：不适合运输的牛包括妊娠期后期的母牛、小于12日龄的犊牛、严重受伤不能站立的牛、循环及呼吸系统失调的牛、患严重炎症的牛、对环境有明显干扰反应的牛（如过度兴奋、神经系统失调）、掉角或断角的牛。

### （六）屠宰过程中的动物福利

屠宰时，必须提供检疫合格证明；驱赶牛只要符合动物习性，不要过于粗暴，更不能造成畜体损伤；进入屠宰间要瞬间电击，使牛只在短时间内死亡，不要增加不必要的痛苦，同时也可以减少应激、保证肉品质良好。

1. 屠宰制度建设

屠宰场要建立全体人员共同遵守的动物福利保障制度，尽量避免屠宰时给牛只带来不必要的痛苦和不安。应就动物装卸、候宰、保定、击晕、屠宰等直接关系动物福利的活动制定作业规范。

2. 屠宰人员要求

负责候宰、保定、击晕和屠宰牛只的人员必须具备一定的专业技能，以保证能够人道、有效地完成屠宰工作。主管部门应确保屠宰场所聘用屠宰工作人员拥有必要技能、能力和专业知识。

3. 屠宰场所要求

（1）屠宰场应有数量充足的待宰圈，保护动物不受恶劣天气影响，如果遇到潮湿高温天气，必须采用必要的措施降温。

（2）屠宰场装卸动物的设备应铺有防滑设施，必要时装备侧面保护层、通道、斜板、出入口应有斜坡、围栏或其他保护设施以防止动物掉下，斜坡尽量做到小于20°。

4. 屠宰过程要求

（1）饲喂要求。运抵屠宰场的牛只必须尽快宰杀，否则按照要求给予少量饲料和饮水；到达屠宰场12 h内不能宰杀的牛只必须定期饲喂。

（2）候宰牛保定。应对牛只进行适当保定，保证其免遭不必要的痛苦、疼痛、惊吓或伤害，保定必须满足以下要求：不能捆绑牛的四肢、不能悬吊牛只。用适当的方法固定牛只的头部，以便于击晕牛只。

（3）候宰牛击晕。除非击晕牛只后立即放血处死，否则不能击晕。完成击晕工作的员工必须受到专业的培训，能够熟练操作击晕仪器设备。使用警枪击晕牛只时必须保证弩枪能够瞄准牛只大脑皮层部位，并在射击15 s内立即放血。使用电麻醉的方式击晕牛只时，电极的安放必须能横跨大脑，使电流通过整个大脑。

（4）牛只屠宰。对于已经击晕的牛只，必须尽快放血，以保证放血快速、充分和彻底；在任何情况下，放血必须在动物恢复知觉之前进行；对于已击晕的动物须在颈和胸之间刺开30 cm左右的开口，为了切断颈动脉和颈静脉，要将刀子以45°角斜插入。当进行宗教仪式的屠宰时，在割断喉咙前要将其保定牢固，尤其是头和颈，切断喉咙和主要血管时要迅速。

### 三、提供均衡营养的饲草料

注意精粗饲料的搭配，科学合理地饲喂，以保证肉牛膘情适中。TMR技术能够保证肉牛饲料的营养均衡性，可显著提高养殖户的饲养管理和生产水平，节约饲料，降低饲养成本，实现增产并改善牛群健康状况。

### 四、展望

在一定范围内动物生产性能的发挥与福利状况呈正相关，福利状态好时动物可自由表达其天性，进而发挥最大的生产性能。提高动物福利不仅能为动物谋取福利，还能为人类提供更加营养健康安全的畜产品，达到可持续发展的目的。应建立健全动物福利法规，规范生产者的行为，全社会共同关注、推行标准化肉牛生产，使动物福利意识深入人心。

## 第二节 犊牛动物福利

犊牛0～6个月时机体组织器官尚未发育完全，表现为免疫力低，对营养需求和饲养管理条件要求高，这个阶段也是肉牛整个生命过程中生长发育最快的时期。保证犊牛健康生长是肉牛场扩大群体规模、维持稳定运营状态的重要前提。提高犊牛动物福利，需要保证犊牛居住环境舒适、安全、清洁，饲料营养均衡，在一定程度上能够自由表达天性。下面简述犊牛健康养殖中的动物福利关键点，希望能为养殖业同行和相关研究者提供借鉴。

## 一、饲养模式

犊牛的饲养模式包括舍内群养、舍内单栏、放牧、舍外犊牛岛等。单栏饲养有利于减少攻击和互相舔舐造成疾病传播风险，但犊牛较敏感，容易产生心理、行为上的问题。群体饲养场地较大、同伴较多、有接触和玩耍行为，比较有利于犊牛天性表达；但个体之间的接触也增加了犊牛患病风险。群体饲养中犊牛的采食、增重、健康状况还与群体大小和牛场面积有关，如舍内饲养6 ~ 9头犊牛效果优于12 ~ 18头。国外的研究表明，采用成对或小群饲养模式，可以降低断奶应激，提高犊牛日增重和采食量，并能培养犊牛社交技能，对新事物的恐惧感显著下降，降低后期繁殖、泌乳和转群等造成的应激；缺点是增加了腹泻和呼吸道疾病的风险。

据报道，将牛场原来的犊牛头均面积由1.2 ~ 1.5 $m^2$/头增加至3.8 $m^2$/头，犊牛岛面积达到5.78 $m^2$/头，提高了犊牛舒适度，犊牛日增重由改造前的830 g/d增加至改造后的950 g/d，平均增加了120 g/d。

另外，母带犊牛与离母犊牛的效果也是不同的。将16头新生犊牛分成母带犊、随母哺乳和离母、饲喂代乳粉两组，90 d后采集血液，进行代谢组学测定，结果表明，离母犊牛血清中的DL-3-苯乳酸、月桂酸、L-苹果酸等抑菌作用物质显著低于母带犊牛，γ-谷氨酰半胱氨酸、L-谷氨酸、牛磺酸、陈皮素、根皮素等与抗氧化相关的指标和物质含量显著低于母带犊牛；离母犊牛血清中硬脂酸、二十酸、二十一烷酸等长链饱和脂肪酸含量（表明机体脂肪分解代谢能力较强，合成代谢能力较弱）显著高于母带犊牛。说明离母犊牛的抑菌能力、抗氧化物质水平、合成代谢能力均低于母带犊牛。

## 二、饲养管理

### （一）初生阶段的护理

犊牛出生时应做好犊牛口鼻清洁、断脐消毒、饲喂初乳等工作。

母牛分娩7 d内所产乳为初乳，初乳营养高于常乳，其中含有的免疫球蛋白能使犊牛获得母体对周围环境抗原的被动免疫力。母牛分娩6 h之内的初乳免疫球蛋白含量较高，之后急剧下降。可以采用折射仪进行初乳检测，合格后的初乳经过巴氏杀菌后冷藏保存。

犊牛出生后应尽早哺喂初乳，能够站立即可让其第1次吸吮，间隔几个小时继续饲喂；离母犊牛可使用奶瓶哺喂。

### （二）断奶日龄的选择

犊牛早期断奶有利于消化器官及早发育；时间通常在5 ~ 6周，当每头牛能连续3 d、每天采食0.75 ~ 1.0 kg早期断奶配合饲料时，可以突然断奶；在5周龄以前断奶，

犊牛对疾病的抵抗力比较弱；而在8周以后，如果犊牛继续过度依赖乳汁饲养则不利于瘤胃的发育。随着犊牛日龄和体重的增长，依靠液体乳无法满足犊牛生长发育的需要，实施早期断奶是必然趋势。犊牛实施早期断奶，能够获取营养更为丰富的饲料，也有利于犊牛瘤胃发育和饲料成本的下降。犊牛体重达到初生重的2倍考虑断奶。在北京市大兴区沧达福良种奶牛繁育中心，研究人员将25头新生荷斯坦奶犊牛分成5组，对照组全期饲喂鲜奶，70日龄断奶；4个试验组分别在6日龄、16日龄、26日龄、36日龄饲喂代乳品，在10日龄、20日龄、30日龄、40日龄断奶。结果表明，在饲喂5 d初乳后，于10日龄、20日龄、30日龄、40日龄断奶对犊牛生长无不利影响。在重庆市良种肉牛繁育场，将60头安格斯与西门塔尔杂交犊牛随机分为5组，对照组随母哺乳，4个试验组分别在28日龄、42日龄、56日龄、70日龄时断母乳、饲喂代乳品，分别在70日龄、90日龄、150日龄测定犊牛体重并采血测定血清指标。结果表明，28日龄断乳补饲代乳品组的犊牛体重显著小于随母哺乳组；整个试验期各试验组血清指标均在正常范围内，未造成较大影响；红安格斯与西门塔尔杂交肉犊牛的断母乳时间可最早提前至42日龄。

广西某奶牛场选择60头新生荷斯坦犊牛，研究人员比较了是否实施过渡期乳和不同日龄断奶对90日龄内犊牛的生长发育、腹泻和死亡情况的影响，结果表明，60日龄和75日龄断奶对犊牛90日龄内的生长发育、腹泻率和死亡率均不存在明显的影响，但75日龄断奶比60日龄断奶更能够降低较强应激对犊牛生长发育的影响，说明犊牛饲喂 6 d过渡期乳并于75日龄断奶能够提高其健康程度和生长性能，且能提高犊牛的抗应激能力。

而在高海拔地区，犊牛初生重比较低，断奶日龄要适当延后。在西藏地区的高标准奶牛中心，研究人员从365头荷斯坦犊牛中选取8头，在90日龄断奶，采用直肠采粪法采集断奶前（60日龄）和断奶后（120日龄）粪便样品，分析粪便菌群物种多样性。结果表明，断奶前后犊牛粪便菌群多样性明显增加，肠道发酵产生短链脂肪酸的菌群增多，肠道发酵能力增强，这主要是犊牛肠道菌群随着日粮改变而发生的变化。

### （三）断角、去势、去副乳头、转群等应激的预防

由于饲养空间的局限，牛如果不去角，个体之间发生争斗，也会对饲养人员造成伤害。通常在局部麻醉的情况下将角和其他敏感组织切除；去角之前要留有足够的时间保证麻醉剂作用到目的区域。可以通过刺激角周围的皮肤进行判断；去角的时间一般在出生后7～10 d；使用化学术最好由兽医进行操作，最适宜的季节在春秋两季。犊牛去角一般采用烧烙、去角膏的方法。研究人员等将40日龄的16头公犊和24头母犊随机分成烧烙组和去角膏组两组，在犊牛5日龄开始进行游戏行为和判断偏差测试，并训练颜色识别以判别犊牛的疼痛反应，犊牛13日龄进行去角试验。结果表明，烧烙和去角膏均会引发13日龄犊牛去角疼痛，但仅导致积极情感降低且在18 h后影响消失；两种方法比较，去角膏组犊牛在去角后测试对红色图片反应时间较烧烙组有升高的趋势，反应时间

的增加可能是去角后疼痛引起的，说明去角膏组比烧烙影响更大。如果操作不当，由于去角膏使用的强碱，导致化学物质深层渗透，造成动物严重烧伤；烧烙时间过长、压力过大也会引起犊牛出现行为以及生理的变化，甚至去角时会吼叫。

去势：对2周龄以内的犊牛进行去势时，如果没有麻醉剂，则必须使用其他的如橡胶环之类的器具阻止血液流向阴囊；2月龄以上的犊牛用无血去势法，由主管部门认可的兽医用麻醉剂去势。

去副乳头：对于3月龄以内的犊牛可以在使用麻醉剂的情况下去除多余的副乳头。

犊牛转群应遵循循序渐进的原则，如果操作不当会造成应激反应。为此，不应在犊牛饥饿状态下转群，应提前训练，让犊牛逐渐适应再进行转群。

### （四）其他日常管理

犊牛出生10 d后可在阳光充足的场地运动，以促进犊牛体内钙质合成、促进骨骼和肌肉的发育、提高免疫力。工作人员每天为犊牛刷拭皮毛、抚摸、按摩，既可以清除体表寄生虫和污染物、有利于皮肤健康，也由于和人类的互动，有利于温顺性格的养成。

犊牛阶段可以通过提供清洁良好的环境、均衡营养、适度运动、增加愉快氛围、免疫接种和良好的护理，增强犊牛免疫力、预防疾病。播放音乐对动物的多个方面，如行为、神经内分泌、免疫功能和生产性能都有积极影响，而且成本低、便于应用。

研究人员从动物福利的角度出发，探索通风喷淋措施，加强牛体刷拭对肉牛生产性能及免疫功能的影响，就拴系式饲养和小群散栏式饲养肉牛生产性能、免疫机能及肉品质量进行对比分析。结果表明，加强通风喷淋可明显改善畜舍环境、提高肉牛生产性能和免疫功能，改善动物福利状况；刷拭可提高肉牛生产性能；散栏式饲养肉牛的屠宰性能及肉品质量均优于拴系式饲养。说明散栏饲养不仅提高了动物福利，而且会生产出更优质的牛肉。

## 三、营养

### （一）液体奶和固体饲料的选择

出生一周后即开始给犊牛提供液体奶，一般有废奶（不适合售卖，可能含有抗生素等）、代乳粉、酸化乳（牛奶或代乳粉中加入食品级酸化剂）等。据报道，嘉立荷牧业集团1号、2号牧场分别采用代乳粉单栏饲养模式、酸化乳群饲模式，结果表明，2号牧场采用的犊牛酸化乳群饲模式不仅可以降低犊牛饲养劳动强度，而且可以使犊牛自由采食，增加犊牛日增重，比1号牧场犊牛断奶日增重增加了近100.00 g/d（979.17 g/d对比915.33 g/d）。综合来看，供给犊牛的液体奶不应该使用含抗生素的废奶，而与代乳粉相比，在代乳粉中加入食品级酸化剂的酸化乳比较有利于犊牛的健康生长发育。研究人员将40头母犊牛随机分为试验组和对照组，在4日龄时，对照组采用单栏饲养、饲喂常乳，试验组采用酸化奶小群饲养。结果表明，试验组犊牛的液体饲料采食量和日增重极显著提高，腹泻率降低了17.75个百分点。

犊牛自由采食干草和代乳料可对犊牛行为和福利产生良好效果。犊牛10日龄时可以用有香甜气味的颗粒料开食，同时补充优质易消化的干草或精料，但是要新鲜、量少，主要训练犊牛采食。研究人员对7日龄早生犊牛进行不同开食料饲喂试验。结果表明，断奶过渡期与断奶后20 d，饲喂成品和自制颗粒状开食料的犊牛采食量、平均日增重均高于饲喂成品粉状开食料，且自制颗粒状开食料效果最佳。关于开食料的粒径，另据报道，将36头25日龄左右的健康荷斯坦犊牛分为3组，全部饲喂开食料和压片玉米混合料，开食料和压片玉米的比例为6：4，3个组的颗粒状开食料粒径分别为4 mm、6 mm、8 mm。结果表明，粒径4 mm组犊牛的平均增重高于6 mm和8 mm组犊牛、开食料平均采食量均最高、肺炎和腹泻发生率最低，饲喂效果最佳。

（二）日粮蛋白质水平和饲料添加剂的应用

在犊牛7日龄开始补饲颗粒料，到90日龄，相比于18%、20%的日粮蛋白质水平，22%蛋白质水平增强安格斯犊牛生产性能、免疫力和抗氧化能力的效果最佳。研究表明，65日龄荷斯坦牛犊牛颗粒料中3个蛋白质水平（19%、21%、23%）中，19%蛋白水平已经能够满足3～4月龄犊牛生长需要及集体能量代谢、蛋白质代谢和内环境稳定需要。据报道，选取5月龄荷斯坦牛犊牛15头，分别饲喂蛋白质水平分别为15.05%、18.09%、21.02%的全价颗粒饲料，进行了生长与消化试验。结果表明，各组之间犊牛采食量、净增重、平均日增重、体高、体斜长、胸围和管围均无显著差异，21.02%组的营养表观消化率最高，犊牛血液生化指标、瘤胃液菌群和挥发性脂肪酸等指标也以21.02%组效果较好，说明 5 月龄荷斯坦公犊牛日粮中粗蛋白质水平为21.02%的全价颗粒料有利于犊牛的生长发育。

犊牛日粮中添加饲料添加剂主要包括微生物类、中草药类、寡糖类、抗生素类、诱食类等。给5日龄犊牛每头灌服1 g、2 g、3 g复合益生菌，结果表明，饲喂益生菌能够提高犊牛增重、增强机体免疫功能，适宜添加量为2 g。将60头荷斯坦犊牛随机分成4组，分别为对照组、合生元组、有机酸组和混合组，结果合生元组和有机酸组犊牛腹泻率和腹泻程度降低、日增重提高，一定程度上能够缓解断奶应激、促进肠道健康，混合组没能展现明显的加性作用。

据报道，在40 kg ± 5 kg体重的犊牛日粮中添加由女贞子、蒲公英、益母草、麦芽组成的中草药添加剂0.1%、0.2%、0.3%，犊牛营养物质消化率、增重、采食量等均增加，脂类代谢水平改善，抗病力增强，剂量以0.2%为宜。在110日龄健康犊牛日粮中添加1.0%、1.5%、2.0%中草药添加剂（由贞子、当归、益母草、黄芪、干草、神曲、麦芽组成），结果表明，1.5%、2.0%中草药组犊牛的生长性能和血清生化指标都得到有效改善。

甘露寡糖（MOS）作为饲料添加剂可以提高动物生长性能、增加有益菌定植，增强肠道形态和屏障功能，增强机体免疫力。在50日龄荷斯坦母犊牛日粮中分别添加3 g甘露寡糖、3 g甘露寡糖+3 g复合微生态制剂、3 g复合微生态制剂，20 d后3 g甘露寡糖+3 g复合微生态制剂组犊牛生长性能、抗病力提高，微生物菌群多样性增加，消化能力增强。赵晓静等给7日龄荷斯坦犊牛饲喂0.1%、0.2%的甘露寡糖，两个剂量组均能改善犊牛肠道菌群状态，降低腹泻率，促进犊牛健康生长。

### 四、常见病的治疗与预防

犊牛最常见的健康隐患是肠道和呼吸道疾病。犊牛一旦患病，就会表现出与其在健康状态下相比或大或小的任何异常的行为或者状态，例如无精打采、不合群、粪便或尿液的种种变化、身体任何部位的异常肿胀或增大、运动失调、身体孔口有脓液或血带血分泌液排出、无精打采、有疼痛迹象如哼哼声和/或呻吟声，极度紧张和抽搐、过量流涎、咳嗽或呼吸困难、体重或体况下降、行为和动作改变、食欲和采食行为改变、缺乏或过度咀嚼或腹部干瘪。疼痛并需要立即治疗的情形包括严重损伤、化脓性感染、严重出血、深部伤口、骨折、跛行、严重或慢性炎症或眼及眼周结构受伤。

犊牛常规的疾病预防方案主要包括寄生虫控制/给药、疫苗接种、营养管理、肺炎和其他疾病预防方案以及生物安全计划。疫苗接种是犊牛培育单位的健康和福利计划的关键组成部分。在决定特定疾病的疫苗接种计划之前，应征求养殖场兽医的意见，包括疫苗类型、剂量、接种时间和给药方法等。寄生虫的防治是所有家畜福利的重要考虑因素。犊牛的外寄生虫防治重点对象是虱子、螨虫和癣等，内寄生虫防治重点对象是包括胃肠道寄生虫、肺线虫、肝吸虫和包虫等。寄生虫感染后治疗不当，极易引起死亡。生物安全指的是犊牛培育单位所有可能采取的措施，以防止有害生物进入、进入和离开犊牛群。

犊牛时期抗病力、适应性差，机体器官发育不完全，加上生长发育迅速，需要养殖者创造各种福利条件，采用各种饲养管理和营养方式，增加犊牛舒适度，达到犊牛身心健康，减少抗生素使用，避免各种应激。

## 第三节　种公牛动物福利要点

在肉牛养殖过程中，良种是养殖业发展的重要基础，种公牛的好坏直接关系到整个肉牛群的生产水平及养殖场的未来发展，种公牛对牛群的生产水平及改良进展起到至关重要的作用。种公牛要采取饲养管理、营养、适当运动、合理采精等综合措施提高其生产性能。

## 一、营养要求

应保证饲草料营养全价，适口性强，易于消化，青绿、精饲料、粗饲料之间搭配要合理，适当增喂富含高蛋白饲料和青绿饲料，蛋白质饲料属于生理酸性饲料，日粮中蛋白质含量要适当，过多的蛋白质饲料会在体内产生大量的有机酸，对精子的形成不利，据报道，公牛长期饲喂含35%蛋白质的饲草，会导致不育，但蛋白质含量不足会降低精液品质。据研究报道，公牛最佳日粮蛋白水平为10.9%～11.50%。少喂能量饲料和粗饲料，避免形成草腹。适量增加微量元素，日粮中钙、磷含量要适当。过量的钙、磷饲料会使种公牛发生脊椎骨关节强硬和变性关节炎。钙、磷主要通过矿物质饲料——碳酸钙添加到日粮中进行补充。日粮中食盐含量过多可抑制种公牛的性机能，锰的含量不足会造成睾丸萎缩锌的含量不足可使公牛曲精细管上皮细胞结构产生不良影响，精子活力降低。日粮中通过添加硫酸锌来补充锌。维生素的供给，种公牛日粮中要补足维生素A、维生素E、维生素D、维生素C、B族维生素。维生素是种公牛所必需的维生素，如果日粮中缺少维生素A，会影响精子的形成，使精子数量减少，畸形精子数增加。维生素E和维生素D的缺乏会使曲精细管上皮细胞变性，维生素C和维生素D不足会影响精子的活力和数量。所以，必须根据种公牛及时调整维生素的供给量，提高精液活力和密度。尤其是维生素A和维生素E能提高精液质量和数量。同时，日粮营养水平应根据生长时期、个体情况和季节等差异供给，以保证牛健壮的体质和旺盛的精力，不能过肥或过瘦，这样才能生产出优质精液。

## 二、种公牛的饲养管理

种公牛防御性和记忆能力很强，对周围的人和事物只要接触过便能记住。所以，必须指定专人负责公牛的饲养管理，不要随便更换，平时不得随意鞭打和训斥公牛，要温和对待，有利于公牛形成温和的性情。

种公牛必须坚持运动，以保证种公牛体格健硕、骨骼健康，避免过肥，性欲旺盛，提高精液质量。一般上、下午各运动一次，每次1.5 h，运动也不能过量，以免消耗种公牛体力，影响精液的采集和质量。

## 三、采精年龄及注意事项

### （一）种公牛年龄年龄

一般种公牛体重达成年体重的70%，达18月龄时即可进行采精应用，如果配种使用早，不仅会降低后代品质，而且影响其自身健康和发育，如睾丸过早活动，会引起性机能过早衰退，缩短种公牛的利用年限。如果配种使用过晚，则增加饲养成本，且易引起阳痿等疾病，影响性机能的发挥。

### （二）种公牛采精要点

种公牛采精技术是进行人工授精的首要环节，是联系养殖生产和冻精生产的桥梁。工作人员掌握良好的采精技术可在不损伤生殖器官和性机能的前提下充分收集一次射出的精液，为冻精生产提供良好的原料，最大限度地发挥优良种公牛的生产效能。掌握采精技术要点关乎精液品质和产品质量，采精区域应固定场地，要求环境宽敞、安静、清洁，地面平坦，尽量防滑，室温18～22℃，相对干燥的采精环境便于种公牛建立条件反射，同时避免精液污染。提前将使用器具清洁、消毒、安装好。种公牛在采精前30 min、休采期间使用刷子彻底清洁牛体杂质，避免采精过程中产生污染。刷拭牛体能在一定程度上促进公牛全身血液循环，保证牛体处在舒适状态；再用温水清洗阴茎包皮和腹部被毛，擦干水分后再用生理盐水冲洗阴茎。采精前，采精员要和养殖人员密切配合，引导种公牛用空爬、观摩、按摩睾丸、更换牛台等多种措施完成性准备。

### （三）人员防护

采精员做好个人防护，与养殖人员相互配合使种公牛完成试跳和空爬，同时密切关注采精公牛的性反射活动，充分调动种公牛性兴奋。采精员配合种公牛动作缓慢移动采精器收集精液。完成采精后短时间内快速将采集的新鲜精液从专门的通道送至生产操作室进行专业检测。

## 四、疾病预防和药品的使用

### （一）做好蹄部护理

蹄部健康是种公牛正常采精生产的基础，蹄子是种公牛的“半条命”，要从源头上解决引发蹄病的病源和病因。注意科学搭配合理，微量元素补充充足；圈舍建造合理，有足够的运动面积并利于排水，地面以软质和硬质结合以缓解蹄部压力，并注意圈舍卫生清洁；种公牛蹄部进行定期药浴和剪修。

### （二）做好布鲁氏菌病监测

布鲁氏菌病是由布鲁氏菌引起的人、多种动物共患的一种急性或慢性传染病。须根据《动物布鲁氏菌病诊断技术》（GB/T 18646—2018）作病原鉴定和血清学检测。还应开展流行病学调查和疫源追踪，对同群动物进行检测，对患病动物污染的场所、用具、物品严格进行消毒，以避免病原传播。

### （三）做好药物预防

种公牛疾病预防和治疗要预防为主，减少刺激性药物、抗生素等的使用，通过防疫免疫、饲养管理、营养、护理等方式，减少疾病的发生和药物的使用；通过环境的舒适、工作人员的精心护理，使牛心情愉悦，机体健康，有利于产出优质精液、延长使用年限。

## 第四节 繁殖母牛动物福利要点

母牛是发展肉牛养殖产业的基础，母牛的繁殖性能、生产能力在很大程度上对扩大养殖规模产生最直接的影响。进入21世纪以来，随着农业机械化的进一步推进，城市化进程不断加快，新农村建设、养殖效益创新，但对母牛生产能力重视程度不够，母牛存栏量呈现大幅度下降的态势。长期以来，普遍存在母牛繁殖率低、繁殖周期长的情况。研究表明，本地黄牛母牛繁殖年限一般在12年以上，而杂交母牛一般在8～10年。要通过合理的饲养管理手段，提高繁殖母牛的生产性能、产出优质健康后代，继而提高养殖经济效益，现将繁殖母牛动物福利要点总结如下。

### 一、科学分群管理

为保证母牛健康和方便养殖户的针对性管理，应该对母牛群体进行有效的分群，分群的主要依据是牛群所处的年龄、环境、饲养方式、妊娠阶段和牛群的身体状况和个体的性情。根据繁殖母牛的年龄，可以划分成6月龄以内的牛群、7～16月龄的牛群、7月龄到初产阶段的青年牛群以及一胎以上成年牛群。结合饲养方式的不同，对于散养养殖的牛群，一般将断奶的犊牛按照每群20～30头进行集中养殖和集中管理。育成牛群应该以50头为一群进行控制，保证每头牛有一定的采食空间和活动面积。

### 二、做好繁殖母牛的发情鉴定工作和早期妊娠检查

牛场工作人员（牧场放牧员）和配种员要密切配合，针对母牛发情持续时间的规律，早、中、晚各观察1次，监测其排卵行为。适时对母牛进行输精（配种），人工授精时要规范操作，遵循“试伸、慢插、轻注、缓出”原则，增强子宫活动，防止精液倒流，有助于受胎。

须确认母牛开始妊娠的时间，在母牛受精后1个发情期内如果未出现发情症状，就应该开始进行早期妊娠诊断，通过直肠检查法、外部观察法进行妊娠鉴定。在规模化养殖工作中，最常见的妊娠检查方法为直肠检查法。母牛怀孕之后其生殖器官必然出现一些变化，如子宫角的形态和质地变化。当胎胞形成以后，怀孕初期可以摸到子宫动脉的妊娠脉搏，后期排卵侧卵巢有突出于表面的妊娠黄体，两侧子宫角虽无明显变化，但是子宫勃起明显，妊娠30 d后两侧子宫角不对称，妊娠90 d会出现反射性的胎动。外部观察法是指母牛被毛出现光泽，腹部不对称，除了周期发情停止之外，性情变得温顺，在妊娠后半期右侧腹壁突出且行动缓慢，8个月以后腹壁可见胎动。配种人员根据妊娠时间做好妊检，妊娠后期母牛要提供营养全价饲料；在分娩、泌乳的重要时期，日粮配比

合理，保障胎儿发育。

## 三、加强母牛妊娠期饲养管理，科学助产

分娩前期，要根据生产记录计算母牛预产期，一旦母牛出现分娩征兆，应进行24 h观察，尽可能地让母牛自行分娩，如果发生难产，技术人员必须进行科学助产。助产时要动作和缓，边观察母牛情况边操作，避免母牛和犊牛损伤。

## 四、均衡营养，适当使用添加剂

母牛妊娠期饲养管理直接决定了母牛体质与难产率。如果妊娠期母牛营养不良，可能造成产后难恢复甚至难产问题。因此，母牛孕期应保持适度营养，及时补充微量元素以及维生素，以七至八成膘情为宜，广开饲草来源，妊娠期繁殖母牛如果缺磷、缺钙，将导致胎儿发育阻滞甚至死亡，还可导致母牛发生骨质疏松症，卵巢萎缩，生产能力弱，不能维持母牛正常繁殖机能，受胎率下降，繁殖指标下降。此外，如果日粮中缺硒，会引起谷胱甘肽过氧化物酶活性降低。因此妊娠母牛，应该在日常饲料基础上添加适当微量元素和维生素。

酵母培养物产品不仅可以增加奶牛干物质采食量、稳定瘤胃内环境、还可以提高奶牛产奶量、改善乳品质，而且没有类似抗生素的药物残留问题。研究人员采用单因素随机试验设计，选用胎次、体况和体重相近的围产前期荷斯坦奶牛30头，随机分为对照组和试验组（基础日粮中添加120 g/d酵母培养物）。试验从奶牛围产前期开始饲喂，至产后90 d结束，试验期130 d，在试验期间定期采集奶牛饲料、粪便、血样、奶样及瘤胃液。结果表明，试验组奶牛干物质采食量提高，中性洗涤纤维、酸性洗涤纤维、钙、磷表观消化率显著提高，产奶量和乳脂率提高，乳中体细胞数降低，瘤胃有益菌丰富提高。说明奶牛日粮中添加酵母培养物可以提高奶牛采食量及产奶量，增强抗氧化能力及免疫力，优化瘤胃细菌群落结构，稳定瘤胃内环境。

国内外诸多研究表明，β-胡萝卜素、α-生育酚在降低胎衣不下、子宫炎和乳房炎发病率、提高配种率和受胎率等在改善动物繁殖性能方面有着积极的作用。托马斯·韦恩等在2021年12月在湖南省慈利县杨柳铺镇湖南振怀牧业科技公司进行试验，选择妊娠8～9个月的初配西门塔尔杂交母牛33头，随机分为3组，每组11头牛，分别为对照组、试验Ⅰ组和试验Ⅱ组，每天在每头母牛基础日粮中分别添加繁殖营养素（主要成分为β-胡萝卜素、dL-α-生育酚、α-半乳糖酶、β-葡聚糖酶、赖氨酸锌、酵母铁、酵母硒等）0.5 g、10 g，繁殖营养素在每天晨喂时一次性投入日粮中，试验从母牛妊娠前30 d开始，至配种后30 d结束，测定母牛繁殖性能（顺产率、犊牛成活率、犊牛发病率、产后发情间隔、第一次情期受胎率等）、犊牛体重体尺、母牛疾病发病率（胎衣不下、子宫炎、乳房炎）。结果表明，母牛日粮中头均添加10 g/d繁殖营养素能提高母牛繁殖性

能、降低母牛产后疾病的发生率，并在一定程度上提高犊牛的生长性能。

## 五、维护母牛生殖健康

母牛性成熟早于体成熟，初配母牛在刚刚达到性成熟时进行配种，由于其身体器官发育不完善容易造成母牛难产，最好在母牛达到体成熟后再配种。如果初配母牛已经发生难产，可以给母牛饲喂中草药保健产品，以使母牛的生殖系统及早恢复。在扬州大学试验农牧场，对979头中国荷斯坦母牛的第一胎繁殖记录进行分析，结果表明，12～13月龄初配时母牛身体各器官没有发育完善，受胎情期数受影响；20月龄才初次配种的母牛多数身体发育较差，常常屡配不孕，受胎配种的情期数也高；14～17月龄、19月龄初配母牛的受胎情期数基本趋于稳定。综合分析认为，中国荷斯坦牛初配月龄以14月龄为最佳。

母牛产后易患胎衣不下、子宫内膜炎、乳房炎、胎衣不下、产后产道炎、产后尿闭症、产后不食、产后阴道脱落等，对母牛健康和繁殖性能的发挥造成较大影响。这些产后疾病的发生与牛场饲养管理状况密切相关，养殖者要提升牛场的管理水平，加强妊娠期母牛的营养供给，做好常规母牛生殖疾病的预防和治疗，提高动物福利水平，保证母牛生殖健康。

# 第十一章 肉牛生态养殖新技术

肉牛养殖作为畜牧业的重要产业之一，推进肉牛健康绿色发展对影响我国人民饮食结构，实现农牧区的经济可持续发展具有重要意义。肉牛养殖绿色发展亟须强化场址选择、饲养管理、循环养殖及其废弃物资源化利用、无害化处理技术、健康引种和品种改良技术、程序化免疫技术、温室气体减排、益生菌及酶制剂的应用等全产业链生态养殖技术综合应用，推行种养结合、规模化、特色化等生产模式，优化产品结构和区域布局，提升养殖水平。

## 第一节 肉牛生态养殖要点

对于肉牛养殖绿色发展来说，主要目的是能够实现对环境生态的有效保护，尽可能地减少环境污染，提高牛肉品质和质量。其发展理念是构建一种绿色可持续发展的养殖理念，由以环境破坏增加生产收入、添加不健康激素药物追求产量等环境消耗型粗放式养殖方式，转变为环境友好型养殖和品质健康的牛肉产品上来。建立以谷物青饲种植、规模化高效率生产、粪便集约循环处理等立体循环绿色养殖生态体系，形成绿色养殖发展格局，为生产出民众喜爱、健康优质的牛肉产品提供保障，同时为美丽乡村建设、养殖与生态建设协调发展提供基础。

### 一、场址的选择

在建设肉牛养殖场时，应当选择地势较高且干燥的环境，没有发生过传染病，符合防疫要求的地方，这样不容易受到周围环境的污染，便于污物排出。同时还要考虑周围是否有工矿企业，避免其他企业影响肉牛的活动；在保证交通和通信便捷的情况下，尽量远离交通主干道和居民区。为了给肉牛提供较好的生长环境，应当对大气、水源以及土壤进行检测，只有当所有检测均合格，能够满足肉牛绿色养殖需求时再进行牛舍建造；建造牛舍时，材料应尽量就近取材，使用符合动物卫生标准、经久耐用、质量过关的材料进行建造，降低牛舍成本。据洪俊报道，在建造畜禽棚舍之前要科学规划，依据绿色低碳的原则选定建造方案，建造可再生能源利用设施，采用地暖、水暖等供暖方式，减少对化工燃料的依赖。在建造过程中，选用低碳、环保的高性能建筑材料，兼顾保暖、隔热、降噪和除菌等特征。合理布局采光、通风、消毒等设施，不仅能够节约建造过程中的材料投入，还有利于降低运营过程中的能源消耗和运营成本等。与此同时能够为牲畜提供舒适、健康的成长环境，减少养殖过程中的死亡率，从而进一步减少温室气体排放量。

## 二、健康引种和品种改良技术

健康引种和品种改良技术都是针对品种选择绿色化的技术，健康引种技术更加侧重外部性，品种改良技术更加注重对品种基因的优化。健康引种技术是指在引进肉牛时充分考虑品种的适应性、肉牛的外貌特征是否健康、种源、年龄和是否实行严格的检疫并按规定隔离的一项综合技术。品种改良技术则是在引种的基础上，选育肉牛优质的基因序列，培育自身的优质肉牛品种，最常见的方法是人工授精。据报道，在实际的改进过程当中，需要对种公牛品种做出合理的筛选，选择种公牛的外貌应当极其健壮，雄性的特征较为明显，背部应当平直，眼睛应当炯炯有神，腹部需要以圆形为主要选择目标，蹄子应当结实敦厚，并且具有强烈的性欲望。改良肉牛品种的技术基础需要先进行人工授精研究，首先需要对发情的种牛进行密切的观察以及登记，一旦发现种牛出现发情的症状，就必须在第一时间内为其进行人工授精，进一步提高授精概率。陈惠瑜等报道称现在国内饲养的肉牛多为引进品种如西门塔尔牛、夏洛来牛等与国内黄牛的杂交后代，应选择生长速度快、抗病力强、适应当地生长条件的肉牛品种进行饲养，并结合育种引进优秀公牛的冷冻精液进行选配。健康的肉牛品种是肉牛绿色养殖的前提，也为生产高质量肉制品奠定了基础。在2008年公布的《乳用动物健康标准》对于肉牛引进安全问题作出了明确的规定，饲养场与养殖小区等组织在肉牛引进过程中，要进行严格的检疫程序，并设置必要的隔离观察措施，确保没有问题后再混合饲养。黄玉叶认为健康引种不得从疫区引种，引进的相关程序要规范，检疫与隔离措施必须同时做到，引进前在相关部门进行报备，并做好检疫工作，保证牛的安全。在引进后，不能放松警惕，对于引进的牛与原有牛进行隔离饲养，从源头上降低疫情传播风险，此外选择引进的品种应该适应该地区的饲养环境。

## 三、生态养殖管理要点

### （一）饲养环境

好的饲养环境有利于提高肉牛的生产性能，应当重视饲养环境的控制。尽可能地使用通风机、空气源热泵等设备，降低圈舍内氨气等有害气体的浓度，利用设备给圈舍通风换气。日常安全生产方面要配备灭火器，使用三相电，电路要定期维护，及时检修，预防触电事故的发生，为避免突然停电造成经济损失可配备发电装置。肉牛的饮水应当清洁、温度适宜，水温最好控制在9～15℃，有助于促进肉牛饲料消化吸收利用率，同时增加泌乳量和免疫力。及时清扫圈舍内的粪污，有条件的饲养场可配备自动清粪设备，在不影响牛群休息、采食的情况下完成清粪工作，做好粪污资源化利用。注重环境消毒，消毒是预防肉牛疾病的重要方式，降低发病率。

### （二）饲料的选择

粗饲料是肉牛生长发育过程中非常重要的营养来源，粗饲料是指在饲料中天然水分含量在60%以下，干物质中粗纤维含量等于或高于18%，并以风干物形式饲喂的饲料。通常分为常规粗饲料和非常规粗饲料。例如农作物秸秆、牧草、酒糟等，其中玉米秸秆、稻草、花生秧、甘薯蔓等是肉牛养殖比较常见的粗饲料资源，酒糟则为非常规粗饲料。瘤胃稳定的消化代谢为微生物的动态平衡提供了良好环境条件，日粮摄取、贮存和发酵为瘤胃微生物繁殖提供了丰富的营养物质，日粮成分的改变会引起瘤胃微生物的变化，所以，可通过调控日粮，影响瘤胃有机酸、AA、脂质和碳水化合物代谢，达到维护瘤胃微生物区系健康稳定的目标。

戴东文等采用精粗比为35/55、50/50、65/35、80/20的日粮，对牦牛育肥前期、后期的瘤胃发酵参数、血清生化指标及生长性能变化开展饲喂试验，结果表明，C65平均ADG最高，精粗饲料比65：35比例干物质，可增加采食量、血清葡萄糖、瘤胃MCP和TVFA含量，更利于能量利用，效果最佳。张莹莹等在晋南牛营养试验中测定，精粗饲料比例70：30时，牛的有机物质、蛋白质表观消化率显著且效益最好。李爱科研究发现，肉牛在单独饲喂稻草时，其代谢能进食量平均为每千克体重63.47 kJ，而代谢产热量为每千克体重90.55 kJ，即能量平衡为每千克体重-27.08 kJ，该负平衡的能量主要来自体脂肪的消耗，导致体重下降。苏秀侠等研究发现，对肉牛饲喂玉米全株青贮、鲜秆青贮、玉米秸秆，日粮消化率、日增重、产肉率及肉品质均以全株青贮日粮为最好，鲜秆青贮次之，玉米秸秆最差。王晋莉等利用干玉米秸、微贮秸秆、氨化秸秆、黄贮秸秆和全株青贮玉米饲喂肉牛，全株玉米青贮肥育肉牛效果最好，其次是氨化稻秆，再次是微贮秸秆，干玉米秸秆最差。童丹等研究发现，使用5%发酵豆渣代替日粮中的豆粕饲喂肉牛，不影响适口性，可显著提高肉牛料重比，有很好的推广价值。冶兆平研究

发现，将紫花苜蓿和麦饭石添加到肉牛日粮中，比对照组增重率提高35.19%、饲料转化率提高36.14%，经济效益显著。武婷婷等研究发现，用棕榈粕或豆皮部分（24.5%）及全部（49.0%）替代玉米可降低成本，未影响肉牛生产性能，且肉牛强度育肥后期用24.5%棕榈粕+24.5%豆皮替代玉米经济效益最好。

苜蓿是一种优质植物性蛋白质饲料。刘燕研究发现紫花苜蓿鲜草富含多种营养物质、未知生长因子等，能够提高肉牛的采食量，促进营养物质消化与吸收，在肉牛日粮中添加10%的紫花苜蓿鲜草可以提高肉牛的生长性能。于天明等研究发现，用15%～20%的紫花苜蓿草粉替代等同量的精料舍饲育肥肉牛，可以降低肉牛饲养成本，提高经济效益。杨士林等研究发现，肉牛日粮中饲喂紫花苜蓿可增加肉牛的采食量，加快育肥速度，提高肉牛饲料报酬。在肉牛饲喂试验中，采用基础稻草日粮中添加适量苜蓿占比30%、50%和70%的苜蓿均未对瘤胃内环境造成不利影响，结果显示，苜蓿占比高，具有促进瘤胃发酵的趋势，提高了稻草纤维的利用率。采用一定比例的苜蓿干草饲喂西门塔尔杂交阉牛，可提高平均ADG，降低料重比，促进瘤胃$NH_3$-N和MCP浓度、提高肌肉大理石花纹评分。紫花苜蓿会选择性地改变一些瘤胃细菌的定殖，有利于肌肉n-3 PUFA和PUFA的沉积，因此，苜蓿干草对公牛具有更好的育肥效果。

谷物饲料含有丰富的单糖、淀粉等碳水化合物，由瘤胃微生物转化为VFA等，维持动物正常生长、哺乳和繁殖等生理活动。研究者发现饲喂高谷物饲粮会减少甲烷排放和产甲烷菌，但不利于瘤胃微生物菌群区系，有碍于肉牛生产性能和健康生长。短期内过量摄入谷物可导致奶牛亚急性瘤胃酸中毒（SARA）、瘤胃pH值急剧下降、纤维素分解菌丰度下降、瘤胃上皮屏障受损、最终的炎症反应总是伴随着SARA的发生。张颖等针对科尔沁肉牛饲料利用率，采用当地5种粗饲料做饲草营养试验。结果发现，苜蓿干草、全株玉米青贮的TVFA、CP含量高，可更多地为肉牛提供能量；全株玉米中青贮氮利用更充分，也是肉牛质量较好的粗饲料。Wang等研究者表明在TMR时，草料粒度应适中，且低质量牧草较短粒径可能有利于VFA的合成和吸收。

单宁是一种多酚化合物在植物中广泛存在。其可以调控瘤胃微生物，主要体现在改善动物的生产性能、提高蛋白质的消化率、抑制甲烷排放、改善瘤胃发酵等方面。单宁在瘤胃中可以抑制瘤胃蛋白水解菌的生长，它既可以和植物蛋白作用，又能与细菌作用，但这两种作用机制是不同的。与植物蛋白的相互作用是通过聚乙二醇介导的，并且是可逆的，而与细菌的作用则不可逆。以基础日粮由青贮玉米和精料混合料组成日粮中添加单宁酸（TA）26.0 g/kg降低瘤胃己酸/丙酸比值和甲烷产量，使瘤胃液中产甲烷菌、原虫和白色瘤胃球菌的相对丰度显著下降（$P<0.05$）；也降低了DM、OM、CP的表观消化率。丽丽等研究发现饲粮中添加2%和4%的单宁可显著降低绵羊瘤胃中细菌和产甲烷菌含量，而过高则会对宿主产生毒害作用。由此可见，单宁具有保护日粮蛋白质

免于在瘤胃中降解，抑制瘤胃产甲烷菌、原生动物以及在较小程度上抑制产氢微生物来减少甲烷产生的作用，但使用单宁调控要严格控制好剂量和浓度，避免中毒。

综上所述，如果粗饲料的数量和质量都不能得到保证，就会影响肉牛正常的生理代谢。在饲养过程中要给肉牛配制合理的日粮，在提高饲料适口性的同时也应该满足其生长发育的需要。除此之外，还应当大力推广种植优质的牧草，例如紫花苜蓿、黑麦草等，同时还要充分利用小麦或玉米的秸秆，这部分青绿饲料、优质青干草的适口性较好，营养价值丰富，消化利用率高，能够通过刺激消化液的分泌和消化器官的生理活动激发食欲，从而达到提高采食量的目的。玉米秸秆和小麦秸秆等农副产品如果直接饲喂给肉牛，通常不能被很好地消化利用，但可以利用青贮、黄贮、微贮以及氨化技术，提高农副产品的适口性和营养价值，从而给肉牛提供成本较低的优质粗饲料来源。肉牛在各个生理阶段的增重有较大差异，在日粮供应方面也应当根据增重进行相应的调整，在肉牛增重较高的阶段，往往需要更多的精饲料，同时为了防止瘤胃内异常发酵，还应当在饲料中添加缓冲化合物。另外，积极进行退耕还林、退耕还草工作，为肉牛产业的发展提供物质基础的同时还能够满足可持续发展的需求。

### （三）生态养殖中矿物质添加剂的应用

随着集约畜牧业和配合饲料工业的发展，饲料添加剂的使用日益广泛、种类不断增多，可以大大提高饲料利用率，降低生产成本，而且可以充分发挥肉牛的生产潜力，改善产品品质；但由于部分饲料添加剂具有毒副作用，加上过量、无标准使用，造成肉牛生产的污染，降低了肉制品的安全性。加入无公害的饲料添加剂，同样具有良好的抗病和促生产作用，能增强机体免疫力，提高饲料转化率和产品品质，且无污染、无残留、无抗药性、无毒副作用。因此，应严格按照无公害饲料生产的有关规定执行；选择添加剂时应有针对性，不滥用和长期过量使用；明确各个添加剂的禁药期和休药期，减少残留，使产品符合绿色食品卫生标准；严格执行用药期间的配伍禁忌，不随意混合使用。

有学者对中期泌乳荷斯坦奶牛分别饲喂添加亚硒酸钠（SS）、高羊毛氨酸硒（SeHLan）的TMR试验。结果显示，2组牛瘤胃中的糖化假丝酵母菌属、毛螺菌科NK4A136群功能性细菌发生了变化。饲草料中添加日粮补充剂中添加硫酸钠降低了瘤胃中$NH_3$-N的浓度，而增加了MCP的浓度，增加了瘤胃TVFA及纤维的消化率。黄文植等对放牧牦犊牛冷季补饲矿物质舔砖，试验显示，瘤胃氨态氮、乙酸含量均显著提高，90 d后检测血清中Zn、Fe、Cu、Co含量显著高于对照组，结果表明，矿物质调控提高了犊牛对营养物质的摄入，促进血液中矿物质元素的代谢和吸收，改善瘤胃的发酵功能，显著提高了犊牛体增重（平均ADG、总增重）。

（四）饲喂方式

牛在不同的环境、生理条件、不同品种、不同饲养方式其瘤胃微生物区系也随之变化。Fan对牦牛不同海拔日粮采食量、瘤胃微生物区系组成及挥发性脂肪酸（VFA）分布研究发现，海拔越高牦牛瘤胃微生物多样性越高，瘤胃中优势细菌为厚壁菌门和拟杆菌门，可利用高纤维牧草满足牦牛在寒冷和高海拔栖息地的能量需求。李翔等针对牛去势对比试验，结果显示，非去势组体重与日增重（ADG）显著提高了13.89%、33.33%。曹家铭等开展“放牧+补饲精料”，瘤胃发酵速率因补饲精料而加快，放牧组的总挥发性脂肪酸（TVFA）的含量明显较高，丙酸作为瘤胃发酵产物含量明显提升，使血糖水平升高，菌体蛋白合成的速度会随着瘤胃内容物能量水平的提高而加速，肉牛易吸收蛋白和能量，体重增加明显。谭子璇等研究牦牛发现，放牧条件下VFA和风味物质种类优势更明显，在舍饲条件下肉质优势更明显，这与环境条件、日粮精细化有关。

据李传军等的研究表述，在实际生产中为了降低劳动强度，提高饲喂效果，一般采用日喂2次，间隔12 h，早晚各喂1次的方法。确保牛有充分的休息、反刍时间，提高胃肠道消化机能，减少牛的运动次数。比较理想的喂料方式是精、粗、青料按照一定的比例拌在一起饲喂，可提高饲料消化率。但对于较大型育肥牛场，由于花费的劳动力大，不可能做到这一点。这时也可采用分开饲喂的办法，要先喂粗料，后喂精料，保证牛能吃饱，促进牛多采食，减少食槽中的剩料量。对于粗料，最好经过湿拌、浸泡、发酵、切短、粉碎等处理，以提高消化利用率。选购架子牛时要严格筛选。应选“口方大，爱采食”的牛。育肥初期，日粮中的粗饲料比例不能低于50%，多采食粗饲料，可以锻炼胃肠功能，增大胃容量。饲料组成要多样化。应先喂粗饲料，后喂精料，少喂勤添，最后喂水。如果饲喂过程中，肉牛出现厌食，可加喂质优、适口性好的青饲料，恢复和增强胃肠功能；也可改变饲料形态，如采用蒸煮、压片等方法加工饲料，提高适口性。保证新鲜充足饮水，做到昼夜供应。日粮中增加有助于消化的药物，使用添加剂。饲料供应量应逐渐增加，不宜太猛、太急，否则容易造成剩料浪费或引起消化不良。改变饲料应有一个过程，不要一次性改变，一般要有1周左右的过渡。

## 四、程序化免疫技术

程序化免疫技术的核心观点是预防某类病毒的集中暴发，主要是为了提高畜禽的安全，激发动物的自身抵抗力，而针对某类病毒的常态化接种程序，最终使得动物由易感染体质转变为不易感染体质，这种技术是我国为了应对常见动物传染病的重要举措。在《2020年国家动物疫病强制免疫计划》中规定口蹄疫、小反刍疫等常见疫病的疫苗接种率要达到90%以上，这就意味着养殖户必须配合动物防疫部门按时为动物接种疫苗，同时做好疫苗的接种记录的登记，建立档案备查。贾惠珺（2014）认为程序化免疫模式就是基层防疫员在开展防疫工作时以第一次免疫为始免时间并按照规定的程序进行第二次免疫，周而复始地长期对动物进行免疫，以达到预防疫病目的的模式。

## 五、温室气体减排

农业源排放的一氧化二氮（$N_2O$）、甲烷（$CH_4$）和二氧化碳（$CO_2$）已成为全球温室气体主要来源；畜牧业温室气体也主要包括以上三种气体，而畜禽已经成为农业温室气体排放的主要排放源。这些温室气体的排放恰恰是氮、能源和有机物的损失，损害了畜牧业生产效率和生产力。畜禽粪便排放和微生物发酵导致的温室气体排放是畜牧业养殖过程中温室气体的主要来源之一。微生物在分解畜禽排泄物的过程中，产生大量温室气体。因此，需要通过多种措施，改变粪便、尿液和污水中的碳源去向。

从狭义的角度主要包括反刍动物嗳气、牲畜粪尿发酵、动物呼吸代谢、病畜尸体腐烂分解等直接与畜禽本身相关的产生方式，从广义的角度来分析，牲畜和家禽养殖过程中的温室气体排放大致可以分为四个部分，分别是：建造牲畜圈舍，维持圈舍温度、光照和湿度等饲养环境；饲料加工、运输和喂食；畜禽正常生理活动；畜禽排泄物发酵与处理。在畜禽的生长发育过程中，前期在圈舍建造、温度调节等方面产生的温室气体排放量较大，后期随着生长周期的推进，对饲料的摄取量增加，饲料加工、胃肠道蠕动和粪便排放所引起的温室气体排放量将逐步上升。据洪俊研究报道，可以在畜禽圈舍与配套设施、饲料加工与运输就近设置饲料加工厂，采用秸秆、麦麸等农业废弃资源加工饲料，降低运输过程中的能源消耗，通过更换饲料品种、舔砖等措施改善肠道环境，降低养殖过程中因胃肠道消化引起的温室气体排放等，达到降低温室气体排放的目的。

荷兰的一项研究结果指出，相对于其他禾本科青贮牧草，反刍动物饲喂青贮玉米，甲烷的产生量要低一些。谢军飞等（2002）研究结果发现，在精料和牧草比例为40：60的泌乳中期奶牛日粮中，用青贮玉米替代一半的禾本科牧草，可使甲烷排放量从占总能采食量的6%降低到5.8%。精料比牧草中细胞壁的含量较低，而非结构性糖类的含量较高，因此，在瘤胃中，精料的发酵速度要比牧草快，丙酸含量增加，甲烷生成减少。新西兰有研究结果指出，一些豆科（如苜蓿）牧草也可降低甲烷的排放量。据报道，公牛饲料中添加50 g/d果寡糖能降低甲烷产量。Hernandez等研究证明酵母对甲烷代谢的影响与菌株的种类有关。一些活酵母菌株可以刺激乙酸合成菌生长，这些乙酸合成菌可以通过与产甲烷菌竞争或共同代谢氢气，影响瘤胃中VFA比例，降低甲烷的排放，改变氢的代谢模式。

据覃春富等报道，通过不断选育品种，提高生产力，可以适度减少饲养总量，减少动物本身维持需要的消耗及其在维持消耗下所产生的温室气体（GHG），从而单位畜产品的GHG排放量也随之减少。优化畜群结构，及时淘汰低产畜、病畜，优化肉牛和种畜合理有效的利用年限，均是提高畜禽生产力，减少胃肠道总甲烷、粪尿GHG排放量的重要技术对策。

## 六、无害化处理技术

病死动物及相关产品往往携带大量病原体，如果随意搁置或者买卖不仅对环境造成污染，还会造成疫病的发生，影响公共安全和社会稳定。采取无害化处理技术可以有效解决环境污染，从根源上降低疫情风险，从而保证人民群众的食品安全和人体健康，促进畜牧业的健康发展。2022年出台的关于《病死畜禽和病害畜禽产品无害化处理管理办法》明确规定了七类畜禽和畜禽产品应当无害化处理：染疫或者疑似染疫死亡、因病死亡或者死因不明的；经检疫、检验可能危害人体或者动物健康的；因自然灾害、应激反应、物理挤压等因素死亡的；屠宰过程中经肉品品质检验确认为不可食用的；死胎、木乃伊胎等；因动物疫病防控需要被扑杀或销毁的；其他应当进行无害化处理的。

在2017年国家出台的关于《病死及病害动物的无害化处理技术的规范》指导文件中，对无害化处理技术做出了明确的规定，通过物理与化学的途径，对病死（害）的动物躯体及相关产品进行处理，将其所携带的病原体彻底消灭，防止危害扩散。现行的无害处理技术主要为焚烧法、化制法、掩埋法与硫酸分解法等。焚烧法主要利用高温杀毒的原理，通过制造高温环境，将病死（害）躯体及相关产品放置在该环境下进行氧化反应达到消毒杀菌的目的；化制法与焚烧法原理相似，主要区别在于处理条件略有所不同，化制法不仅需要高温条件，同时还需要满足高压的条件，在高温与高压的条件下，将动物尸体进行处理。据王志龙等报道，该方法对病原微生物的消杀率可达99.9%，所产出的废物几乎对环境没有任何影响。掩埋法则是最为常见的一种方法，主要就是将动物尸体放置于化尸体窖或者土坑中进行掩埋与消毒，随着时间的推移，将尸体自然分解，实现对病死（害）动物的无害处理。但是据朱爱发报道，这一方式的使用对于促进病死的数量有着严格的要求，不能超过一定的数量，所以使用这一方法时要注意选择适合的掩埋地点，还需要根据病死畜禽的数量和体型来决定坑洞的大小，在完成上述所有步骤之后，要注意在坑底部撒上漂白粉或生石灰，才能将尸体放入其中。在后期要重视消毒，要防止尸体腐烂过程中对地表所造成的污染，如果处理不当，很可能会引起病毒扩散，对地下水和土壤造成一定的威胁。硫酸分解法主要借助化学手段来进行，主要是通过硫酸这种腐蚀性强的物质来分解动物尸体及相关产品的手段。

## 七、循环养殖及其废弃物资源化利用

随着我国畜牧养殖业的快速发展，规模化畜禽养殖产业得到不同程度发展，在极大满足人民物质生活水平的同时，也造成了严重的环境污染，在畜禽养殖过程中所产生的粪尿等废弃产物已经逐渐成为养殖场主要的污染源。废弃物如不进行合理利用，对环境和人们的生活均会造成影响，威胁人畜健康。因此，废弃物如何正确高效地处理并资源化利用是急需解决的问题，推进循环养殖并合理利用废弃物极为必要。为更好地推动绿色畜牧养殖产业健康可持续发展，进一步降低畜禽养殖粪污对生态环境造成的危害，通过积极利用畜禽粪污还田及商业化有机肥生产等各项措施开展污染物排放处理和再利用，实现污染物资源高效利用、高效回收，推进种养结合、农牧循环等可持续发展新格局，推动畜禽养殖和生态保护协同发展。

### （一）种养结合养殖模式

种养结合养殖是指通过种植饲料作物以及回收作物秸秆，为养殖业提供青贮饲料，畜禽排出的粪便发酵成有机肥料返回田间，充分转化和循环动植物物质和能量，形成物质和能量互补的生态农业系统的主要生产组织方式。种养结合是当前有效利用畜禽粪肥的最优途径。对于新建或扩建的规模化养殖场，应要求其配套完善的粪污消纳土地，实现异地定养，确定最佳的养殖规模。种植和养殖产业相结合，依托土地流转运行机制，确保规模化养殖场有充足的消纳土地。针对农作物在生长发育阶段对养分的需求，应对养殖场产生的粪便和污水采用不同的方式进行处理，能形成良性循环发展模式，实现污染物零排放。对配套土地充足的养殖场（户），粪污经无害化处理后还田利用具体要求及限量应符合《畜禽粪便无害化处理技术规范》（GB/T 36195—2018）和《畜禽粪便还田技术规范》（GB/T 25246—2010）的规定，配套土地面积应达到《畜禽粪污土地承载力测算技术指南》要求的最小面积。对配套土地不足的养殖场（户），粪污经处理后向环境排放的，应符合《畜禽养殖业污染物排放标准》（GB 18596—2001）和地方有关排放标准。用于农田灌溉地，应符合《农田灌溉水质标准》（GB 5084—2021）的规定。朱昌友、李必圣等认为实行种养结合是推进畜牧业绿色发展的重要途径，不仅解决了畜禽类养殖产生的粪污难以处理的问题，而且消除了焚烧农业秸秆所造成的空气污染等。另外，种养结合可以变废为宝，粪污为种植业提供养料，秸秆则为畜牧业提供食物，真正实现了绿色循环发展。

在安徽实行的农、林、牧、副四位一体循环养殖模式，形成了“种植—养殖—沼气—林果”的循环养殖模式（图11-1）。实现了资源再生，生态环境保护，促进区域经济建设和农业现代化可持续发展。

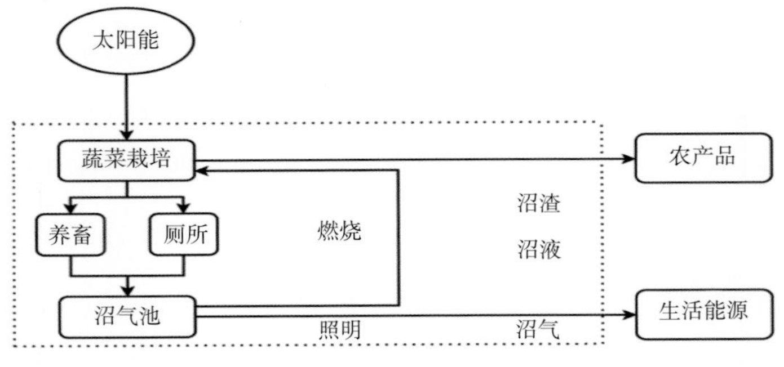


图11-1　“四位一体”循环农业模式

（注：摘自《肉牛绿色养殖模式研究——以遵义市凤冈县为例》）

主要特点是优质、高产、高效、节能，形成紧密相连的产业利益链，尽可能实现生态平衡，完成多环节、多层次、多领域的投资增值和增收。有利于促进农作物秸秆和畜禽粪便的资源化利用，进而减少农业面源污染，促进农业绿色发展，实现畜牧业的长远稳定发展，在此基础上建立高效、完整的畜牧业生产体系。

### （二）以保护生态为目的的养殖模式

该模式是指将种植、养殖、水产、加工、餐饮等产业有机结合，形成产业链，构建大农业的生态观光农业园综合经营模式。在云南省泸西，通过开发当地特有的农业资源，利用对农产品进行精深加工，增加特色农产品价值，实现利润最大化和生态效益最优化。该模式的特点是：将农业生产过程及产品输出全链条与旅游开发相互融合，深化影响和覆盖面，实现观光旅游、耕读教育引导等全方位发展。

### （三）以农业废弃物再生利用为目标的绿色循环养殖模式

农业废弃物再生利用模式是指把农业生产过程中产生的秸秆、粪便以及加工过程中产出的其他废弃物等，借助处理加工，变为可再次利用的资源，如图11-2所示。

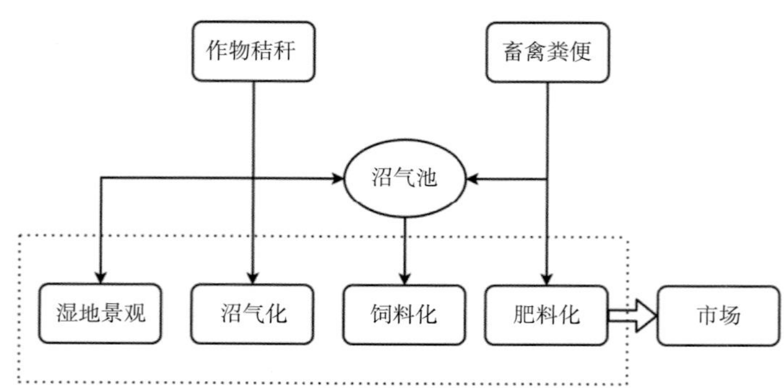


**图11-2　农业废弃物利用模式**

（注：摘自《肉牛绿色养殖模式研究——以遵义市凤冈县为例》）

### （四）秸秆还田模式

即将秸秆饲料、燃料、肥料和原料综合利用，达到资源变废为宝的目的，从而提高农业循环系统综合效率。秸秆变废为宝可以通过多种途径实现。其中秸秆饲料化已成为重要的秸秆农用方式，在弥补优质饲草缺口、保障畜产品供给、推动种植业和养殖业高效结合等方面发挥了重要作用。

### （五）畜禽粪便利用型发展模式

在畜牧养殖产业发展中，将农业生产系统中产生的“垃圾”“废物”进行无害处理，实现粪便再回收，再利用。可以采用“公司+农户”的发展模式，积极发展适度的规模家庭农场，要依托当地大中型规模养殖场配置完善的污染物处理设施，实现粪污资源的高效深度处理，养殖场产生的粪污中含有很多有机物和各种元素，经过妥善有效的处理，能够从粪污中释放各种营养价值，确保养殖场污水经过处理后能达到农业灌溉标准后用于灌溉农田，固体粪污资源进行堆肥发酵或直接加工生产出商品有机肥，更好地满足农作物生长。

将养殖废弃物通过堆肥、生物发酵等技术转化为有机肥料。朱新梦研究表明，将牛粪便通过好氧堆肥的技术有利于减少$CH_4$和$N_2O$排放，减少氮素损失，提高堆肥产物品质。室内堆肥试验表明，堆肥可促进牛粪中有效成分释放，提高堆肥产物中水溶性有机碳比重及有效磷、速效钾含量。Millner等研究发现，堆肥温度越高消除牛粪中病原菌作用越快。张秋萍将干湿分离的奶牛粪便、玉米秸秆、微生物菌剂按一定比例混合后进行发酵，发酵32 d后产物中未检出金黄色葡萄球菌、沙门氏菌、志贺氏菌、致病性大肠杆菌，表明高温发酵可有效杀灭粪便中病原微生物。孙刚的试验表明，高温堆肥可快速降解牛粪中的抗生素。

对于规模化肉牛场，每日的牛粪产出量大且稳定，适宜建立堆肥处理设施，生产商业化有机肥。有机肥生产厂可辐射周边地区的规模化养殖场和中小规模养殖户，实现粪污资源高效收集、高效处理，减轻对生态环境造成破坏。这不仅可以解决粪污处理的问题，同时可以提供相当可观的收益。根据《畜禽粪便堆肥技术规范》（NY/T 3442—2019）规定，畜禽粪便工艺流程包括物料预处理、一次发酵、二次发酵及臭气处理等环节（图11-3）。

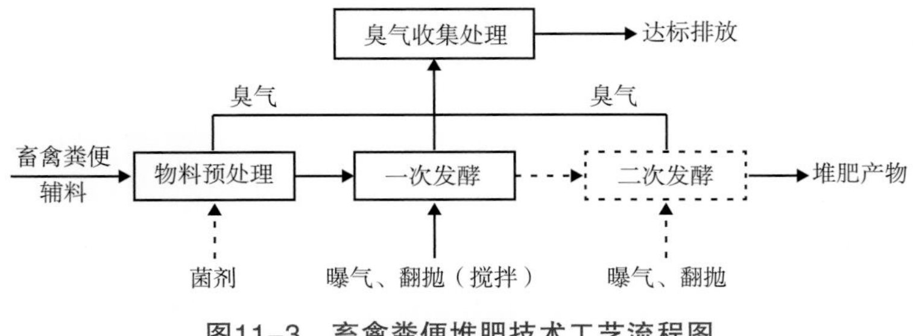


**图11-3　畜禽粪便堆肥技术工艺流程图**

（注：实线表示必需步骤，虚线表示可选步骤）

1. 物料预处理

将畜禽粪便和辅料混合均匀，混合后的物料含水率45%～65%为宜，碳氮比（C/N）为（20：1）～（40：1），粒径不大于5 cm，pH值为5.5～9.0。堆肥过程中可添加有机物料腐熟剂，接种量占堆肥物料质量的0.1%～0.2%为宜。腐熟剂应获得管理部门产品登记。

2. 一次发酵

通过堆体曝气或翻堆，使堆体温度达到55℃以上，条垛式堆肥维持时间不得少于15 d，槽式堆肥维持时间不少于7 d，反应器堆肥维持时间不少于5 d。堆体温度高于65℃时，应通过翻堆、搅拌、曝气降低温度。堆体内部氧气浓度≥5%为宜，曝气风量0.05～0.2 $m^3$/min（以每立方米物料为基准）为宜。条垛式堆肥和槽式堆肥每天翻堆1次为宜；反应器堆肥宜采取间歇搅拌方式（如开30 min，停30 min）。实际运行中可根据堆体温度和出料情况调整搅拌频率。

3. 二次发酵

堆肥产物作为商品有机肥料或栽培基质时应进行二次发酵，堆体温度接近环境温度时终止发酵过程。

4. 臭气控制

堆肥过程中产生的臭气应进行有效收集和处理，经处理后的恶臭气体浓度符合《畜禽养殖业污染物排放标准》（GB 18596—2001）的规定。臭气控制可采用如下方法。

（1）工艺优化法。通过添加辅料或调理剂，调节碳氮比（C/N）、含水率和堆体孔隙度等，确保堆体处于好氧状态，减少臭气产生。

（2）微生物处理法。通过在发酵前期和发酵过程中添加微生物除臭菌剂，控制和减少臭气产生。

（3）收集处理法。通过在原料预处理区和发酵区设置臭气收集装置，将堆肥过程中产生的臭气进行有效收集并集中处理。

### （六）以沼气为纽带的循环农业模式

连接种养技术，发展优质化、高产量、高能效农业的一种模式。该模式的优点：把农业生产与农村生活结合起来，通过更好地实现对废弃物的再处理、再利用，提高生产利用率的同时改善生态环境，创造良好的生活环境。利用粪尿制作沼气，采用固液分离技术分离出纤维固体进行堆肥处理，液体用于制作沼气，沼气在进行二次固液分离后，残渣可以作为固体有机肥料，沼液可以还田，从而实现粪污循环利用。据郭亮等研究表明，沼气不仅是一种清洁能源，而且热能高，1 $m^3$的沼气相当于1.2 kg的煤、0.5 kg的液化气产生的热能，其价格与液化气相比低30%。

例如沙雅县通过招商引资，建设棉秸秆高性能人造板加工厂，年可消耗棉花秸秆量12万$m^3$，生产板材9.5万t。玛纳斯县聚焦棉花秸秆利用难题，与科研院校合作，通过添加生物菌种和辅料开展微贮，年生产优质饲料2.5万t。同时，利用牛羊粪污+棉花秸秆压贮，高温发酵，生产生物有机肥6 000 t。叶城县依托喀什木易生物科技公司，开发以秸秆为主要原料的成型燃料，将秸秆变能源降碳，提升农村清洁用能比例，年产生物质燃料颗粒3万t，销往西藏阿里和新疆等地，经济效益、社会效益和生态效益可观。温泉县依托项目，建立占地40亩的集“青贮秸秆或秸秆粉碎—机械打捆—运储存放—精细化粉碎—青贮窖发酵—饲料利用—牲畜粪便—堆沤发酵—农家肥还田”为主的秸秆饲料化循环利用展示基地，建立了构建县域全覆盖的秸秆收储和供应网络，打造集“秸秆收集—青黄贮—饲料加工—高端肉牛养殖—过腹还田”于一体的生态循环农业。项目实施有效缓解了当地饲草料短缺的局面，解决畜牧养殖的燃眉之急，通过推进秸秆肥料化利用，有效提升耕地土壤有机质含量，使秸秆变废为宝，促农增收。

## 第二节　肉牛瘤胃微生物调控

复胃消化是牛的重要生理特点。牛的复胃由瘤胃、网胃、瓣胃和皱胃四个部分构成（图11-4）。前三个胃的黏膜无腺体，不分胃液，合称前胃；其中瘤胃和网胃关系最为密切，故合称为网瘤胃。饲料内可消化干物质有70%～85%在此被消化，其中起主要作用的是瘤胃内的微生物（细菌、古菌、原虫、真菌）。

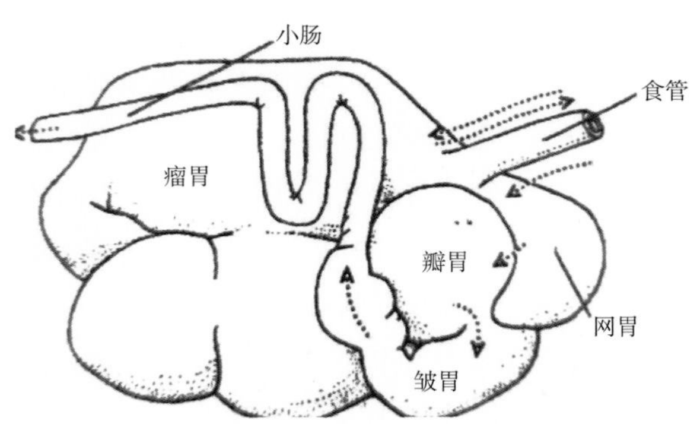


图11-4　牛胃示意图（虚线示食物经过途径）

### 一、瘤胃微生物生态区系建立

#### （一）瘤胃微生物的获取途径

犊牛瘤胃微生物获取途径：幼畜瘤胃中的纤毛虫主要通过与亲畜接触或与其他反刍动物直接接触获得天然的接种来源。母牛分娩期间阴道和肠道微生物群在阴道挤压的作用下向犊牛消化道植入有益微生物如产甲烷菌、纤维分解菌等；犊牛舔舐母牛皮肤等方式获取微生物；摄取初乳中的发酵基质和母体菌群建立自身瘤胃微生物菌群并促进瘤胃的发育；幼龄牛瘤胃中的原生生物通过与亲畜或其他反刍动物获得。通常犊牛生长到3～4个月。瘤胃中才出现各种纤毛虫。瘤胃内纤毛虫的种类和数量随食物不同而发生显著变化。饲喂富含淀粉的日粮时内毛虫属增多，日粮中含纤维多时，双毛虫属增多。此外饲喂次数也对纤毛虫的数量有影响，饲喂次数多，数量亦增多（图11-5）。

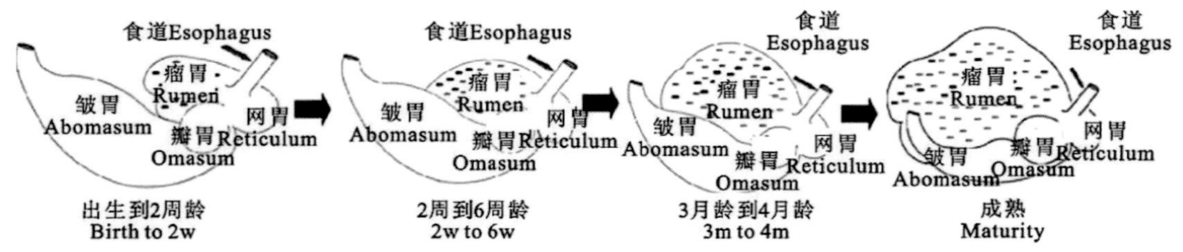


图11-5　瘤胃的发育过程及微生物多样性示意图

（注：摘自《Bloat in young calves and other pre-ruminant livestock》）

### （二）瘤胃微生物生态系统处于动态平衡

瘤胃内相互共生的微生物群系包括纤维分解、半纤维分解、淀粉分解、蛋白分解、脂质分解以及生物氢化作用等类别的微生物共同作用又相互依存组成了稳定的微生物区系，并发挥着强大而丰富的功能。早期饲喂方式和营养对瘤胃发育和瘤胃微生物群的建立有影响。Rey等研究犊牛瘤胃微生物菌群呈现阶段性定植：2日龄内菌群中优势菌门为变形菌门、巴斯德氏菌科和拟杆菌门；3～12日龄优势菌属拟杆菌属占21%、普雷沃氏菌属占11%、梭杆菌属占5%、链球菌属为4%，产甲烷菌等常见的细菌已在成熟瘤胃中定植；15～83日龄最优势菌属为普雷沃氏菌属，牛摄入的固体饲料数量随着年龄增长而迅速上升，通过反刍减小了纤维颗粒的尺寸，磷酸盐、碳酸盐等反刍唾液中的缓冲物质可及时将微生物发酵过程中产生的酸中和，中性偏酸的环境得以维持，促进瘤胃微生物的繁殖与纤维分解。90～120日龄瘤胃中纤毛虫逐步增多，为犊牛断奶并从牧草中汲取营养创造了条件。瘤胃微生物菌群的定植、发酵早期调控，促进宿主消化饲料、健康生长。

## 二、肉牛瘤胃营养消化吸收代谢机理

瘤胃为厌氧的生态环境，瘤胃液中的微生物群落共生，每毫升胃液中含有的细菌、原虫、古细菌、真菌分别约有$10^{10}$个、$10^{8}$个、$10^{7}$个和$10^{3}$个，其中细菌和纤毛虫容积量各约占50%。进入瘤胃的饲草料，在微生物作用下降解、发酵等一系列复杂的消化和代谢过程，产生VFA、合成微生物蛋白（MCP）、糖原、维生素，供机体利用，这些微生物在宿主的营养（如饲料和消化）、生理和免疫功能方面发挥着重要作用。

### （一）糖的吸收和代谢途径

反刍动物食物中的纤维素、果聚糖、戊聚糖、淀粉、果胶物质、蔗糖、葡萄糖等糖类物质，均能被微生物发酵。但可溶性糖发酵速度最快，淀粉次之，纤维素和半纤维素较缓慢。纤维素是反刍动物饲料中的主要糖类，含量为40%～45%。在瘤胃内，厌氧的真菌菌丝易降解植物细胞壁（纤维）溶解木质素成分，在具有广泛的高活性的降解植物细胞壁的纤维素酶、木聚糖酶、果胶酶和酯酶等共同作用下，纤维素、半纤维素逐步被降解为单糖和VFA等被微生物所利用或瘤胃壁所吸收，为机体提供主要能量。饲料中复杂的大分子如纤维素、淀粉、蔗糖等糖类，在白色瘤胃球菌、黄化瘤胃球菌、产琥珀酸丝状杆菌及溶纤维丁酸弧菌等纤维分解菌的作用下，降解成单糖和二糖合成糖原储存于微生物体内，经真胃和肠道，所含糖原经酶水解为单糖后被机体吸收利用，成为反刍动物机体葡萄糖来源之一。瘤胃纤毛虫对植物纤维素有裂解作用，消化吞噬破裂成碎片的细胞壁。同时，纤维素在植物细胞壁多糖降解酶的作用下，木质纤维素被高效降解。碳水化合物和肽在瘤胃消化发酵厚壁菌门、拟杆菌门和变形菌门是主要细菌门，产生的VFA为反刍动物提供了60%～70%的能量。

### （二）含氮物的消化和代谢

反刍动物瘤胃内含氮物质的消化非常复杂，一般分为含氮物的降解和氨的形成、微生物蛋白的合成、尿素再循环三个过程。

#### 1. 含氮物质的降解和氨的形成

反刍动物食物中的含氮物质包括蛋白氮和非蛋白氮。铵盐、蛋白质进胃后，有50%～70%被细菌和纤毛虫的蛋白酶水解为肽类和氨基酸，大部分氨基酸在微生物脱氨基酶作用下，生成氨、二氧化碳、短链脂肪酸和其他酸类；非蛋白氮物质也能被微生物释放的脲酶分解生成氨、二氧化碳，其他物质，且分解十分快。

#### 2. 微生物蛋白的合成

瘤胃微生物能直接利用含氮物的降解产生氨作为氮源、糖类发酵提供的碳源（VFA）合成微生物生长所必需的氨基酸，再生成微生物蛋白质；微生物也可直接利用食物蛋白降解形成的少量肽和氨基酸合成微生物蛋白质，但氨是合成微生物蛋白质的主要氮源。

瘤胃微生物利用氨合成氨基酸时需要能量和碳链，除VFA是主要的碳链来源外，二氧化碳和糖也是碳链的来源。糖同时还是能量的主要供给者。由此可见，瘤胃微生物在合成蛋白质的过程中与氮代谢和糖代谢是密切相关的。

#### 3. 尿素再循环

瘤胃中的氨除了被微生物合成菌体蛋白外，其余的则被瘤胃壁吸收，经门脉循环进入肝脏，经鸟氨酸循环生成尿素；尿素一部分经血液循环被运送到唾液腺，随唾液分泌重新进入瘤胃，还有一部分通过瘤胃壁又弥散进入瘤胃内，剩余的则随尿排出；进入瘤胃的尿素被微生物重新分解为氨和其他物质，可被微生物再利用，通常将这一循环过程称为尿素再循环。这种内源性的尿素再循环，对于提高饲料中含氮物质的利用率具有重要意义，尤其在低蛋白日粮的条件下，反刍动物依靠尿素再循环可以节约氮的消耗，保证瘤胃内氮元素的浓度，有利于瘤胃微生物蛋白的合成，同时使尿中尿素的排出量降到最低水平。

### （三）脂肪的消化和代谢

食物中的脂肪大部分被瘤胃微生物彻底水解，生成甘油和脂肪酸等物质。甘油发酵生成丙酸，少量被转化成琥珀酸和乳酸；不饱和脂肪酸经加水氢化，转变成饱和脂肪酸。因此反刍动物的体脂和乳脂所含的饱和脂肪酸比单胃动物要高得多，如单胃动物体脂中饱和脂肪酸占36%，而在反刍动物中则高达55%～62%。瘤胃微生物可利用VFA合成脂肪酸，特别是少量特殊的长链、短链的奇数碳脂肪酸和偶数碳支链脂肪酸。脂肪酸的合成受食物成分的制约，当食物中脂肪含量少时，合成作用增强；反之，当食物中脂肪含量高时，会减少脂肪酸的合成。

### （四）维生素的合成

瘤胃微生物能合成多种B族维生素，其中硫胺素绝大部分存在于瘤胃液中，40%以上的生物素、泛酸和吡哆醇也存在于瘤胃液中，能被瘤胃吸收。叶酸、核黄素、尼克酸和B族维生素等大都存在于微生物体内。此外瘤胃微生物还能合成维生素K。幼年反刍动物，由于瘤胃发育不完善，微生物区系不健全，有可能患B族维生素缺乏症；对于成年反刍动物而言，当日粮中钴缺乏时，瘤胃微生物不能合成足够的B族维生素，易出现食欲抑制，幼畜生长不良等症状。幼龄反刍动物由于瘤胃微生物区系不健全，有可能患有B族维生素缺乏症，成年反刍动物的健康并不会因饲料中缺乏此类维生素而受到影响。

## 第三节 益生菌、酶制剂、中草药在生态养殖中的应用

肉牛作为反刍草食家畜，瘤胃微生物菌群能够充分利用秸秆等粗饲料合成自身的营养物质，转化为人类生活必需的奶和肉等优质产品，提供饱和脂肪酸、反式脂肪酸、脂溶性维生素、蛋白质和必需矿物元素等。现代工厂化生产，尽量做到牛群无病、无虫、健康，而密闭式的饲养制度，又极易使牛患病。通过调节瘤胃发酵，改善瘤胃微生物区系，破解这一难题，提高肉牛生产性能，促进饲料更好地吸收利用，对于开发改善肉牛等反刍动物生产和减少环境影响的新方法至关重要。本节旨在为科学合理利用瘤胃微生物区系，促进日粮高效利用，实现肉牛生产性能有效提升，为高效养殖、培育、健康肉牛提供理论依据。

## 一、益生菌的选择

益生菌是一种能对动物机体的生长、发育和繁殖等生理活动产生有益影响的生物活性物质。益生菌可以定植于动物消化系统和生殖系统中，调节动物体内微生态平衡，从而发挥有益作用。其菌种必须保证其安全性，在宿主体内不能产生毒素，不能导致宿主感染发病，不能造成宿主消化系统和生殖系统紊乱，也不能携带耐药基因，最好从健康宿主的肠道中分离、优选后作为菌种使用。益生菌进入动物胃肠道，必须能够耐受胃液中低pH值和高蛋白酶环境，并且能够在胆汁酸中存活。益生菌菌株具有较好的黏附性是其在动物肠道定植的先决条件，这可能与竞争排斥、抗腹泻等作用有关。有些微生物能在肠道内生存，但没有定植能力，很容易随胃肠道蠕动与内容物一起被排出体外益生菌摄入动物机体后，有益菌生长繁殖，数量显著增加，与胃肠道内的细菌群相互作用，有害菌的生长得到抑制，有利于胃肠道的微生态平衡的改善。同时，益生菌在胃肠道生长、繁殖过程中还产生多种氨基酸、维生素以及消化酶。因此，益生菌不仅可以改善胃肠道微生态平衡，而且可以促进机体消化并为其提供营养。优选后的菌种应对多种常用抗生素具有良好的敏感性，充分保证益生菌无耐药质粒。通常情况下，益生菌被机体口服摄入后，在肠道中停留时间较短，一旦转化成为病原菌，就存在产生耐药性的风险。如果益生菌菌体内存在耐药基因，对人和动物的危害甚至比抗生素更为严重。在工业规模化生产中，长时间保持遗传稳定性和活力，并能在较高菌群浓度中存活，生长条件不苛刻，生长繁殖能力强，感官特性良好，发酵工艺可操作性强，在加工、储存和运输等过程中生物学特性较为稳定，只有具备这些条件才能满足工业规模化生产要求。

## 二、益生菌的过瘤胃技术

一般情况下，瘤胃内容物有明显的分层现象，比较稳定。摄入的精料大部分沉底，粗料分布在瘤胃背囊。瘤胃水分含量高，平均含量为85%～90%，干物质的含量低，平均10%～15%。在消化过程中瘤胃内容物会连续不断地离开瘤胃，每小时流出瘤胃的食物瘤胃总容积之比，称为瘤胃稀释率，它与微生物生长呈正相关，而且影响了挥发性脂肪酸各成分比例。肉牛的瘤胃是一个由密集多样的微生物组成的生态系统，成年牛的瘤胃微生物菌群主要有产甲烷属古菌、原虫、厌氧菌、噬菌体、真菌等，其中细菌是瘤胃微生物中数量最多、作用最重要的部分，主要有乳酸菌、纤维素菌、蛋白质分解菌、蛋白质合成菌和维生素合成菌等。大多数细菌能发酵食物中的一种或几种糖类，作为生长的能源。可溶性糖类如六碳糖、二糖和果聚糖等发酵最快，淀粉和糊精较慢，纤维素和半纤维素发酵最慢，特别是食物中含较多木质素时，发酵率不足15%。不能发酵糖类的细菌，常利用糖类分解后的产物作为能源。细菌还能利用瘤胃内的有机物作为碳源和氮源，转化为它们自身的成分，然后在皱胃和小肠中被消化，供宿主利用。有些细菌还能利用非蛋白含氮物，如酰胺和尿素等，转化为它们自身的蛋白质。这些细菌随着食物性质、采食时间和宿主状态变化而变化。瘤胃微生物种类及数量随食物性质、饲喂制度和动物年龄的不同，发生较大变化。瘤胃内纤毛虫种类很多，包括均毛虫属、前毛虫属、双毛虫属、密毛虫属、内毛虫属和头毛虫属等。瘤胃中的纤毛虫含有多种酶，有分解糖类的酶、蛋白分解酶以及纤维素分解酶。它们能发酵糖、果胶、纤维素和半纤维素，产生乙酸、丙酸、乳酸、二氧化碳和氢等，也能降解蛋白质，水解脂类，氢化不饱和脂肪酸或使饱和脂肪酸脱氢。饲料内的营养物质通过瘤胃这个“微生物高效繁殖的发酵罐”进行消化，牛采食干物质的70%～85%由瘤胃发酵吸收，为机体提供所需能量的70%。其微生物区系既高度竞争又相互共生，微生物群落相对稳定，有利于维护反刍动物机体健康并提升其生产性能。

## 三、益生菌对瘤胃微生物的调控

益生菌是活性微生物，又称为微生态制剂，在消化道系统内定植对动物有益，健康功效显著，能平衡动物微生态。用益生菌需具备耐受胃酸、胆盐，可黏附在宿主肠道上皮细胞，能清除或减少致病菌的黏附等特点，常见的益生菌有酵母菌、枯草芽孢杆菌、丁酸梭菌、双歧杆菌、乳酸菌、放线菌和粪场球菌等。在实际生产中应用复合菌制剂较多，如日本EM菌和其他国产复合菌，冻干粉活菌总数≥500亿/g，在制备菌液过程中将1 kg老红糖加入3 kg沸水中溶解，再用7 kg纯净水稀释，待水温低于40℃时加入10 g菌粉混合，选择的容器应干净、密封，在室温环境下静置3～5 d即可使用，发酵激活好的菌液混浊，有酸甜气味，可使用1年。早期使用益生菌可减缓断奶应激，减少消化道疾病，提高采食量和饲料利用率方面应用前景广阔。

谭子璇等在牦牛日粮中添加0.4%～0.8%的酵母培养物（YC），研究结果表明，该物质能够改善牦牛生产性能并提高肉品质、肌肉中功能性脂肪酸及挥发风味物质，YC组牦牛瘤胃微生物多样性更丰富，VFA组成改变，*H～FABP*基因的表达水平显著提高。仇菊等在奶牛日粮中添加YC 200 g，增加了瘤胃纤维分解细菌族群数量，促进了瘤胃氮元素的利用，改善了瘤胃微生态平衡，提高了日粮利用效率。

杨春涛等研究发现，添加益生菌预防或治疗腹泻的作用机制主要是通过增强幼龄反刍动物体内正常有益菌群来竞争性抑制病原微生物侵袭，从而降低犊牛腹泻发病率。常晓峰等研究表明乳酸利用菌对缓解瘤胃酸中毒有很好的应用。埃氏巨型球菌作为主要的乳酸利用菌，在瘤胃中能利用超过70%的乳酸，且可与牛链球菌竞争生长底物，竞争性抑制牛链球菌的生长，减缓亚急性酸中毒。

在稻草日粮中添加益生菌和纤维分解酶可显著提高营养物质的降解性及瘤胃TVFA，使用纤维分解酶改变了瘤胃发酵稻草的特性，进一步增加稻草基全混合日粮（TMR）的中性洗涤纤维（NDF）和酸性洗涤纤维（ADF）的表观消化率。与饲喂单一新鲜玉米秸秆相比，饲喂添加益生菌和酶共同发酵的稻草，可改变肉牛瘤胃菌群，促进瘤胃代谢物对瘤胃球菌生长和丙酸盐的产生，将瘤胃发酵模式从乙酸盐转变为丙酸盐，采用酶处理后的小麦秸秆可增强NDF在瘤胃中的消化与发酵。

将纤维素酶和木聚糖酶添加到TMR中，结果显示，该益生菌可以增加后备牛（3～7月龄）干物质的摄取量，提高了ADF、NDF的表观消化率及草料营养利用率，试验组牛表现为总能表观消化率升高，体重增长快。由此可见，在饲料中加入适量的瘤胃酶制剂，饲料更高效利用，还有益于动物健康生长，“黏性粪便”减少，减轻了对饲养环境的污染。

在断奶犊牛饲料中添加纳豆枯草芽孢杆菌可促进犊牛体内纤维素分解细菌的生长，从而有助于瘤胃细菌群落的发育。日粮中添加适宜枯草芽孢杆菌，可产生大量的消化酶，补充动物体内源酶的不足，降低饲料中抗营养因子水平，营养物质易吸收，提高饲料利用率。

据李文等的报道，给牛饲喂高精料日粮，瘤胃内乙酸、丙酸和丁酸浓度也呈不同程度升高，导致ARA和SARA。可通过刺激瘤胃乳突发育，增加单位面积乳突的数量、乳突的长度和宽度，提高瘤胃上皮对VFA的吸收量。充足的能量和营养供给对牛链球菌增殖有利，使瘤胃pH值下降，诱发瘤胃微生物区系改变，导致HL产生菌与HL利用菌的菌群失调。牛链球菌代谢路径改变，HL发酵由异型转变为同型，瘤胃内HL积累引起RA。布登付等在日粮中添加0.5 g/d米曲菌，提高了丙酸含量，降低了丁酸含量，有效抑制瘤胃HL的积累，表明米曲菌能够缓解奶牛SARA症状。张洪伟等采用反刍兽新月单胞菌微生态制剂，有效抑制了瘤胃中HL的产生，提高了乙酸、丙酸、丁酸的含量，抑制HL堆积，瘤胃内多余HL被加速分解，稳定瘤胃微生物区系平衡，缓解了奶牛RA。巴音巴特等在RA奶牛的基础日粮中添加微生态制剂（组成成分乳酸菌、酵母菌、芽孢杆菌、植物多肽等），改善了瘤胃发酵功能，缓解了RA。魏子维等通过添加益生菌混合物（植物乳杆菌、产丁酸梭菌、屎肠球菌和活性干酵母菌），改善动物机体的免疫状况而缓解RA。益生菌进入瘤胃后通过益生菌免疫刺激作用，增加乳酸盐的消耗，降低HL浓度，胃液pH值、瘤胃内微生物群落逐步恢复平稳。AlZahal等对奶牛补充活性干酿酒酵母（ADSC），酵母培养物对瘤胃微生物区系及瘤胃发酵的调节作用能在一定程度上缓解ARA。Guo等研究发现，酿酒酵母发酵产物（SCFP）可稳定奶牛瘤胃环境，减轻与SARA相关的消化不良和炎性反应。

近年来，复合益生菌研究成了新的热点，酵母补充剂可以改变瘤胃微生物种群，利于纤维消化细菌，使瘤胃中产生的VFA类型和比例发生变化。左秀峰等对肉牛添加复合益生菌（酵母菌、乳酸粪肠球菌、芽孢杆菌），结果表明，饲料中MCP含量、TVFA浓度、干物质降解率和产气量明显增加，瘤胃液pH值正常，$NH_3$-N的浓度降低。复合益生菌添加量为精料量的0.1%，饲喂犊牛后，粗蛋白质、木质素、粗纤维可在瘤胃中消化更充分，粪便臭味不重且松软细腻，从而提高犊牛ADG、体高、胸围、体尺等各项生产性能指标，干物质的排放减少3.5%，增加10%以上的经济收益。李茂龙选取固原黄牛56头，将长柄木霉培养物、米曲霉培养物、酿酒酵母按照7：7：6制成微生物制剂，试验组按照2 g/kg添加。结果表明，试验组（30～60 d），ADF、NDF表观消化率提高了12.11%和4.0%，ADG提高了19.05%，肉牛生长性能加快。左秀丽等发现复合菌在促进瘤胃有益菌的生长、抑制有害菌、提升瘤胃液中消化酶的活性等方面具有更好的作用。但是复合菌添加必须要精确适量，过多或过少都达不到效果。因此合理利用益生菌调控瘤胃微生物，对于促进瘤胃微生物区系的建立、提高其生产性能具有长效作用。

由此可见，使用复合益生菌后瘤胃内环境会更加稳定，有益菌在瘤胃中更适合生长，瘤胃发酵更趋于正常。益生菌具有丰富瘤胃微生物区系、抑制犊牛腹泻，提高了非常规粗饲料的利用率，促进反刍动物生长具有长效作用，减少环境污染，推广应用价值高。

## 四、日粮结构和组成对瘤胃的调控

瘤胃微生物易受日粮成分的影响，因此可通过调节日粮来调控瘤胃微生物区系。响，因此可通过调节日粮来调控瘤胃微生物区系。一方面，高精料日粮可以显著提高瘤胃上皮单羧酸转运载体1、钠氢交换蛋白1（NHE1）、钠氢交换蛋白3（NHE3）的表达量，降低单羧酸转运载体4的表达量，结果是促进瘤胃上皮对挥发性脂肪酸的吸收，而挥发性脂肪酸又可以促进瘤胃上皮细胞的分化和增殖。而另一方面，仅饲喂精饲料会导致发酵产物的快速堆积，进而引发瘤胃液pH值快速降低、瘤胃乳头过度角质化和瘤胃上皮黏膜出现斑块等现象。而且过多的精饲料会在瘤胃中形成食糜黏附和瘤胃乳头聚集，从而降低瘤胃内营养物质吸收面积。因此，在一定精饲料的基础上增加优质粗饲料的饲喂，可以增大犊牛瘤胃容量，促进瘤胃乳头生长，并且使瘤胃微生物区系变得更加丰富，有利于瘤胃健康发育。此外粗饲料的来源、添加水平及切割度也会影响瘤胃中的微生物，从而影响微生物代谢。

调控日粮组成也是改变瘤胃微生物区系的途径之一。当前的饲养方式主要有放牧和舍饲两种。谭子璇等通过对不同方式饲养的牦牛瘤胃微生物的多样性分析发现，在肉质方面舍饲牦牛显著优于放牧牦牛，这可能与日粮的精细以及环境适宜有关。但是在微生物多样性、风味物质种类以及挥发性脂肪酸方面，放牧更具有优势。另外在微生物群落中不同的饲养方式对瘤胃细菌的影响更明显，细菌的变化也更明显。相比之下，放牧组细菌多样性更高，一些关键菌属差异显著。放牧还可以提高n-3多不饱和脂肪酸、亚麻酸等对人体有益脂肪酸的含量，降低n-6/n-3的比例，这可能是因为放牧动物吃的食物种类相对舍饲的更丰富。因此，可以对饲养方式进行调整进而调控日粮组成，达到改善瘤胃微生物区系组成的目的。

## 五、酶制剂对瘤胃微生物的调控

酶制剂如添加的复合酶中纤维素酶、木聚糖酶、β-葡聚糖酶，不但能协同作用降解饲料中的抗营养因子、降低胃肠道内容物的黏度、促进动物消化吸收，而且还将纤维部分降解成可消化吸收的还原糖。另外，添加的复合酶破坏了秸秆细胞壁的结构，降低了秸秆纤维的含量，增加了青贮饲料与瘤胃微生物的接触面积，加速了植物细胞壁的消化，为肉牛提供了更多的养分，从而提高了日增重，增加了肉牛养殖的经济效益。

大量研究表明，秸秆加酶青贮后饲喂反刍动物能提高其生产性能。青贮中使用的酶制剂主要有淀粉酶、纤维素酶、半纤维素酶等，这些酶通过将粗饲料中的纤维素、半纤维素、淀粉等多糖成分降解为单糖，可有效解决青贮底物（特别是秸秆类饲料）中可发酵底物不足、纤维含量过高的问题，达到促进乳酸发酵、提高饲料利用率和动物生产性能的目的。添加纤维素酶后，青贮饲料中的纤维素、半纤维素、果胶等含量发生变化。李丰成添加复合酶制剂（纤维素酶，此外还含有β-葡聚糖酶、木聚糖酶等）添加量为0.1%青贮玉米，饲喂育肥牛后具有较明显的增重效果，试验组牛比对照组牛平均日增重提高12.86%，每头牛增收258.6元。张建斌等利用糖化酶发酵玉米秸秆饲喂皮蒙复三元杂交肉牛（皮埃蒙特×利木赞×复州牛），与常规发酵法相比，试验组可提高日增重8%、增重收入18%。刘艾等以酶制剂处理秸秆后饲喂西杂肉牛（西门塔尔牛×延边黄牛），试验组日增重达1.30 kg，较对照组提高21.93%。Kung等报道，秸秆加酶青贮能提高肉牛的日增重40%和27%的饲料转化率。本研究也发现，玉米秸秆加酶青贮后饲喂海南和牛，提高了日增重，降低了料重比，进而提高了经济效益。

补充硫胺素减少酸中毒。硫胺素又称维生素$B_1$或抗神经炎素，以其衍生的脱羧辅酶形式参与细胞酮酸代谢，这种脱羧辅酶为焦磷酸硫胺素或二磷酸硫胺素（TPP）是碳水化合物代谢中几种酶的必需催化成分，瘤胃HL利用菌生长得以促进，抑制HL产生菌的繁殖，促进碳水化合物代谢。正常日粮条件下，牛自身可以合成足够的维生素$B_1$，当牛过度喂食高谷物日粮会引发维生素$B_1$缺乏症，造成丙酮酸和HL的累积导致瘤胃酸中毒。维生素$B_1$缺乏症的特征是瘤胃和血液中维生素$B_1$浓度降低以及血液中焦磷酸硫胺素效应增加至>45%。添加维生素$B_1$可以降低HL、内毒素及HIS浓度，促进*M.elsdenii*增殖，提高瘤胃液pH值，缓解RA。维生素$B_1$缺乏引起RA主要与高粱饲喂时维生素$B_1$需求增加有关，减少瘤胃中细菌维生素$B_1$的合成，增加维生素$B_1$酶对维生素$B_1$的降解，并减少转运蛋白对维生素$B_1$的吸收。维生素$B_1$缺乏症可以通过在饮食中补充外源性维生素$B_1$来逆转。此外，维生素$B_1$补充剂对奶牛具有有益作用，可改善瘤胃发酵、平衡细菌群落和减轻瘤胃上皮细胞的炎症反应来提升奶牛的产量和乳脂率，并减轻亚急性瘤胃酸中毒（SARA）。

## 六、植物添加剂对瘤胃微生物的调控

长期以来，我国中兽医采用中兽药防治前胃疾病，许多经典方剂沿用至今。国家越来越重视食品质量安全，有机、绿色植物源性添加剂的开发已成为当前研究的重要方向，针对调控瘤胃微生物采用中草药、植物精油、皂苷、单宁等相关添加剂进行研究。

崔斌采用体外发酵试验，藿香草粉的添加量分4组，每毫升瘤胃液的添加量分别为：对照组0 mg、L组10 mg、M组20 mg、H组30 mg。结果表明，试验组与对照组相比，丁酸、TVFA和乙酸的浓度都有所增加，且M组20 mg具有显著差异性。选取西门塔尔杂交牛，开展生产性能方面的研究，采用单因素多水平试验设计，精料补饲量添加藿香草粉，添加剂量分为对照组0.0%、试验组L组2.4%、M组4.8%、H组7.2%。结果显示，藿香草粉具有改善饲料的适口性，增加肉牛生产性能的功效，M组在饲养试验期间的增重较对照组提高11.78%，说明藿香草粉添加量为4.8%时能达到最好的效果。薄叶峰采用精料中添加残次枣粉6×6重复拉丁方设计育肥牛试验。结果显示，肉牛饲料中添加枣粉可以被瘤胃微生物所利用，可促进瘤胃发酵，养分表观消化率及抗氧化活性均有不同程度的有益改变，提高了饲料利用率，改善了肉牛的生产性能，提升牛肉营养品质，综合指数以15%的添加水平为佳。

在肉牛日粮中采用中草药方剂（组方：黄芪、苦参、柳穗、椿树皮、山楂、苍术、板蓝根等），添加200 g/（头·d）。结果表明，该组方可促进瘤胃产生更多的菌群数量，增加MCP浓度，稳定瘤胃内环境，$NH_3$-N浓度降低，蛋白质更充分利用，取得满意效果。顾小卫等在奶牛日粮中添加中草药，采用4×4拉丁方试验设计，研究奶牛干物质采食及瘤胃内环境变化的规律，设计3组中草药添加剂试验组，结果显示，添加中草药提高了干物质的采食数量，瘤胃液MCP浓度会增加。丁子悦等在体外发酵条件下，添加20 mg金银花或25 mg仙鹤草于200 mg发酵底物中具有降低温室气体产量的作用，且没有对瘤胃发酵参数造成不良影响。Wang等研究表明利用100种中草药的提取物检测其在体外对瘤胃菌群产生甲烷的影响，发现有效降低了瘤胃细菌和产甲烷菌的多样性，并抑制了甲烷的排放，其中白苏子种子提取物的效果最好。

皂苷是茶皂素的主要成分。茶皂素是最好的抗生素替代物，具有抑菌、抑制甲烷产生、保护环境等的作用。首先，皂苷作为添加剂可以抑制原虫，提高微生物蛋白质的合成率，使蛋白质流向十二指肠的时候效率更高。其次，皂苷对部分真菌和细菌可产生作用从而改变其新陈代谢。皂苷还有一个重要作用就是可以抑制$CH_4$的产生并减少$CO_2$的排放，这主要是通过降低产甲烷菌的活性作用来实现的。皂苷作为瘤胃微生物调控剂的主要作用机制是改变瘤胃微生物种群的组成最终改变瘤胃发酵。不同种类和不同浓度的皂苷对瘤胃的调控差异较大，因此发现和筛选更多有益的皂苷作为天然植物添加剂，对于反刍动物的生产性能和健康十分重要。

植物精油是绿色、高效、无残留的添加剂，可促进瘤胃发酵并调控瘤胃微生物。精油已被证明可以减缓淀粉和蛋白质的降解，降低酸中毒的风险，同时导致瘤胃产甲烷的轻微减少。大量试验发现，植物精油在调控瘤胃微生物的同时也受精油种类和浓度的限制，如果添加的精油在抑制甲烷产生的同时使营养物质的消化率明显降低的话，将不利于动物的生产。植物精油主要发挥作用的部位是细菌细胞膜，作用机制是分子量很小的植物精油可以透过革兰氏阴性菌的细胞膜，最终改变细胞膜的构象，从而改变瘤胃微生物以及瘤胃发酵。房灿等在不影响瘤胃中VFA浓度的前提下，适量添加肉桂或百里香植物精油，可减少瘤胃乙酸浓度，增加丙酸浓度，更好地促进瘤胃发酵并调节瘤胃微生物区系的作用。采用牛至精油（OEO）分组饲喂试验，试验组的丁酸盐和丙酸盐的相对丰度显著升高，*Parabacteroides distasonis*（狄氏副拟杆菌）和*Bacteroides thetaiotaomicron*（多形拟杆菌）的相对丰度较高，随着OEO浓度增加而增加，结果表明，OEO有促进肉牛的上皮发育和微生物群组成，提高了瘤胃消化能力。

单宁作为饲料添加剂已经在瘤胃发酵调控中广泛应用反刍动物日粮中添加单宁，能显著改变瘤胃微生物组成和功能活性Diaz等研究发现，日粮添加单宁会改变肉牛瘤胃内纤维分解菌、淀粉分解菌、尿素分解菌等细菌的组成，同时还会减少瘤胃产甲烷菌的数目。另外，体外研究证实了单宁可以减少瘤胃甲烷的产生，其主要作用方式是减少瘤胃纤维分解细菌和同样具有纤维降解功能的厌氧真菌的数目。

近年来，瘤胃微生物移植技术（RMT）在调控反刍动物生长性能和消化代谢方面展现了良好的应用前景。RMT主要通过重塑瘤胃菌群结构，从而调控瘤胃微生物区系，一般取瘤胃液而达到移植微生物的目的。Ishaq等研究发现，将野生动物消化道内分离出的微生物饲喂给幼龄反刍动物后，可提高幼龄反刍动物的饲料利用率。马晨等研究表明RMT可以有效恢复抗生素所导致消化道微生物的紊乱。

肉牛等反刍动物传统上被喂食大量粗饲料，以降低饲养成本，并避免与可用作人类食物的植物来源竞争。学者们从改变饲养方式、调整日粮配比、瘤胃微生物移植、添加益生菌、植物源性添加剂等技术路径，调控瘤胃微生物，达到瘤胃微生物区系健康运作，促进反刍动物生产性能提升。通过综述瘤胃微生物的演替和定植的过程，提供了实现瘤胃高效调控的思路，从而科学利用瘤胃微生物变化规律，促进肉牛健康生产，提高其免疫力，减少甲烷排放等，并取得不同程度的成功，但此领域还需要进一步探索与研究。

# 主要参考文献


白雪，2021. 复合微生态制剂和甘露寡糖在犊牛断奶期应用效果的研究[D]. 石河子：石河子大学.

操奕，2014. USR-两级A/O组合工艺处理奶牛场废水应用研究[D]. 合肥：合肥工业大学.

曹兵海，2019. 国外肉牛产业研究[M]. 北京：中国农业大学出版社.

陈幼春，吴克谦，2007. 实用养牛大全[M]. 北京：中国农业出版社.

高毅刚，2017. 富硒锗酵母对延边黄牛肉贮藏期间品质影响研究[D]. 延吉：延边大学.

国家畜禽遗传资源委员会，2010. 中国畜禽遗传资源志[M]. 北京：中国农业出版社.

韩兆玉，王根林，2021. 养牛学[M]. 4版. 北京：中国农业出版社.

黄杰，2020. 不同蛋白水平全价颗粒饲料对公犊生长性能、血清生化指标及瘤胃发酵的影响[D]. 扬州：扬州大学.

焦培鑫，2017. 酵母益生菌的筛选及其对肉牛消化性能、生长性能和胴体品质影响的研究[D]. 杨凌：西北农林科技大学.

金东航，马玉忠，张英海，2016. 牛病防治新技术宝典[M]. 北京：化学工业出版社.

雷杰，2022. 合生元及有机酸组合对哺乳犊牛生长发育及肠道健康的影响[D]. 杨凌：西北农林科技大学.

李建国，2006. 现代奶牛生产[M]. 北京：中国农业出版社.

李建国，2007. 现代奶牛生产[M]. 北京：中国农业大学出版社.

李聚才，张春珍，2010. 肉牛高效养殖实用技术[M]. 北京：科学技术文献出版社.

李军涛，2012. 日粮中维生素A添加量对泰安杂交阉牛牛肉品质及血清生化指标的影响[D]. 郑州：河南农业大学.

李晓东，2010. 紫花苜蓿青干草对肉牛生产性能、胆固醇代谢及肌肉品质的影响[D]. 郑州：河南农业大学.

李艳玲，林淼，丁健，等，2022. 优质牛肉生产与品质评鉴[M]. 北京：中国农业科学技术出版社.

卢健，2013. 奶牛场排泄物产生、收集、堆积及处理过程中氮、磷变化研究[D]. 南京：南京农业大学.

罗生金，2018. 现代科学养殖技术应用指南[M]. 北京：中国农业科学技术出版社.

莫方，李强，赵德兵，2012. 肉牛育肥生产技术与管理[M]. 北京：中国农业出版社.